"十二五"国家重点图书出版规划项目

中国森林生态网络体系建设出版工程

中国黄河史话

The Stories of China's Yellow River

彭镇华　彭扬华　等著

Peng Zhenhua Peng Yanghua etc.

中国林业出版社

China Forestry Publishing House

图书在版编目（CIP）数据

中国黄河史话 / 彭镇华等著 . —北京：中国林业
出版社，2016.5
"十二五"国家重点图书出版规划项目
中国森林生态网络体系建设出版工程
ISBN 978-7-5038-8529-7

Ⅰ.①中… Ⅱ.①彭… Ⅲ.①黄河－水利史
Ⅳ.①TV882.1

中国版本图书馆 CIP 数据核字（2016）第 100180 号

出版人：金 旻
中国森林生态网络体系建设出版工程
选题策划 刘先银 策划编辑 徐小英 李 伟

中国黄河史话
统 筹 刘国华 马艳军
责任编辑 李 伟 刘先银

出版发行 中国林业出版社
地 址 北京西城区刘海胡同 7 号
邮 编 100009
E - mail 896049158@qq.com
电 话 （010）83143525 83143544
制 作 北京大汉方圆文化发展中心
印 刷 北京中科印刷有限公司
版 次 2016 年 5 月第 1 版
印 次 2016 年 5 月第 1 次
开 本 889mm×1194mm 1/16
字 数 540 千字
印 张 24
定 价 139.00 元

前 言
PREFACE

　　黄河，中华民族的母亲河，她宛若一条巨龙从远古走来，奔流不息，横亘中华大地。黄河，见证了亿万年黄河人的诞生，滋养了五千年中华文明的辉煌，也亲历了中华民族所遭受的欺凌和羞辱。她，既造就了沿岸的万顷良田和城乡繁华，也曾因决口泛滥和改道而使亿万百姓命亡黄泉或流离失所。

　　黄河所承载的历史记忆实在太过厚重，关于她的可歌可泣的感人故事实在太多太多……

　　正因如此，我们一直想写一本关于黄河的书，从多重角度对其身世、源流、历史、文化、利害等进行评说和梳理，今天这个愿望终于得以实现了。

　　之所以要写一本以黄河冠名的书，只因我们籍以诉说对黄河的不尽情缘。一则，黄河及其两岸的土地，养育了我们的祖先"黄河人"，赋予我们基因和生命。作为黄河人的后代，黄皮肤、黄种人是我们最鲜明的印记。二则，黄河文化和文明，雄浑而博大，高古而精深，我们的语言文字、思维精神，无一不受黄河文化的影响。因此，黄河不仅是一条自然之河，也是一条文化之河，她代表着我们的祖国母亲，又是中华儿女共同的精神家园。黄河还是我们难以割舍的牵挂。黄河在汉代之前并不称黄河，而是称河或大河，河水曾经是清的。由于受人类活动的影响，水土流失不断加剧，河水由清变黄。两千多年前的春秋时代，古人曾发出"俟河之清，人寿几何？"的咏叹和疑问。新中国成立后，国家为了保护黄河流域生态环境采取了许多重大行动，其中于 2000 年 8 月 19 日为保护长江、黄河、澜沧江三条大河的发源地在青海省玉树藏族自治州成立三江源自然保护区，并在通天河畔树立纪念碑，时任国家主席的江泽民同志亲自题写"三江源自然保护区"的碑名。纪念碑碑体由 56 块花岗岩堆砌而成，象征中国 56 个民族；碑体上方两只巨形手，象征人类保护"三江源"。黄河是中华民族的根脉，我们中华儿女正在继承数千年来祖先流传下来保护黄河的伟大精神，开创让黄河水变清澈、造福千秋万代的宏伟绩业。

　　这是一本什么样的书？从内容来看，它围绕黄河既述历史，又论现实；既谈科学，又写文化。从形式看，既有文字，又含诗词，还具图表。我们尝试运用天人合一的观点，写一本自然科学与社会科学、自然史与社会史兼容并包、纷然杂陈、有机统一的关于黄河的面向青少年的科普读物。

　　全书分为九章，以取"黄河九曲"之意。第一章，黄河溯源，主要讲述黄河的自然地理状况以及黄河人的起源。第二章至第四章，主要从中华文明史的角度，分别从黄河中下游文明中心的三个时代，即五帝时代、王国时代、帝国时代，依次讲述黄河文明的兴盛和衰落，歌颂黄河母亲对文明发展所做出的巨大贡献。第五章至第七章，是从黄河文化的视角讨论黄河人在世界文化中独树一帜的文化创造。包括文字、书法、诗歌、思想与信仰，城市与建筑，长城与运河。这些都是黄河人奉献给全世界的无与伦比的伟大杰作。第八章，黄河利害，是带有评价性的一章。就利而言，黄河是无私奉献的母亲；从害而论，黄河又可谓反复无常的暴君。为了兴利除害，黄河人从古到今都重视黄河的治理，从大禹治水到今人治河，从未间断，以至"善治河者，方能治国"的华夏古训流传至今。黄河是伟大的，"其功大到不能赏，其害大到不能防"。数千年来，产生了无数歌咏黄河的生动作品。如"关关雎鸠，在河之洲。窈窕淑女，君子好逑"的生态生活场景是何等美妙。再如"黄河远上白云间，一片孤城万仞山。羌笛何须怨杨柳，春风不度玉门关"的意境又是多么悲怆。第九章，论述黄河气候与植被。主要是从生态建设的角度，从未来根治黄河、建成生态文明新时代着眼，因地制宜，营造森林，改善黄河流域的生态环境，推动国家经济社会可持续发展。

　　正如孔子所言："逝者如斯夫，不舍昼夜。"让黄河变清的历史命题从未完结，让黄河文化薪火相传的历史使命也永不完结。我们只是站在新的历史起点上，放眼未来，治理黄河、让黄河造福子孙万代的使命神圣光荣，任重道远。为积极响应和实现江泽民同志提出的"再造秀美山川"和习近平同志提出的"中华民族伟大复兴的中国梦"的宏伟奋斗目标，愿中华儿女，尤其是青少年朋友为黄河母亲的永久安宁和更加美丽而贡献智慧和力量，这也是我们编著此书的最大心愿。

　　在出版之际，谨向为本书提供各种支持和帮助的领导、专家和朋友们表示衷心的感谢，特别感谢吴泽民教授完成了第九章的编写工作。由于本书定位于科普读物，书中不少地方未详细注明引文出处，特向原作者表示歉意。同时，因水平所限，书中不当和疏漏之处在所难免，真诚欢迎广大读者不吝指教。

作　者

2014 年 3 月

目 录
CONTENTS

第一章　黄河溯源——黄河之水天上来

第一节　黄河的出身

一、原始胚胎——亚欧板块上的一串内陆湖

地球像鸡蛋，外面 70~100 公里厚的薄薄一层如蛋壳，叫地壳；里面可流动的部分如蛋清，叫地幔；中心坚硬的核心如蛋黄，叫地核。按照 20 世纪 60 年代兴起的板块理论，岩石组成的地壳并不象蛋壳那么"天衣无缝"，是由一块块大板构成的。板块之间要么是大洋中脊的裂缝，是几千米深的海沟，要么是大陆上的巨大的断层。全球大致分为六大板块，即太平洋板块、亚欧板块、美洲板块、印度板块和南极洲板块。中国古大陆便是亚欧板块的一部分。早在四千万年以前，在这块相当平坦的大陆上就已经有了一串大大小小的内陆湖泊，他们中有一些在后来黄河的位置上，这就是黄河的原始胚胎。后来有水流将它们串了起来，便是古黄河。

板块理论早先颇受国内外一些地质学专家的质疑，以为是"幻想"，经过半个世纪的探索，现在已经成了学术界的共识。

二、板块挤压出中国的掌形地形

板块现论认为：随着它下面软流层的流动，六大板块也会发生相应的水平运动，据地质学家的测算，大板块全年可以移动 1~6 厘米，这可真是比蜗牛爬行还要慢的"蠕动"。乌龟爬行还要比它快几千万倍。且不要瞧不起这等缓慢的"蠕动"，经过若干亿年的"蠕动"，原来连在一起的美洲和非洲拉开了几千公里宽的大西洋。印度板块和亚欧板块之间本来是"古地中海"的一部分。在三千多万年以前，这两大板块相互挤压、碰撞，印度板块挤压并插入亚欧板块下面，这么一挤，一抬，原本古地下海一角被抬出了地面，逐渐成了青藏高原。这是一个相当漫长的时间，直到距今 247 万年以前，青藏高原的海拔也还在 1000 米以下；到距今 247 万年左右，上升到 2000 米以上；到距今 160 万年左右，青藏高原有一次猛烈的抬升运动，青藏高原成了"世界屋脊"，古中国大陆挤出东西向褶皱，于是成了"掌状地形"。

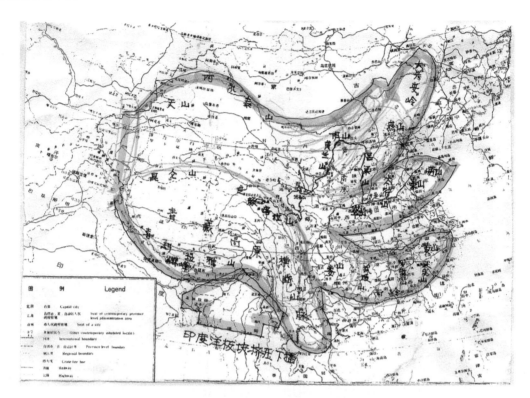

印度洋板块与亚欧板块互相挤压形成中国掌状地形

三、黄河的诞生

由于印度板块的挤压和下插，原来基本平坦的中国古大陆被挤成大致西南高东低的掌状地形。黄河上游在形成前，高度海拔在 1000 米以下；距今 247 万年左右，上升到 2000 米以上，这时山地起伏增大，形成了新的湖泊、盆地；距今 160 万年左右，断裂起伏呈脉冲状增强，历经距今 115 万年的早更新世，距今 105 万年以来的中更新世，古湖泊湖水外溢下切，形成一条大川。此时的黄河还没有今天这么长，其水流以古银川盆地为归宿，呈扇形分布。大约距今 15 万年前，龙羊峡上下才贯通了起来。直到晚更新世（距今 10 万年至 1 万年），随着西部大地的抬起，流动的水把古大陆湖串了起来，黄河才逐步演变成从河源东流入海的上下贯通的泱泱大河。

也有专家以为古黄河的诞生和古陆上的原有内陆湖并没有直接关系。地形西高东低必然对地面水流形成导向，形成大致自西而东的古黄河。沿途有湖也流，没有湖也流，倒是和山势、地形颇有关系。

巴颜喀喇山北坡和阿尼玛卿山南坡之水（雨水、雪水、冰川水）顺坡而下，聚于约古宗列盆地顺势东行。东行之水遇岷山所阻而转回西北，顺阿尼玛卿山和西倾山之间谷地往西北而下，再遇青海南山而不得不再东行，又遇积石山诸山所阻，幸有缺口，于是冲出龙羊峡、松巴峡和积石峡，河水进入黄土高原。顺贺兰山东坡谷地北上至内蒙古高原，又遇阴山、恒山所阻转而东行再南下，顺吕梁山西坡及黄土高原东坡之谷地南下，再切壶口、龙门，直至潼关，复遇华山所阻，不得不转而东行顺中条山，王屋山之南及崤山之北，东行至今

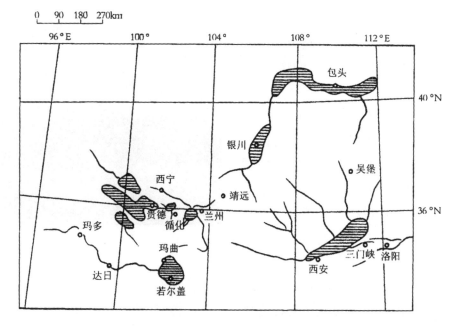

距今 340 万年 ~170 万年前黄河中上游水系

孟津一带。河水进入平原后，地势平缓，河水向东漫流。孟津以下干流并不稳定，应是一个大扇形，往东北可顺古白洋淀之低凹处而入海，并积年泛滥沉积造出华北大平原；或往东南可经今淮河流域而入海，并积年泛滥沉积造出黄淮海大平原。

在距今 10 万 ~1 万年前的晚更新世，黄河诞生了。

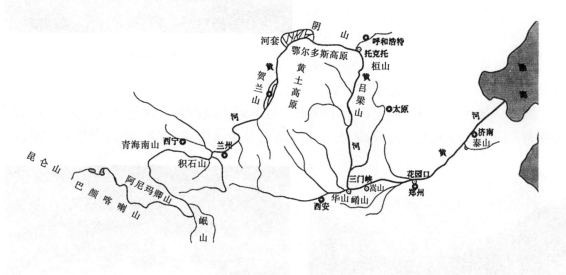

水流顺势而形成黄河之形

四、黄河流域之山

（1）昆仑山。昆仑山是中国西部山系的主干。东西绵延 2500 公里，西起帕米尔，东至昆仑山口。人们自古认为黄河"源出昆仑"（《山海经》、《尔雅》），今人称的这个"昆仑"在哪里？似乎难说。汉张骞从西域回来说：于阗（今和田）流出的河即黄河源头，把塔里木河当作黄河了，这没道理。其实源出昆仑山的余脉巴颜喀尔山的北坡。唐代李靖等至星宿川祭河源以为祭的是《禹贡》里讲的积石山，其实便是巴颜喀拉山。

昆仑山又称昆仑墟、玉山。在中华文化史上被称为"万山之祖""龙脉之祖"。昆仑山年降水量仅300毫米左右，海拔5000~6000米，气候干燥寒冷，并不适于人类生活，怎么会成了传说中王母娘娘生活的仙山。这大约和西来的黄河人始祖对西方家乡的怀念有关。

昆仑山

昆仑山冰川的融水是中国几条大河黄河、长江、澜沧江、怒江、塔里木河的共同源头。

（2）阿尼玛卿山。黄河源地区北面是阿尼玛卿山，它又称玛卿岗日山、积雪山。山高5000~6000米。横贯东西，主峰玛卿岗日和珠穆朗玛齐高，在黄河大拐弯中央，十分壮观。

阿尼玛卿藏语是黄河的幸福之源的意思。《格萨尔王传》中说山神是"战神大王"，"格萨尔王"便是"战神大王"和龙女梦合而生的。每逢"羊年"或山神、龙母隔开之年，朝拜的人们顶风冒雪、跋山涉水，以顽强毅力徒步七八天，绕山一周，以求灵魂升天。

阿尼玛卿山

（3）岷山。黄河源流自西而东撞上了岷山，只得调头向西北。这里便成了著名的黄河的"大拐弯"。山高2500米，山峰高5588米。岷山是黄河支流白河、黑河及岷江、涪江、

岷山

九寨沟

嘉陵江的源头。山坡多冷杉、云杉林带，山下滋生箭竹，是熊猫的主要活动区。现在建有唐家河、王朗、九寨沟、白河、白水江、铁布等6个自然保护区。

岷山地区风景秀丽，拥有世界自然遗产九寨沟、黄龙、大熊猫栖息地；拥有世界文化遗产青城山——都江堰；拥有世界自然与文化双遗产峨眉山——乐山大佛；拥有中国最佳旅游城市成都。

（4）积石山。黄河大拐弯以后，先向东再向北遇青海湖南山所阻不能流入青海而复向东经积石山地区。积石山又名积雪山，也是昆仑山系的一支脉。主峰高约2100米，长14公里。这里海拔在1700~4300米左右，年降水量470~730毫米。自然资源丰富，药材有雪莲、虫草，珍稀动物有雪鸡、雪豹、猞猁、麝、鹿等。

积石山

《禹贡》《水经注》称黄河源出积石山，此"积石山"非今天的积石山，究竟指哪座山，多有异说。

黄河穿过积石山前后，经过4万年切割，冲出许多峡谷，前后有龙羊峡、松巴峡、积石峡、刘家峡等。这些峡谷，谷深坡陡，水力资源充沛，现已建成了几座大型水利枢纽。

（5）贺兰山。黄河向东穿过峡谷地区经青铜峡一带，然后转而北上。此时西有贺兰山，东有鄂尔多斯高原。黄河在它们中间向北进入沙漠地带。

贺兰山脉位于宁夏与内蒙古交界处，黄河西岸。它北起巴彦敖包、南至青铜峡，山体雄伟，如群马奔腾，蒙古语称骏马为"贺兰"，故名贺兰山。另一说，名称来源于古代鲜卑贺兰族曾居住于此，此说更靠谱一点。

贺兰山

它南北长220公里，宽20~30公里。海拔2000~3000米。主峰海拔3556米。

贺兰山植被丰富，垂直带明显。其下为灌丛草甸，中有落叶阔叶林，上部有针阔叶混交林。林带植物有云杉、山杨、白桦、油松、蒙古扁桃等655种。动物有马鹿、獐、盘羊、金钱豹、青羊、石貂、蓝马鸡等180余种。山前草场是宁夏滩羊重要产区。所产滩羊二毛皮古称"千金裘"。山区富煤炭，有石嘴山等10座大型矿区。贺兰山岩画在八十年代被大量发现，震动了世界，1997年被列入世界遗产目录。

（6）阴山。黄河北上撞上阴山，不得不沿阴山脚下东行。在这里四望沙漠，地势较平，黄河形成北河、南河，其间便是著名的河套，是黄河上游的重要灌溉区，人称"黄河百害，惟富一套"指的就是这里。

阴山山脉横贯内蒙中部，东段进入河北省西北。阴山东西连绵 1200 多公里，南北宽 50~100 公里。海拔 1500~3000 米。远古这里就有人类活动，有著名的阴山岩画。

阴山蒙古名字称为"达兰喀喇"，是"七十个黑山头"的意思。阴山北坡平缓而南坡陡。故南麓雨水充沛，北麓干燥寒冷，自然成为北方游牧民族和南部农耕民族的分界线。

阴山地区自然资源富饶，原有白桦、青杨、山榆、山柳、松柏等树种。现在又人工

阴山

种植有油松、樟子松、油松、落叶松等；飞禽有画眉、百灵、斑鸠、石鸡；动物有狼、狍子、狐狸、野兔、青羊、盘羊等；药材有远志、当归、知母、赤芍、甘草等。一首《敕勒歌》："敕勒川，阴山下，天似穹庐，笼盖四野。天苍苍，野茫茫，风吹草低见牛羊。"正是古代阴山下的真实写照。

（7）吕梁山。黄河顺阴山东流，遇上吕梁山北端，转而南下。西有黄土高原，东有吕梁山，中间冲出一个峡谷，至壶口终造成黄河第一大瀑布。吕梁山位于山西西部，南北走向，绵延 400 多公里，海拔 1000 米以上至 2500 米，主峰高 2831 米。

吕梁山东侧植被丰富，北段分布有寒温带针叶林；中段为温带针阔叶混交林；南段为暖温带阔叶林。吕梁山东南麓的临汾盆地是中国远古文明发源地之一。

吕梁山

（8）华山。黄河从峡谷中南下撞上华山，又为崤山、嵩山所限不得继续南下而只得东行。

华山是我国著名的"五岳"之一，位于陕西渭南境内。主峰高 2154 米。华山是由一块硕大的花岗石岩体构成的。主峰有南峰"落雁"、东峰"朝阳"、西峰"莲花"三峰鼎峙。"自古华山一条道"，很是险要。

据章太炎先生考证，华山是中华民族文化的发祥地之一。"中华""华夏"皆因华山而得名。《尚书》中就有华山的记载，《史记》中还有黄帝、尧、舜华山巡游的事迹。秦始皇、汉武帝、武则天、唐玄宗等十多位帝王也曾到华山进行隆重的祭祀。至明清，共有 56 位皇帝来过华山。由于山路太险，历代帝王祭西岳，都是在山下西岳庙举行大典。今天有索道直达北峰，游客方便多了。

华山还是道教胜地，为"第四洞天"。现有道观 20 余座。其中有 3 座为全国重点道教宫观。

华山名称，来源于主峰似莲花，古人"华""花"同音同义，故称"华山"。李白说："三峰却立如欲摧，翠崖丹谷高掌开。白帝金精运元气，石作莲花云作台。"就是说的这个景象。

华山和华山松

华山西峰

寇准说："只有天在上，更无山与齐。举头红日近，俯首白云低。"也是名句。

（9）泰山。黄河东北向大海，身边还有梁山、泰山护佑。东岳泰山是我国"五岳"之首，它东西长200公里，宽50公里，主峰玉皇峰海拔1532.7米。

泰山著名风景点有天柱峰、日观峰、百丈崖、仙人桥、五大夫松、望人松、龙潭飞瀑、云桥飞瀑、三潭飞瀑等。泰山于1987年被列入世界自然文化遗产目录。数千年来，先后有12位皇帝来泰山封禅。孔夫子惊叹："登泰山而小天下"。杜甫留下了"会当凌绝顶，一览众山小"的千古绝唱。

泰山石刻

泰山姊妹松

五、一条干流和一千七百零一条支流

黄河流域：干流贯穿9省（自治区），青海、四川、甘肃、宁夏、内蒙古、陕西、山西、河南、山东。现在的流域面积75.2平方公里（占我国国土面积7.8%），不过古代的流域面积除了海浸时期以外，一般要大得多，现今的海河流域、济河流域，甚至淮河流域都曾经在古黄河的怀抱中。后来孟津以下的黄河干流堤岸建筑越高，河底越淤越高，两边的贾鲁河、徒骇河、济水、涡河等不能高攀，先后离黄河而自求出路。于是孟津以下的黄河流域只剩下紧靠堤岸内的一条线。

黄河干流现在总长 5464 公里（历史上多有变化，海浸时期要缩短数百公里，随着海退岸长，河亦伸长。直到今天，入海口依然在前伸不止，黄河还是不停地长长。）大致分三段：源头至内蒙古河口镇为上游，上游流经美丽的高山、草原，属青藏高原地区，海拔一般在 3000 米以上，源头河谷地海拔 4200 米左右。上游河段长 3472 公里；河口镇至孟津为中游，中游咆哮奔腾于黄土高原，海拔在 1000~1300 米，坡陡沟深，切割深度 100 米以上。中游河段长 1206 公里；孟津以下至入海口为下游，河流徜徉在华北平原，地势低平，海拔不超过 50 米，平均比降只有 0.12%，水流舒缓，泥沙大量淤积，河床高出两边地面 4~5 米。下游河段长 786 公里。

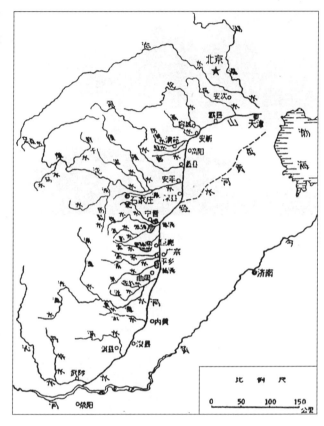

古代黄河下游（山经河）可见华北地区仍属于黄河流域

黄河按长度计算当是世界第 5 大河，中国第二大河，但流量并不很大，年均径流量仅 560 亿立方米（流域人均仅 460 立方米），不到长江的 1/15，比珠江、松花江、淮河，只流经一省区的雅鲁藏布江甚至汉水这样的支流都要少得多，而流域人口又多，故黄河流域缺水比其他地方更为严重。

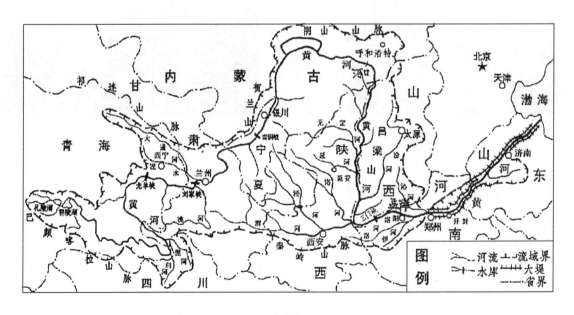

黄河流域图

中国主要流域的水资源及人均占有量

地区	土地面积（万平方公里）	年径流总量（亿立方米）	径流量（毫米）	1990人口（万人）	2000人口（万人）	增长率（%）	人均水量（立方米）	人口密度（人/平方公里）
全国	960	26.590	277	113368	126583	11.7	2101	131.9
珠江	42.6	3070	721	8810	11254	27.7	2728	264.2
淮河	18.7	530	291	14500	15932	9.9	333	852
长江	180.8	9793	541	39505	43013	8.9	2277	237.9
黄河	75.2	560	74	10867	12178	12.1	460	161.9
海河	26.5	248	94	9487	10715	12.9	231	404.3
辽河	19.2	151	79	3061	3340	9.1	452	174
松花江	54.6	759	139	5507	5919	7.5	1282	108.4
西藏	122.8	3590	294	220	262	19.1	137023	2.1
新疆	165	960	59	1516	1925	27	4987	11.7
其他	232.2	4928	21111	12166	13215	8.6	3729	56.9

　　黄河的支流据《水经注》曰：黄河汇聚了1701条支流，择其要者有白河、白龙江、曲什安河、洮河、湟水、庄浪河、祖厉河、清水河、乌加河、都思兔河、大黑河、浑河、偏关河、朱家川、岚漪河、蔚汾河、窟野河、秃尾河、湫水河、北川河、三川河、无定河、屈产河、清涧河、昕水河、延河、云岩河、涑水河、渭河、洛河、宏农涧、伊河、沁河、卫河、大沟河、大汶河等。黄河的支流本来还有南漳河、徒骇河、贾鲁河、涡河、济水等，后来孟津以下的干流两边堤岸越筑越高，这些支流高攀不上，只得先后离黄河而去，自谋出路，成了独自出海的河流，或成为另附他河的支流。

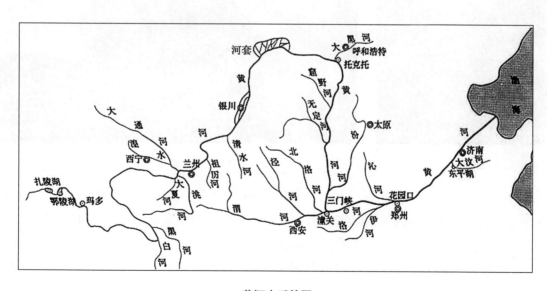

黄河水系简图

六、黄河主要支流

（1）渭河。渭河是黄河上的最大支流，全长 818 公里，流域范围主要在陕西省南部，流域面积 13.43 万平方公里。发源于甘肃省渭源县鸟鼠山，东至潼关汇入黄河。其西段为黄土丘陵沟壑区，东段为关中平原区。

渭河支流有葫芦河、泾河、洛河等。是中华民族始祖黄帝、炎帝氏族的起源地。黄帝以姬水成（故姓姬）；炎帝以姜水成（故姓姜）。姬水、姜水都是渭河的支流，所以渭河流域是中华文化的始源地，人们常称中华文化为渭洛文化、泾洛文化，多指这一带。渭河流域也是中国水利事业最早的地区。公元前 246 年秦国开郑国渠，引泾入洛，全长 125 公里，灌溉面积 280 万亩。汉武帝时开白公渠引泾入渭，此前还有引黄入渭的漕渠，既有漕运之利又有灌溉之功，是历史上著名的产粮区。

渭水流域途经黄土高原，夏季又多暴雨，加上历史上滥垦乱伐，水土流失严重，是黄河泥沙的主要源头之一，年输沙 5.22 亿吨（其中泾河有 2.96 亿吨），约占黄河总输沙量的三分之一。

新中国成立后，政府在渭河流域修建了一系列水利工程。1950 年建成洛惠渠，1976 年扩建洛西工程，灌溉面积已达 77 万亩；1970 年建成抽渭灌溉工程，灌地 130 万亩；1981 年建成冯家山水库，灌地 136 万亩；这样，渭河上的灌区面积已达 300 万亩。1984 年建成石头河水库，灌溉面积又有 128 万亩，总装机容量 1.65 万千瓦。

郑国渠

渭河

（2）汾河。汾河是山西省第一大河，是黄河第二大支流。它河长 709.9 公里，流域面积 39826 平方公里，它发源于宁武县管涔山，自北而南贯穿山西全境，九山汇聚之水，于河津汇入黄河，汾水含沙量不大，输沙量仅 0.44 亿吨，不到渭河的十分之一。

汾河流域风景秀美。公元前 113 年汉武帝到汾阳（今万荣）祭祀后土，泛舟汾河，传来南征将士的捷报，触景生情，写下千古绝调《秋风辞》："秋风起兮白云飞，草木黄落兮雁南归。兰有秀兮菊有芳，怀佳人兮不能忘。泛楼船兮济汾河，横中流兮杨素波。萧鼓鸣兮发棹歌，欢乐极兮哀情多。少壮几时兮奈老何！"宁武西南有"天池"，隋炀帝曾率十万余人游"天池"，有薛道衡作诗，亦盛况空前。

汾河流域是中国文化发展较早地区，旧石器时代的"丁村人文化"便在这里被发现。周代有晋国，战国"7雄"有3个（赵、韩、魏）在这里。这里自古灌溉业发达，周、秦代创有井灌，宋、金多有自流灌溉；近代，汾河流域的太原、临汾是中国煤炭、重型机械工业的基地。

汾河边太原一景

汾河

新中国成立后，汾河流域广大群众对汾河进行了大规模治理，在汾河灌区建了一坝、二坝、三坝引水工程，陆续建了汾河水库、文峪河水库等15座水库。全流域灌区已达800万亩，是1949年的4.4倍。

（3）无定河。无定河全长490多公里，流域面积3万平方公里，年径流量15.3亿立方米。它的北岸是毛乌素沙漠，南岸是黄土沟壑区，夏季多暴雨，水土流失严重，年输沙量达2.5亿立方米。这条沙漠河流时常改道、消失、重现，故称"无定河"。

1922年法国生物学家桑志华，在这里发现3.5万年前的河套人。之后又发现新石器时

无定河

三北防护林网

代的"龙山文化"。公元前二千多年前，这里生活着鬼方、獯狁、狄等游牧民族。五胡十六国时期，大夏国王赫连勃勃还对这一带湖泊密布、清流潺潺的景气失声赞叹，于是大兴土木，营建国都"统万城"。之后，由于历代战乱，乱垦乱伐，到了唐代，无定河从"清流"变成了无定的浊流。宋代沈括曾描述："余尝过无定河，度活沙。人马履之百步外皆动，倾倾然如人行幕上，其下足处虽甚坚，若遇其一陷则人马拖车应时皆没，至有数百人平陷无孑遗者。"写出了无定河沙流滚滚、飘忽无定、车陷人没的情景。

唐代陈陶的《陇西行》写了无定河边战争豪情的苦难："誓扫匈奴不顾身，五千貂锦丧胡尘。可怜无定河边骨，犹是春闺梦里人。"陈佑的《无定河》抒发的是悲惊和惆怅："无定河边暮笛声，赫连台畔旅人情。函关归路千余里，一夕秋风白发生。"

史学家司马迁、地理学家郦道元都曾记述过这里的一条绿带，不禁叹为观止。今天，陕北人民开始营造比"榆溪旧寨"宏伟多少倍的新绿带——"三北"防护林带。无定河，这条历经苦难的河，正在翻开历史新的一页。

（4）洛河。洛河古称洛水、雒水，黄河下游南岸大支流，发源于陕西洛南洛源乡黑章台，经洛宁、宜阳、洛阳至偃师附近纳伊河后称伊洛河，在巩义市洛口附近汇入黄河。全长453公里，流域面积18881平方公里。流域内洛阳盆地东西长100公里，南北宽20公里，土地肥沃，水源充沛，是中国原始农业起源最早地区之一。流域发现史前仰韶文化，二里头文化遗址分布广泛，是夏、商朝主要活动地区，故中华文化亦称河洛文化。洛阳是中国七大古都之一。

洛河流域自古有水利灌溉，东汉开阳渠引洛为漕运；隋建通津渠；明修大明渠；清代继有发展；然到1949年灌溉面积仅2万公顷。解放后，在流域广大人民努力下，在对原有渠系进行改善外，又新建大、中水库14座、小型水库200余座，万亩以上灌区46处。1982

洛河　　　　　　　　　　　　　　　洛河源头

年有效灌溉面积达 19.2 万公顷，几乎是 1949 年的十倍。

（5）沁河。沁河是黄河下游的唯一大支流。它发源于山西沁源县的霍山，经沁源、阳城进入河南境内，在沁阳纳入丹河后转正东，在武陵附近汇入黄河，全长 485 公里，流域面积 13532 平方公里，径流量 18.2 亿立方米，输沙量只有 0.07 亿吨，是一条清澈的河流。

沁河流域是中华文明发祥地之一。古代冀州是"中国"的雏形，"冀州"就包括沁河流域，这里的文化传承连绵不绝。尧、舜、禹族的主要活动区便在这里。战国的长平大战也在这里，古战场至今还能找到沾血的秦军箭镞。

沁河

沁河上游

沁河隋唐已经开渠引灌，隋代开通济渠（大运河的一段）就经过沁水、利用沁水，唐代改称广济渠，元代引广济渠灌溉济源、沁阳、孟县、温县、武陟 5 县 3 千余顷。1952 年修建了"人民胜利渠"将武陟与卫河沟通。

（6）窟野河。窟野河发源于内蒙东胜市巴定沟，于陕西神木县崆头村汇入黄河。其干流长 242 公里，流域面积 8706 平方公里。流域西北段为风沙区，地势开阔，植被稀疏，人烟稀少；东南段为丘陵沟壑区，沟壑纵横，植被极差，水土流失严重。是黄河泥沙粒径大于 0.5 毫米的粗砂来源区之一。实测含砂量最高每平方米达 1700 公斤（1958 年 7 月 19 日）居黄

窟野河

全长 3446 米的窟野河特大桥

河各支流之冠，整个是黄泥浆。小小一个支流，年输砂量1.2亿吨。这些粗泥沙，50%~60%淤积在下游而不流入大海，是黄河下游河道淤塞的主要粗砂来源。国家已规划重点治理这些多粗泥沙的河流（黄甫川、孤山川、窟野河、秃尾河、佳芦河等5条）。在窟野河上还建有"转龙湾"水库及众多淤泥坝等工程项目。相信不久将来，黄河含沙量将大大降低。

窟野河流域有丰富的自然资源。神府东胜煤田储量达1922亿吨，占全国煤炭储量的四分之一。目前神府东胜矿区已建成一个特大型优质动力煤和出口煤的生产基地。

（7）湟水。湟水发源于涂晏县包呼图山，流经西宁、兰州汇入黄河。其全长349公里，流域面积3200多平方公里。湟水穿流峡谷与盆地之间，形成串珠状河谷。

湟水流域是中国史前文明重要地区，发育了马家窑文化、齐家文化、卡约文化。春秋以前，湟水流域"少五谷、多禽兽"，经过历史开发，至清代已经"漠漠皆良田"、"宛如荆楚"。有诗赞曰："溪外一片沙鸥白，麦中几片菜花黄"。"湟流一带绕长川，河上垂杨拂烟。把钓人来春涨满，溶溶分润几多田？"

湟水

黄河主要支流特征值表

支流名称	流域面积 （平方公里）	河道长度 （公里）	径流深 （毫米）	径流量 （亿立方米）	输沙量 （亿吨）
洮　河	25527	673.1	208.8	53.1	0.30
湟　水	32863	373.9	141.5	52.7	0.24
清水河	14481	320.2	15.2	2.2	0.49
大黑河	17673	235.9	24.3	4.3	0.04
窟野河	8706	241.8	89.6	7.8	1.20
无定河	30261	491.2	46.3	14.6	2.50
汾　河	39471	693.8	67.1	26.5	0.44
渭　河	134766	818.0	70.9	95.5	5.22
洛　河	18881	446.9	185.9	35.1	0.21
沁　河	13532	485.1	134.5	18.2	0.07
汶　河	8633	209.0	214.2	18.5	0.51

第二节　百家争说黄河源

一、伏流说（重源）——疑是银河落九天

《禹贡》称"导河积石"。《山海经》说黄河源自昆仑墟（指今昆仑山、巴颜喀拉山一带，

也有一说指甘肃龙首山），流至盐泽（指今罗布泊还是青海湖，专家多为争议）潜流而出至积石山，再流出来。依此说，黄河有两源:初源昆仑山，重源出积石山。这就是重源、伏流说。

含辛茹苦在西域多年的张骞也认同伏流说。他从西域回来，向汉武帝报告说:"于阗之西，则水皆西流，注西海；其东，水东流注盐泽。盐泽潜行地下，其南则河源出焉。"张骞把塔里木河之源当成黄河之源，搞错了。他一路并没有走到河源地区，这大概是听来的传说。

此说现在看来颇为谬误，但在当时的条件下是可以理解的。探源之古人泛身沿黄河而上，至积石峡，水急而不得上，见河水如从积石山中涌出，便疑积石山为河源。探源之古人或从当地先民中听得山后还有大盐泽（青海湖），湖水得自至昆仑山。故产生重源之传说。

青海湖

青海湖又名盐泽，是中国最大咸水湖，四周草原可农可牧，湖中鸟岛是鸟类的天堂

二、星宿海说

重源说经过很长时期才被打破。早先，人们对探源并不十分认真，后来黄河总是泛滥成灾，皇上要派大臣去河源祭神求平安，探求河源的实地便重要了。总不能祭源祭错了地方，祭错了神。唐代开始，探源工程就正式开始了。唐代李靖、侯君集、李道宗奉唐太宗之命，"进逾星宿川，至柏海""北望积石山，观河源之所出焉"。他们大概还以为星宿川那儿的巴颜喀喇山便是《禹贡》《山海经》所说的"积石山"，于是"望积石山""观河源"。但总算知道星宿川（星宿海）是河源了。

唐代刘元鼎探源泛称河源是"昆仑,贺延碛（广五十里长五百里）",此"贺延碛"当就是"星宿海"。"昆仑"指的是巴颜喀喇山，把巴颜喀喇山说成昆仑山余脉，也是可以理解的。

元代都实探源，说河源是"火敦脑儿","火敦"意即"星宿","火敦　脑儿"即为星宿海。

元代潘昂霄著《河源志》开始以文字确定河源是星宿海。

清代康熙时，拉锡、舒兰探源说河源是星宿海，并说其下并有鄂陵、扎陵之泽。

三、探源之路

祭了多少次河源，大河泛滥还是越来越厉害，怕是祭错了地方，祭河祭错了地方可不行，准确的河源便越来越重要。清代以后，探求正源之路便格外热闹。

康熙43年（1704年）拉锡、舒兰探源队回来说星宿海上还有三支河,哪一支是正源没有说。

康熙56年（1717）胜保等测绘河源，图成有三支河，其中流为"阿尔坦必拉"河。

乾隆时，《水道提纲》一文中已确定"阿尔坦必拉"（即今约古宗列曲）为正源。

乾隆47年（1782年）黄河决口，又派阿弥达"穷河源告祭"，确定"阿勒堤郭勒"（即

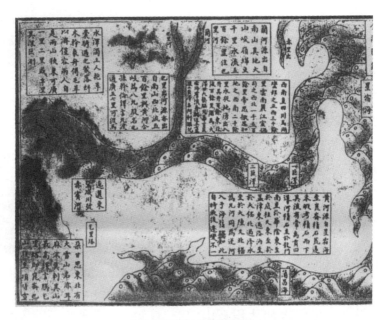

《四库全书》中黄河源图
图中明确标识星宿海是河源

今卡日曲）为正源。

外国人也积极参加了探源工程

1879~1882年，英国印度政府派测量队潘底特至河源。

1884年，俄国人蒲瑞瓦尔斯基达于河源。

1906年，俄国人科兹洛夫至河源

1907年，德国人台飞探河源

1926年，美国人洛克探河源

他们的结论和中国人差不多，惟对高度和经纬度的测量比较具体准确。

四、争论不休的"正源"

新中国成立后，1952年中央政府组织大规模探源，确定约古宗列渠为黄河正源。1978年青海省政府又组织探源，重新确定卡日曲为正源。

为什么重新认定，据称：

（1）卡日曲比约古宗列曲长25公里

（2）卡日曲流量为6.3立方/秒而约古宗列曲为2.5立方/秒。卡日曲流量大。

（3）卡日曲流域面积3126平方公里，而约古宗列曲为2372平方公里。卡日曲流域面积大。

卡日曲是黄河正源，这似乎有了定论。但专家们仍然争论不休。

1978年，黄河水利委员会又对卡日曲、扎曲、玛曲（即约古宗列曲）进行测量计算。结果显示，玛曲全长127.2公里，流域面积3961平方公里；卡日曲全长142.8公里，流域面积3146平方公里。由于卡日曲比玛曲长，玛曲又比卡日曲流域面积大。该委认为玛曲以北

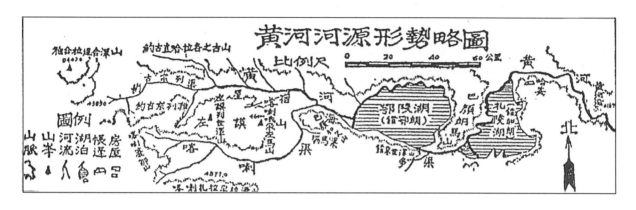

1952 年勘察的黄河源图

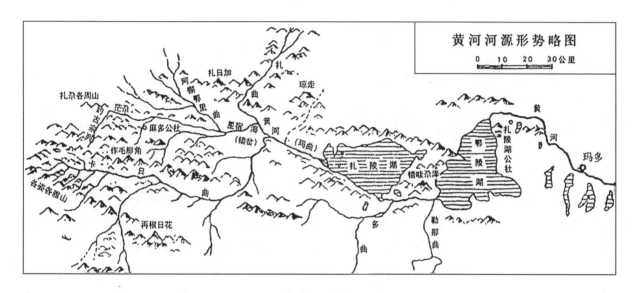

1978 年黄河河源勘查图

的扎曲和以南的卡日曲都有近 90 度的转弯，而玛曲居中顺直与黄河保持流向一致。该委确定玛曲为正源。但专家们更是质疑不休，争论不休。

于是大家注目于青海省政府。青海省政府责无旁贷。2007 年由青海省政府组织的三江源考察工作正式开始。此事由国家测绘局指导，武汉大学测绘学院提供技术支持，青海省测绘局实施到 2009 年 7 月，青海省政府在西宁召开三江源头科学考察成果评审会，请了各方专家参加。经过质询和讨论后，专家委员会达成一致，认为以"技术方案"为依据，黄河源头为卡日曲。此结果将由青海省上报国家测绘局，经审再上报国务院决定公布。

2009 年 10 月 24 日国家水利部、青海省政府、黄河水利委员会、玛曲乡政府抢先在玛曲（即约古宗列曲）曲果竖起黄河源头纪念碑，碑的正面刻有江泽民题写的"黄河源"。

其实卡日曲也罢、约古宗列曲也罢，都是黄河的源头，也都仅仅是"一衣带水"的细流。即便流到了星宿海，水流也不过"仅可浮杯"，它们对整个黄河的影响是极有限的。要知道浩荡的黄河之水是汇聚万千细流（不止是 1700 条）而成的，每一条细流都有它的源头，万千细流都可以说是河源。黄河不是一个"正源"创造的，是万千个细流汇成的。以为找到了真正的"正源",祭了河源之神便能保证黄河的安定,那只是古代帝王的无知和迷信;今人若以为只要认认真真地找准"河源",认认真真治理了河源地区,"河源清则黄河清",其实也是很傻的。应该说黄河治理是整个黄河流域百万平方公里的事,决不只是区区河源之事。

五、河源环境的忧与喜

古代河源地区的环境是相当好的。元代《河源志》上说:"河源在土蕃朵甘思西鄙,有泉百余泓,或泉或潦,水沮如散涣,方可七八十里,且泥淖溺,不胜人迹,逼视弗克,旁履高山,下视灿若列星,以故名火敦脑儿。火敦,译言星宿也。"一个美丽、生动的星宿海便跃然纸上了。让我们想象一下,"七八十里方圆之地、散列百余泓泉水,站在旁边的高山之上,看百余泉水在反射着阳光,比天上的群星更为灿烂。到了后来,考察人员描述星宿源之水虽称美丽,但水"仅可浮杯",其上的卡日曲和约古宗列曲虽然流淌如故,平原虽绿茵遍地,但扎曲多数时间已经干涸。然而河源区青藏高原土层,毕竟远不如中游黄土高原那么厚,经不起人为的破坏,到了七八十年代,到河源区参观探险之人便发现大片草原已经荒芜沙化,源头不仅扎曲,卡日曲、约古宗曲亦水量细小,甚至有时成了干涸河床。

近年有专家指出:"目前,位于高原腹地'三江源'随着全球气候的变暖,冰川、雪山逐年萎缩,众多江河、湖泊和湿地缩小,干涸、沙化。水土流失的面积仍在不断扩大,荒漠化和草地退化问题日益突出,长期滥垦乱伐使大面积的草地和近一半森林遭到破坏。虫鼠肆虐,珍稀野生动物的盗猎严重,无序的黄金开采及冬虫夏草的采挖屡禁不止,受威胁的生物物种占总类的20%以上,远高于世界的10%~15%的平均水平,部分地区人类已难以生存,被迫搬迁他乡。"这是多么令人忧虑的景象!

近年,青海省不断加大对黄河源头湿地的保护力度,通过实施植被恢复、防沙治沙、人工增雨、禁牧、禁渔等一系列措施,使这一地区湿地生态得到很好的保护,黄河源头地区一些湖泊呈现不同程度的扩大趋势。通过卫星资料分析,2005~2009年较2003~2004年黄河上游扎陵、鄂陵湖水体面积分别增加了31.76平方公里和49.07平方公里。这又是多么令人欣喜的景象。

六、黄河之水天上来

黄河这水究竟从哪儿来?古人以为从山中来。"恭祭河源"祭的便是山,"遥祭积石""遥祭昆仑"也都是祭的山,都认定水是山中渗出来的。但山中的水又从哪里来的呢?那是从天上降下的雨水、雪水。似乎还是李太白说得好:"黄河之水天上来"。

那么,天上的水又从哪里来?那是地面水(包括江、河、湖、海)蒸发的水蒸汽上升到天上遇冷成了云,云遇冷变成降雨云,天上降下的雨雪水便又回到了山河湖海之中。这便是大自然水的循环。

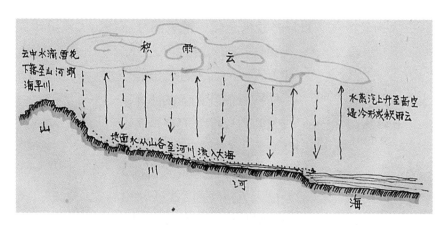

地球之水循环示意图

第三节　历代祭源

一、河伯——从英雄到暴君的传说

历代都祭源，大规模的探源，其实目地多半是为了祭河神。祭神不能祭错了，不能祭错了地方，只有祭准了，拜到了真正河源之河神、山神的脚下，才能求得黄河的万世安宁。

祭的大河之神是谁？谁也没有真正见过。据传说：古时候华山之阴有个叫冯夷（又说叫冰夷）的人，一心想成仙。他听说人喝上一百天水仙花的汁液，就可成仙。于是，到处找水仙花，夏禹时代，黄河到处漫流，经常泛滥成灾。地面上七股八道，沟沟汊汊都是水。冯夷为找水仙花，经常在黄河涉来渡去，常和黄河打交道。转眼过了九十九天，再挖上一株水仙花，吮吸一天的水仙花的汁液，就可以成仙了。冯夷很得意，在涉水过黄河，到河中时，突然河水涨了，他一慌，脚一滑，跌倒淹死了。

冯夷死后，到天帝那儿告黄河的状，天帝听说黄河没人管教，到处撒野、危害生灵，也很恼火，便任命冯夷为黄河水神，治理黄河，人称河伯。河伯为治理黄河四处查水性、绘河图。河图上，哪里深、哪里浅、哪里好冲堤、哪里易决口、哪里该挖、哪里该堵，画得一清二楚。后来，河伯将河图授给大禹，大禹依照河图，带着开山斧和避水剑，靠这三件宝贝，治好了黄河。这么说来，原来河伯冯夷是治水先驱，治水英雄。

到了屈原笔下，河伯成了浪漫的帅哥，屈原写了一篇《河伯》："与女游兮九河，冲风起兮扬波。乘水车兮荷盖，驾两龙兮骖螭。

传说中的大河神冯夷

登昆仑兮四望，心飞扬兮浩荡。目将暮兮怅忘归，惟极浦兮寤怀。大致可译成现代文：

> 我和你女神同游九河之上，
>
> 迎着大风河面上冲开波浪。
>
> 伴你乘着荷叶作盖的水车，
>
> 双龙为驾以螭龙套在两旁。
>
> 登河源昆仑顶峰四处张望，
>
> 心绪随着浩荡的黄河飞扬。
>
> 但恨天色将晚而不想归去，
>
> 惟大河尽处令我日夜怀想。

好一派天地四极的爱情之旅。那么，与河伯同游的那位女神是谁呢？若说是湘夫人，似乎太远。郭沫若先生说是洛水之神，是美丽的洛神。

庄子笔下的河伯又成了一位心胸博大、能翻然悟道的君子。《庄子·秋水》中说："秋水时至，百川灌河，泾流之大，两涘诸崖之间不辨牛马。于是焉河伯欣然自喜，以天下之美尽在己。顺流而东行，至于北海，东面而视，不见水端，于是焉河伯始旋其面目，望洋尚若而叹，野语有之曰：'闻道百，以为莫己若者'，我之谓也。"此文大致可译为现代文：秋天讯期到了，千百溪水流入大河，径流是那么的阔大，黄河两岸之间，黄澄澄一片、看不清牛马。于是乎大河神河伯欣然自喜，以为天下的壮美不过如此。尔后，河伯顺流东行，到了北（渤）海，向东一看，茫茫大海，一望无际，看不到岸边，于是乎河伯才转头望着大洋。又道：俗话说："自以为见多识广，便自吹天下第一"的那个骄傲的家伙就是说的我吧！

后来，河神脾气渐长，频频决口，在人们眼中大河神从令人敬爱的君子，变成了一个令人敬畏暴君。于是，人们更诚惶诚恐的祭河，更加起劲的寻找真正的河源，生怕祭错了地方，祭错了神，以免惹得大河神生气。看来，大凡神灵，不发威是没有多少人膜拜的。浩浩长江，只因为不常发威，便没有多少人去祭祀。

1782 年黄河决口，乾隆接报，第一件事便不是部署堵决口救灾，而是急急忙忙诚惶诚恐地派人去河源祭祀。

暴怒的黄河

二、上古祭河，西门豹治邺

在殷墟辞中，屡有祭祀黄河的内容。据《穆天子传》记载：阳纡山即汗山，有河宗氏乃负责祭祀黄河的世袭家族，周穆王向黄河祭祀的物品有壁玉、牛、马、猪、羊等。之后，提高了祭品的档次，祭之以少女，俗称为"河伯娶妇"。此俗到战国时期颇为盛行，直到魏国出了个不信神的西门豹。他到了魏国邺城，借"为河伯娶妇"之时，狠狠整治了巫婆、里正、差役、官员，这才收场。

这是一个十分有趣的故事：战国时代有魏文侯派了西门豹去当邺城（今河南临漳县西）太守。西门豹到了邺城，一望那地方非常凄凉，人口也极少，他就把当地父老召集到一块儿，跟他们聊天。他问："这地方怎么这么凄凉？老百姓一定很苦吧。"父老们回答说："可不是吗？河伯娶妇，害得老百姓快逃光了。"西门豹又问："河伯是谁？他娶媳妇儿，老百姓干什么要跑呐？"父老说："这儿有一条河叫漳河，是黄河的支流。水神叫

今日漳河

河伯。他最喜爱年轻的姑娘，每年要娶一个媳妇儿，他才保护我们。要不然，河伯一不高兴，他就兴风作浪，发大水，把这儿庄稼全冲了，还淹死许多人。您想可怕不可怕？"西门豹说："这是谁告诉你们的？"他们说："还有谁呐？就是这儿的巫婆。当地的村长和差役又跟她连在一起，出头给河伯挑媳妇办喜事，每年要我们拿出好几百万钱。喜事办下来，也就花二三十万，其余就进了他们的腰包去了。"西门豹又仔细问了问河伯娶媳妇的详情，表示到时候也要去给河伯道喜。

到了日子，西门豹带了一些武士"送亲"。河岸上聚集了几千人，十分热闹。西门豹说："烦巫婆领河伯的新媳妇儿来让我瞧瞧。"巫婆领来了一个哭哭啼啼的小姑娘，西门豹说："河伯的媳妇儿必须挑个特别漂亮的美人儿，这个小姑娘我看比不上。烦劳巫婆先去跟河伯说：'太守打算另外挑选一个更好的姑娘，明天就送去。'请你快去快回，我这儿等回信。"说着，他叫武士们抄起那个巫婆，扑通一声，扔河里去了，西门豹恭恭敬敬地站在河岸上等着。过了一会儿，西门豹说："巫婆上了年纪，不中用，去这半天还不回来。你们年轻女徒弟去催她一声吧！"接着扑通扑通两声，两个领头的女徒弟又被武士给扔到河里去了。又过了一会儿，西门豹说："女人不会办事，还是烦请出头办事的善士们辛苦一趟吧！"那几个经常向老百姓勒索的村长正想逃跑，便被武士一个个抓住了。他们还想挣扎，西门豹大喝着说："快去！跟河伯讨个回信，赶紧回来！"武士于是不由分说把他们都扔进河里。过了一会儿，西门豹回头又说："这些人怎么这么久还不回来？我看还是派差役催一催他们吧！"那些差役吓得脸都绿了，直磕响头。西门豹对他们说："水里哪儿有什么河伯？你们都见过吗？罪大恶极的巫婆造谣骗人，这几个村长跟她勾结，搜刮老百姓的钱财，害了许多姑娘性命。你们这些人还跟着兴风作浪，助

武士们抄起巫婆，往河里扔

长这种野蛮风俗！你们害了多少人，该不该偿命！"那一班差役连连磕头，求饶。西门豹说："如今害人的巫婆已经死了。日后谁再胡说八道地要为河伯娶媳妇，就叫他先上河里跟河伯见面！"

西门豹把巫婆和村长他们的财产分给老百姓。打这儿起，以前离开邺城的人家都纷纷回来了。西门豹叫水工测量地势，带领邺城一带百姓修筑堤坝，又开了十二条水渠，用漳河的水灌溉庄稼。有不少荒地成了良田。从此，一般的水旱可以免灾，老百姓可以安心耕种，收成比以前什么时候都好，魏国也就越来越富强了。

三、各朝代祭河

周代祭河：据《周官》记载，"在四郊望祭四方山川的神灵"，郑注认为这里的"四方山川"指的五岳、四镇和四渎。所谓四渎指的是河、淮、济、江。"河"便是大河，便是后来改名的黄河。可见周代已经固定祭祀黄河了。

秦代祭河：秦代固定祭祀的大河有黄河、济水、淮河、沔水、湫渊、长江。其中黄河固定在临晋祭祀，春季用干肉，薄酒作为祭品举行风祭，为年成祈福。春祭在解冻之日举行。秋季在河流干涸或冻结时举行祷祀。冬季举行酬报神功的祭祀，用一头小牛及其他玉帛等祭品，祭祀由祠官负责。

明代祭河：朱元璋当了皇帝，因为水患，洪武元年到洪武，三年都忙着祭祀四渎河神。洪武祭河相当起劲，不仅在国内祭，还派专人到安南（今越北），高丽（今朝鲜），占城（今越南南方）祭祀当地大河。

清代祭河：进一步规范化。顺治初年，确定配飨规格；顺治三年，确定祭祀官员数量；康熙三十五年正月，皇帝为元元祈福，开始派大臣分别出行祭祀，江、淮、济、河分别祭祀。

四、黄河名号

黄河古称"河"，有称"大河"的。"大"是表示伟大的意思，如上古称伟大人物大彭、大禹，就是伟大的彭氏、伟大的禹的意思。大河便是伟大的河流。《诗经》中："河水清且涟猗""河水清且直猗""河水清且沦猗"，大概那时大河还不够混浊，到了汉代，越来越混浊，才称黄河。汉高祖刘邦在分封功臣所发布的封爵誓词中说："使黄河如带，泰山若厉，图以永存，爰及苗裔。"这是最早在文字中出现黄河二字。之后，到唐代，"黄河"之名便已通用。

明洪武三年,明太祖朱元璋下诏统一四渎神灵的称呼:东渎（淮水）称为大淮神;南渎（长江）称为大江神;西渎（黄河）称为大河神;北渎（济水）称为大济神。皇帝亲自在祝文上署名,派遣官员用确定后的神号告祭。

清雍正二年，皇帝赐江渎叫涵和；河渎叫润毓；淮渎叫通佑；济渎叫永惠。

总而言之:黄河幼年小名叫"河",大点儿叫"大河",汉以后正名叫"黄河",号"大河神",字"润毓。"

第四节　黄河人溯源——史前的黄河人

一、女娲和夏娃

说到黄河人的来源，先要说到人类的起源。人类起源有种种神话传说。

国内比较出名的是盘古开天地，女娲氏造人的神话。宇宙之卵漂浮在无限空间之中，它包括两个相对的力量，阴和阳。经过无数次轮回，盘古诞生了，宇宙之卵中较重的阴下降形成大地，较轻的阳上升形成天空。盘古担心天和地再次融合在一起，就用手脚支撑着天和地。他每天长一丈，一万八千年之后，天地之间就有了 3 万里高，盘古如一根巨大无比的巨柱，撑在天地之间，不让它们重新合拢，回复到那混沌黑暗中去。多少年后，天和地终于被固定住了，但盘古已精疲力竭，终于轰然倒下了。中国第一个大英雄寂寞而孤单地走来，又孤单而寂寞地离

传说中的盘古

开。然而，即使死后，他也没有忘记把自己的身体留给他开创的天和地：他的气息化成变幻的风云；他的声音化成隆隆的惊雷；他的左眼化为红日；他的右眼化为皎月；他的手足四肢化为大地；他的身躯化为巍峨的山脉；他的血液化成江河；他的牙齿和骨骼化为金属玉石和珍珠；他的汗水化为滋润万物生长的甘霖和雨露。

继盘古而突起于大地的伟大英雄是女娲。"抟土造人"和"炼石补天"两大神迹使她当之无愧的成为中国的上帝、东方的女帝。人首而蛇身的女娲，神通广大。变化无穷，传说一日有七十变之多。相传盘古从混沌中开天辟地，创造了山川河流，日月星辰，草木虫鱼，却偏偏忘了或来不及造人，这一重任便移到后继者女娲的身上。女娲掘取黄河的黄土，掺上黄河的水揉团，仿照自己的样子，捏成一个个小生灵，这些黄皮肤的生灵就是黄河现代人的祖先，也就是黄皮肤的东方人的祖先。用泥捏人太慢也太累了，于是她取了一根神藤伸进黄河边的泥潭里，然后狠狠地往上一甩，溅落的泥点也都成了人。从此黄河两岸便有了人类。为了不使人类灭绝，女娲又替人类建立了婚姻关系，命男女们互成配偶，生儿育女，一代代繁衍下去。

埃及人认为人类是神呼唤出来的。

印地安人认为人类是天地所生。

日耳曼人认为人类是天神用两棵树造出男人和女人。

最出名的是犹太教神话，从古巴比伦废墟中挖掘出的楔形文字，就记载着神在六天之中创造了世界和用黏土塑成第一个人的故事。这个故事后来被移植到古犹太教的《圣经》

中。《圣经》说：这个世界刚开始时，地是空虚混沌，渊面黑暗，上帝的灵运行在水面上。上帝用六天时间创造出太阳、天空、月亮、陆地、和行星，人类和动物。第七天正常休息。上帝照自己的形象造人，来管理飞禽走兽。他用地上的尘土造人，将生气吹进人的鼻孔里，世界上就出来了第一个生命的男人，名叫亚当，亚当一个人生活很寂寞。于是上帝让亚当沉睡，取下他的一条肋骨，造成一个女人，名叫夏娃。他们在上帝创造的"伊甸园"里无忧无虑地生活着。只是上帝禁止他们吃中心大树上能分辩善恶的水果，在大蛇的诱惑下，夏娃和亚当先后吃下了禁果，变聪明了，懂得了羞耻。上帝知道后大怒，把他们赶出了伊甸园。从此，亚当必须辛苦劳动才能得到食物；夏娃必须承受着生育后代的痛苦和辛劳；大蛇更糟，被砍掉四肢，只能终年靠身体在地下爬行。亚当和夏娃繁衍后代，成了人类的初祖。人类通过劳动变得聪明了，成了世界的主人。

到中世纪，犹太民族的基督教盛行，于是上帝造人的说教便盛行千余年，而其余说道便都成了邪说。

二、从猿到人

达尔文《物种起源》的出现，科学地解说了物种的起源和发展变化，也根本解决了人的起源问题。之后，人类学家们都认为人类由南方古猿—直立人（猿人）—能人—智人（现代人类）

黄河流域的人类是何时何地来的呢？至少有两说，一说是本土的，一说是外来的。

1. 本土说

本土说认为从猿人到智人都是黄河流域本土产生发展的，有完整的考古发掘资料支持。

北京猿人复原像

考古发现主要有：

陕西蓝田人——距今 75~100 万年。

北京人——距今 50~70 万年。

陕西大荔人——距今 18~23 万年。

山西沁水下川人——距今 3.6~1.8 万年。

北京山顶洞人——距今 1.8 万年。

以上发现的文化遗存是大体连续的，完整的。一言以蔽之，黄河流域的智人是黄河流域的猿人进化而成的，此所谓"本土说"。

2. 外来说

有人认为人类作为一个物种只能有一个祖先，不可能有多个祖先，不能说白种人一个起源，黄种人一个起源。因为不同物种虽能交配但不能生育后代，只有同种才能生育繁衍。

达尔文认为人类起源于非洲，但是那时没有考古证据。从 1823 年到 1925 年，欧洲的海德堡猿人、尼安德特猿人等一系列

蓝田猿人复原像

人骨被发现，于是人类起源于欧洲之说盛行。20世纪初，随着爪哇猿人的发现，兴起了亚洲起源说。1927年在中国北京周口店发现北京猿人，并有用火痕迹，于是亚洲起源说更为兴起。

后来，随着生物分子学的发展，依据遗传学的变异度，推算出人与猿分化的大致时间跨度当在距今400万~500万年之间。于是，人们要找寻距今400万年左右的人类遗存，特别是人骨化石。

1924年以来70年，在非洲有不下20个地点发现人类化石。1974年在东非发现的猿人骨架，距今超过了300万年，还发现有3个人的骨骸，有早期人类群居的证据，被称为第一家庭。之后，考察队蜂拥而至东非，发现了大量猿人、能人的骨骸……大量证据构成相当完整的演化体系，汇成了"走出非洲"假说。这个假说认为大概180万~200万年以前，在东非出现了最早的人类物种，他们具有较大的躯体和脑重，不仅能制造工具，很可能还有较紧密的群体关系。随着新世纪时期古气候变化，促使东非能人进入亚欧。也有人认为是非洲直立人首先迁到亚洲，在亚洲演化为能人后，又返回非洲并从非洲迁徙到欧洲，总之，按照这个假说：距今300多万年前，非洲发生气候大变化（冰期），严酷的自然条件（这是重要条件）促使南方古猿产生变异，有一个南猿生下一个基因发生重大突变的个体，出现一个新的物种（人类），并经过百万年以上的进化，从直立人（猿人）进化为能人，这时黄河流域原有猿人（如北京人，大荔人）没有能战胜严酷的大自然（距今2万~8万年的小冰期），而灭绝了，非洲能人经由西亚、中国西北迁至黄河流域，发展成黄河人（智人），也有说非洲能人经西亚、印度、东南亚、中国长江中下游北上迁至黄河流域，发展成黄河人（智人）。

近年，非洲起源说盛行，但也有专家质疑。中国不少专家很接受不了，怎么中国人的祖宗成了非洲人？甚或有人认为"荒谬之极"。有中国科学家前些年进行了"中国人遗传多样性"的课题研究。他们采用能覆盖绝大多数染色体的微卫星标志，将涵盖世界五大洲的15个国外人群的样本和中国28个人群（包括4个汉族和24个少数民族群落）的样本放在一起测试分析，得出了几个与起初目标并不一致的很有意思的结论：①中国南北方人群间存在基因差异，又有明显的基因交流。②中国南北两大人群是一种起源，他们很可能是由非洲迁移过来，先到南方，再到北方。这是发生在3万~5万年前的事。③今天东亚人群的基因的主要来自非洲。这是中国科学家首次从遗传学上得出的东亚人群源出非洲的结论。

中国也有不少考古学家完全不同意上述观点，他们认为距今5万~10万年的人骨化石的"断挡"，"没有发现不等于不存在"，且华南已发现距今1万~10万年多个化石点，有猩猩、犀牛等动物化石，为什么偏偏当地的人类会冻死？从170万年前的元谋人、1.8万年前的山顶洞人，到今天的现代人，华夏大地上的人种都是前后传承的。以远古石器来说，西奈半岛是非洲到亚洲的必经之路，10万年前那里的石器已经很精致，但中国古人的石器直到3万年前还很粗糙，如果6万年前非洲人真的途经以色列进入中国，为什么他们的先进石器工艺都一点儿也没带来呢？

3. 混血说

20世纪90年代，中国南京汤山发现距今约35万年的古代猿人的2个完整头骨，称南京猿人。南京猿人和北京猿人相近，但鼻梁较高，枕骨没有明显后突，眼框较深，显然又有欧洲人的特点。这似乎有基因交流的现象。因此有人认为中国人的来源在冰河期，西方来的外来猿人和南下的本土猿人在中国温暖的南方结合，产生了南京猿人，南京猿人一部分在地球暖期北上而在黄河定居，成为黄河人。

当然仅仅这2个头骨还是论据不足的。

1997年，我国启动了在中国大地寻找200万年或更早的人类化石的"攀登项目"，投入不小力量，但收获甚微，仅安徽繁昌发现距今200万年的石器，1999年宣布1990年发现距今300万年的石器，（为什么10年后宣布），但这点尚有争议的成就还不足以推翻目前主流的"非洲走出"论。看来,中国学者要挑战非洲起源说，必须在中国土地上找到更多的化石，特别要有人类的化石作为证据，这自然还有很长的路要走。

南京猿人复原像

三、黄河人的先祖——文明的曙光

人类起源有两个概念。一是从物种来说的，指从猿分化出人（猿人）这个新的物种。上节已经说过了，世界上多数专家认可"非洲走出说"。距今200万至300万年的非洲第一位祖宗离我们太遥远了。我们且说她是人类的远祖。和我们关系更密切的是从文明的出现来说的，指从猿人发展成文明的现代人类。我们且说这是黄河人的先祖。文明的黄河人从哪里起源的。黄河人的文明又是从何时开始的？

可以认为:黄河人的远祖不管说是从西方（西亚、新疆）来，还是从南方（长江中下游）来，还是本土（北京周口店）来。他们的现代文明，总是萌生于黄河。正是在黄河流域，猿人发展成为文明的现代人类。

1. 黄河是黄河人的母亲

万物离不开水，人类文明更离不开水。

古希腊哲学家泰勒斯（约公元前624~前547年）认为不仅"万物源于水"并且"复归于水。"

我国古代先哲认为，天地源于"太一"，"太一"生出了水。湖北荆门郭店出土竹简中就有"太一生水"的记载。老子《道德经》中说:"道生一、一生二、二生三、三生万物"。不妨理解为: 这里说的"道"是虚无，就是"太一"; 这里的"一"就是水; 这里说的"二"，是阴和阳;这里的"三"就是天、地、人。即是说:虚无太空的"道"生出了水，水生出阴阳，生出天地人，最终生出了万物。水是万物之源。

黄河人的先民一直靠近水源生活。人和牲畜要喝水，旱地、水田要灌水，万里长的黄河及其支流的充足河水给先民提供了充足的人和牲畜的饮用水及农业灌溉用水。古代的黄河水量比今天要大得多，据考证，四千年前黄河年径流量是近代的三倍。

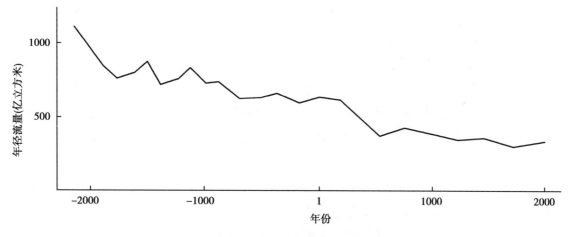

过去四千年壶口径流量变化图

陕北靠壶口附近小山沟封山育林成果

放牧的草原要有土，种田也要土，先民的先民离了土也不行。世上仅有的厚达百米的黄土高原提供了丰厚的肥沃的土层。这是世上仅有的。当人类开始高举火把征服植物，手举铜斧进一步征服森森，野兽和同类之后，往往带来森林植被的毁灭、草原的荒漠化。世上古代文明的源地中，两河流域成了沙漠，尼罗河中游成了沙漠，恒河流域也有大片沙漠，唯有黄河流域，尽管森林破坏严重，但再生能力极强，只要一封山，没几年，便灌木从生、野草鲜花遍地、一片欣欣向荣景象。这就是因为这里有世界上最厚的肥沃土层。

黄河流域大部分居北温带，气候宜人，年降水 200~800 毫米左右，能保证黄河先民的生活和农作物的生长。古代黄河流域还要更湿润，更温暖。

黄河（及支流）以其充沛的水，丰腴的土地、宜人的气候保证了黄河人从猿人顺利进化成现代人类。保证黄河文明产生的有利环境。

文明产生至少要有以下几个标准：其一是用火，要从利用自然火进化为人工取火。黄河流域在猿人时期，周口店猿人已经普遍用火，洞中灰烬达六米厚，虽然是不是人工取火，似有怀疑，但至少已会保存火种。到了山顶洞人时期（距今 1.8 万年）已肯定会人工取火了。这样，先民便可以手持火种征服植物，可以从采集生产转变为刀耕火种的农业。可以放火烧荒取得大片农业土地。

其二是石器，要从旧石器转为新石器，早在距今 180 万年前的山西芮城西侯度文化遗存及距今 50 万~100 万年前的蓝田文化遗存均发现有原始的人工制作的石器。到北京周口店遗存，发现的石器数以万计，经过之后大荔人、丁村人的发展，到了距今 1.8 万年的山顶洞人时期，遗存有穿孔石珠，穿孔兽牙饰、穿孔小砾石、穿孔鱼骨、蚌壳等。穿孔的大量应用，从简单打制工具到精雕细磨、饰品，标志石器加工水平的提高。再到山西沁水下川遗址发现有细石制刮削器、大型石锛、研磨盘等，这些大型石制生产工具的出现，都说明了这时的黄河人已经完成了从旧石器到新石器的时期的转变。

其三是居住条件，从主要利用天然洞穴到人工挖洞建造简单的居屋。在北京人时期，黄河人还是主要利用天然洞穴生活。到了新石器时代老官台文化遗存，已经发现有半穴居的窝棚式房屋遗迹。这表现黄河人已完成从旧居住时期到新居住时期的转变。居住环境对人类的生存繁衍，人类文明的产生及传播意义十分重大。人类无体毛，使人类自古一直追求良好的居住条件。古人的生存，除自身占有一个空间外，就是休息、生育的第二空间（居室空间）以及从事生产活动的第三空间。这第二、第三空间的大小优劣决定人类生存、兴衰之命运。当人们只能利用天然洞穴时，人们只能在洞穴附近与分散生活生产，当人们学会建造住所，甚至成片住所时，人们可以不受洞穴位置数量的束缚、离开山林，来到水边的大原集中从事社会化的农耕。

兰州黄河母亲雕像

总之按这三个标志，在距今 3.5 万年至 4 万年以前，在黄河流域的古黄河人已经完成了从猿人到现代人类的转变。

2. 黄河人形成时期的遗存（距今 3.5 万年至 7 千年）

北京周口店龙骨山山顶的一个洞穴，发现有智人的头骨化石及肢骨、脊椎骨、牙齿等。这些人骨化石，命名为山顶洞人。遗址由洞口上室、下室及下窨三部分组成，下窨是人骨化石的发现地，当是山顶洞人的墓地。人骨周围撒有红色粉末（赤铁矿）、这应和当时人们的某种信仰有关。原始人常以红色象征火焰，有辟邪作用，表示吉祥，是神灵的颜色。山顶洞人的头部有穿孔的石珠,（大概是项圈的遗存),近臂部有穿孔的兽牙饰（大概是臂环的遗存）。

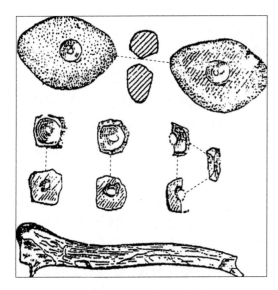

山顶洞人的装饰品和鹿角棒

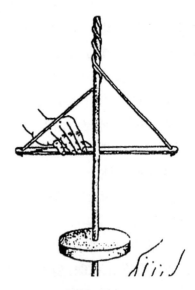

弹力弓钻孔

这些装饰品当是随葬品。山顶洞人遗址中发现有石制工具、物品 25 件，装饰品除上述的穿孔石珠、穿孔兽牙外，还有穿孔小砾石、穿孔鲩鱼骨、穿孔海蚶骨和刻槽刻管等甚至有原始的骨针。其中穿孔兽牙饰有 120 多件。说明山顶洞人已从粗石器时代发展到了细石器时代，他们大概发明了弓钻工具，所以特别热心于在石器，骨器、兽牙器上钻孔。如此多的装饰品，可见山顶洞人是多么热心打扮自己。

山西沁水县下川遗址是一处旧石器时代时期以细石器为代表的遗存。年代距今约 3.6 万年至 1.6 万年。除小型石器外，还有大型石锛、研磨器等。

此外，陕西黄龙县徐家坟山、山西朔县峙峪、河南安阳小南海、陕西西韩城禹门、甘肃环县刘家岙、内蒙古萨拉乌苏等遗址也发现有大量细石器，如箭头、斧形小石刀等。

上述人骨化石，有的学者认为他们在形态上："与现代中国人相当接近，应是中国人的远古祖先。"

可以认为：在距今 3.5 万年至距今 7 千年，在黄河流域已经出现了现代人意义上的黄河人。

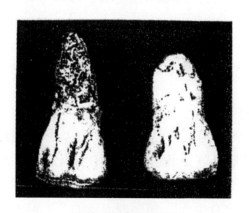 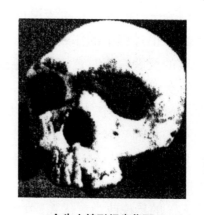

元谋人铲形门齿化石　　　　　　　金牛山铲形门齿化石
铲形门齿是黄河人重要特点，是黄河人和欧美人的重要区别。

3. "若存若亡"的"三皇"

依古藉传说，在距今 7000 年以前，黄河流域有一个"三皇"时代，但"三皇之事，若存若亡"（《列子·杨朱篇》），古人也说不清楚。我们且把他们作为黄河流域最早的先祖。

所谓"三皇"，有种种说法。后来比较流行的是指天皇、地皇、人皇，但具体是什么样的人？则玄而又玄，确乎"若存若亡"而已。按天、地、人作为黄河人先祖的次序，似乎反映着先民对于大自然的认识，即先有天、后有地、再有人。这大体也符合大自然规律的。

也有将"三皇"落实到具体人氏的。有所谓有巢氏、燧人氏、女娲氏、伏羲氏、神农氏、祝融氏、葛天氏、共工氏、无怀氏、粟陆氏、阴康氏、中内氏等数十氏。其中，史藉中记载比较一致、比较多的是"有巢氏""燧人氏""伏羲氏""女娲氏""神农氏"。有人将"伏羲、女娲、神农"称为"三皇"。也有人将"燧人、伏羲、神农"称为"三皇"。他们的"事迹"似和考古学的"石器时代"相对应。其传说或可反映黄河古代先民的生活实情。

"有巢氏"——先民学会了"构木为巢"。这种"巢"或许是在大树上搭的窝棚。更可能是指地面上半穴居的窝棚。这样黄河先民就从岩洞中解放了出来。这个解放为先民的发展提供了重要的条件，自从"构木为巢"之后，先民便可以离开有洞穴的山区，迁到水边土地肥沃、水草丰美的大"原"生活，可以集中从事社会化的生产。这类水边大原，后来往往成了不少氏族、宗族繁衍、发展的祖居地。如周族繁衍于"周原"，秦族发源于"咸阳原"，此外，还太原、彭原、白鹿原等。

"燧人氏"——火的发现和利用。先民学会了"钻木取火"。也有把用火之祖归于祝融氏，甚至归于后来的黄帝。其实，50万年前的北京猿人便已经用火，18000年前的山顶洞人已经会人工取火。可见黄河人早已用火并且会人工取火。恩格斯说：火的使用"第一次使人支配了一种自然力，从而最终把人和动物分开。"同时，熟食也是人类大脑进化的物质基础。

穴居的猿人已开始用火

"女娲氏"——女娲造人的传说反映了先民对女姓在人类繁衍过程中的伟大作用的认识，是母系社会现实的反映。当时黄河先民还没有认识到男姓在人类繁衍过程的作用，只膜拜能生育出后代的女姓。

后来又有传说：伏羲氏和女娲氏是人首蛇身的兄妹，他们交合生出了最早的人类。这个传说大概出于后来的父系社会。反映了这时的黄河人已经认识到男姓及男女交合在生殖繁衍过程的作用。这时的男姓统治者们推崇的是男尊女卑思想，而"女娲造人"的古代传说竟然把造人的伟大功绩全归于女姓，这是男姓统治者孰不可忍的。为了实现舆论的高度统一，把"女娲造人"的传说改为"伏羲、女娲兄妹交合生人"，便顺理成章的了。河南淮阳有"太昊陵"祭祀伏羲（伏羲又称太昊氏）。太昊陵庙会有"担花"之舞，唱颂伏羲、女娲造人之功。男女舞者分两列，在行进过程中每隔若干节拍便两两擦肩而过，且臀部相撞一次，似乎再现传说中伏羲与女娲交尾之状，也反映了原始生殖崇拜之意。

"女娲氏"还是传说中炼石补天的女神，是人类的保护神。造人之后，传说又发生一件

良渚文化的始祖像　　　　　　　　　兴隆洼文化女神

伏羲女娲

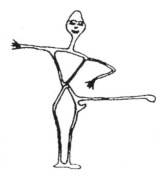

呼图壁岩画上的人像

河姆渡出土的性具突出的陶人

可怕的大事。一位力大无比的恶神共工氏，在与颛顼帝争权夺位失败后，竟愤而一头撞在不周山上。不周山这根支撑天地之间的天柱被他撞掉了一大块，霎那间天倾东南，山崩地裂，洪水泛滥。眼看天地和人类将同归于尽，女娲毫不犹豫挺身而出、采不周山巨石，引天火、用七七四十九天炼制了一块五彩斑斓的巨石，补好了天体被撞的大洞。这五彩石留在天上，于是天上便有了彩虹。她砍下大海中大神龟的四只脚，立在四方，重新把天地分开，这四根柱子的方向，就是后来的东、南、西、北四个方向。她又杀死了兴风作浪的黑龙，止住了风雨。她还用许多芦苇烧起熊熊大火，赶走猛兽，又用芦灰堵住四处泛滥的洪水。这就是后来古文献记载的："炼五色石以补苍天，断鳌足以立四极，杀黑龙以济冀州，芦灰以止淫水"。英雄女神终于把人类从濒于灭亡的险境中拯救了出来。

"伏羲氏"——始作阴阳八卦。相传鸿蒙初辟的某一天，一个女人华胥氏独自外出，在雷泽中无意看到一个特大的脚印，好奇的华胥氏用她的足迹对之丈量，丈量之中竟然不知不觉地感应受孕。怀胎十二年后，伏羲降生了。伏羲又称宓羲包牺，居三皇之首，向被称为中华民族的人文初祖。

伏羲来到世间后，出了龙马跃出黄河，身负河图的怪事，又有神龟浮出洛水，背负洛书的奇闻。神助伏羲，使他得以根据河图洛书"以作八卦、以造神明之德，以类万物之情。"伏羲创始的阴阳八卦中，包涵着深刻的对立统一思想，构成中华民族认识主观世界和客观

伏羲（太昊）庙

伏羲发明八卦

世界的独特模式。对中国传统自然科学和社会科学的创立和发展，提供了理论依据，伏羲的"人文始祖"地位就由此而定。据传说伏羲又一大功，是发明了渔猎工具，"结绳网以为渔，"传说中还有制嫁娶之礼，造书（刻符号）、创历法、人工取火，制琴作乐等发明创造。

"神农氏"——农业生产的出现。远古时期，黄河人主要依靠采集，据说神农氏"乃求可食之物，尝百草之实，察酸苦之味，教民食五谷"（《新语、道基》)，生产工具主要是一端尖的木（竹）棒（后代称之为"耒"），它可以敲打树上果实，挖掘洞内蚁虫。后来又据说："神农之时，天雨霖，神农遂耕而种之"（《绎史·周书》)这大概如早先云贵少数民族那样，春天放火烧完一座山，灰烬遍地便是肥料，然后以尖木棒在地上压洞点种。这便是延续数千年的"火耕"。之后，神农氏又"斫木为耜，揉木为末，末耜之用，以教万民，始耕稼，故号神农氏。"（《史记补三皇本记》)看来，神农氏后期已经从火耕农业发展为耜耕农业。农业的出现是生产力发展的延续阶段，农业比狩猎有更稳定更有效的收获，黄河人从而得到迅速繁衍，社会化的生产也促进了民族社会的形成。

黄河流域早在新石器早期末出现了石制的斧形器、铲状器。这也可以是神农氏时代的考古佐证。竹木制的农具工具当更早出现，只是因易腐而没有保留而已。有人认为"旧石器时期"应为"竹木石器时期"。

"三皇"时代是黄河文明的初级阶段，当然还不完善，有人认为真正的文明时代还应该有文字、有城市。若这么说，也不妨碍"三皇"时代的功绩，如果说文明是太阳，那么"三皇"时代便是曙光，曙光出现了，黄河文明的红日马上就要冉冉升起了。

当然，"三皇"时代的功绩不是个人的功劳，所谓"有巢氏、燧人氏、女娲氏、伏羲氏、神农氏"也应该不只是一个人，它们是一个个母系氏族的名称，当然也可能是该民族代代相传的首领的世袭名号。说"神农氏十七（七十）世而王天下"，那么神农氏世代相传至少有十七（七十）位首领，即前前后后有十七（七十）位神农氏，黄河文明的出现当应归功于千千万万这个时代的先民。这千千万万先民才是创造黄河原始文明的动力。

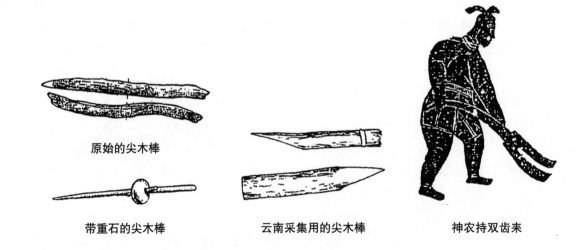

原始的尖木棒

带重石的尖木棒　　　　云南采集用的尖木棒　　　　神农持双齿耒

第二章　五帝时代——黄河中下游为中心的"五帝"文明

第一节　信古、疑古与释古

据今 5000 年前后的"五帝"传说，散见于古籍，正统的说法，"五帝"为黄帝轩辕氏，帝颛顼高阳氏，帝喾高辛氏，帝尧陶唐氏，帝舜有虞氏。同时代还有炎帝、蚩尤、大禹等族活动。但"五帝之事，若觉若梦"（《列子·杨朱篇》），古人都说不清楚。这就牵扯出了"信古"、"疑古"、"释古"之争。

"三皇五帝""尧、舜、禹""夏、商、周"的故事实实在在载于《史记》等经典著作之中，"神农尝百草""中原逐鹿""血流漂杵""大禹三过家门而不入"之类的故事已经深入人心，数千年来的学者多对此深信不疑，一讲到中国历史，便引此经、据此典，即便是民国以后的中、小学历史教科书讲的，也是这些故事。这便是信古。这些深信古籍而不疑的学者，人们便称之为"信古派"。

到了近代，民国前后，有几位史学大家对史籍的真实性提出质疑。首先，康有为写了《新学伪经考》《孔子改制考》，指出：过去人们对历史的认识主要依靠经书而来，而经书中的很大一部分内容却不是原版，是新莽时期刘歆伪造出来的。疑古思潮从此出现。梁启超《中国近 300 年学术史》中指出："无论做哪门学问，总须从别伪求真为基本工作，因为所凭借的资料若属虚伪，则研究出来的结果当然也随而虚伪，研究工作算白费了。"顾颉刚的《古史辨》把疑古思潮推向高潮。他认为中国人古代的传说是越造越多，越造越复杂，所以中国人对古代的看法是历代人不断地造伪的结果。这就是"层累地造成的古史。"顾以后，不少疑古派学者对古代史籍作了大量辨伪工作，"信古派"似乎完全被打倒了，结果越搞越扩大化。炎帝、黄帝、尧、舜、禹似乎根本不存在，出现了"汉以前古书无不可疑""东周以前无古史"的观点，造成不少冤假错案。这么一来，伟大祖国的五千年文明便成了一句空话，无怪乎一些外国人否定中国的五千年文明。这些"疑古派"的问题，其一在于扩大化；其二在于以古书论古书，缺乏考古成果的支持；其三在于完全否定传说，其实传说虽然掺杂神话，但总有它历史方面的质素、核心。古书经历多次传抄，虽然掺入胜利者和后人的思想，有层叠地编造的事实，但也还不是完全虚造的。

于是"释古派"出现了。释古派学者以为要理性地对待古籍。冯友兰先生在《古史辨》第六册序言中认为"信古是一种抱残守缺的人的残余势力"，"对于将来的史学是没有什么影响的"，"疑古一派的人所作的功夫是审查史料。释古一派的人，所作的功夫是将史料融会贯通。"王国维认为："疑古史的精神很可佩服，然'与其打倒什么，不如建立什么'"如何建立？郭沫若认为：把古书记载和考古成果结合起来，便是古史。王国维提出"二重证据法"，即以地上之文献和地下之文献互相印证。近代王大有等专家并注重吸取传说和神话中的精华。

释古派的理论由于甲骨文的发现而得到成功。1899 年，古史专家王懿荣先生因病服药，意外发现药材"龙骨"上居然有古代文字——"甲骨文"。经过后来抢救性挖掘，挖出了商代的一座"图书馆"，通过解读，人们发现根据"甲骨文"中的记载，中国古代确有商代，而且一代代商君的名号和古籍也基本一致。可见古籍中的商代历史并非全是虚妄的传说。同时，依据"甲骨文"也修正了古籍中的谬误。

第二节　新石器中晚期简述

"五帝"时代相对应的考古年代大约相当于新石器中晚期。在黄河流域考古成果十分丰富。

一、新石器时代中期——距今 10000~7000 年前后

（1）裴李岗文化，主要分布在中原地区。人们居住的房屋，均为半地穴居住建筑，平面以圆形为主，除单间外有两间和三、四间的。生产工具，主要有石制的斧、铲、镰、磨盘等，骨器有镞、鱼镖、针、锥等。作物主要是粟，还有稻谷等。生活用具以红陶为主，器形有罐、钵、碗、壶、盆、缸、瓮、杯等。

（2）此外，同时期还有分布于冀南、豫北的磁山文化；分布于渭河流域和陕西汉中一带

殷墟遗址基坑

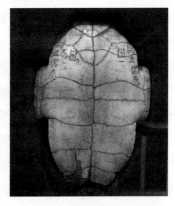

殷墟甲骨

的老官台文化；分布于鲁西的后李文化。

二、新石器时代晚期——距今 7000~5000 年

（1）仰韶文化。它是中华大地最先确立的考古学文化，在渭河流域、河南大部分地区、

鲁南、冀南、陕西汉中有相当数量的遗址发现，其中以关中、豫西和晋南这一三角地带为其中心地区。其居住房屋由半地穴式建筑为主，并且出现了像秦安大地湾遗址所发现的殿堂式建筑。由居住房屋组成的聚落，多处有发现，其中以陕西姜寨遗址发现的聚落较为完整而且典型，有着一定的代表性。它在居住区的东、东南、东北有三处基地，西南临河岸边有烧制陶器的窑场中心。广场周围分布有五组房屋的群体。同时使用的房屋有 100 座，门户均朝向中心广场。居住区外围有沟濠，沟濠内侧每隔一段距离有作为哨所的小房子，可以瞭望东、北、西三面。此外西安半坡、

河南临汝出土鹳鱼石斧图陶缸（局部）

宝鸡北首岭等地仰韶文化遗址居住区布局，亦大体相似。

仰韶文化的房屋复原图

仰韶文化半坡类型彩陶

农业生产以种粟为主，还有黍，偶见稻作及蔬菜生产遗存。石制生产工具有斧、铲、锄、锛、刀、镢、网坠等。

生活用具陶器，以泥质红陶和夹砂红陶为主，外涂彩画。仰韶的彩陶，向为人们所注目。

（2）大汶口文化。其在仰韶之后，距今 6300~4500 年。分布于山东大部分、江苏、安徽的淮北。人们居住的房屋可能以排房式组成聚落。石制生产工具除了斧、锛、凿、铲、刀等还发现有鹿角锄。晚期有石钺和制作十分精美的玉钺。这种玉钺可能是象征社会地位、权力的一种礼器。

大汶口文化的陶器的特点是黑陶。其制作精细，器形有鼎、罐、豆、壶、盆、杯、鬶、

盂等。

（3）除仰韶、大汶口之外，同期还有北京一带的上宅文化；鲁西一带的北辛文化等遗存。

（4）"石器时代"——名词辨正。

所谓"石器时代"的说法，主要是引用的外来词汇。其实当时的主要生活用具是竹、木、陶器，而生产工具亦大量使用竹、木，即便是石制的箭镞，也只是竹弓、竹箭前安的一个尖而已。即便是石斧，人所把握的柄也还是木制的。竹、木作为生产工具早已有之。

大汶口文化黑陶高柄镂孔杯

大地湾一期陶文

甘肃秦安县大地湾遗址其一期文化距今7800～7550年，出土陶文中发现有竹独体字符"↑"，即竹原始独体字为汉文母字。

北辛陶文

山东滕州北辛遗址出土陶片上，发现刻有竹独体"↑"字，距今7300～6300年间。

半坡陶文

半坡遗址出土陶文实例

西安半坡遗址出土陶文中发现两个竹独体字"↑"象形字实例。距今6750～6250年早于仰韶文化的大地湾一期陶文中便有"个"、即竹的古文母字,说明当时人们已广泛用竹。后来母字"个"发展为汉字"竹"字头的许多汉字,都和竹器具有关。竹器具在远古时期已经在种植、捕鱼、狩猎、音乐、生活、战争中普遍运用,《绿竹神气》一书中多有举证,这些不多说了。古字"殳"字据《说文解字》说是一头削尖的竹、木棒,远古黄河人用于点种(近现代西南少数民族称为"点包谷",即用尖木棒在地上压一个洞,点一粒种籽),殳还可用于敲打树上的果实及打猎、战斗,后来到周代发展为仪仗。当年竹、木工器具远比石器运用得普遍,只是易腐烂,数千年了,早已腐朽,考古学者难见实物而已。所谓"新石器时代"严格说来恐怕应该是"竹、木、陶、石器并用时代"。

三、铜石并用时代,距今5000~4000年

(1)龙山文化,距今4500年至距今1000年,其分布主要在中原及山东一带。其居住建筑,在河南有半地穴、地面和窑洞式建筑,在山东还发现有土筑台基式建筑。还发现有四处城址。在陶寺墓地发掘出近千处墓葬,从随葬品的数量、质量已明显反映出贫富分化;有的大墓中有成组的礼器。陶器以灰陶、黑陶为主,其中"蛋壳陶杯"一向为人们所赞美,代表了黄河流域史前时期制陶业的最高水平。龙山文化葬俗开始有棺椁之制,又有冶铜术(红铜)。总之,龙山文化已经进入了一个比仰韶文化更高的新的发展阶段。

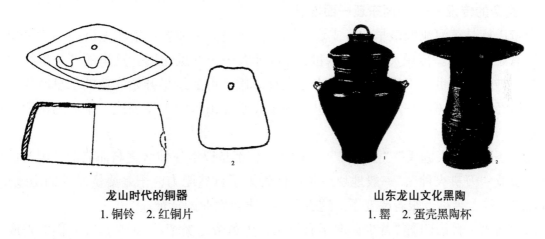

龙山时代的铜器　　　　　　　　　　　　山东龙山文化黑陶
1.铜铃　2.红铜片　　　　　　　　　　　　1.罍　2.蛋壳黑陶杯

(2)马家窑文化,距今5000~4600年左右。其分布大抵东起泾、渭河上游,西至黄河上游的青海龙羊峡、北抵宁夏清水河流域,南达四川的汶川一带。居住房屋多数是半地穴建筑,也有地面建筑。经济以农业为主,作物主要是粟,还有稷和大麻。石制工具有斧、凿、锛、刀、杵等。陶器表面有绳纹,多饰有彩绘,十分精美。

(3)除龙山、马家窑外,还有黄河上游及湟水、洮河、庄浪河等流域的半山文化;还有东自泾、渭上游,西至湟水流域,东抵白龙江流域,北达内蒙古阿拉善旗附近的齐家文化等。

第三节 五帝——若觉若梦的部落联盟

古籍中"五帝"众说纷纭。比较传统的说法是黄帝、颛顼、帝喾、尧、舜，这五人称为五帝。其实这一时期还有炎帝、蚩尤、共工、太昊、少昊、后羿、禹等重要族团。这"五帝"不完全是一个个自然人的名称，大概是指氏族联盟时代若干个氏族部落联盟的名称及其联盟长的名号。《山海经》说，五帝们"生"了不少邦国，一个具体的自然人怎么能生下若干邦国呢？这里的邦国便应是氏族联盟的分支。五帝的称谓恐怕类似于印第安部落酋长的世袭称号，不论哪一代酋长，其称号是不变的。

这"五帝"时代的社会组织是部落和部落联盟。西方社会学家称为军事民主制时期。它的特点：①首领（联盟长）由参加的部落酋长选举或推举产生。②重大事务由部落酋长议事会议决定。总之：会议决定，多数决定为原则。当然，中国有中国的特色、联盟长的权力要大得多，并没有西方古代的健全的民主制度。

一、话说炎帝

1. 炎帝的传说—— 一面东迁一面发展

炎帝氏族是黄河流域最早的一支农业部落。他们似乎和农业生产先祖,三皇时代的"神农氏"有延续关系。传说炎帝传了八世：一世神农……八世榆罔。这里的"一世神农"或许就是"神农十七世而王天下"的第十七世神农氏。可能最早开始农业的三皇时代的"神农氏"历经若干世（不一定正好十七世）到了炎水（山丹河）发展成一个大的族团，更名为炎帝。

炎帝还称为"大庭氏""烈山氏""厉山氏"，都是以居住地区之名而名的。因为氏族部落早期农业"刀耕火种"，一般地块三年后便失去了自然肥力，于是要烧另外的山或草原，部落随之迁徙，名称也跟着改变了。这也是早期火耕农业的特征。

据《国语·晋语四》："昔少典取于有蟜氏，生黄帝、炎帝。"看来这时人们的婚配已经从乱交、群婚发展到氏族外婚阶段了。大概是少典氏族的小伙子们成群到有蟜氏族那儿和当地女子过夜、生活，其后代发展出黄帝、炎帝两个支系氏族。

炎帝氏族最先生活在哪里？史家多有争论。多数学者认为是姜水（炎帝族姜姓），姜水是黄河中游渭水的一个支流，在今宝鸡县境内；另有说炎帝族起于"列山""厉山"，在古随县（今湖北随州）；还有说起于河南新郑华阳的。总之，我们不妨把炎帝氏族的发

湖南长沙炎陵县炎帝陵

祥、发展看做一个不断迁徙的过程，就不难理解了。或可以认为：炎帝氏族"出生"于陕西姜水流域，故为姜姓，是古神农氏的一支，他们从事原始的火耕农业，随着氏族的发展，在几何级数增加的人口压力下，不得不迁徙而寻找新的宜耕土地。最大的可能是沿黄河东下，到达河南西南部（在这里，后来留有不少姜姓诸侯国，如申、吕、齐、许等）。然后，从新郑迁淮阳建"都"（此都系居民聚落而非后代国都）。在那里，他们受到苗蛮族人的阻拦而往东北迁山东曲阜一带，又由于东夷蚩尤族团的对抗追逐而不久北迁冀中涿鹿一带。在涿鹿附近，轩辕、炎帝、蚩尤三大族团两次大战。战后轩辕取代炎帝，称黄帝。以后中原就不再有炎帝的舞台了。有可能是，炎帝族团自大战后，除了一部分臣服于黄帝留在中原，大部分不愿受降封，在新一代炎帝带领下经河南南阳盆地和湖北江汉平原，最后迁徙至湖南中部地区，其最后一代炎帝死后葬于长沙。今长沙炎陵郡有陵有祠，当地人常年祭祀。2009年海峡两岸同胞曾同祭炎帝陵。

　　姜姓的炎帝，中期已经发展成为庞大的族团，分布在陕西、河南、山西、河北、山东、安徽、湖北、湖南等地，其中较有名的支系有祝融、共工、夸父等氏族。到后来，春秋时代，姜姓建国有二十多国，散落的地域也很广。其中吕、申、许、封、间、邱等在河南境内；黄、姒、蓐、沈在今山西南部；齐、高、南瓦、卢在今山东境内；向、焦在今安徽境内。

2. 炎帝世系——从神农到榆罔（供参考）（年份自公元 1997 年上溯）

祖一	大典氏柱 （大主司天大巫）	盘瓠氏（父）+ 有蛴氏女（母）→生子，长为柱下史，名柱，封为大典氏，居伊川，司柱九皋山鸣皋							
祖二	神农一世农 （木正柱下史）	大典氏柱（父）+ 有蛴氏女任姒女儿安登（母）→生长子石耳，次子农（距今 6850 年），居薹山，长为农正、木正、稷官							
祖三	神农二世农 （木正柱下史）								
祖四	神农三世农 （木正柱下史）								
帝序	寿数	称帝年龄	称帝年数	生年	卒年	帝号	出生地	帝都	政绩重大事件
1	50	17	33	6780	6730	瀚喾 （神农）	河南	河南陈留	6763 年职能帝位，史称神农氏，木主司天大巫
2	64	23	41	6753	6689	雨（临魁） （大隗）	河南 新郑	河南陈留	北斗纪历
3	60	23	37	6708	6648	呺 （帝承）	河南 承留	山东曲阜 （穷桑）	大山纪历，常蒸山
4	49	22	27	6670	6621	旼 （帝明）	河南 伊川	河南鸣皋 （九皋山）	大山纪历，太阳历
5	70	24	46	6645	6575	蕾 （帝宜）	河南 伊川土门	河南宜阳	石主日晷仪纪历
6	48	33	15	6608	6560	箇 （帝来）	河北 涞源	山西东榆林	

（续）

| 7 | 43 | 20 | 23 | 6580 | 6537 | 挜
（帝克） | 山西
克城 | 山西古县 | 筑坛立土圭为表作"古""古""古"（吉） |
| 8 | 77 | 31 | 26 | 6568 | 6491 | 榆罔
（榆岗） | 河南
陈留 | 河南伊川
山西榆社
河北张北 | 6511 年降封卢氏城，不受，南徙湖北厘山、神农架，死葬湖南茶陵白鹿原 |

当然实际上或不止八世，榆罔之后的炎帝南下湖北神农架，继续发展，最后一代炎帝死于长沙，葬于兹。

3. 炎帝族团的主要文明贡献——以农业为中心的族团

传说中炎帝的分布地域和时代和考古学的裴李岗文化（及庙底沟文化、磁山文化、老官台文化）时期相当，当地当时没有其余大的氏族族团的活动，可以认为正是炎帝族团发展了裴李岗文化。其主要文明贡献有：

（1）创制农具、种五谷、发展农业。旧石器时代的"神农氏"便已经发明了原始农业。"神农十七世而王天下"称帝的炎帝继承和发展了这农业生产的传统。该时期出土有石斧、石铲、石镰、石磨棒、石磨盘、粮窖穴（其中有炭化的粟），还有双齿耒之痕。看来到炎帝后期，农业生产已经开始从"火耕"阶段进化到"耜耕"阶段。炎帝时期发明了耒、耜、耨等农具，从而有垅亩井田、沟渠灌溉、蓐草锄禾、间苗点钟等收割制度。当时作物主要是粟，次为黍、稷，偶见有稻。

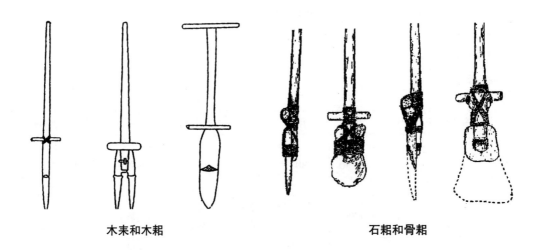

木耒和木耜　　　　石耜和骨耜

（2）发明了陶器。史籍记载炎帝"埏埴以为器""神农耕而作陶"。我国长江流域大约1.3 万 ~1 万年前就已有原始的陶器。黄河流域要迟一点，大约和神农、炎帝时期相对应的时期才出土有大量红陶器皿，主要是生活用的罐、钵、壶、盆、缸、瓮、杯等。这种手工制作的陶器火候很低，有的泡水则坍。当是陶器发明的初级阶段。这未必是长江流域的传入，可能是独立发展的。这时期定居农业，粮食需要煮熟再吃、饮水吃饭要有盛水器皿，成了制陶的动力。而长年用火，火边的泥土自然会烤硬，也给古人以启发，从而陶器便因运而生。

泥条盘筑制陶示意图

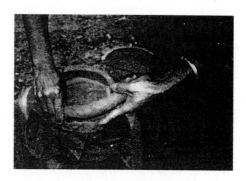

现代黎族泥条盘筑制陶

（3）发明了纺织术，始制衣服。《庄子·盗跖》曰："神农之世……耕而食、织而衣。"裴李岗出土有磨制的陶轮，估计当时人们已经从生活体验中逐渐学会用野生麻类、纤维纺成线、织成布、缝成衣服，以保暖、遮羞。这是人们从野蛮走向文明的重要一步。

（4）发明草药、治病。《帝王世纪·第一》曰："炎帝神农氏……尝味草木、宣荣疗疾，救夭伤人命。"先民平均寿命仅三十余岁，一二十岁的青少年多有夭折。这主要是病害肆虐的原故。草药治病是人们从生活中逐渐认识的，从三皇时代之末的神农氏到五帝之首的炎帝较早进行了尝试，传说一日遇七十毒而不止。草药治病是中药的基础，炎帝族团的贡献是伟大的。

（5）货物交易。《周易·系辞》曰："炎帝时，日中为市，致天下之民，聚天下之货，交易而退，各得其所。"旧石器时代，人时依赖自然界为生，饥即觅食，饱则弃余，没有多余货物可以交易。炎帝时，定居农业，收获时粮食满仓，有了多余粮食、麻布、陶器，具备了交易的物质基础，这才可能设市交易。当然，这种交易主要还是以物换物型的原始商业。

（6）发明乐器。《帝王世记·第一》曰："炎帝都于陈，作五弦之琴。"五弦琴似还设有出土文物佐证，大概是竹木结构，早已腐朽，但同时期出土有笛、箫一类骨制管状乐器，可见当年确已有乐器。

（7）制定太阳历。以大山若木记日晷历法。古代人们依太阳所出的山位，依据经验确定太阳从某山出（入）是收获时，此山便是收获山；太阳从某山出（入）是播种日，此山便是播种山；所谓若木应是在天文观测中心竖的一根高高的若木(即所谓天齐表木)，四周树游表木，用以观测太阳的方向和高度及日影的长度，以此决定四季和播种收获日期。这对于农业生产是十分重要的。

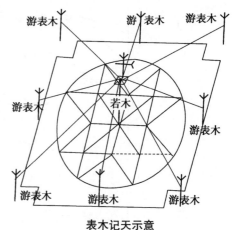

表木记天示意

二、话说黄帝

1. 黄帝始末——从天鼋到黄帝

黄帝和炎帝一样，不是一个自然人的名讳，而是一个氏族族团的称谓，又是这个族团首领沿袭的称谓。黄帝氏族原先称天鼋氏族。汉代文人记录时，大约嫌龟类的鼋不雅，有损祖先的伟大形象，于是写作轩辕族，反正天鼋和轩辕同音，古人写字没今人讲究，同音字便可假借，于是天鼋氏族便成了轩辕氏族了。

　　轩辕氏的兴起，有专家说是在陕西渭水；有说是河南新郑；有说是甘肃天水，有说是冀中涿鹿；还有说是山东寿丘。专家们说的大概都有道理，看来，这反映了古代氏族的一个逐步迁徙、逐步发展的过程。传说轩辕氏族和炎帝氏族同出于少典氏和有蟜氏，可谓母系社会的姊妹氏族。但是若论"称帝"来说，则相差很多。炎帝氏族的先祖们在姜水早早发展定居农业，人口迅速繁衍，不断东迁，早在炎水就已经称炎帝，到了中原更发展成为巨大的族团。而同时，轩辕氏族的先祖们还长时间在渭水边草原上狩猎、放牧。后来，随着人口迅速增长，也要寻找新的草场，于是才向东北迁徙，到了冀北。

　　这时，早已到这里的炎帝榆罔已经是第八世炎帝了。在这里，为争夺涿鹿附近这块宝地，三家发生战争。最终，弓箭在手的狩猎的强悍族团轩辕氏战胜了炎帝和蚩尤。之后，又于公元前4514年、4513年击杀刑天、夸父，分流少昊、昌意，于是合符合盟釜山，成了中原的共主。这时，轩辕族团才"称帝"，正式称为黄帝。

　　之后，为对付来自江汉的苗蛮族团（包括蚩尤余部）并加强对原属炎帝族团部落的控制，又从涿鹿返回有熊（今河南新郑）。经有熊氏、帝鸿氏、帝轩氏，逐步衰落，一代不如一代，终于被后少昊赶到北方（辽河以北）去了。

　　黄帝"称帝"（成了联盟长），黄河中下游许多氏族部落归于黄帝氏族。所谓黄帝二十五子，

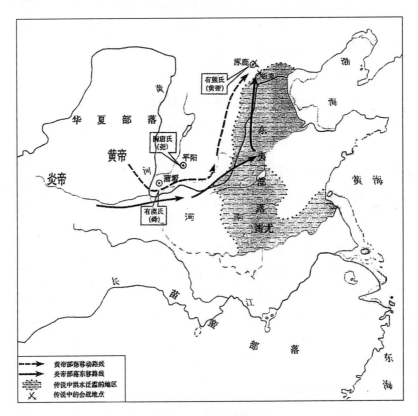

黄帝、炎帝迁徙路线图

陕西黄陵县新建黄帝陵

或二十五宗（支系）便是众多氏族部落来归的写照。《国语·晋语四》说："凡黄帝之子，二十五宗，其得姓者十四人，为十二姓：姬、酉、祁、已、滕、箴、荀、僖、姞、儇、依，唯青阳与苍林氏同于黄帝，故皆为姬姓。

2. 黄帝世系——三代之祖今说

黄帝既然有"子"，似乎已进入父系社会，其实不然。父系社会是父子同姓，父子不同姓只能出现在实行对偶婚的母系社会里。而且，"子"的概念不是今天的血缘关系。"二十五子"只可能为二十五个支系氏族。黄帝后裔很多。按《史记·三代世表》《帝王世记》等古籍对照，黄帝族团的主要后裔可列表如下：

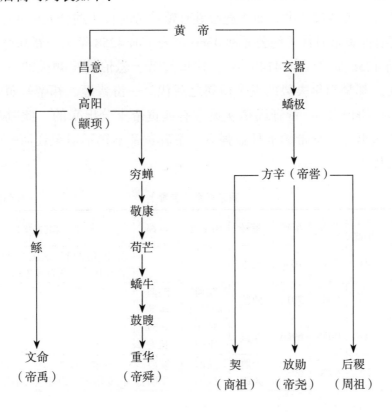

按照这个列表,中华历史的"三代",即夏商周的开山先祖禹、契、后稷都是黄帝的子孙。黄帝不愧为中华民族的绝对始祖。但是,古籍记载有一个大问题:司马迁等古籍作者是以他当时的现实生活去理解远古之人的,所谓"黄帝生昌意,昌意生颛顼"中的"生"字按后来父系社会当然是父生子的意思,而在母系社会应理解为派生、产生、吸收的意思,即黄帝族团中派生出昌意氏族,昌意氏族后来又发展吸收了颛顼氏族。所以禹、舜、后稷不是黄帝血缘的子孙。颛顼应是伏羲之后,恐怕还是少昊之臣,当属东夷集团;禹的先祖是西羌人,可能出生于东夷;后稷先祖恐怕是西戎集团的成员,后来才到中原来的。总之,把上面这个表用父子关系来衡量颇有点牵强,只有把它看作族团领袖的消长、承继关系才说得通。

黄帝釜山会盟盟址"丹墀地"

黄帝釜山会盟石

3. 黄帝族团世系——兴而盛,盛极而衰

轩辕氏黄帝之后还经过3世,即涿鹿姬姓轩辕黄帝时代(约公元前4513至公元前4366年)—灵宝姬姜有熊黄帝时代(约公元前4366至公元前4258年)—新郑鬼酉缙云帝鸿黄帝时代(约公元前4258至公元前4140年)。这里的缙云恐怕是祝融氏的一支,而帝鸿则应是共工氏的一支,都是当年失势的炎帝臣属之后代。—汾晋姬、祁帝轩黄帝时代(约公元前4140至公元前4049年)。帝轩氏是从灵宝有熊黄帝支分出来的,此时从南返回涿鹿并继续北返。由于东夷在少昊带领下日益强大,帝轩黄帝不得不退至辽河一带,而中原进入了(后)少昊时代。

黄帝世系(参考)　　　　　　　　　　(年份自公元1997年上溯)

帝序	寿数	称帝年龄	称帝年数	生年	卒年	帝号	出生地	帝都	政绩重大事件	族氏分期
1	65	24	41	7111	7046	枪术			方雷氏先祖天鼋氏,号轩辕氏,雷泽氏裔,见注(2)	天鼋氏(轩辕氏) 少典氏黄姬氏
2	52	33	19	7065	7013	茴芒	陕西洄水湾	陕西岚皋		
3	69	22	47	7035	6966	赤哲	陕西土门	陕西长安		
4	57	24	33	6990	6933	少典大迥	陕西扶风	陕西千阳	少典本字作凿,娶(入赘)方雷氏女附宝生姬姓黄夷祖先"黄帝"	

（续）

帝序		寿数	称帝年龄	称帝年数	生年	卒年	帝号	出生地	帝都	政绩重大事件	族氏分期	
1		65	29	36	6962	6897	黄夷	甘肃天水	甘肃轩辕谷		姬姓黄夷氏族	
2		64	25	39	6922	6858	大菁	宁夏崆峒山	甘肃镇原			
3		71	23	48	6881	6810	节迺	甘肃庆阳	陕西姬塬			
4		66	39	27	6837	6791	菁泽	陕西雷原	陕西雷牙			
5		52	19	33	6790	6738	葛应	陕西韩城	陕西黄龙			
6		52	27	35	6765	6703	回样	陕西清涧	山西方山			
7		62	19	43	6722	6660	昌奎	山西娄烦丰润	山西轩岗		姬姓黄夷氏族	
8		72	18	54	6678	6606	象安	山西神池	山西天镇	炎（共工）黄战争		
9		70	19	51	6625	6555	连邦	河北万全	河北张北	炎（共工）蚩黄战争		
10		66	21	45	6576	6510	邦卉	河北赤城龙门	河北云州	炎（夸父）蚩尤黄夷战争，最激烈时期		
11	1	61	30	31	6540	6473	芒6510年称帝	内蒙古兴和	河北涿鹿	姬芒称帝，帝号黄帝，袭天鼋氏国号，名轩辕国，帝都涿鹿，名轩辕台（丘）	涿鹿轩辕黄帝时代	黄帝氏族
12	2	69	24	45	6503	6434	蔡	河北金山	河北涿鹿	涿鹿本名彭城		
13	3	51	30	21	6464	6413	豕	河北易县	河北涿鹿	沿永定河南迁		
14	4	59	26	33	6439	6380	本	河北蠡县	河北获鹿	潞龙河由韩流氏所领	涿鹿轩辕黄帝时代	黄帝氏族
15	5	64	47	17	6427	6363	常	河北武安	河北彭城常隆	涿鹿本名彭城（轩辕国为豕鹿龟蛇轴心联盟）帝鸿氏随迁安阳建江国		
16	6	66	30	36	6393	6327	号	山西常隆	山西霍县霍山	句龙后土居霍山古县、吉县，佐黄帝		
17	7	51	24	27	6351	6300	咁	河南王屋	河南灵宝	黄帝一气衍三坟，寻仙访道，作《内经》	灵宝有熊黄帝时代	黄帝氏族
18	8	50	25	25	6325	6275	转茸	河南阳平	河南灵宝	黄帝采首山铜铸鼎左彻居冯佐村		
19	9	67	27	20	6302	6255	贯俞	河南渑池	河南宜阳	一支西出潼关，上桥山，西迁关中		

（续）

帝序		寿数	称帝年龄	称帝年数	生年	卒年	帝号	出生地	帝都	政绩重大事件	族氏分期	
20	10	64	25	39	6280	6216	恚文	河南登封	河南密县	熊耳山青要山为帝之密都	帝鸿缙云时代	黄帝氏族
21	11	62	27	35	6243	6181	成契	河南大虹桥	河南新郑	炎帝共工帝鸿氏执政		
22	12	66	22	44	6203	6137	芉釆	河南大隗镇	河南新郑	炎帝魁隗缙云氏执政		
23	13	58	24	34	6161	6103	汇阳	河南温县	河南祁家河	神农氏祁姓执政	帝轩时代	黄帝氏族
24	14	60	29	31	6132	6072	昌英	山西临猗	山西双池	黄帝依姓执政		
25	15	52	26	22	6098	6046	号次	山西祁县	山西轩岗	6050年少昊职能王位，取代号次		

4. 黄帝族团的文明贡献——七大功劳

黄帝族团晚起于炎帝几百年，但后来居上，远比炎帝强大。和它同时期同活动范围的考古文化有仰韶文化遗存。仰韶文化层叠压在和炎帝活动同时期的裴李岗文化之上，可见比裴步岗文化要晚，可以认为仰韶文化反映的是黄帝时期的文化。也有专家认为，黄帝晚期（帝轩氏时）也许和红山文化有关系。

（1）改进生产工具，广种五谷，发展农业。黄帝时代的粮食作物除继承炎帝时的粟、稻外，又增加了高粱和蔬菜，统称五谷。农具形制也有了很大的改进，农业完成了从"火耕"到"耜耕"的转变。

（2）改进造屋技术。遗存发现有数十间的联排房，有烧烤得十分坚固平整的套间住房，有面积80~160平方米的大房子，这种大房子应是公共活动或祭祀的场所。

（3）改进纺织技术，制冠冕、衣裳。史载：黄帝臣"伯余作衣""胡曹作冕"。遗存发现不少特制的陶纺轮和大小骨针、骨梭、骨匕等纺织工具，一些陶器身上印有布纹，所绘舞者均穿有衣服，可见当时人们已经普遍穿衣戴帽。联盟长黄帝戴的帽据说叫做"冕"。据说黄帝的妻族螺祖发现了养蚕、缫丝，虽然不及长江流域早，也或许是长江流域的工艺通过蚩尤的俘虏传入的。"黄帝斩蚩尤，蚕神献丝，乃称织维之功。"可见，这位蚕神，原是蚩尤属下，黄帝斩了蚩尤后，俘虏了来的，也说不定就是螺祖族。

戴冕的黄帝

（4）发明舟车。史载"黄帝有熊氏始见转逢而制车"。舟船的发明当推长江流域，而车辆的发现，黄帝的贡献或应更大一点。至于玄而又玄的"指南车"，到底是什么东西，专家们至今也弄不明白。

（5）发明冶金术，冶铜铸鼎。《史记·封禅》曰："黄帝采铜首山，铸鼎荆山下。"首山、荆山均在河南西边灵宝境内。姜寨遗存发现有人工冶铸的黄铜片可作为这一时期冶铸铜器的佐证。冶铜制造兵器原是蚩尤的强项，后传入炎帝，再后炎黄联盟便顺理成章传入黄帝，黄帝于是改进了自己的武器。"恢卧三年"，并非闲着，制作先进武器是重要的准备工作。这大概是后来转败为胜的原因之一。成规模的铸鼎大约是晚期的灵宝姬姜有熊黄帝时代。

（6）统一文字。《帝王世纪》曰："其史仓颉，又取象鸟迹，始作文字。"鸟是东夷族的图腾，"鸟迹"大概是东夷的原始文字。黄帝下属的仓颉氏族大概在东夷原始文字的基础上作了改进，统一了文字。但这种"统一"的是比较勉强的，少昊清为首的东夷并不执行，"乱德"了，于是没有继续发展。至于商代系统的甲骨文，是否有仓颉文字的影子，就说不清楚了。

半坡时期的刻划符号

（7）黄帝筑城。《史记·封禅书》："黄帝时为五城十二楼"，即黄帝建了五座"城"。这"城"的概念是什么还不清楚，要说是居住聚落则早已有之，要说是有城垣、有王宫、有贸易交换的完整的"城市"则证据还不足。真正的"城市"大概要到夏启时代才出现。黄帝时代的城已颇有规模，轩辕黄帝胜利后在涿鹿彭城建轩辕城（黄帝城），今遗址尚存。故城实测南北长510~540米，东西宽450~500米。城墙高16米，顶宽3米，底宽16米。城墙夯土所筑，每层厚10~14厘米。夯土有竖状分层，说明不是一次筑成，或是在原大彭城的基础上扩建的。

以上七项黄帝族团的文明贡献，有些如农业、造屋、筑城，在前人的基础上有所贡献；有些如舟船制造、养蚕纺织、种稻等虽不如长江流域早，但或有自己的特色。文字的发明是一个很大的综合工程，仓颉造字大概还只是其中的一个重要段落。

黄帝城遗址西南门

5. 混血的龙——多元一体

过去有一种说法，既然农业、造屋、筑城、造舟车、纺织、文字甚至用火都是黄帝一人或其下属发明的，尧、舜、禹、商、周的祖先都是黄帝一人。于是，中华文明就只是一个源头，起源于黄帝。中华文明的发展是唯一源头的一滴墨渍式的发展。实际情况并非如此。同期，在中国大地上，除了以黄帝为代表的中原集团外，北有北狄集团；东有东夷集团；西有西戎集团；南有苗蛮集团。长江下游的河姆渡遗存、东北地区的红山遗存在某些方面，如舟船制造、养蚕纺织、宫室建筑、住房等，其文明程度往往远远超过中原。可以说：中华文明的起源是多元的，多源头文明互相影响、互相交流、互相渗透、共同发展，成就了伟大的中华文明。可以说中国龙是一头混血的龙。这多源是否就是中原、北狄、东夷、西戎、南苗蛮这 5 个。其实未必，史家多认为这大概是立足于中原人自己的想法：自己是中央，东南西北是夷蛮戎狄，四方拱卫中央。按考古资料来看，中国南方的巴蜀、长江下游、华南的文明似各有源头，都说是苗蛮集团也似乎过于笼统；陕甘和新疆等地，古代亦各有文明源头，统称西戎集团亦不合适，于是有人把全国分面许多个文化区。不管是多少个，反正不是一个单一源头，是多元的。

　　尽管如此，以黄帝族团为代表的黄河中下游文明还是不愧为中华文明的主要源头，是中华文明的中心。

　　其一，中原文明成就比较全面完整，而其他地区往往局部突出。比如农业种植，长江下游稻作农业虽然发达，但比较单一，而中原则种植"五谷"，有旱地有水田；

　　其二，中原文明前后延续比较完整，从神农—炎黄—尧、舜、禹—夏商周代代相连，并不断征服，同化四边所谓夷、蛮、戎、狄。到了汉代宣帝前后，基本形成了中华文明的主体民族—汉族。而同时代的其他文明往往"昙花一现"，后继乏人。如长江下游河姆渡文

红山文化犁形耜

河姆渡文化骨耜

红山文化石耜

良渚文化凤族玉王冠

良渚文化玉琮王

明，产生发展可能比黄河中下游的中原地区要早，建筑、纺织、造船水平比中原要高，但突然消亡，之后虽在良渚有所延续、影响，但又很快消失了。红山文明城垣、祭天宫殿建筑十分壮丽，但也是"昙花一现"，不久衰亡了（这当然也可能是考古工作多年重视中原，忽略了其他的缘故，且待将来新的发现）。在中华大地上，数千年一直处于中心位置的还应是黄河中下游的中原文化（或说是黄河文化、河洛文化）。因此，中华文化既是多元的，又是一体的，是多元一体的文化。

三星堆文化青铜神树和立人

红山文化、河姆渡文化、良渚文化、三星堆文化之所以衰亡，史家多有争议。难以抗拒的天灾（比如大洪水、海浸）、人祸（战争）或许是主要原因。还有一个重要原因就是黄帝以后，中原文化完成了从"天定，则胜人"到"人定，则胜天"的过渡。红山文化的祭天建筑是十分浩大雄伟的，是耗费巨大的工程；良渚文化祭祀用的玉器，三星堆文化祭祀用的铜器，其规格之大数量之多也是耗费巨大的工程，而中原文化远远不如。中原人当时主要尊崇的已经不是虚远的天神，而是人格化的祖先神和神化了的首领（如黄帝、大禹）。当天灾、外患来临时，人们不是倾其力去祭天，求得天神的保佑，而在神、人合一的首领（如黄帝、如大禹）的统率下"与天斗、与地斗、与人斗"。这当然是一种进步，斗争的胜算必然大得多。中原文明能世代承继而不衰就不难理解了。

6. 祭黄帝陵——3个黄陵

中国史家一向有神化个人的传统，热心于在每个时代对胜利者大树特树。于是整个黄帝族团的功劳一沓括子说成是其领袖黄帝一人之功，甚至把这一时期前后左右各氏族的文化成就都归于黄帝一人。简单说来就是：我的功劳是我的；你的功劳也是我的；大家的功劳都是我一个人的。于是，黄帝从族团首领被演化成神人合一的"生而神灵"的天才神人，既是"千古一帝"，又是中华民族的"始祖"。是帝王，要祭；是祖先，也要祭；是神灵，更要祭，于是，后代祭黄帝便代代不衰。

《竹书记年》载：黄帝之臣削木为像祭黄帝，这应该是祭黄的最早记载。到了虞夏时代，黄帝已经被当作中华民族的始祖来祭祀了。根据甲骨文记载：我国祭祖的制度在商代已十分发达，到周代，祭祀制度更为完备，对祭祖的仪节、规格都有明确的规定。

秦汉之际，五德终始说盛行于世，黄帝和青、赤、白、黑四帝各被当作大地运行周期的一个象征和代表而受到祭祀。到汉代，祭祀五帝始终是祭祀的重要内容，刘邦入关祭黄帝，汉武帝率十八万大军祭黄帝，形式上都是把黄帝作为五帝之一来祭祀的。从汉代到唐初，祭黄帝陵时断时续。唐天宝年间，唐玄宗下令在中央的历代帝王庙中，加上对三皇五帝以及三皇以前的帝王的祭祀，祭黄帝从时断时续的祭祖先变成了常规的祭帝王。之后，祭黄帝之礼越来越热。

黄帝葬桥山，这桥山应是涿鹿桥山，其山石如桥；古代祭黄帝陵当在涿鹿桥山；后来改在陕西延安府境内的桥山；再后来，延安府为异族占领，祭黄帝还得祭，便改在南边的中部县桥山进行，一直到现在。也有说涿鹿桥山葬的是轩辕氏黄帝，而延安府葬的是有熊氏黄帝（亦有说有熊氏葬灵宝荆山）。中部县（今黄陵县）桥山的黄帝陵葬的是衣冠，但历年香火旺盛。人们大多忘记了早先的延安府桥山，更忘记了涿鹿还有真正轩辕氏黄帝的葬地桥山了。

历代祭黄帝陵越来越受到关注，并演化为公祭民祭两大系统。其一，黄帝一直被作为中华民族的唯一先祖，被作为中华民族的代表，祭黄帝陵可以凝聚中华民族的情感，振奋中华民族的精神，加强中华民族的凝聚力。于是，当中华民族遭到外敌入侵时，人们便格外注重祭祀黄帝陵以团结全民族共同对敌。近年中国共产党和台湾的国民党要员同祭黄帝陵，当然也有凝聚中华民族共同情感的作用，表达对同一民族的认同心境。其二，黄帝一直被看作统一中国的最早领袖。当一个新的朝代完成了统一大业时，往往以祭黄帝陵来表达统一终于成功的胜利的喜悦，以祭奠先祖、告慰先祖的形式把本朝的统一盛事和先祖的统一盛事联系在一起。

今日黄帝陵

三、话说蚩尤

1. 关于蚩尤的传说——被妖魔化的英雄族团

相传蚩尤是"九黎"部落的中坚民族。苗族人传说蚩尤是"三苗"中最强大的一支，是伏羲、女娲的后代。其祖先曾依附少昊，和少昊族在同一片土地上和睦相处（"同于一宇"）。其祖居地大约在河南浚县至山东郓城一带，当属"东夷集团"。现代人在蚩尤族生活的大汶口文化遗存中发现有和良渚文化器形一致的玉琮，于是不少人认为蚩尤族源于良渚文化，是良渚人北上至鲁豫而发展成蚩尤氏族。这个结论或许还需要更多的证据，但良渚人北上和蚩尤族交往甚或融合则是完全可能的。蚩尤部族能征善战，不断战胜、兼并周边部落，包括"同于一宇"的少昊（雨师）、太昊（风伯）等，之后又"杀"了炎帝的"八个太阳""八个月亮"（或许是以太阳、月亮为图腾的部落），兼并了炎帝原来的主要支系，如祝融、共工、刑天、夸父，发展成东夷最强大的族团。据《五帝本纪》说，"有蚩尤兄弟八十一人，并兽身人语、铜头铁额、食沙石子，造立兵仗刀戟大弩、威振天下。"所谓"兄弟八十一人"当可解读为八十一个支系氏族，和黄帝之有"二十五子"一样。古称"九"为众多之数。九九八十一、兄弟八十一人，言其兄弟支系多而又多也。至于"兽身人语"，大约是蚩尤族人喜欢把自己面孔装饰成呲牙咧嘴的兽面以吓唬敌人，像美洲的印第安人、玛雅人那样。西南少数民族有拔牙、镶獠牙之风，说不定也源于此。所谓"铜头铁额"或许是原始的金属盔形饰物，或就是金属王冠。所说的"食沙石子,造立兵仗刀戟大弩"者,应是冶铜的融炉,吃了矿石矿沙,

东汉画像石上的蚩尤造型

蚩尤王冠复原图（王大有绘）

造出金属武器。

2. 蚩尤族团对中华文明的贡献——被湮没的先进生产力代表

史籍往往站在正统的立场上，对蚩尤族肆意妖魔化，对其社会经济发展情况往往视而不见，倒是考古遗存颇有成绩。近年在山东泰安的大汶口墓地确认一种称之为"大汶口文化"的遗存，其年代距今6200~4000余年，时间段大体与黄河流域的仰韶文化相当。其分布地域也大体和传说中的蚩尤族团活动地域相当。由于当时那里没有第二个较大的部落活动，故可以把大汶口文化视为蚩尤族团创造的文化遗存。

（1）农业、畜牧业。蚩尤族主要种植粟，以作为口粮。家畜饲养业很发达，饲养了猪、狗、羊、牛。特别是猪，往往作为财富的象征，死后将猪或猪骨猪獠牙随葬墓中。大汶口135座墓中，有三分之一殉猪或猪骨。三里河一座墓中竟随葬猪下颌骨达32件，由此可见饲养业的发达。

为农业服务，天文观测也得到发展。大汶口文化层出土有观测天象用的"璇玑"，中空对向天极（北极），其齿分别对应星座，察看北极星移动位置。古人创造了一个"扬"字，象一个人伸两臂举起一个璇玑。

（2）制陶、冶金手工业。制陶手工业，开始使用陶轮来制作陶坯，这比炎帝黄帝早期用泥条盘成陶坯先进多了。

（3）制作玉石器的制作、运用。大汶口文化的墓葬中，发现该族有一种"拔牙"的风俗，成年男女要拔掉上侧门齿。大概拔掉后还要用什么装饰品镶在牙根上。后人猜想或许是用猪獠牙镶上，以示威武、凶猛。近代西南少数民族乃至台湾少数民族也有拔牙镶牙之风俗，或许有着祖先的习俗的影子。同时，无论男女都喜欢用猪獠牙制成束发饰物，还佩戴玉、石、骨制作的工艺品，包括管珠项饰、头饰、

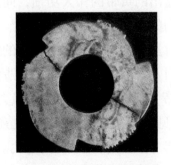

大汶口——龙山文化璇玑　　古文"扬"字

玉笄、臂环、指环等。从所发现的制作精美的象牙梳、象牙雕花筒、骨雕筒来看，该族拥有一批心灵手巧的工匠和先进的加工工艺，能轻松的钻孔、透雕。

（4）冶金术和金属武器的发明。冶金术早已有之，到蚩尤族大规模用于制作武器，古籍多有记载。《世本》曰："蚩尤以金（铜）作兵器"，还有《龙鱼河图》说："蚩尤造立兵仗大弩，威振天下。"《管子·地数》说："修教十年，而葛卢之山发而出水，金从之，蚩尤受而制之为剑铠矛戟，是岁相兼者诸侯九；雍狐之山发而出水，金从之，蚩尤受而制之为雍狐之戟、芮戈，是岁相兼者诸侯十二。故天下之君顿戟一怒，伏尸遍野，此见戈之本也。"蚩尤大约依靠先进武器，

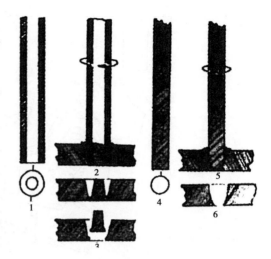

古代钻孔工具

成了东夷的共主。记载的虽然是传说，但不同时期，不同人都记载蚩尤有金属兵器，大概不会是无中生有。

蚩尤英勇善战，加上有了先进金属武器，更如虎添翼，势不可当。《吕氏春秋》说："未有蚩尤之时，民用剥林木以战矣。"可见，蚩尤之先的炎帝、黄帝族起初是用竹木棒作武器的，至多把一端削尖了（称为"殳"）而已。而蚩尤已"以金（铜）作兵器"、造出了"兵仗刀戟大弩"。蚩尤族人挥舞着先进金属武器东征西讨，曾追逐炎帝族，消灭了它的主力，兼并了它的重要支系——祝融、共工、刑天、夸父，并可能在炎帝阪泉大战失败后统一东夷，自称炎帝（蚩尤亦姜姓）。蚩尤对轩辕氏的战争也曾多次取胜，使轩辕退让求和，退至桑于河以北"恢卧三年"。即便蚩尤被杀后，声威犹存。《龙鱼河图》曰："蚩尤没后，天下复扰乱，黄帝遂画蚩尤形象以威天下，天下咸谓蚩尤不死，八方万邦皆为弭服。"

（5）版筑技术筑城，家庭和私有制的形成。世袭治水的共工氏善于筑土堤，蚩尤学习并利用其夯土版筑技术而筑了蚩尤城。鲁北大汶口遗址中已有夫妻合葬及家庭合葬墓；可见已有家庭的形成。墓葬的遗物多少差别很多，又意味着私有制和财富的集中。似意味着正在孕育着新的奴隶制时代。

从社会经济发展水平来看，蚩尤族决不低于炎帝、黄帝，恐怕总体还要先进一点。但最终蚩尤失败了，正统的历史是胜利者对胜利过程的记述，于是人们在正统的史籍中只见到层累地创造出的黄帝的伟大功绩，而蚩尤剩下的便只是"兽身人语"的罪恶兽类代表，死有余辜。他们的真实功迹便湮没了。

当然，对蚩尤的抹黑有一个漫长的过程。早先，蚩尤还是与黄帝并列的神。秦始皇"行礼祠名山大川及八神"，"八神"之一便是"兵主蚩尤"。汉高祖起兵时，"祠黄帝、蚩尤于沛庭"。蚩尤是和黄帝并立的神。汉宣帝在蚩尤家附近建蚩尤祠。宋太宗征河东，选遣臣"用少牢祭蚩尤"。可见，直到秦汉时期，蚩尤还是受人尊崇的战神。民间则更盛。《史记》记载："蚩尤冢在东平郡寿张县阚乡城中，高七丈。民常十月祀之。有赤气出，如匹绛帛，民名为蚩尤旗"。冀州有乐名蚩尤戏（后代称角抵、称摔交），甚至某种慧星亦称为蚩尤旗。

四、炎、黄、蚩尤的战争

1. 阪泉、涿鹿之战——"血流漂杵"

氏族部落早期是很少有战争的。当时人口稀疏，部落之间距离较远，没有利害冲突，于是"鸡犬之声相闻，老死不相往来"。但随着经济的发展，人口增殖，便因为生存领地而发生冲突。炎帝氏族是以农业为主的，每年春季要放火烧荒；轩辕氏族是以游牧见长的，草原是他们的生命源泉；农耕部落和游牧部落如果生活在同一地域，一个要烧荒开垦草原；一个要保护草原、放牧牛羊，则冲突在所难免。其二，随着生产力的急速增长，人口以几何级数增加，原有领地不足养活族人，于是要去寻求新的领地。这便是部落的大迁徙。新来的部落入侵了原有部落的领地，也便发生了激烈的冲突。炎帝氏族和轩辕氏族先后从陕西向东迁徙，这样就侵入了冀豫一带蚩尤族的领地，冲突就不可避免了。

东汉画像石，炎帝战黄帝

东汉画像石，黄帝战蚩尤

开始，蚩尤族团凭借先进的武器阻击"不速之客"炎帝族团的东进，于是，新一代炎帝不得不在蚩尤追逐下再上冀西涿鹿，涿鹿在今北京市之西端，为今官厅水库位置，当桑干河、清水河交汇处，既是水网地区，又在太行山脚下，地势较高不受海浸影响。涿鹿原称彭城，大约是彭氏族聚居之处。炎帝看上了，凭着人多势众毫不客气的占了。晚于炎帝迁入中原的黄帝似乎也看中了这块宝地，也来到涿鹿。但两族难以共存，一个要烧荒，一个要放牧。于是"炎帝为火灾，故黄帝擒之。"传说两族在涿鹿之野大战。农业部落毕竟难以抵挡游牧部落的急冲猛攻，炎帝退至阪泉，轩辕再率以熊、罴、豹、严、虎为图腾的部落，穷追不休，阪泉"血流漂杵"，轩辕"三战然后得志""诛炎帝而兼其地"，取得了完全的胜利。炎帝族在第八世炎帝榆罔带领下东逃，被追来的蚩尤又一次打败了。直属部队被灭，主要支系祝融、共工都跟从了蚩尤。蚩尤继续西进，轩辕氏似乎也不敌蚩尤，"蚩尤叛反，黄帝涉江""上于博望之山、恹卧三年。"轩辕求和，以桑干河为界，躲到北方博望之山去了。至此，蚩尤大胜炎帝，轩辕，从东夷共主成为中原共主，于是自称炎帝。大概蚩尤还不懂得"宜将剩勇追穷寇"，让轩辕和炎帝休整恢复了三年。

蚩尤势力的扩长，损害了炎帝和轩辕两大族团的利益，促成了轩辕和炎帝军事联盟的形成。"恹卧三年"并非闲着，而是重新蓄集力量，改进武器，调整指挥。三年后，联军联手向涿鹿蚩尤反攻。据传说：蚩尤族团有81个（或称72个）铜头铁额的分支部族，有苗民和魑魅魍魉等鬼族的支持；轩辕和炎帝族团有25个支系部落（即"25子"），有罴、熊、貔、貅、山严、虎等兽族的支持。但开始，联军还不是战神蚩尤的对手，吃了不少败仗，情势十分狼狈。有一次，联军遇上了漫天大雾，怎么也冲不出重重迷雾的包围，幸亏风后为他造出了指南车，才逃出重围。黄帝让应龙行云布雨，不料蚩尤手下的"风伯、雨师"先下手为强，纵起狂风暴雨，吹打得黄帝的队伍四下溃逃。于是，黄帝派自己的光头丑女"魃"来到战场，魃一来，便风停雨歇，烈日当空，炎热无比，黄帝才打了个小胜仗，而天女"魃"便从此不能上天，只能在人间，人称"旱魃"。大战胶着，黄帝又用大鳄鱼的皮制成大鼓，以雷神的骨头作鼓槌，大约是鼓氏族的勇士作先锋，八十一面大鼓一起擂响，声闻五百里，军威大振，终于打了大胜仗。失败的蚩尤又请来巨人夸父族助阵，黄帝便请"九天玄女"教授兵法，残破的蚩尤大军便陷入了重围，蚩尤终于被活捉。随即处死。

经过阪泉大战和涿鹿大战，轩辕氏击杀蚩尤、刑天、夸父，分流少昊、昌意，降封炎帝，于是合符釜山，正式称为黄帝，从而以武功建立了以轩辕氏黄帝为王族的四方万国（方国、诸侯）共尊一主的松散联盟的分封制的中央政权。改变了伏羲、炎帝时期的不功伐而治的天道无为而治的时代，开启了武功文治的人治时代。

2. 蚩尤之死——鲜血染就的红枫

公元前 4515 年冬至前十八天，蚩尤被押赴刑场。

按《苗族古歌》《山海经》《黄帝十大经》等综述：蚩尤赴刑场时高歌：

> 生当为人杰，死亦作鬼雄。
> 大业未完成，我自不肯去。
> 摇摇晃晃不肯倒。
> 摇摇晃晃不肯倒。
> 三苗我之民，九黎我之众，
> 九山我之地，苗山我之城，
> 泰山我之圣，冀州我之疆。
> 告别众乡亲，我去见伏羲。
> 我死不足论，我死不足惜。
> 告别众乡亲，我心实不忍。
> 我死累及众，我心更玉碎。
> 半魁是我身，泰山是我根，
> 抽刀我先行，生者自珍重。

轩辕宣布蚩尤罪状，令女巫行刑：先斩断脊椎骨，眉心天目第一刀，破天目；剥其皮，制成箭靶、令人射；抽其筋，做一旌，称为蚩尤之羽青；割其胃，充作球使人踢；截断胸椎，分解为肩、髀两部分。躲藏在看热闹的士兵中的刑天族人，再也忍不住，拼死冲下刑场，抢走蚩尤尸身，运至邢台，转于奢龙氏，返身与轩辕再战。第二年，刑天、夸父先后失败，首领被杀，绝祀。

奢龙氏族人把蚩尤尸首偷运到河南濮阳西水坡秘密下葬，议定蚌塑地画为符，帝仰天直肢，东青龙西白虎，头南足北，天圆地方。下葬日为公元前 4514 年，正月初八下葬。下葬日阴雨绵绵，两少年一青年自愿殉葬，主穴作东夷王冠形，女取訾氏羲嫫为蚩尤做法事，安葬。

羲嫫送蚩尤帝魂归天，边撒土，边歌曰：

> 天阴阴，地沉沉，雨纷纷，泪淋淋。
>
> 黑虎啸，白虎哮，青龙吼，儵螭吟。
>
> 羲嫫横天一把刀，划向眉心开天窍。
>
> 天灵灵，地灵灵，血彤彤，气盈盈。
>
> 夔鼓鸣，剑刀闪，芦笙咽，泣声起。
>
> 我主蚩尤灵威仰，安心升天登九魁。
>
> 一重重山，一层层雾，
>
> 一道道湾，一层层土，
>
> 魂兮魂兮，常在这里住。
>
> 守候你的民，保佑你的土，
>
> 魂兮魂兮，永认家乡路。

从此，这天定为苗家国难日，年年纪念，年年驱傩。

从此，这里有了一个秘密守陵族，有了一个帝丘。

经过几千年，近年，考古人员在濮阳西水坡挖掘了"蚩尤真身墓"，据考证，其年代和《蚩尤世系年谱》所载年代完全一致。果然墓主人两边有蚌塑的青龙和白虎，墓主人肋骨、胸椎、腰椎、脚部均被利器齐齐砍断，中间少7个胸椎。有两少年一青年殉葬。和《苗族古歌》居然十分一致。民间传说传唱了几千年，虽然有不少后来添加的、神话的部分，仍然保留了不少真实的核心内容，比正史中妖魔化的蚩尤要真实得多。

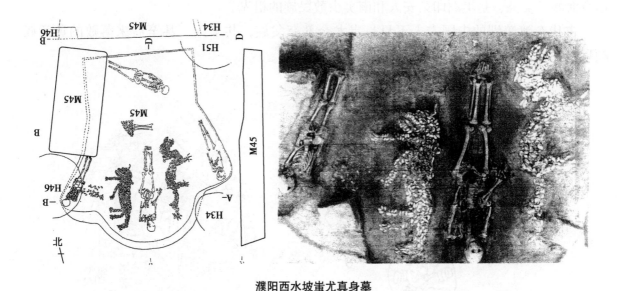

濮阳西水坡蚩尤真身墓

据说蚩尤沾血的木枷被抛入荒野，荒野便长出了成片的红枫，鲜红的枫叶如同蚩尤的鲜血染就。苗族人从此以枫树为神树，年年祭祀枫树。

3. 蚩尤族团的延续——夸父发现美洲

据王大有专家考证，蚩尤族传世 7 世，蚩尤死后还有三世。

蚩尤世系（参考） （生卒年份自公元 1997 年上溯）

帝序	寿数	称帝年龄	称帝年数	生年	卒年	帝号	出生地	帝都	政绩重大事件
1	52	24	28	6606	6554	咆驰	河北谢家堡	河北龙门涧	
2	47	31	16	6585	6538	吼	河北岔道	河北东暖泉	
3	42	17（6538）	25	6555	6513	尤（蚩尤）	河北东暖泉	河北涿鹿	史载蚩尤，本名尤，42 岁牺牲
4	51	29	22	6542	6491	蚩啄	河北狼山	河北怀来	尤帝之子
5	59	30	29	6521	6462	回虻	河北狼山	河北滦平	
6	49	20	29	6482	6433	乀	河北滦平	河北滦南	
7	56	25	31	6458	6402	兑	河北微水	河北栾城	

　　蚩尤集团失败后，其一部分被杀，如刑天、夸父；一部分反正投诚，如祝融、共工、少昊的一部，融入中原社会；其余四散奔逃，南逃者辗转至西南各省，今天的苗族、瑶族、侗族、土家族多半和蚩尤后代有关。有韩国学者认为，有蚩尤余部东迁至韩国，是韩国先祖之一。还有专家认为，有蚩尤余部（夸父后人）一部分北迁而至北海（贝加尔湖）再逐日东迁渡白令海峡至美洲，是美洲印第安人和南美少数民族的祖先。

　　古代东渡美洲的中国古人不只是蚩尤余部夸父族，共工氏、甚至后来落败的黄帝族、颛顼族都有后人渡白令海峡进入美洲。

蚩尤祖先伏羲女娲图·美国境内斯毕拉·蒙特贝雕

北美洲夸父族人

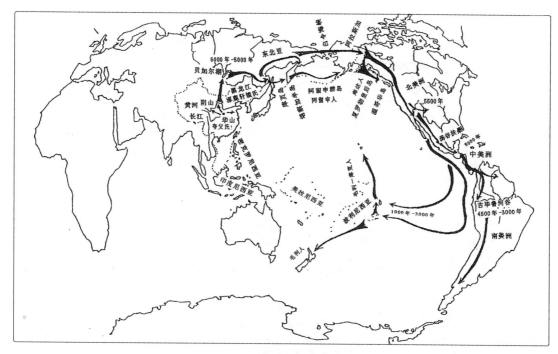

夸父族迁徙美洲路线图（王大有绘）

4. 轩辕氏最终胜利原因初探——革命动荡的隐忧

炎帝族团、蚩尤族团有当时比较先进的生产力、生产关系，先进的技术，先进的武器，但是他们先后都失败了。历史似乎是落后战胜先进，野蛮战胜文明。为什么？似乎有这几个原因：其一是当时蚩尤族团的根据地东夷地区受到一次大的洪水入侵，海侵加上山洪。原因是冰期之后气温上升，大量冰雪融化，洪水下泄，海平面上升，华北平原，特别是环渤海地区普遍被淹，蚩尤族团赖以生存的稻作农业受到毁灭性打击，余下的土地也被洪水分割成许多小块，政治力量也因此分散了。大战之时往往容易为敌人各个击破，如夸父族，到战争结束之际才赶来参加战斗，终被击杀。而以狩猎、畜牧为主、位于西北方地势较高的轩辕氏族则较少受到这次大洪水的影响，虽黄河上游（如大地湾）也有洪水，但毕竟好得多。轩辕氏的经济基础较好，能支持长时间的战争。

其二是正因为炎帝、蚩尤族团文明程度高些，社会进步快些，当大战之时，已濒临原始社会解体，氏族制度崩溃，奴隶社会将要产生的动荡变化时期。革命时期的强烈动荡，造成社会的不安定，社会结构的解体使社会不能集中力量一致对外。而文明程度相对落后的轩辕氏部落，氏族制度可能依旧完好，相对稳定，有较强的凝聚力、战斗力。《史记·王帝本记》说："轩辕之时，神农氏（指炎帝）世衰，诸侯相侵扰，暴虐百姓，而神农不能征。于是轩辕习用干戈，以征不享。诸侯咸来宾从。"

"炎帝欲侵凌诸侯，诸侯咸归轩辕。"大概就反映了炎帝内部贫富分化出现，阶级对立产生而导致的涣散无力状态。相反，轩辕部落却拥有强大的武力，足以威镇天下，"以征不享"，最后终于取代了炎帝的盟主地位，四方"诸侯咸尊轩辕为天子"。以铁的事实宣告了"刑政不用而治，甲兵不用而王"时代的结束，武力称雄时代的开始。

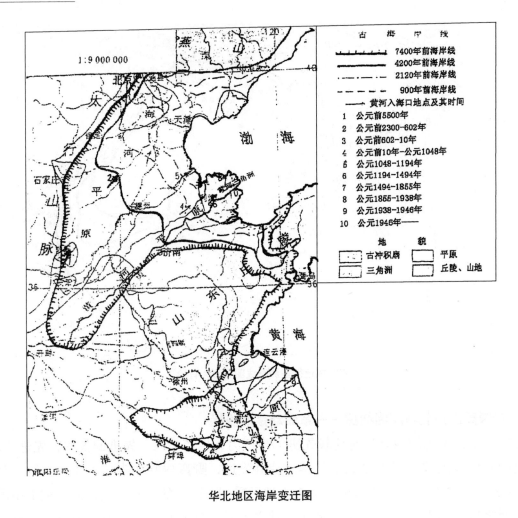

华北地区海岸变迁图

其三，农耕部落虽然文明程度高些，生产力高，但体质上却不如游牧部落勇武强悍。

五、中华民族的形成——炎黄联姻

黄帝战胜炎帝，可以说是游牧部族对农耕部族的胜利。然而，炎帝部族的文明毕竟高于黄帝部族，失败的炎帝部族加入黄帝部族反过来必然深深地影响黄帝部族本身，加速黄帝部族从以游牧为主向以农耕为主的转轨。

传说阪泉之战不久，黄帝之了便娶了姜姓的女子，开始了两大族团的联姻。后来姬姓的周人贵族和姜姓贵族也世代为婚姻的。黄帝之后人后稷，其母姜嫄就是炎族有邰氏之女。周太王之妃太姜，周文王之妃周姜，周武王之妃邑姜等都是炎帝族后裔姜姓贵族之女。除周天子多娶姜姓女子外，春秋时姬姓的鲁、卫等国国君的夫人，也多为姜姓女子。姬姜联姻的政治目的，无非是要加强炎黄同源的联盟关系，这种联姻的政治手段，漫衍到社会上便是所谓"亲上加亲"。

另外，到了殷商时代，姬姜两姓族人常受到殷商奴隶主贵族的侵略和压迫。殷商奴隶主还不时抓捕姜姓的人做奴隶甚至作祭品牺牲、作殉葬。殉葬人数最多一处竟达千人。另外，殷商贵族还屡征姬姜诸侯国为他们服役、征伐，这就迫使姬、姜族人加强联合，共同对抗。

周建国以后，在大封姬姓诸侯时，又分封了姜姓的齐、吕、申、许四国，之后姬、姜仍世代为婚姻。值得后人注意的是：当姬姜联盟巩固的时候，周王朝便稳固安宁；当联盟出现危机时，周王朝就动荡不安。周末，因周幽王废掉姜姓的申后，另立太子，导致了国破身亡。

今天，在陕西宝鸡等地，仍有许多炎黄关系的遗迹和传说，很有意思。宝鸡天台山的第一道山峰名"烧香台"，据说，轩辕黄帝与蚩尤大战，累累受控，相持不下。黄帝决定请老资格的炎帝来帮助，于是他来到天台山下，点燃信香，向隐居在天台山莲花峰的炎帝致意，"烧香台"便因此得名。炎帝命九天玄女向黄帝传授兵法，在天台山留有"剑劈石"遗迹。炎帝死后，黄帝又来天台山祭祀，封天台山为西泰山。

还据这里的传说：黄帝孙子柱儿和炎帝孙女姬罗彼此相爱，结为夫妻。此后，柱儿向姬罗学习缫丝、织衣，姬罗向柱儿学习农耕、医药，两族青年纷纷仿效，结为婚姻。他们的后代就是我们的华夏民族。诚然，传说不等于历史，但能或多或少地反映了历史。

总之，炎帝和黄帝两大部落族团，在长达数千年间，尽管有争斗，有战争，但总的是和大于争，婚大于仇的。他们相互融合，相互影响，最终形成了华夏族的主体，成为中原族团的主干。他们和四周的东夷、西戎、北狄、南苗蛮族团之间千余年来为争中原的统治权，打来打去，三百年河东、三百年河西，东夷的蚩尤—西戎的黄帝—东夷的尧舜—西戎的禹启，东夷西戎轮流做庄。它们打打拉拉、分分合合，相互影响、融合，至汉代以后，终于形成了以汉民族为主体的中华民族。可以说：中华民族是多源的，也是一体的，而黄河文明为代表的中原成了中国历代统一王朝的政治中心，成了大多数年代的经济中心。

六、话说少昊

1. 少昊始末——"曲线救国"的成功者

史籍中常说有太昊、少昊，应该是一个族团，太昊在前，少昊在后。"昊"也作"皞"，古籍中同音同形之字多可假借。也有人认为太昊就是伏羲。少昊是东夷地区很古老的族团，也是比较宽厚待人的族团，蚩尤族、颛顼族早年弱小时都曾经容身于少昊的阵营中。蚩尤强大了，少昊反而成了蚩尤族团的一员。轩辕发动涿鹿大战"杀两皞、蚩尤而为帝"，这里的"两皞"当为太昊和少昊。古文中的"杀"是彻底打败的意思，未必把少昊族人都杀光。黄帝先策反少昊中的白虎部，任为征伐大将军，追杀三苗九黎族人，苗家后代在国难日"大傩"活动中，"过堂白虎"作为最凶恶的煞星凶神被驱除。黄帝胜利后，不放心白虎部，将其迁至陕、甘、青地区，史称西部少昊，反而扶持东夷内部"亲黄派"少昊清作为领袖来管理东夷余部，至此少昊分为东西两部，可谓是"以夷制夷"的妙招，但也留下的隐患。少昊族借机得到了恢复发展的机会。留在东夷的少昊族余部经过休养生息，逐渐强大，首先统一了少昊族团，又逐步成了东夷地区的盟主。当黄帝最后一代帝轩氏衰落之时，终于代黄帝而有天下，把帝轩氏黄帝赶到辽河以北去了。据《苗族古歌》说：当年少昊清之所以臣服轩辕，一是为留下来为蚩尤守陵；二是为收集流亡，团结蚩尤在东夷的余部以图东山再起。现在经过了470年，经过了若干代少昊的委曲求全、含辛茹苦，艰难奋斗，"曲线救国"终于成功了。若干年之后，东夷内部的颛顼族逐渐强大，取代少昊而有天下。在这以后就不再有少昊的政治活动了。

2. 少昊的文化贡献——大汶口文化的姣姣者

《春秋命历序》中说：少昊"传八世，五百岁"，这五百岁当始于涿鹿大战后少昊清当政之时，止于颛顼代少昊之日，"八世"怕不止八个人，古人平均寿命没有这么高的。少昊清之后，人称后少昊。

后少昊族团活动于鲁豫皖及鲁东南地区。这个地区（汶水、泗水流域）的大汶口文化与传说中少昊族的活动时间、地点相当。它的特点：

（1）居住聚落面积大小差异明显，小者一万、数万平方米，大者数十万、近百万平方米，说明有中心聚落（都城？）出现的可能。

（2）墓葬中出现男女合葬，说明家庭作为社会结构出现，也可能开始有了家庭私有制度。

（3）墓葬规格、随葬品多少差距扩大，更说明私有制开始出现。

（4）盛行拔牙、手握獐牙，反映了和蚩尤族团的文化渊源。

（5）出土骨牙雕筒、龟甲器、獐牙勾形器等，说明手工业已有相当的规模。

少昊族徽

（6）彩陶比较发达，远高于其他地区的大汶口文化。

总的来讲，少昊族文化是大汶口文化中的姣姣者。

3. 少昊后裔——103 个小国

颛顼之后，少昊也没有绝祀，据说仍有 4 个子族国"守其祀"。

少昊后裔据说有一百多个氏族。春秋前后建国分布在山东、山西、河南等地。其中偃姓有偃、皋等 22 国，分布在山东、江苏、湖南、湖北等地；嬴姓国除秦以外还有 57 国，分布在山东、江苏、江西、河南、河北、山西、陕西、甘肃等地；还有李姓国 4 国；纪姓国 9 国。共 103 个小国。其中秦、赵、徐后来更发展成了大国。

后少昊氏族世系年谱，参考《九天传》如下：

（生卒年份自公元 1997 年上溯）

帝序	寿数	称帝年龄	称帝年数	生年	卒年	帝号	出生地	帝都	政绩重大事件
1	61	26	35（6050）	6076	6015	清清	山东衮州	山东曲阜	6050 年少昊清职能王位，取代黄帝氏号次
2	62	27	35	6042	5980	犬	山东青城	山东高青	承伏羲之制，于博兴、淄博立表木
3	57	21	36	6001	5944	絫	山东蒙山	河南观城	该与玄枵合婚裔执政

（续）

帝序	寿数	称帝年龄	称帝年数	生年	卒年	帝号	出生地	帝都	政绩重大事件
4	55	26	29	5970	5915	旸骎	山东育黎	山东海阳	羲和、重黎昆嵛山立天表
5	57	24	33	5939	5882	璟	山东诸城	山东景芝	少昊羲和之国
6	76	16	60	5898	5822	畅嬳	山东清青	河北威县	少昊羲和之国
7	78	23	55	5845	5767	匠敬	山东莒县陵阳河	山东临朐	实际在位 35 年，5787 年时少昊禅位于颛顼

七、话说颛顼、帝喾、帝挚

1. 颛顼始末——从陕甘回故乡的西部少昊

二帝（颛顼、帝喾）陵

楚帛书颛顼像

颛顼是司马迁认为的五帝之一，继黄帝而为帝。其实是少昊继黄帝而为帝，颛顼继少昊而为帝。《春秋命历序》说颛顼九世三百五十年，恐怕不止，这应该只是他的族团居于中原领袖地位的年代，之前在西部和蛰居于少昊中之时并未算。

颛顼族团活动的地域。《水经注·若水》："昌意娶蜀山氏女，生颛顼于若水之野……承少昊金官之职。"说明颛顼早期是西部少昊族团的一个重要支系。若水，蜀地，这个蜀不是今天的四川，应是陕南豫西南一带。若水，都国、若国，一说在襄阳，一说在叶县，一说在浙川，都大体在豫西南一带。也有一说，若水即汝水，在河南北汝河一带，与后少昊居地曲阜近多了，"承少昊金官之职"便说得通。这些地方，似乎是西部少昊（颛顼族）东迁故地路程中的站点。回迁后，颛顼纳入后少昊系列，发展壮大，到了公元前 3790 年，取代少昊而为中原盟主，人称颛顼时代。

古籍多认为颛顼之墟即商丘，即今河南濮阳，在大中原范围内。现濮阳西北有颛顼陵，陵区内发现有龙山时期的遗存，濮阳市南昌意城附近有传说的女儿冢、太子冢，经考查竟是新石器时期遗址。

颛顼分支很多，习惯上称诸"子"，"颛顼产鲧，鲧产文命，是为禹"，"颛顼产穷蝉，穷蝉产敬康，敬康生句芒，句芒产蟜牛，蟜牛产瞽叟，瞽叟产重华，是为帝舜"，"颛顼生老童，老童生祝融"。祝融八姓散布到南到两湖交界处，东到山东东郊。

颛顼世系（参考）　　　　　　　　　　　　　　（生卒年份自公元1997年上溯）

帝序	寿数	称帝年龄	称帝年数	生年	卒年	帝号	出生地	帝都	政绩重大事件
1	52	27	25	5927	5875	垒	甘肃渭源	甘肃礼县	摄政朝云司彘国
2	69	31	38	5906	5837	相	甘肃西和	陕西宝鸡	共工与颛顼战在六盘山、陇山
3	39	26	13	5863	5824	魁枪	陕西眉县	陕西临潼	共工利用泾河水灾，水战。共工败
4	52	29	23	5853	5801	魁煖	陕西洛南	陕西宜阳	沿南洛水东行
5	62	20	42	5807	5745	颛壴	河南兖州	河南干城	颛顼在5787年（3790年B.C）承少昊帝位
6	71	39	32	5763	5692	奢个	河南濮城	河南高阳	重黎历法改革
7	66	30	36	5722	5656	焙央	河南高阳	河南顿丘	中央集权，颁颛顼历
8	57	29	28	5685	5628	上强	河南顿丘	河南顿丘	处玄宫建正北维
9	60	25	35	5653	5593	昌壴	河南濮阳	河南濮阳	大河村鹳兜噫鸣文化繁荣
10	54	31	23	5624	5570	住沤	河南濮阳	河南濮阳	同上
11	60	24	36	5594	5534	肖会	河南濮阳	河南干城	同上
12	63	26	37	5560	5497	美勾	河南濮阳	河南干城	同上
13	56	24	32	5521	5465	卜习	河南濮阳	河南濮阳	洪水来临
14	69	30	39	5495	5426	贵尤	河南顿丘	河南顿丘	大河村文化衰落
15	66	22	44	5448	5382	祥象	河南顿丘	河南顿丘	洪水灾难，重黎诛共工
16	70	26	37–7	5408	5338	佳㹢	河南顿丘	河北高阳	5345年失帝位

帝喾、帝挚世系（参考）　　　　　　　　　　　（生卒年份自公元1997年上溯）

帝序	寿数	称帝年龄	称帝年数	生年	卒年	帝号	出生地	帝都	政绩
祖1	37	32	5	5460	5423	姜岌	甘肃正宁	甘肃正宁	子午岭为天表
祖2	61	37	24	5460	5399	姜夏	陕西铜川	陕西潼关	与夸父祝融族联盟
祖3	52	30	22	5429	5377	姜未	陕西富平	河南灵宝	称姚王居灵宝姚家城辛庄
1	52	29	23	5403	5351	喾美	河南灵宝	河南伊川	接颛顼帝位，第一代帝喾，都大辛店（3380年B.C）
2	44	30	14	5381	5337	沙美	河南龙门	偃师亳城	与娵訾氏结盟

（续）

帝序	寿数	称帝年龄	称帝年数	生年	卒年	帝号	出生地	帝都	政绩
3	60	27	33	5364	5304	（刚）歌	河南洛阳	偃师亳城	娵訾氏居宜阳
4	65	24	41	5328	5263	香莫	河南偃师	偃师亳城	与鹳兜大鸿氏结盟
5	70	44	26	5307	5237	长耆	河南龙门	登封告城	大鸿氏居郑州西山城
6	68	37	31	5274	5206	散	河南密县	登封告封	与汝水鹳兜氏结盟
7	71	40	31	5246	5175	千	密县	告城	与祝融大隗氏结盟
8	66	29	37	5204	5138	桑甘	河南郏县	河南平顶山	与蚩尤夸父裔结盟
9	51	27	24	5165	5114	没	郏县	平顶山	与邹屠氏结盟 防王筑方城
10	40	29	11	5143	5103	杜里	河南鲁山	河南舞阳	与邹屠氏结盟 吴王居吴城
11	69	30	39	5133	5064	牡	河南临颍	淮阳宛丘	防王吴将军之乱
12	64	42	22	5106	5042	姗先	河南淮阳	淮阳宛丘	畎夷平定防王之乱于宛丘吴台庙
13	57	37	20	5079	5022	森浸	舞阳	淮阳	夸父裔居邓城，实沈居沈丘
14	41	19	22	5041	5000	谣	河南淮阳	安徽亳县	阏伯实沈相戈
15	62	30	32	5030	4968	亲义	亳县	河南高辛集	阏伯居阎集主大火星
16	59	40	19	5008	4949	上施	河南商丘	高辛集	实沈迁山西大夏主金星
17	59	30	29	4979	4920	森辈	河南陈留	河南陈留	与陈丰氏结盟
18	61	37	14	4957	4896	山回	河南留光	陈留	与陈丰氏结盟
19	66	32	34	4928	4862	立库	河南浚县	河南浚县	疏浚洪水
20	70	41	29	4903	4833	恫犿 （蒋戍）	河南干城	河南濮阳	洪灾严重
21	74	37	27	4870	4796	巴加	濮阳	濮阳莘县	天灾人祸，喾命 羿扶下国
22	63	32	31	4831	4768	角	河南龙门	伊川大辛	帝挚公元前 2799 年职能王位
23	70	40	30	4808	4738	愖（继）	河南叶县	平顶山	与蚩尤夸父氏结盟
24	67	32	35	4770	4703	叵（求）	平顶山	平顶山	同上，蚩尤氏居滍水
25	66	40	26	4743	4677	呛	平顶山	平顶山	同上
26	68	29	39	4706	4638	�（凯）	河南瀼河	河南鲁山	与三苗结盟
27	72	31	41	4669	4597	咣哏	鲁山	云阳	同上
28	64	50	14	4647	4583	（女） 向妹 嶌（曷）	河南云阳	河南留山	与神农九黎结盟
29	69	44	25	4627	4558	山叭 （爸）	河南社旗	青台宝丰	与巫支祁结盟

（续）

帝序	寿数	称帝年龄	称帝年数	生年	卒年	帝号	出生地	帝都	政绩
30	65	30	35	4588	4523	挼（孤）	南阳安皋	博望	同上
31	50	27	23	4550	4500	沟次	河南汝州	河南鸣皋	同上
32	56	35	21	4535	4479	控卯（年）	河南龙门	伊川大辛	与娲訾氏结盟
33	40	27	13	4506	4466	郎眥	伊川	登封告城	与邹屠氏结盟
34	61	39	22	4505	4444	长吱	河南偃师	偃师亳城	同上
35	68	40	28	4484	4416	美（慌）	河南沁阳	济源	与神农氏结盟
36	57	41	16	4457	4400	毙勖	沁阳	济源	同上
37	73	39	34	4439	4366	斯爽	济源	沁阳	同上
38	57	37	20	4406	4349	匡二	博爱	沁阳	公元前2357年尧登帝位

颛顼后代有八个子族，世代有好名声，尧时没举用，舜举之使主后土（地官），子族最有名的是有虞氏（舜）和夏后氏；颛顼后代有鲧族（大禹之父族），在尧时已被"殛鲧于羽山"，到了舜时又造反又被"流四凶族，迁于四裔，以御螭魅"，还活着。大概在羽山被杀的只是鲧族的某一代首领（颛顼后代有笔者祖宗彭姓之族，有豕韦，安徽境内；诸，山东诸城西北；慎、稽，安徽境内）。有专家把颛顼后裔汇总为后代125个小国。

帝喾与帝挚。传说喾氏族的父辈是西部少昊的一支（蟜极氏），母辈是炎帝族的一支（陈丰氏）。黄帝族衰落后，西少昊掀起返乡热潮，纷纷东迁。其中的喾族进入河洛地区，与颛顼结盟，成为其属下，被封于伊川辛地，故称为"高辛氏"，都于亳（今湖南偃师一带，非今天安徽的亳州），颛顼族大洪水时北迁，喾在中原称帝，史称帝喾，传三代、七十五年（有说一百零五年），后因避水灾再南迁。据说喾有子族名弃，因善种谷，称为"稷"，为周族始祖。还有子族名契，传了若干代，到尧舜之时显达，"主司教化"，到禹时"佐禹治水而有功"，是商族始祖。还有子族名挚，为女取喾氏（蚩尤后裔）所生，喾之末年，大洪水复涌起，公元前2799年，最后一代帝喾郁郁而终，挚被推举为部落联盟首领，史称帝挚。

从颛顼到帝喾帝挚，政治上一脉相承，平稳过渡，从而东夷民族在这期间得到了很大的发展，创造了考古学的庙底沟二期文化和同期的大汶口晚期文化。

2. 颛顼族团对古文明的贡献——用了近四千年的历法

（1）天象历法，发明了"颛顼历"。传说"伏羲始作八卦，作三色以象二十四气，黄帝因之，初作《调历》。"上古时没有历法。古人依据农业生产积累的经验，太阳从某一座山头升起的日子是该播种的日子。这或许便是伏羲时代"大山历"的原理，尔后，人们竖个大木杆（建木、天齐表木），四周竖四个（或八个）小杆子（游表），观测日影的变化，这大约便是"若木历"。黄帝的"调历"是什么？专家都说不清楚，大概是综合东夷、西戎历法由黄帝族主观制定的"统一历"，大概还不够先进、不适用，并没有真正推广。颛顼在东夷历法的基础上，也或许还吸取了"调历"的有用部分，加以改进，创立了"颛顼历"。这个历法"日永，谓夏至之日""日短，谓冬至之日也"，一年"三百六十六日""以闰月正四时"。即日照最长的一天定为夏至，日照最短的一天定为冬至，中间分出十二个节气，（全年二十四个节气）。全年三百六十六天，以闰月来调整年、月误差。这样的历法原理和今天已经相当一致了，对农业生产十分适用，于是尧、舜、禹、夏、商、周、秦、汉都用《颛顼历》。秦时虽有所改进，乃称《颛顼历》，一直用到东汉，用了三千八百年之久。

（2）宗教改造，"绝地天通"，礼制规范化。《国语·楚语下》："及少昊之衰也，九黎乱德，民神杂糅，不可方物。夫人作享，家为巫史。燕享无度，民神同位……。"大意说：少昊族团衰落之后，九黎乱了规矩，黎民和天神不分清，宴享时，黎民和天神一个位置，家家可作为巫史与天神相通，大家都可以传达天神的旨意，岂不乱套。这样，是不利于统治的。于是："颛顼受之，乃命南正童，司天以属神；命火正黎，司地以属民；使旧常，无相浸渎。是谓绝地天通。"这样，只有颛顼任命的司地官、才能通地属民，他任命的司天官才能通天属神，其他"家"（支族）便不能随意传达天神的旨意。实际上，只有颛顼才成了天神的代言人，成了集权的、神人合一的宗教主，任何支系氏族（家、家族）都不能用"天神旨意"来挑战颛顼的权威。为此，颛顼还建了宗教中心"玄宫"。此外，颛顼还建立了"九寺九乡"、"五官"等官员制度。"九寺"制继承黄帝而更详备；五官即"句芒春官为木正，蓐收秋官为金正；祝融夏官为火正；玄冥冬官为水正，句龙后土中央为土正。"这类官制为后代王国政治的建立打下了基础。

（3）其他。颛顼巩固了男姓的统治地位，"妇人不辟男子于路，拂之于四达之衢。"就是说：如果女子不给男子让路，就犯了法，就要受惩罚。这标志中原从母系社会彻底转变到了父系社会。

传说颛顼时代有了定型的名乐，如"承云"之乐。飞龙是音乐的作者，乐倡是专职的乐师。有"以尾鼓其腹"的鼓乐，有"浮金之钟"，有"沉明之磬"。

八、话说祝融

1. 祝融始末——跨时代的悠久氏族

祝融氏，三皇时代便已经存在。《帝王世纪》认为三皇就是伏羲、女娲、祝融。《庄子》《遁开工图》《三皇本纪》等古籍都把祝融氏看做三皇时代独立的氏族。

到了《五帝》时代，祝融是炎帝的主要副手，古人把炎帝和祝融的关系称为"相至"，祝融曾战胜强大的共工氏。炎帝失败后，祝融又先后归附蚩尤、黄帝，成了黄帝族团的主要成员。"祝融作市"，担任司徒，管农业生产。到了后少昊、颛顼时代，祝融可能又衰落了，颛顼族中的老童扶持重黎担任祝融族首领，到了帝喾时，重黎担任火正，重黎被杀后，吴回接任火正，任祝融族首领。祝融多次打败过强大的共工氏，自己并没有发展成强大的族团，先依附于炎帝，后属于蚩尤，再臣服黄帝，再归于颛顼、帝喾，总安心当副手。

祝融后裔有所谓"八姓"，即：己、董、彭、秃、妘、斟、芈。分布地域很大，如己姓，有昆吾、苏、顾、温、董等诸侯国。昆吾（吴回之支系）当夏代为伯，南迁的芈姓后兴旺发达，发展为强大的楚国，此外昆吾、邻、郑、彭、苏、顾、温、董等国均小国，到战国时代，为大国所兼并。

2. 祝融的神化——驾两龙握天火的天神

《吕氏春秋》："……其帝炎帝，其神祝融"，炎帝、祝融是南方之神，炎帝是行政首脑，祝融是思想领袖。炎帝为主，祝融为佐。可能炎帝是世袭盟主，祝融是通神的大巫师。

《白虎通·五行》："其帝炎帝者，太阳也。其神祝融，属续，其精为乌，离为鸾。"这里把炎帝比作太阳，把祝融比作太阳中的黑子（乌），乌飞出了太阳则为鸾凤。

《山海经·海外南经》："南方祝融，兽身人面，乘两龙。"

《山海经》中的祝融

《周礼·明堂月令》中记于三夏丙丁日祭火神于灶，把炎帝、祝融当作灶神来祭。

九、话说共工

1. 共工始末——屡战屡败，和平复兴

共工氏是古老而又长久的氏族，三皇时代就已存在。《汉书·古今人表》中列："宓羲氏、女娲氏、共工氏……"，列第三位，是三皇时代重要氏族。传说共工氏是古伏羲氏族团的最早的"柱史"（管理测天中心和典册），一直到夏禹时代都有他的活动，绵延数千年。

据古籍称：

女娲氏时，与女娲争权，"霸而不王"，败于祝融。

神农氏时与神农争天下，被"杀"了。

炎帝时，为祝融所扶持，又振兴起来，成了炎帝族主干之一。复又造反，和蚩尤结盟。

蚩尤失败后，继续和黄帝对抗，又被"灭"了。

颛顼时，先被颛顼任命为治水总指挥，后又与颛顼争权，"共工为水害，故颛顼诛之"，举族迁不周山。

尧帝时，和鲧一起反对尧传位给舜，于是和鲧一起被流放到"幽州之都""以窜北狄"，赶到北方去了。

舜之时，大概又打回来了，于是舜又派禹攻共工。

夏禹时，佐禹治水有功，因功高震主，又被攻打又造反，最终失败。

之后，就不见有关于共工的记载了。

三皇、五帝时代，伏羲、女娲氏为神农炎帝所代替，黄帝取代炎帝，少昊取代黄帝，颛顼、尧、舜接连更替。他们的族团名号虽显赫一时，都终为另外名号所取代。唯有共氏不一样，他在历史长河中与其他族团或联盟或分裂、或战争，反反复复数千年，共工的名号始终不变。他是一个顽强的氏族，屡战屡败，屡败屡战，"杀"而后"生"，"诛"而又兴，"灭"而不亡。不屈服、不认输，造反的个性十分突出，可称其为"不死的共工"。

为什么共工氏总是失败，而且被后世多数史学家所贬抑。①侵凌诸侯，称霸争王，总要挑战最高权力，自不量力。②虞于湛乐，淫决其身，作为族团首领不能以身作则。③地理位置特殊，往往"乘天势而隘制天下"，动不动就要"怒触不周山"（开坝放水），造成大面积水灾，失去人心。④治水方法有误，筑坝导水、冲决邻族。⑤"共工之战，铁锤短者不及乎敌，铠甲不坚者伤乎体"，兵器不顺手，说不定就还是用的生产工具。⑥"共工自贤，以为亡可为臣者，久空大官，天下日乱，民无所附而亡。"跟后来的纣王一样自我感觉特别好，个人专断，不听别人意见。

有意思的是，共工氏不去争王争霸之时，倒可能不争而王。阪泉、涿鹿大战，共工惨败，散于江水一带。于是老老实实埋头生产，经数百年生聚发展，于有熊氏黄帝之时兴于新郑，其炎帝、共工之后裔有鬼臾区者，亦名大鸿，终于当有熊氏世衰之时，继而为王，都新郑，史称帝鸿氏黄帝。

2. 共工族团活动地域

"水处 17、陆处 13"当是水网交叉地。共工氏多年和水打交道，积累了丰富的版筑堤坝、版筑城郭的治水经验。"共工氏有地在弘农之间足矣""弘农之间有城"，其城当在豫西三山峡辖区。共工一打败仗就逃到不周山或"怒触不周山"，这不周山在冀州，今冀南、晋南、河南北部。失败，被"流幽州"，幽州在今河北、辽宁一带，应在密云县北。又曾被"降处江水"，江水在安阳故城，今新息县西南八十里古江国也。被流空桑也在豫西。

共工建古共国，在今河南陕县境内，一说在甘肃泾川县北（似离其活动范围太远，是否后来失败后迁到那儿的）。

"共山"，共伯之国，后为卫邑，在今河南辉县。共山、共水、共地均在豫西。

3. 共工的属臣后裔

"共工生术器""共工生后土，后土生噎鸣、噎鸣生风十有二""共工之子句龙为社神"（《春秋传》）①共工子族句龙即后土；②后土据说能平九州之土，后人祀为社神（土地神）；③后土曾为土正，是管土地的主官，与木正句芒、火正祝融、金正蓐收、水正玄冥并列；④后土是佐黄帝的土官。

十、话说尧舜

尧族据司马迁说属黄帝后裔。其最初兴于何处？史载："尧都平阳""封于唐""游于陶"、"尧居冀"。或可以解释为：尧祖居唐、唐可能在丹丘附近、一说在河唐县；徙居陶、可能在今山西南部，也可能在"陶丘"，今山东境内；最后，尧族广泛分布于今晋、冀、鲁、豫、陕五省交界一带，到了其首领放勋（号陶唐氏）称帝尧时，成为黄河中下游一支强大的族团。据说帝尧陶唐氏十分杰出，他"克明俊德，以亲九族。九族既睦，平章百姓。百姓昭明，协和万邦"。尧为中原部落的盟主。据说尧命羲、和授时于命；命鲧治水；命舜摄政；命羲和居郁夷；命羲叔居南交，命和促居西土；命和叔居北方。这些人都是不同部落的首领，都要听命于尧。还有"四岳"长老，也要时时为尧提供咨询，可见尧的权威。对四边与之为敌或不臣服的部落，则命舜或羿进行征伐，"流共工于幽州，放驩兜于崇山，窜三苗于三危，殛鲧于羽山，四罪而天下服。""尧乃使羿诛凿齿于畴华之野，杀九婴于凶水之上，缴大风于青丘之泽，上射十日而下杀猰貐，断修蛇于洞庭，擒封豨于桑林，万民皆喜，置尧为天子。"

尧族社会已处于父系社会后期，其对文明的主要贡献有：①发展制陶业。有人认为："大抵尧作为古代东方一个制陶氏族的宗祖神。"当时中原氏族都会制陶。尧族居地称"陶"，大概陶器制作比别家更发达、更精致。②改进历法。据《尚书·尧典》：尧命羲与和"历象日月星辰，敬授民时"、以"三百有六旬有六日，以闰月定四时，成岁"。这历法据说对《颛顼历》有所改进，但仍称颛顼历，对发展农业生产十分有利。③治水。时黄河中下游时发洪水，"汤汤洪水方割，荡荡怀山襄陵，浩浩滔天，下民共咨"，尧任用鲧治水，治了多年，虽效果可能不佳，亦为后代治水积累了丰富经验教训。④制作刑法。蚩尤、黄帝都有刑法，那大抵是习惯法。到了尧时始有可信的刑法，虽然还是初级阶段，也是从野蛮到文明的重要一步。《史记·五帝本纪》曰："流宥五刑，鞭作官刑，朴作教刑，扑作教刑，金作赎刑。"

舜族为颛顼后裔，发详地和居地和尧毗邻，由于起步较晚，不够强大时，依附尧族。其初兴时是一个农业部落，在历山耕地，在雷泽捕鱼，在黄河之滨制作陶器，在寿丘制日用杂器，"一年而所居成聚，二年成邑，三年成都。"据《周礼·地官司徒·小司徒》可知，"九夫为井，四井为邑……四县为都"。即舜氏族的发展很快，三年即从一个聚落发展为有四县之地。到了重华（号有虞氏）担任舜族首领之后，由于受到尧的充分信任，（尧以二女妻之，成了尧的女婿）使其借助尧之力迅速发展起来。他受尧之命四处征伐，驱逐了"四凶"、三苗，消除了内部敌对势力鲧、共工。当尧年老之时，囚尧篡权，通过不流血的政变取得政权，成为中原地区新的盟主。舜之时，说是有22个部落首领称臣，于是舜命禹为司空，平水土；弃为后稷（农官）管播百谷；契为司徒，管教化。当时，中原部落基本上和睦相处，共同发展。当然，社会绝对"和谐"是不可能的，总有矛盾和斗争，总有"百姓不亲，五品不逊"的问题，总有外族入侵。于是舜用了"专政"的第二手，命皋陶作士，即典狱官，用五刑（即墨、劓、剕、宫、大辟）和流放来对付罪人以维护社会秩序。同时"舜却苗民，更易其俗。"对苗蛮族进行攻伐和同化。

舜注重对天神、地祇的祭祀，任用夔主管典乐，使八音谐，神人以和。庆典时"击石拊石、百兽率舞"。大概乐者敲着石磬石鼓，戴着各种兽形面具或穿着各种兽皮的舞者模仿野兽动作翩翩起舞，这是多么热烈、欢乐的场面。

舜南巡死于"苍梧"之野，葬于江南九嶷山（今零陵），舜族有后裔61氏族，均无显赫之功。

十一、话说夏禹

1. 夏禹始末

学者多说夏族先祖是西羌人（汶山郡广柔县，今汶川），亦有说是西夷人。以后到了中原，成了中原华夏族团一员。到了尧时代，其首领叫鲧，鲧是崇国首领，崇即嵩，与夏一样在嵩山附近。鲧和他的通婚族共同分出来一个高密族，也是尧时的一个封国。其首领是禹，禹是高密的代名。禹受封为夏伯，封地在今禹州市。以后高密族便称为夏族。

　　从5000年前仰韶文化晚期到3000多年前的殷商时代，平均温度比今天高出2℃左右，伴随耜耕农业的发展，森林覆盖率急速下降，雪水下泻，雨水增多，海平面上升，洪水肆虐在所难免。古字"昔"字便是太阳底下汹涌的洪水。《孟子·滕文公上》记载4000年前的大洪水，将先民置于空前的生存危机中，更带来了一场深刻的政治变革。尧时，召开部落联盟会议，确定治水负责人。由于四岳首领的坚持，尧不得不任命鲧为治水总指挥。正统的说法是由于不九年不成功，鲧被流放羽山。《左传》《韩非子》说是由于鲧带头反对尧传天下于舜，说"不详哉"，于是和其他三族一起被赶到边荒，这被流放的四族，便称为"四凶"。由于各部族的推荐，禹20岁便继任治水总指挥。当时部落联盟的大权被舜牢牢掌握，夏族的禹不能轻举妄动。首先禹利用治水，建立以自己为中心的治水权力中心。山东禹城西北有"禹王亭"，相传大禹在此筑土丘，指挥治水，后人称"具丘山"，70年代考古队在此发现单孔石铲、陶纺轮等属于大禹治水年代的龙山文化器物。印证这里便是大禹"导河入海"的指挥中心。大禹以治水为名建立了部落联盟长舜以外的第二中心。其二，以治水为契机建立自己的政治班子。禹找了4位治水助手，这便是后来赫赫有名的契（商族初祖），后稷（周族初祖），皋陶（少昊后裔），伯益（秦国初祖）。这四族成了禹的治水的骨干，也成了他政治上的亲密战友。其三，和东夷的涂山氏联姻。这是学者公认的政治联姻。涂山之地在今安徽蚌埠之地，与荆山隔淮水而望。近年在涂山附近发现有釜和甑，是蒸笼的鼻祖。双墩出土文物中有600余件刻划符号，内容包括狩猎、捕鱼、网鸟、种植、养蚕、编织、饲畜、天文、历法等等。可见从7000年前开始，涂山一带不仅有发达的文明，到距今3000~4000年左右已是渔米之乡了。蚌埠人相信，当年大禹带领人们开挖山谷，使沮于涂、荆二山之间的洪水东泄，涂山民因此受益，成就了这段姻缘。新婚4天后，大禹重新走上治水工地。涂山氏令妾等候于大路上，歌曰："侯人兮猗。"治水的过程让禹的身边有了一批铁杆兄弟，

浙江绍兴大禹陵

大禹像

治水成功给禹带来了极高声望。他被举荐为部落联盟的实际首领——"摄政"。舜被逼成名誉领袖。禹摄政 17 年后舜死去，禹守孝三年，终于正式登上总盟主的地位。

禹在涂山举行了全联盟的大会。大会举行了隆重的祭天祀土仪式。表示禹受命于天帝。2007 年 5 月考古队开始对会址"禹墟"进行了发掘。禹墟分南北 2 部分，南为生活区，北部有夯土台基。台基均匀铺着 8~10 厘米的白膏泥土、黄土、灰土。这是人工堆筑的临时祭天台。南部也有祭祀痕迹。其处坑内有几十件陶器。《左传》记载："禹会涂山，执玉帛者万国，防风氏后至、禹诛之。"看来所记并非虚构。涂山大会是禹力图统一中原的检验。这时的禹已经不是部落联盟的司空，而是"践天子之位"的夏禹了。防风氏被诛便体现了禹的权威。防风氏家乡浙江德清县。当地人传说，防风氏本是治水英雄，赴涂山途中遇洪水，他为救助灾民而迟到，被早已对他防范的禹抓到把柄，斩首、曝尸三日。涂山大会上，大禹封诸侯并与诸侯、方伯共同宣誓。这显示王权时代的开始。防风氏、共工氏，是一南一北 2 个水乡氏族，治水经验丰富，在大禹治水过程中辅助大禹，是治水英雄，但之后下场都不好，大概都是"功高震主"的问题。防风氏在大会公开被诛，后来"禹攻共工"，把共工氏族也"灭"了。至此以后，中原政治舞台上便不见防风氏、共工氏了。防风氏余部大概后来成了"吴"国先祖；共工氏余部或是江国先祖。

禹都有说是阳翟，即今河南禹县。禹大概为了远避舜的儿子商均，后迁都阳城。

近年在阳城下发掘了一个"王城岗"遗址。一个小城，砖瓦上刻有"阳城"，和传说中"禹都阳城"相印证。之后又发掘出一个 50 万平方米的大城（新砦遗址）。

禹葬于会稽山，会稽山在何处？今浙江绍兴会稽山有大禹陵，历年有人祭祀。也有专家认为，真正的会稽山在今河南境内。

尧禹舜世系（参考）　　　　（生卒年份自公元 1997 年上溯）

帝序	寿数	称帝年龄	称帝年数	生年	卒年	帝号	出生地	帝都	政绩
尧一世	61	25	36	4382	4321	尧	河北唐县	河北平阳	公元前 2357 年称帝，尧遭十日
二世	71	19	52	4340	4269	鳏（尧）	河北平阳	河北隆尧	
三世	57	15	42	4284	4227	粲（江）	河南沁阳	河南济源	
四世	53	26	36	4242	4189	秦（起）	山西沁源	山西平阳	公元前 2208 年尧遭洪水
五世	59	38	21	4227	4168	呒（求）	山西平阳	山西平阳	
六世	61	32	29	4211	4128	郓（密）	河南温县	河南原阳	公元前 2128 年尧崩，舜承帝位
舜一世	80	59	21	4187	4107	舜	山东定陶	河南原阳	舜 59 岁即帝位
二世	51	29	22	4136	4085	美叔	山西虞乡	山西蒲坂	公元前 2085 年舜崩，禹承帝位
禹	100	88	12	4173	4073	禹	河南登封	山西夏县阳城	公元前 2133~2120 年禹治水 公元前 2103 年禹摄政

2. 夏禹的主要功绩——治水真伪争千年

（1）治水。治水十余年，在二十二个邦僚中"惟禹功为大，披九山、通九泽、决九河。"大禹治水功劳最大，后世争论也大。数千年来歌颂大禹治水的传说故事越来越神，神化了。到了近代，不少学者便提出质疑，主要是抓住了旧说中的神化部分，如手凿龙门、化熊开山、应龙开路一类，这自然是不可能的。又所谓开"禹贡河"之类大工程，数百公里长数百米宽的大河，其工程量超过长城多少倍，在当年生产力低下的情况下也是不可能的。于是，这些学者认为"禹治水之说绝不可信"，甚至怀疑禹这个人物的存在。但是除去不可信的神话部分，夏禹治水还是有可能的。首先是当时中国的确经历了一次大洪水和海浸。大禹可以"令民聚土积薪，择丘陵而处之"则是可能的，开挖沟洫，排除高洪水期大地的积水也是可能的；即便是"禹贡河"这样的大工程，近年经钻探，古代确有其河，沿河多是当时的古湖泊和凹地（比如古大陆泽和古白洋淀）。夏禹冬季顺势在古黄河上（比如宿胥口北堤岸）开挖一个小口子，雨季古黄河洪水自然会决开改道而形成"禹贡河"这样的入海新河道，这也是有可能的。此外，共工、鲧当洪水高峰、辛苦治水，效果尚开始，只有苦劳。

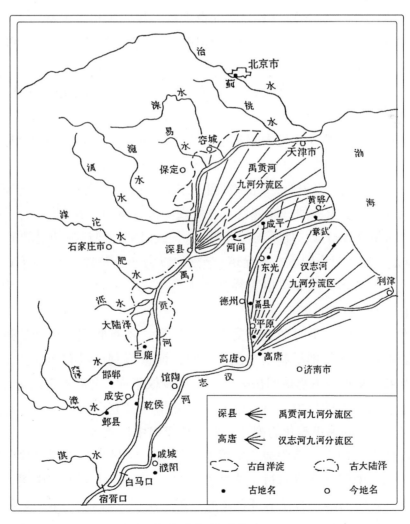

禹贡河及分流位置图

到禹时,适逢洪水稳定下降,则治水较易成功,效果明显。于是功成名就。后代史家更把功劳、苦劳一沓括子全算在禹一个人的头上了。

（2）恢复生产。治水与生产自救并举,禹的4位主要助手中,伯益组织在淹水地域种稻;后稷调剂有余者救灾。

（3）2次涂山大会,"万"邦宣誓会盟。奠定中国的大一统思想观念的基础。"伐共工""战三苗",完成一统江山。

禹之后的夏启,开创了文明的新时代——王国时代。

3. 所谓"禅让"——不健全的联盟长推举制

传说中所谓尧、舜、禹的禅让,数千年来,似乎是中华礼仪之邦的象征,信古的史学家们讲得津津有味。据《五帝本纪》曰:"尧知子丹朱之不肖,不足以授天下,于是乃授权舜","舜子商均亦不肖,舜乃豫荐禹于天",禹也曾同样把天下让给皋陶、伯益。这种权力的和平转移,就是传说中的禅让。

"禅让"说为主张仁政的儒家吸收,并大加发挥,《孟子·万章》曰:"舜相尧二十有八载……尧崩,三年之丧毕,舜避尧之子于南河之南,天下诸侯朝觐者,不之尧之子而之舜;讼狱者,不之尧之子而之舜;讴歌者,不讴歌尧之子而讴歌舜,故曰天也。夫然后之中国,践天子位焉"。原来,禅让是天意,让给谁依据的是下层民众的意愿,这当然夹杂了儒家的政治理想。主张"尚贤"的墨家亦对禅让大加赞赏:《墨子·尚贤》云:"古者舜耕历山,……尧得之服泽之阳,举以为天子,与接天下之政,治天下之民。"据此,禅让也成了墨家"尚贤",举贤人而治天下的政治理想。

法家当然是反对禅让的,要是大家都客客气气的禅让,要你法家的御臣之法、牧民之法干什么？于是法家说禅让都是虚伪的。《韩非子·说疑》说禅让不过是:"逼上弑君而求其利也,……因曰:舜逼尧,禹逼舜,……察四王之情,贪得人之意也。"道家也是不赞成禅让说的,虽然观点不如法家激烈。而魏晋考古发现的《古本竹书纪年》云:"舜囚尧于平阳,取之帝位。""舜囚尧复偃丹朱,使不与父相见也。"这似乎是禅让虚伪说的证据。

那么,这禅让究竟是怎么回事？蔡元培、李立伯以为"尧荐舜于天、舜荐禹于天"和"非洲杀酋君的典礼"差不多。顾颉刚以为禅让根本是墨家的杜撰。郭沫若认为禅让现象是上古部落联盟民主选举制度的反映。

从考古学看,尧、舜、禹时期处于父系社会末期,私有制刚刚出现的过渡时期,这个时候的部落联盟的联盟长的推举制正在逐步瓦解,而世袭制还没有形成。于是尧又想传位于自己的儿子丹朱,又不得不尊重四岳等多数意见授权于舜;禹又不得已传位于伯益,又早早给自己的儿子启以巨大的权力,所以既有推举的情况又有夺权的实际。这种过渡时期的现实,到了儒家、墨家的书里美化为禅让,到了法家口中斥其为夺权。

中国古代和西方不同,部落联盟长的推举并没有一个健全的选举制度,这大概也是中国持色。数千年来,中国从来没有过付诸实践的制度上的民主制度。中国古代部落联盟长的专断权力是西方古代部落联盟长不可企及的。黄帝可以"降封"同一战壕的盟友的炎帝,可以把功臣白虎族赶到西荒;颛顼可以攻杀治水总指挥共工氏;舜可以诛杀政治上的反对派鲧（仅仅是反对其选定的接班人）；大禹可以诛杀仅仅是会议迟到的防风氏。西方部落联盟长想也不用想。从而，也有人怀疑中国是否有所谓"军事民主制"的"部落联盟时代"，而应称为"酋邦时代"。

十二、五帝时代综合

1. 五帝时代断代

五帝时代简表（供参考）

时代	年代（公元前）	相应主要考古文化
炎帝	4783~4494	裴李岗、庙底沟、磁山、陕西早期仰韶
蚩尤帝（炎帝）	4609~4405	大汶口（鲁北）、大地湾、大溪
黄帝	4513~4050	仰韶中晚期、早期红山
帝少昊	4050~3790	大汶口、龙山
帝颛顼	3790~3380	大汶口二、三期
帝喾	3380~2799	大汶口晚期、陶寺
帝挚	2799~2357	庙底沟二期、大汶口晚期
帝尧	2357~2128	中原龙山、后岗、山东龙山
帝舜	2136~2100	
帝禹	2103~2070	马家、晚期龙山

2. 五帝时代文化贡献综述

（1）发展农业生产。炎帝时期原始农业从"火耕"阶段发展为"耜耕"阶段。黄帝时期发展了多种作物，从单一"粟"作物发展为"五谷"。蚩尤族的家畜饲养，特别是养猪十分普遍。共工氏、鲧氏用水、筑坝、灌溉已有相当成就，到大禹时，沟洫灌溉已经普遍。

（2）发明陶器。步长江流域之后，黄河流域独立发展了陶器。炎帝时期已经普遍制陶。黄帝时期彩陶。蚩尤时期已经使用转轮来制作陶坯，有了质量较高的黑陶。颛顼、尧、舜、禹以后陶器质量提高，种类繁多，除生活用具外，有多种祭祀用陶器出现。

（3）发明纺织，始制衣服。炎帝时期已经"织而衣"，利用野生麻类织衣。黄帝时期会制衣制冕。可能通过俘虏的蚩尤族人，吸收了长江流域的养蚕技术。纺织工具到尧、舜、禹时期更得到进一步发展。

（4）天象历法。炎帝以前已有原始的"大山历""若木历"。黄帝时期有统一的《调历》，到颛顼时发展为《颛顼历》。此历已经比较先进，和今天运用的历法原理大体相近，故一直延用数千年，至东汉才结束它的使命。好的历法、准确的节气对农业生产作用十分重大。

（5）冶金。蚩尤以前已有冶金，蚩尤发展了金属武器，黄帝吸取了蚩尤冶金技术，又发展了铸鼎技术，到大禹时期已经普遍使用生铜，制"九鼎"。

（6）发明草药、治病。炎帝神农氏已经"尝味草木,宣荣疗疾"。到黄帝时已有专职医官，"巫彭作医"。

（7）发明舟车。黄帝时期发明了车，并步长江流域之后发明舟船。

（8）发明乐器。炎帝时期"作五弦之琴"，似缺乏考古证据（可能木制琴早腐朽了），而骨笛历有发现，已经能吹出7音阶。

（9）改进文字。"三皇"时代，已经有"陶文"，陶器上刻有文字类型的符号，黄帝时期"仓颉造字"大概作了改进，是否已有统一的完整的文字系统，还需另证，但作为后代的"甲骨文"的祖先之一是可能的。

（10）建筑与筑城。仰韶文化中期，古人住所由半穴居上升到地面。围护结构系夯筑而成，晚期多分室建筑。龙山文化除方形房屋外，还有大量半穴居房子，中间或一侧有火塘或火床，可见古人已经有建筑取暖设施。郑州大河湾还发现有一座4间的房子，有隔墙，上为人字形屋顶，和近代农村土房极为相似。住房地面为了清洁、美观往往涂抹石灰。

仰韶已有"城"虽然那个"城"恐怕还只是居住聚落。到了蚩尤时代，所筑的"蚩尤城"，已有五千多人聚居，有城有濠、有公共活动中心、有祭祀中心，有夯土版筑的城墙了。黄帝胜利后，在涿鹿建黄帝城（轩辕城），今遗址尚存。故城在河北省矾山镇三堡村北，实测遗址南北长510~540米，东西宽450~500米。城墙高16米，顶宽3米，底宽16米。城内外发现有墨绿色玉斧、玉钺，是王权的重器，证明这确实是巍巍然王城帝都。

（11）社会发展。炎帝早期还是母系社会，后来便逐渐转化为父系社会了。到了颛顼时期发布规定，进一步巩固了男姓的统治地位。

炎黄时期基本上是处于部落联盟的时代，联盟长除军事指挥之外，对联盟内各氏族内部事务没有很大的权力。到尧、舜、禹，联盟首领逐渐加强了他的权力范围，也制作刑法。黄帝、蚩尤便已有刑法，到了尧帝时出现了较完整的"尧典"。

蚩尤胜利时，曾举行会盟大典，黄帝胜利，釜山会盟，禹时更召开二次涂山大会，宣誓会盟，对外征伐，已经开始了从部落联盟时代到王国时代的转换。禹诛防风，说明联盟长已今非昔比，王国政治已具雏形。

蚩尤时期的墓葬有了夫、妻合葬，随葬品的数量规格已明显不同，恐怕已经开始有了家庭私有制。尧和舜都曾经打算传位于自己的儿子，虽然最后还是部落联盟会议确定的接班人舜和禹接位，但世袭的力量已不可忽视，以致禹要远避舜的儿子商均另建禹都。到了大禹，最终是儿子启接位，开始了世袭制，从此破除了部落联盟会议决定重大事务的历史，领袖、核心成了重大事务的最终决策人。

十三、文明初创的五帝时代

进入"文明"社会的标准，众说纷纭。有人以制造火、熟食为标志；有人以会制造非自然形态的陶器为开始；有人以为有文字就行；有人以为有中心城市就行；有人以为是否出现家庭私有制是关键。若依此则五帝时代早已进入文明社会。现多数专家以为文明的标准既要有完整的文字系统，又要有包括城濠、集市、中心建筑的五千人以上的城市，还要完成从部落联盟制到王权世袭制的转变。那么，五帝时代虽不是文明时代，也至少可以说是完成了文明的初创的时代。这当然主要不是称"帝"的十组首领的功劳，而是千千万万劳动大众开创的。

第三章　王国时代——黄河中下游为中心的王国文明

第一节　夏朝——最早的世袭王国

一、众家纷纷说"王国"

何谓"王国"，众说纷纭。多数专家认可的观点，即古代文明"王国"必须有三个条件：①有国王。②有一定规模的城市，居民应在3000~5000人以上，应有城墙，有公共活动中心。③世袭制。这前2项条件早已有人达到了。早在"三皇"时代的蚩尤便称过帝（炎帝），便是国王，制有"王冠"，有都城（蚩尤城），城有城墙、城壕，有公共活动的大房子。黄帝也应算是国王，也有诺大的城市（黄帝城）。但多数专家并不认为他们的社会已经进入了古代文明的王国时代，因为他们称"帝"主要依靠部落联盟推举的，虽然也有武力的成分，还不是世袭的。只有到了夏代，首领的承继才成了父传子、子传孙的家族世袭制度，夏后（后即是王）才真正成了世袭的国王。世袭制表明权力的私有，国家成了家天下，是私有制经济在政治上的反映。这也标志社会从荒蛮的原始社会进入到古代文明的私有制奴隶社会。总之，夏朝开始了中国古代文明的奴隶制时代。

也有人反对这个观点。他们认为：用西方社会学的阶级观往古代中国史上来套未必套得上。"军事民主制"的说法套在中国便十分勉强。中国古代本没有什么温情脉脉的"军事民主制"，也不见有什么真正的"部落联盟会议"。当时，蚩尤、黄帝的上台，也多半是强力"与人斗"斗出来的，而不是"选"出来的。大权在握的蚩尤、黄帝就已经是国王，他们建立的政权就已经是古代文明王国，至少是带有中国特色的文明王国，未必非要世袭制才行。有人还说：希腊古代的国王倒真真实实是民主制选出来的，也还不是世袭的，但从没有人说他们不是古代文明时代的国王，也没有人怀疑过古希腊的古代文明。至于奴隶社会之说，那是西方社会学家对西方古代社会研究出的社会分期。中国未必和西方一个样，至少不像西方那么典型。西方古代是掌握生产资料的奴隶主阶级和从事基本生产劳动的奴隶阶级组成的，所以称为奴隶社会。而中国夏、商、周的奴隶主要是用来被奴役、被打仗、被用作祭品（人殉）的，而不是（至少在早期不是）从事基本的农业生产活动的。夏、商、周时代的生产关系主要是掌握权力和土地的贵族和从事基本农业生产的平民的关系，奴隶在生产活动中并没有担任重要角色。

虽然公说公有理，婆说婆有理，有争论。奴隶社会也罢，中国特色的什么社会也罢，但夏代总是有别于"三皇五帝"传说的蛮荒时代，已经进入了古代文明的王国时代。

二、夏朝始末

1. 夏启建国——开始世袭制

传说大禹晚年到南方巡视，走到会稽（今绍兴）地方，生病死了，群臣就把他葬在那里。禹生前经过各部落首领的协商，曾指定东夷氏族的伯益为接班人，但出生于羌戎的禹并没有好好培养他，反而着意培养自己儿子启的势力。韩非子说："禹名传天下于益，其实令启自取之。"所以禹死后，多数臣下民众都服从启而不听伯益的。伯益只好带领拥护自己的一帮人把都城迁到了箕山南坡（今河南登封）。启当然不甘心伯益为后（王），仗着人多势众，一不做二不休，出兵攻打伯益，伯益人少势孤，一败涂地，死在了乱军之中。

启依靠暴力做了夏后（夏代君王不称夏王，称为夏后），从此接班人的推举制（中国似乎从没有完善的民主选举制，"推举"也往往是各大部落首领轮流做庄）变成了世袭制。中国历史开始了家天下的局面。土地、政权乃至人民都成了一姓乃至一家的私有财物，专家把这一事件看作中国从公有制原始社会转变为私有制阶级社会的转折点，把夏王国看作中国第一个古代文明的王国，作为王国时代的开始。

大禹陵侧大禹像　　　　　　　　　　　夏启

对这个大变化，当然也有氏族部落不服气。有个有扈氏（在今陕西户县一带）要维护原来轮流做庄的传统，对夏启不买帐。启聚兵攻打伯益时，他拒不出兵，启登基时他不来朝贺。这还了得，于是启亲自统帅六军，宣誓讨伐。大军在甘地（户县附近）一战，有扈氏大败，被灭了国，全体民众都被当作战利品赏赐给了功臣，成了奴隶。这一来，其他氏族部落即便有异议也不敢异动了。

启眼见自己的王位巩固了，于是依父亲的榜样，在钧台大会诸侯。这钧台就是在新的

夏都附近图

都城阳翟（今河南禹县）郊外建的一座高台。和老爸不同的是：大禹涂山大会，还保留和其他诸侯（氏族部落）名义上的平等关系，是大禹自己千里迢迢来到涂山和众诸侯会见。而现在，钧台大会成了众诸侯千里迢迢来到夏后都城觐见新国王（夏后启）了。后来，夏后启又召开了璿台大会，规模更大，场面更豪奢。吃的美味佳肴；穿的鲜光丝袍；举着牛角的、青铜的、美玉的酒樽；听着乐队的新曲；看着东夷美女们动人的舞姿，这让各国诸侯大开眼界，佩服得五体投地。这极大地巩固了夏启的统治威望。当然，这两次大会也促进了各氏族部落的文化交流。

启以后又接连不断地开大会巡狩，带上几千名武士、美女、厨师、乐工，浩浩荡荡四处显摆。这类大会、巡狩搞多了，政治上的示威、联合作用越来越小，而沿途老百姓负担越来越重，怨气越来越大。夏后启做了九年天子，天下危机四伏，同种族的西戎氏族分裂，同盟的东夷氏族开始反叛。

2. 太康失国，少康中兴

夏后启死后，王位归了长子太康。他的几个弟弟不服气，于是撕破脸皮打的一沓糊涂。太康在阳翟待不下去，只好把都城迁到支持他的斟鄩氏那里（今河南巩县一带）勉强维持住天子的位子。太康没有经过祖父大禹创业的辛苦，也没有父亲启的政治才能和手腕，只长了吃喝玩乐的本事，特别擅长出门游猎，一出去就是一百多天，各地氏族部落民众苦不堪言。

夏人原是西戎部落，后来来到中原。中原当地多是东夷部落。舜时，领导权掌握在东夷人手中。后来，西戎来的大禹依靠治水成功建立的威望和治水过程建立的班底，夺取了领导人的位置，东夷人心里并不都服气。"法定接班人"东夷族的伯益被启攻杀后，夏后启

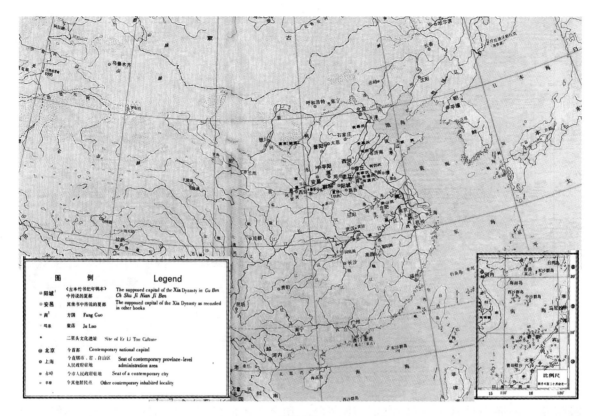

夏全图

所用的大臣又都是夏族人，东夷人更是不满。这时，东夷氏族中有个强悍部落叫有穷氏，它的领袖羿是个神箭手，他的祖先就是传说在帝尧时射落天上九个太阳的英雄羿。当时，传说当时"十日并出"，庄稼全烤焦了。怪兽猛禽纷纷从火焰四起的森林跑出来伤害民众。天帝于是命神将羿到凡间解救人民。天帝赐给羿一张红色的神弓、十支白色神箭。羿奉天帝之命来到人间。他弯弓搭箭先后射下九个太阳，这太阳落在地上，原来是巨大的金黄色的三足乌鸦。羿又射杀吃人的"猰㺄"、牙齿像凿子的"凿齿"、九个脑袋的"九婴"、毁坏房舍

羿射日

的"大风"、兴风作浪的"巴蛇"、巨大的野猪"封豕希"。羿为民除害，成了英雄，但下场并不好。他寻到的不死之药却被妻子嫦娥偷吃了，于是嫦娥升天到了月宫，离他而去。他传毕生武艺给徒弟，却被徒弟暗箭射死。

这当然只是个神话，也或许是尧利用善射的羿族人打败了九个以"太阳"为图腾的氏族及以蛇、猪等为图腾的氏族。当时部落领袖一代代的名子是一样的，比如黄帝、炎帝、彭祖都是多代同名，羿也一样。人们为了方便区别，便称这前面尧时的羿为羿，后代夏时的这位羿叫做后羿。这后羿发现夏族自己人已与太康离心离德，便决定率兵西进，亲率精兵日夜兼程袭取斟鄩，端了太康的老巢，并派兵守住洛水河岸，在洛河外游猎的夏后太康便回不来了。于是后羿也就不客气地以"王"自居，把朝政揽到自己手中，自称有穷国国王。老百姓似乎摆脱了太康的暴政，不料后羿用暴力夺取了政权后，却不想把国家治理得好一点，只想对夏人加征贡赋，把军队壮大起来，用强力保住政权。

太康在洛水外死后，他的弟弟仲康继承了王位，这是既没有都城，又没有多少土地的"王"。不过，后羿的暴政还加剧了境内东夷人和夏人之间的矛盾，仲康暗自高兴，于是开始瓦解后羿的力量。羲和氏族世世代代管天象历法，一向是后羿的亲信，现在羲和饮酒误事，历法误了农时，大家很不满。于是，仲康以"夏后"的名义借民意发起讨伐战争，灭了羲和氏族，借此打击后羿，树立自己的威信。后羿于是反击。仲康手下有个帮手伯封氏，勇猛过人，但粗野贪婪。于是，后羿借民意兴兵讨伐，亲手射死了伯封，灭了封国，把封国老百姓都变成奴隶。

夏后相即位后，认为离后羿太近，难以发展，于是带着属下东行，以帝丘（今河南濮阳）为国都。斟灌氏、斟鄩氏也随之来帝丘，帮助相恢复发展、扩充实力、巩固夏王朝的统治。他们合力征服了附近的东夷部分氏族（风夷、黄夷、淮夷、于夷），逐渐壮大了起来。

却说有穷国这边后羿也出事了。家臣寒促出其不意发动政变，杀了后羿，霸占了后羿的老婆们，生了浇、豷两个儿子，分别封于过（今山东液县北）和戈（今河南杞县、太庙一带）。寒促眼看帝丘的夏后相扩充实力、发展壮大，成了隐患。于是让浇率众攻打帝丘、杀了夏后相，又灭了斟灌氏、斟鄩氏。

相妃后缗从城墙洞逃了出来，回到娘家有仍（今山东济宁）生下遗腹子少康。少康长大后当了有仍氏族的牧正（牧民的首领），后又逃到有虞国（今河南虞城），当了有虞氏的庖正（厨师总管），有虞氏并"妻之以姚，而邑诸纶，有田一成，有众一旅"，少康终于有了自己的地方、自己的军队。这时，后羿的遗臣伯靡招抚斟鄩、斟灌氏的残余部队，以大禹功德来鼓励夏人，很快组织一支强大的部队，攻入有穷国国都穷石，杀了寒促，又和少康联军灭了过国，杀了浇；灭了戈国，杀了豷；恢复了夏朝在中原的完全统治。少康随后又任命农业专家稷（尧时代的农官、周朝始祖）为农业大臣，狠抓农业生产；任命治水专家商侯冥（禹时曾帮禹治水）为治水总管。自此，夏王朝重新兴旺，后世称之为"少康中兴"。

3. 夏桀亡国

夏朝君王又经过杼、槐、芒、泄、不降、扃、廑、孔甲、皋、发传位于履癸，这履癸便是历史上称为暴君的桀。

桀天生聪明，无论什么，一学就会。他天生的伟力，能把铁钩扳直，把鹿角折断，只是不爱江山爱美人。他听说有施氏多美女，便兴兵讨伐，有施氏只好千挑万选，挑了一个叫妹喜的美人儿送上。夏桀自从有了妹喜，更是忙个不停，先建了一座高得吓人的"倾宫"，宫里面有白玉的床，四处装饰着黄金、珍珠、宝石。又安排宫女和侏儒们演各种稀奇古怪的舞蹈来逗乐。这时，有位大臣看到桀如此荒唐，一边劝道："大王如果再这样下去，我们的国家就要亡了！"夏桀听了哈哈一笑，说："我有天下就好像是天上红彤彤的红太阳，太阳能消亡吗？如果太阳也会消亡，那我才会亡。"这位大臣听到这番怪论，不敢再说，带着一家逃到商国去了。

这商国是东夷氏族的一个方国，也是颇有来头的。商人的始祖是在尧舜时当过司徒的契。那时商族生活在蕃（今山东滕县），契的孙子相土迁到了商丘（今河南商丘南）发展农业、畜牧，国力逐步强大。相土又任命王亥发展商业（王亥的父亲就是大禹时治水而亡的冥），商国更繁荣了。王亥到北方强国有易氏经商，被有易氏国君所杀，王亥的儿子上甲借兵灭了有易方国。上甲以后，商国东征西讨，不断发展壮大。

夏桀这时并没有把商国放在眼里，一心聚财享乐。他在东方的有仍大会诸侯，要大家增加贡赋。四周的方国不敢反对，只有有缗氏不买帐，驾车回国了。夏桀大怒，发兵征伐有缗，把有缗洗劫一空，民众都当了奴隶。这一仗，夏桀虽然捞了不少油水，也把四周各方国全得罪了。夏桀的欲望是无止境的，又看上了小国岷国，派了大将军扁去讨伐，岷君赶快选了两位美女，还陪了许多金玉宝物送来，桀看到琬和琰这两位美女，皮肤白如玉，脸蛋貌如花，于是欣然撤兵。

夏桀

为了琬和琰，桀又建了瑶台。瑶台要用白玉砌成，金铜镶嵌。奴隶们没日没夜的劳动，平民被不停的增赋。这下天下百姓没活路了。

有个大臣叫关逢龙的，为国家前途忧心忡忡。有一次，在郊外听到农夫故意指着天上的太阳骂道："你这个毒太阳怎么还不灭亡，你要能灭亡，我宁愿也死。"关逢龙赶到倾宫，向夏桀讲农夫的不满，讲帝王之道，讲大禹开国之难，讲少康复国之艰，求桀珍惜大夏的基业，不做亡国的罪人……。关逢龙唠唠叨叨，夏桀听得一时火起，于是把关逢龙杀了，人头挂在宫外示众。有人或以为这也是世袭王权战胜传统。这下再也没有大臣敢啰嗦了。夏桀落得耳根清净，一心一意陪着美人儿游乐。

商王汤可没有闲着，借此机会四处扩张，夏桀并没太在意，虽曾囚禁了汤几天，但一看到商国送来了美玉、珍宝就放了汤。他直等到汤打败葛国、征服了薛国、豕韦国、顾国以及夏的重要盟友昆吾国，这才着了慌，决定御驾亲征。夏桀还以为可以不费力取胜，先仔仔细细选好随行的

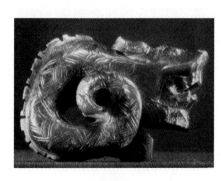

夏朝玉器

美女、舞伎、乐师、厨师，马马虎虎地找来器甲车马，大大喇喇地出征了。将士们见到这般模样，自然满腹牢骚，待到了鸣条会战，一战即溃，桀带头逃跑，于是全线崩溃。夏桀逃到三龙臼（今山东定陶东北），再南逃南巢（今安徽寿县东南），已成了孤家寡人，被俘后，没过几年就一命呜呼了。夏国一亡，商国便成了大中原地区新的霸主。

第二节　商朝——繁荣的奴隶制王国

一、商汤革命

历史上有所谓"商汤革命"之说，那么，商汤革的什么命？搞过什么大的社会变革呢？以往，胜利者打败敌国，便把敌国之人，不论俘虏、平民、贵族，统统作为奴隶，分配给有战功者。商汤变了，他灭了葛国，先运进粮食，救济葛国平民，又组织他们生产种地，让他们和商国平民一样只上交十分之一的收成。对薛国、豕韦、顾国等东夷各氏族方国也同样处理。这样，四周东夷的平民、百姓安居乐业，就拥护商汤了。东夷方国从此便团结起来，商汤便以东夷领袖自居了。商汤这种作法显然有利于生产力的发展，称为"革命"并不为过。当然，商汤对于所谓西方来的羌、戎之国，政策依然是严酷的，比如夏国。灭夏以后，夏国人无分老幼、贫富、贵贱，都成了奴隶。商中叶以后大量的人殉，多是西方的所谓戎人、羌人。

商汤画像

商汤时大旱七年，占卜说要用人祭天求雨，汤说我求雨祭天是为人众活命，怎么能用人众的生命来祭天？不如我自己来担当。于是使人堆积薪柴，自己剪头发、指甲，沐浴更衣，预备自焚。火将燃，天降大雨。这件事不管是确有实事或是汤王作秀，或是臣下后来为尊者编的"伟大功绩"的故事，至少反映汤是希望留下"爱民"的业绩的。说明商王朝初年是实行"以宽治民"的政策。这促进了生产，保证了商王朝的稳定和发展。

对于曾经的敌国君臣，商汤也不是一味残杀。薛国投诚后，商汤任命薛国国君仲虺为左相，仲虺举荐了一个出身低微的陪嫁奴隶伊尹。他考察后确是人才，于是破格提拔为右相，和仲虺共同管理政事。

这样的"革命"，不是革别人的命，倒是革自己的命，说不定这才是真正的革命。

二、太甲中兴

汤死，理应长子太丁继位，可长子太丁"未立而卒"，于是仲虺、伊尹扶立其弟外丙，外丙又短命，继位 3 年又死，又立其弟仲壬，仲壬也短命，在位 4 年又死，于是伊尹扶立太丁之子太甲为王。

太甲追求享乐，把国家治理得一团糟，民众十分不满。大臣们一再劝谏，太甲一概不听。伊尹于是和大臣们商量，决定把太甲暂时囚禁在宗庙（桐宫）里。伊尹代理太甲处理国政。伊尹还经常来桐宫教育太甲。三年后太甲终于悔悟，由众大臣迎回王宫重新执政。从此，商王朝走向中兴，后世称太甲为太宗。另有一说，据《竹书纪年》曰："伊尹放太甲于桐，乃自立也。伊尹即位，放太甲七年，太甲潜自出桐，杀伊尹，乃立其子伊陟、伊奋，命复其父之宅而中分之。"据前说，伊尹放太甲是为教育太甲、维护政权；据后说，伊尹是篡位。前说是伊尹等众大臣把太甲迎回宫；后说是太甲发动政变杀了伊尹而复位。大概是后来春秋时代百家杂说，

伊尹像

儒家举前一说以说明君止于信、臣止于忠的君臣关系，把王道清明说成君臣关系的基础，所以用前一说来对后人进行教育。而法家只要求绝对的君权，根本不相信君臣还会有什么互信，相信只有靠政变，只有你整我、我杀你才是君臣关系的正道，才是历史，所以要以后一说作为君臣互斗的佐证。总之，君臣关系，儒家讲和谐，讲温情，法家讲利害、讲斗争，都以此同一件事作例证，至于真正的史实，就像橡皮泥，随他们捏成什么样儿了。仔细想来，后一说似乎更不靠谱。如果真是伊尹篡位，太甲政变杀伊尹，后世商王必然把伊尹作为篡臣，然而甲骨文中，后世祭祀伊尹的祭文很多，祀典很隆重，是作为商王朝的大功臣颂扬的，不可能是后世商王眼中的篡臣。看来，后一说是后世法家编造出来的。这也不奇怪，历史上的经典书籍为了证明作者的观点，或为了创造天才、伟人，或为了妖魔化敌对者，明显编造的内容比比皆是，只是巧妙不同。《战国策》中故事不少，也极生动，可靠的便不多。近代，民国以来，亦复如此。据李敖先生考证，国民党主政后编的史书中，所谓孙中山先生的伟大事迹，国民党的赫赫功劳，多有夸张或编造。古往今来，概莫能外。

三、大彭勤王

自太甲"反善自责"以后，商王朝得到巩固和发展，而后，经沃丁、太庚、小甲、雍己，一代不如一代，各地诸侯乘机坐大，于是"殷道衰"。雍己死后，其弟太戊继承王位，伊尹的孙子（或曾孙）伊陟为相辅政，由于大戊、伊陟修德治国，商王朝重新振兴，于是各地诸侯、九夷方国重新来朝。大戊死后，仲丁、外壬先后继位，又走下坡路，佽侯、邳侯叛商。这两个诸侯均姒姓，是夏族的后人，他们一叛，引起连锁反应，不仅姒姓的夏族方国，和商族同一族源的东夷中的兰夷又复叛了。这时外壬已死，其弟河亶甲继位，为避叛军锋芒，不得已把都城从隞迁到相。好在诸侯国大彭氏国（今江苏徐

眉山彭祖石像

州西北）国君彭伯（亦称彭祖）会同诸侯韦伯（亦彭姓）起兵勤王，先后征服了佽侯、邳侯，迎回了商王。

大彭氏国勤王功劳大大的，被迁至都城相附近拱卫王室。但功高震主，一个强大的异姓氏族在商王身边，商王总是不放心的。待到后来武丁时，商王朝又强盛了，于是于武丁75年东征，端了大彭氏族的老巢——彭城，灭了大彭氏国。彭氏族人众从此四处逃亡，散布全国。那是后话。

河亶甲死后，其子祖乙继位，由巫贤辅佐，商王朝又有所振兴。祖乙死，祖辛、沃甲、祖丁、南庚、阳甲先后继位，似乎都没有多大作为。

四、盘庚迁都

商王朝不厌其烦地迁都。史称"殷人屡迁，前八后五，居相杞耿、不常厥土。"为什么老是迁来迁去？政治原因或许也有，如河亶甲为避叛军锋芒而迁都，但主要原因大概还是水患。商王朝主要生产劳动是农业，都城必然选择在农业生产的中心地带，选在河边的低台地上，这样取水比较方便。但是，一旦河水暴涨，都城便被淹没了，于是只好把都城往坡上或新河道边的台地上搬，但坡上取水不便，待到水退之后便又迁回河边。每次河水泛溢或改道，都城便随之搬迁。史载："时亳有河决之害，乃迁都于嚣""时嚣有河决之害，迁都于相""时相又有河决之害，迁都于耿""耿又有河决之害……""时亳都河决，迁都于河北。"就是这么回事。商灭夏以前迁了八次，且不说它。商汤灭夏建国后，先在亳建都；而后仲丁把王都从西亳迁到了隞（嚣）（今河南郑州）；河亶甲又迁都到相（今河南内黄东南）；祖乙又迁到邢（今河南温县东）；南庚再迁到奄眼（今山东曲阜）。

盘庚继阳甲而王。他认为国都迁来迁去，造成民众极大痛苦，政治、经济十分混乱，国力不堪重负，必须找到一个稳定的足够大的新基地，都城必须安定下来才能发展生产。他找来找去找到数百里外的殷地。这殷地在洹水岸边，是一个大原，原是距河岸不远的大台地，

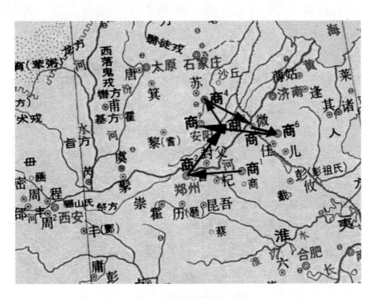

商王朝迁都示意图

不易被洪水淹没,从上游取水也方便,往往是王朝或氏族的发祥地。比如周朝发祥于周原(今陕西西南);商朝发祥于商原(今陕西大荔);晋国发祥于太原(今山西太原);郑国发祥于郑原(今河南郑州附近)。

盘庚像

盘庚时商都复原图

盘庚决定迁都,引起不少有房有地有车的贵族的反对乃至动乱。经过盘庚教育、分化乃至无情镇压,平息了动乱。最终千千万万平民、贵族跟随盘庚来到殷地开荒种地,修渠引水,筑城挖壕,盖房建庙,一座新的都城——"殷"终于建成了。看来盘庚选对了地方,一直到商王朝结束,这座都城再没有被搬迁。由于有了稳定的生产基地、生活居地,加上盘庚进行了一系列改革,商王朝又兴盛了,后人往往称之后的一段商王朝为殷代。

五、武丁开疆

盘庚去世后,弟小辛、小乙先后继位。小乙的儿子便是后来声名赫赫的武丁。武丁不拘一格任用甘盘(落泊贵族)、傅说(胥奴)等新人作为辅政大臣,经济兴旺、政权巩固,于是凭着雄厚的实力开疆拓土。北方原有工口方(似是原共工氏后裔)、土方等游牧民族的方国;西方有绵延千里的分散的羌人、戎人;南方有荆、楚各方国;东方有东夷各方国。武丁在位五十九年,不断发动"统一战争",或亲自率军,或委托他人(如很爱好领兵打仗的妻子妇好)东征西讨、南征北战,终于把疆土扩大到东东海(今黄海、东海)、西流沙(今西北沙漠地带)、前交趾(现广东至越南)、后幽都(今河北北部、辽宁南部),基本奠定了商王朝最大的疆域。武丁还大力开垦农田、发展农耕,使商王朝发展到了最强盛的时期。

武丁开疆拓土,对于商王朝,似乎是伟大的功绩,但对于被征服的氏族方国的人民必然带来痛苦、不满,埋下后患,待到时局有变,往往成为敌国的盟友。后来周武王伐商时,有盟友"八伯诸侯"(庸、蜀、羌、髳、微、卢、彭),这八个伯,多是在商王开疆拓土的受害者,比如很出名的大彭氏国,商王河亶甲时曾勤王救驾,立有大功,武丁东征反被无端灭国,余部怀恨西迁到河南西北,现在随周武王伐商,终有报仇之日,忠臣成了敌人。

武丁像

妇好墓及塑像

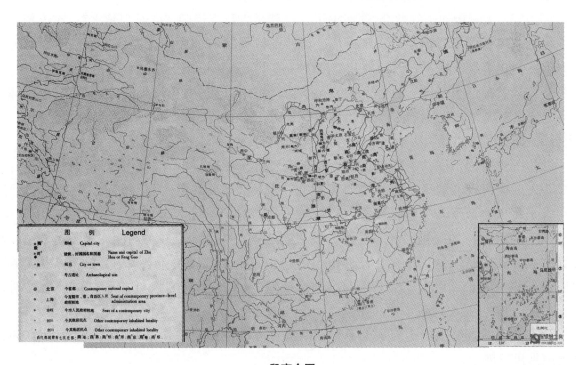

殷商全图

　　著史者往往捧武丁而贬纣王，其实纣王的失败也含有武丁的胜利所埋下的报应。

六、纣王鹿台自焚

　　武丁之后，有祖庚、祖甲等八位君王，最后一位便是历史上闻名的商纣王。纣王据说是个天才，文武全才，天生之才。据说他"资辩捷疾，闻见甚敏，材力过人，手格禽兽。知足以拒谏，言足以饰非，以为天下皆出己之下。"论武才，可以空手和鹰隼虎豹格斗；论文才，天大的错事，他数着指头可以说得跟没事一般。文武全才是好事，但因此拒谏饰非便成了坏事了。

　　纣王文武全才，也做了一些事，他继武丁之武功东征西讨，继续扩张疆土，使商王朝

有了历史上最大版图，他也大量使用奴隶，发展农业、手工业、
商业。

商纣王

　　纣王的问题正在于自以为天才而拒谏饰非，听到的便只
是谀臣的一片赞扬之声，为国为民的主张听不到了，听到的
只是如何吃好玩好的馊主意。他于是下令在都城以南的朝歌
（今河南淇县）及都城以北的沙丘（今河北广宗县大平村附近）
修建离宫别馆、林苑高台。纣便带着美女歌姬和大臣们来往
于朝歌和沙丘。大兴土木，就得耗费大量资材，于是要求属
国增加征赋。为此，纣王专门召集诸侯们到黎地（今山西黎城）
开会。诸侯们一到会场，只见刀枪林立，大多数诸侯只好答
应贡赋翻一翻。只有一些东夷首领自以为和商族本是一个族
源，是一家人，大喇喇地未等散会，便回去了。这就是古籍上说的"商纣为黎之蒐，东夷叛商"。
纣王一见东夷各国不肯增赋，决定讨伐，讨伐前顺便拿有苏氏国试刀，兵临城下，有苏氏
无力反抗，知道纣王好美女，千挑万挑挑了一位小美人妲己献上求和。纣王于是罢兵回朝，
再率领数万大军打东夷，几番交战，完全打败了东夷，至此东夷增加贡赋，朝聘往来不断，
商文化传播东夷，加速了东南的开发。为了玩乐，纣又在朝歌修建了更高更大的台式建筑——
"鹿台"，据说鹿台"以酒为池，悬肉为林，使男女裸逐其间，为长夜之饮"。

　　纣的所作所为，民众不堪重负，不断有人反抗。纣对反抗者、不满者重刑侍候、变着
花样杀人。据说有"炮烙之刑"，就是制作空心铜柱，把人绑在柱上，里面烧火，活活烧死。
还有就是将人制成干尸，挂起示众，以吓唬众民。还有剁手足、挖心肝，无所不用其极。
忠于国家的臣下，如梅柏因好心劝谏，被"醢"了；叔父比干多次劝谏，被挖心；另一叔
父箕装疯，被囚禁。这样一来，任谁也不敢违犯纣的"伟大决策"，大政方针得以无障碍
地通行，他一人总算可以"独断者明，独断者昌"，但从此把自己变成了广大臣民的对立
面了。

　　无人敢反对，纣王以为天下太平，于是日日夜夜在鹿台享乐，无暇他顾。这时，西方
的周国乘机发展了。

七、武王伐纣

　　周族是一个古老的氏族部落，开初居邠（今甘肃庆阳），古公亶父为首领时居周原。周
原是渭水边一块大原，虽经数千年沟壑冲刷，现在仍然有南北二十公里宽、东西七十余公
里，地势平坦、高敞，既少水患，又有丰富水源，是农业生产的好地方。周人在此发展生产，
经济逐渐壮大。到尧时有位首领曾是个被遗弃的小孩，故名弃；又因"好耕农"，擅长农业，
被尧举为农师（世袭农官），故又称名稷。舜时周族首领被封于邰（今陕西武功），稷的曾孙
公刘为了谋求发展，也或许是渭河常泛滥，于是将部落迁到豳（今陕西彬县附近），称为豳国，
公刘之后八世，周族人都在这里居住。之后，周文王迁都于丰。文王在位五十年，前四十年"笃
仁、敬老、尊少、礼下贤者，日中不暇食以待士"，辛勤治国，增加国力，政治上忍气吞声，

小心服侍殷商。文王去世前7年,受纣王之命"一年断虞、芮之讼,二年伐于(河南沁阳西北),三年伐密须(甘肃灵台西南),四年伐畎戎(密须附近),五年伐耆(山西长治西南),六年伐崇(陕西户县东北)",借着纣王的名义扩大自己的势力和威望。

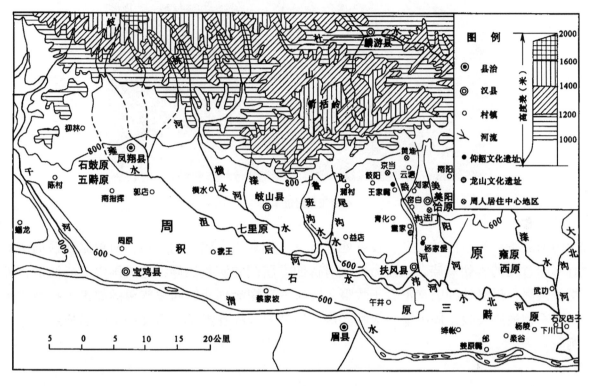

周原图

武王继位之后,一开始尚不敢对商王朝轻举妄动。两年后才举行大规模军事演习,"东观兵,至于盟津","诸侯不期而会者八佰","八佰"即"八伯",即庸、蜀、羌、髳、微、芈、纑、彭八位称为伯的诸侯。这些伯,受尽商王朝迫害,都要伐商报仇,所以"八伯皆曰:'纣可伐矣'。"然而武王以为时机未到("女未知天命")。又过了两年,纣王杀叔父比干、囚叔父箕子,国内上层一片混乱,武王认为时机到了,遍告诸侯曰:"殷有重罪,不可以不毕伐",于是率兵车三百乘,精装重甲士三千人,甲士四万伍千人东征。这时,诸侯纷纷响应,到达牧野战场的诸侯,兵车便有四千乘。牧野决战,姜尚率百名勇士阵前挑战,商王派临时组成奴隶打头阵,奴隶不为商纣王卖命,"心欲武王亟入,纣师皆倒戈以战,以开武王。武王驰之,纣兵皆崩,畔(叛)纣"。商纣王见大势已去,逃回王宫,登鹿台、衣珠玉,自焚而死。

按照通常的社会学观点,先进生产力将取代落后的生产力,落后就意味着挨打。当时,周族生产力水平显然比较落后,而殷商则比较先进。殷商大型青铜器制作的工艺水平和规模,周王朝五百年后也赶不上。殷商的商业已经形成跨国长途贩运的程度,周王朝到最后也没有形成完善的商业。殷商奴隶已经有部分开始用于农业生产劳动,甚至奴隶可以拿起武器参加战争。似乎,周王朝落后,只有挨打。但正因为纣王在生产关系变革阶段没有处理好

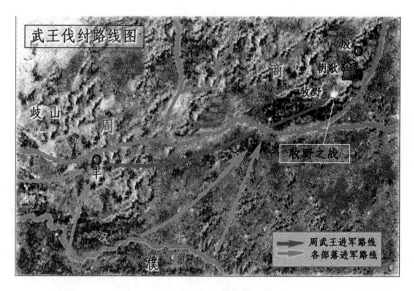

武王伐纣进军图

贵族内部及贵族和平民的关系，没有处理好商王朝和八方属国的关系，简单靠残暴刑法对付有不同意见的本朝贵族，用强力征伐对待四方属国和游牧氏族，造成国内人心涣散，外邦纷纷叛离，最终种种因素汇合于牧野，殷纣王又糊涂到武装西戎族源的奴隶来打西戎来的周联军，最终失败，周王最终取胜。这或许是黄帝战胜蚩尤之后又一个落后战胜先进的实例。

第三节　周朝——以"礼"治国的王国

一、周公制礼——接班人继承法

周武王死后，其子姬诵（周族人姓姬）即位，是为成王。成王年幼，周公辅政。周公姬旦，又称叔旦，武王之弟，因封地在周（今陕西岐山下），故称周公。周公辅政期间制礼作乐，制定了一系列律法制度。西周之后有一系列全面的礼制。这"礼"制主要是为不同等级建立的规矩。什么级别的人开什么级别的宴会、开什么级别舞会；丧礼上什么级别的人穿什么档次的衣服，做什么举动等，一切事情都有等级规定。这完整的礼制大体是在周公辅政时期建立的，这为巩固周王朝甚至中国数千年的等级制度及封建王朝的稳定作出了不朽贡献。

说到礼制，首先就要说接班人承继制度。夏朝开始了接班人世袭制，但夏、商以来的世袭制尚不完备。王崩，接班人可以是儿子，可以是弟弟、堂兄弟，还可以是侄子。比如：商王雍己死后，弟弟大戊继位；外壬死后，弟弟河亶甲继任；沃甲死后，侄子祖丁继位；祖丁死后，堂兄弟南庚继位；南庚死后，侄子盘庚继位；盘庚死后，弟弟小辛、小乙先后继位。到周公时才明确：接班人第一顺序人是嫡长子，然后才是嫡次子—其余嫡子—庶长子—庶次子—其余庶子。再后，才轮到弟弟、侄子等亲属。其余贵族，即便像周公这样有功劳、有能力、有权势的人也不能随意染指。这对平稳过渡、稳定政局是有很大好处的。

周公

当然，对这个制度也有反对者，"三监"便是。原来，灭商后，为管理商代遗民，武王封纣王之子武庚于殷，称殷侯，管辖地为原商王都及其附近地区。为监视武庚，武王又封弟弟叔鲜于管（今河南郑州一带），封弟弟叔度于蔡（今河南长垣一带），封弟弟叔处于霍（今山西霍县西南）。这三个人的主要任务是监视殷商遗民，故称"三监"。这"三监"都是武王之弟，本来都以为也可以当接班人的，不料周公搞了这个"礼"，搞了接班人顺序制度，他们都靠后没戏了。于是他们对周公拥长子姬诵为王、周公自己掌实权十分不满；殷侯武庚是战败之君的后裔，自己也对胜利者周王朝不满；由于族源关系，和商王朝同一族源的东夷各方国对西戎来的周族压迫者也不满。这三股势力集合起来由"三监"带头反叛周王朝，这就是"三监之乱"。周公于是东征，先后打败管叔，俘虏了霍叔、蔡叔；杀死了武庚；打败了东夷各国，灭国者五十。平叛取得完全成功。为了稳定政权，周公将殷遗民一部分安置于卫，都朝歌（今河南淇县），由小弟康叔统辖。周公对康叔说："你对一般平民要宽厚，施行文王的仁政，不枉杀人。对掠夺财物、不孝父母、不睦兄弟的人要严刑诛杀。周公还将另一部分殷遗民迁于宋地（今河南商丘一带），封纣王时的贤人微子启（纣王庶兄）为宋侯。另有一部分殷遗民被赶到北方寒荒之地，后来殷遗民还有的渡海迁到韩国，甚至美洲，那是后话。对东夷各国，周公也采取了类似的打打拉拉政策，稳定了局势。

二、国人暴动——堵老百姓的嘴堵出的动乱

平叛之后，历经成、康、昭、穆、恭、懿、孝、夷各世，从盛而衰，到了周厉王时社会又动荡不安了。这动荡既源于外患，更源于内忧。这厉王"荒沉于酒，淫于妇人"，大建宫殿，收集珍宝，开销无度，把成、康以来积攒的家底早就抖落得差不多了。这时，又碰到淮夷反叛，大将征伐偏偏打了败仗，财库可真的空空如也了。于是厉王作了两项决策：一是催各地诸侯国多进贡、快进贡，这不由得罪了各属国诸侯；二是"专属"政策，把天上的飞鸟，地上的走兽，河里的鱼虾，山中的木材，林下的药材都"专属"王有，这下把平民的活路全给断了，人们可真活不下去了。人们牢骚满腹、怨声载道。大臣召伯虎据此劝谏，厉王反让近臣卫巫派人四处查找，抓到发牢骚的也许加上"恶毒攻击"、"诽谤朝政"之类的罪名，一律砍头。这下谁也不敢讲话了，厉王落得耳根清净，安心搞他的"专属"新政。厉王把召伯虎找来说："你不是说老百姓怨声载道吗？现在你再去听听看看？还有吗？我自有办法堵说怪话的嘴，今后谁敢不服从我的命令！"召伯虎说："一条大河发了洪水，你如果老是靠加高堤坝去堵，万一洪水决了堤，那就会一泻千里、人死财亡。堵老百姓的嘴比

堵洪水还危险。所以，会治水的人，总要对洪水引导疏通；会治国的人，也要引导民众说出心里话。要是把民众的嘴都堵住了，国家还会长久太平下去吗？"厉王根本不信召伯虎说的一套，只相信堵嘴的效果。

约公元前818年，中国史无前例的民众暴动爆发了！参加起义的有奴隶、平民、小贵族、下级士兵,后人称"国人暴动"。厉王见势不妙,慌慌张张地从王宫边小门逃了出去,一直跑到一千里外的彘地（今山西霍县附近）。不过，这次伟大的史无前例的起义看来没有一个坚强的领导核心，起义者不懂得权力是命根子的道理，没有建立一个集中的政权，所以起义部队始终没有一个领袖，也没有一个权力中心。另外，起义者忙着掠夺"掠夺来的财物"，打、砸、抢多了一点，热心于天下大乱，没有顾及生产的恢复和社会的相对稳定，田地荒芜了，平民跑散了。于是到了第二年，被周王朝的大司马（国防部长）共伯和带兵镇压了。共伯和顺理成章代行天子职位，与周公、召公共同执政。这一年称"共和元年"，是我国朝代有纪元的开始，大约相当于公元前817年。这种由几个人"共和"执政，而不是一个人专政，在我国历史上也是前无古人后无来者的事。13年后，周厉王死了，周公、召公拥戴太子姬静上台，即为周宣王，共伯和于是回自己的封国当土皇帝去了。

宣王即位之后，任用周公、召公及伊吉甫、仲山父一批贤臣，兴利除弊，励精图治，重新得到了众臣的拥护，生产又恢复发展了。后人称："宣王承厉王之烈（承载了厉王暴烈的后患），内有拨乱之志（拨乱反正的志向），遇灾而惧（遇天灾知道忧惧），侧身修行（修身），欲销去之，天下喜于王化复行。"这评说或是可靠的，有文物为证。青铜器"毛公鼎"中有宣王的诰词，诰词中追述了文武之时君臣相得、国家兴盛，之后政局不清，王朝不安定，策命毛公宣示王命，告诫臣僚们不要雍塞民意，要广开言路、下情上达。不要贪污中饱，对属下要严加管束，不准大吃大喝……。这诰词即便到了几千年后的今天，若做成座右铭，放到各级官员的办公桌上去，也还是不差的。

宣王内部安定，经济发展，国力增强。这样就有力量对外用兵了。这时，北方有强大

毛公鼎

毛公鼎铭文

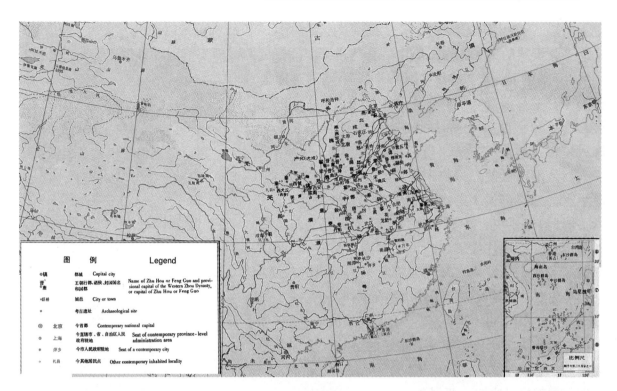

西周全图

的民族玁狁，厉王时，趁周王朝内乱，大举入侵，甚至打到王都附近地区。宣王五年，尹吉甫率师攻玁狁，大获全胜，北方平服。宣王封韩侯于韩地筑城镇守。北方平定后，宣王又命卿士方叔南征荆楚，又召"穆公帅师伐淮夷"并亲自帅师伐徐夷，至此三方平服。但对西方似乎不顺，"伐太原之戎，不胜"，"伐条戎、奔戎，不胜而回"，"伐姜戎，王师败绩"，惟伐申戎获胜，算来败多胜少。对中原各诸侯，宣王也采取强势，宣王32年，率师攻鲁，杀其君，立其弟。宣王大规模用兵，胜利之中亦潜伏着危机。一是对外东征西讨，邻邦关系恶化。二是对内干涉诸侯内政，引起不满，"自是后，诸侯多叛王命"。

三、烽火戏诸侯——天灾加人祸

宣王在位46年，其子姬宫涅继位，后人称为幽王。幽王即位前后，天灾不断，先是旱灾伴虫灾，多处颗粒无收。据《诗经》记载：当时"旱既大盛，蕴隆虫虫""旱既大甚、涤涤川川"，灾区民众痛苦万分。不料，在幽王即位当年，都城附近和泾、洛、渭三河流域发生强大地震，山峦崩裂，高山变成峡谷，深谷变成丘陵。地震后大面积泥石流又造成大面积堰塞湖。面对一系列的重大自然灾害，幽王毫不在意，大约以为不过是一个指头的小问题，无关大局。他不去积极抗灾、救灾，而是忙着去搜求天下美女。至于包括救灾这样的国家大事，一概懒得过问，交给豸虎石父那样的"小人"负责。

正在这时，听说褒国（今陕西汉中西北）多美女，幽王便找了个理由兴兵征伐，褒国国君不得不千挑万选，挑了一位美女褒姒，送来求和，幽王一见如此绝色美人儿，当即退兵。幽王自从得了褒姒之后，更为荒唐。一是废申后、立褒后，废嫡子（申后之子宜臼）、立庶子（褒姒之子伯服）。申后姜姓，周王姬姓。姬姜两大家族从黄帝以来世为婚姻，两大家族是周王朝贵族的主干。幽王废申后必然带来姜姓贵族的强烈不满，姜姓的申侯从此不再朝拜幽王，幽王于是开会欲伐申国，一些诸侯竟拂袖而去，权力中心一片混乱。第二个荒唐事是拿军国大事开玩笑。褒姒不爱笑，幽王居然想出烽火戏诸侯的法子来。烽火是古代报警的方法，当有紧急军情时，都城点起烽火，各地诸侯便兴兵前来护驾。幽王令人在王都点燃烽火，各路诸侯于是点起兵马，匆匆来援，却又不见军情，只好怏怏地回去，褒姒见到千军万马匆匆地来，匆匆地去，忍不住大笑。幽王见有如此奇效，又如法炮制了几次，褒姒果然又回回都笑了。不料这就笑掉了幽王的威信，最终笑掉了江山性命。

幽王 11 年，申侯联合曾侯引犬戎兵进攻王都，幽王再点燃烽火，诸侯指望又是幽王的游戏，没有来援，最终都城被破，幽王被杀。联军攻入城后，大肆烧杀抢掠，古都成了废墟，西周遂亡。

烽火戏诸侯

第四节　春秋战国——大变革的过渡时期

一、春秋始末

何谓春秋时代。周幽王 11 年申侯引西戎攻破王都、杀幽王，西周遂亡。申侯立故太子宜臼为平王。平王 48 年，为避西戎，迁都于洛邑，史称东周。当时尚有一百多个封国，故亦称东周列国时代。适逢孔子以此年（鲁隐公元年、公元前 699 年）为始作《春秋》，故称这之后为春秋时代。春秋时代直延至公元前 403 年三家分晋。这时，诸侯强大，周王衰落，"天下共主"已成名义。这以后，列国分化、兼并，战事不断，形成七个大国（七雄），直至秦统一，建立以皇帝为绝对权威的统一大帝国。这段时期后称战国时代。春秋、战国时代社会变革迅猛、经济快速发展、思想文化繁荣，是从王国时代到帝国时代的过渡时期。

1. 周郑交质——王权的衰落

春秋初年，中原诸侯国力大致均衡，王室还能维持"天下共主"的面子，按周礼的规定，诸侯要定期向天子进贡，即"比年一小聘，三年一大聘，五年一朝"和"一不朝则贬其爵，再不朝则削其地，三不朝则六师移之。"周天子有时端着架子，故意不礼见诸侯，"郑伯如周，始朝桓王也，王不礼焉"。有时还对不听话的诸侯征伐，如伐曲沃齐氏、伐宋、伐郯等。

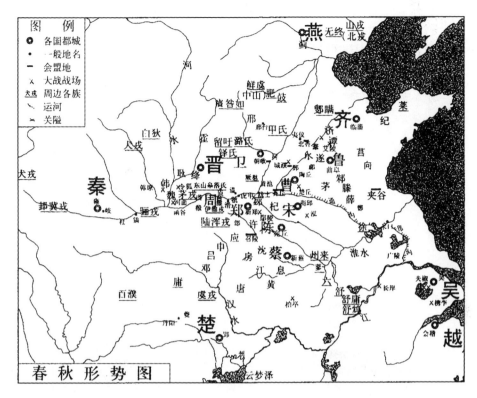

春秋形势图

　　郑国受封较晚，封地在王畿之内（今陕西华县东），平王东迁时护送有功，定郑都于新郑，到郑庄公时，任王室卿士，独断专行。周平王十分不满，分其权给虢公忌父，周、郑自此矛盾，以至互派质子，史称"周郑交质"。周桓王时，郑不但不进贡，反而偷割王室的麦子，抢收王室的谷子，双方结仇，史称"周、郑交恶"。于是周桓王罢免了郑庄公卿士职务，郑庄公也就不朝见天子，周桓王以此合蔡、卫、陈三国之师伐郑。郑庄公居然率兵抵抗，"射中王肩"，周王带伤逃回。诸侯国竟敢对抗王师，射伤天子，可见"天下共主"的地位已经形同虚设。到春秋中晚期以后，随着诸侯的壮大，朝聘进贡越来越少，王室越来越穷，甚至于到了要向诸侯"求赙（丧葬费）""告饥""求车""求金"的地步，周王朝的地位更是一落千丈，形同大国的附庸。

　　春秋时代，当某个封国政治改革顺利，经济得到发展，军事力量强大时，往往以武力征伐周边小国，令其屈服，签订盟约，胜者为霸主，其他小国要服从霸主的领导。另外，周王衰落。诸侯之间的事还是要有一个强者说了算，这个强者便是霸主。春秋时代出名的有"五霸"。这五霸一说是指齐桓公、宋襄公、晋文公、秦穆公、楚庄王；另一说是指齐桓公、晋文公、楚庄公、吴王夫差、越王勾践。从实际情况来看，宋襄公虽

周郑交质

主持过盟会，但实力不济，大国都不买帐；秦穆公偏居西隅，不大管中原的事，其势力对中原影响不太大，说是霸主均比较勉强，故"五霸"似以后一说更靠谱。

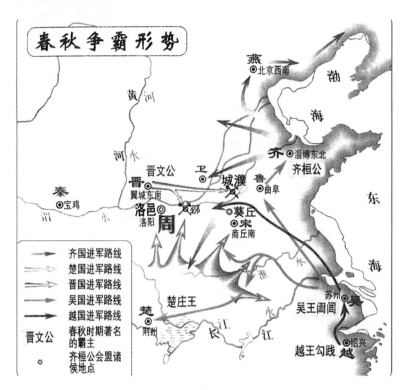

春秋争霸形势图

2. 齐霸

东方的齐国起初并不强大，齐桓公即位后，不计前嫌，任用曾射伤自己的管仲为相，开展了一系列改革。一、加强行政管理。"叁其国而伍其鄙"，即将王都附近中心地域分为21乡，分设3官管理；将周边鄙野分为五属，设五大夫管理；二、扩军备战。编常备军左、中、右三军，齐君亲率中军，军政合一；三、实行"相地而衰征"的税制改革，按地亩征税。设职官加强山林、川泽、盐、铁的管理；统一铸造货币；免除关、市之税，促进经济发展；四、选贤使能。国中贤能者，经过"乡长所荐，官长所进，公所訾相（面试）"，便能任职，扩大了人才来源。改革后，经济发展，军力强大，齐桓公先约宋、陈、蔡、邾会于北杏（今山东东阿）平宋乱。齐桓公先后会盟诸侯十五次，伐戎卫燕，伐狄救邢，迁邢于夷仪、楚丘，连年

齐桓公

伐楚，……会盟基本精神还是维护分封制度，政治上似乎是比较保守的，但起到了维护各国关系、维护中原文化的作用。

3. 晋霸

地处中原的晋国早期只是汾水下游一小国，晋献公继位后，开始扩张，"献公并国十七，

服国三十八。"晋文公即位后，实行改革：一、"赋职任功"、"举善授能"，起用一批异姓人士为重臣，如赵襄、狐偃、贾佗等；二、"轻关昌道，通商宽农，务穑劝分，省用足材"，促进经济发展；三、扩军备战，提拔异姓功臣任将佐、军政合一。公元前 635 年，晋文公出兵勤王，得到四邑赏赐，扩大了国土、提高了声望。之后，文公又破楚救宋，践土会盟，先后殽之战胜秦，鞍之战胜齐，鄢陵之战胜楚，称霸近百年。

4. 楚霸

楚是南方江、汉流域"蛮族"国家。公元前 639 年，始建都于郢（今江陵），逐渐强大，吞并了附近许多小国，"江汉诸姬、楚实尽之"。楚庄王时，任用孙叔敖为宰，整饬内政，兴修水利，发展经济，整军灭庸，北上伐陆浑之戎，一直打到周王疆域之内，"观兵于周"，公然向周王示威。周定王被迫为楚军举行慰劳观迎之礼，楚庄王还向周使者打听象征王权的周鼎大小轻重，表明代周而王天下的野心。再后，楚又围郑胜晋，围宋阻晋。前 589 年，楚于蜀（今山东泰安西）会盟，十二诸侯参加，楚庄王霸主地位得到中原承认。

晋文公

楚庄王

5. 吴越争霸

吴、越原来都是长江中、下游小国。晋、楚争霸，晋联吴制楚，派巫臣教吴人射御乘车和先进的战术。吴王阖闾执政后，在楚亡臣伍子胥的协助下，进行一系列改革，建城郭，设守备，充仓廪，整府库。公元前 506 年，任命伍子胥和孙武两位军事家伐楚，五战五胜，攻入楚都，楚昭王仓皇出逃，后因秦军援楚，越兵攻入后方，方才撤兵。楚则联越制吴，公元前 496 年，吴越大战檇李，阖闾战死。其子夫差即位，立志报仇。公元前 494 年，吴、越又大战，越军大败，越王勾践卑辞求和，称臣归附。夫差于是开邗沟，连江、淮，通粮运兵，前 482 年，2 次大败齐军，大会诸侯于黄池（今河南封丘西南），与晋争当盟主。越王勾践卧薪尝胆，任用范蠡、文种，对内充府库、垦土地、发展生产、发展人口，对外结齐、附晋、亲楚，孤立吴国，经过"十年生聚、十年教训"，于公元前 473 年再次大举伐吴，夫差战败自杀，吴亡。勾践灭吴后，也步夫差后尘，率师北上，与齐、晋等国会盟于徐（今山东滕州市），

吴王夫差

勾践卧薪尝胆

致贡周王，周王封"侯伯"，一时亦号称霸主。

6. 弭兵运动

春秋中期以后，中原晋、楚争霸，夹缝中的小国身受其害，从晋则楚伐之，从楚则晋伐之，只得"牺牲玉帛，待于二竟（境）"，忍辱苟且。因此，小国普遍厌战。晋、楚势均力敌、疲于攻战，也想休战。于是，弭兵运动就此发生。公元前579年，由宋国大夫华元发起，向晋、楚倡议，订立了盟约："凡晋、楚无相加戎，好恶同之，同恤灾危，备救凶患……交贽往来，道路无壅……有渝此盟，明神殛之。"两国结盟，宋、郑、鲁、卫附议。但这等好事不出三年，楚国便首先毁约，北侵卫、郑，弭兵之盟就此破裂。第二次弭兵运动仍由宋国发起，宋大夫向戌倡议，公元前546年，大会在宋都商丘召开，有晋、楚、齐、秦、鲁、卫、郑、宋、陈、蔡、许、曹、邾、滕十四国参加。会议确定，晋、楚为盟主，齐、秦以外的十小国为属国，同时向晋、楚朝贡。春秋中期连绵一百多年的战争，终以"弭兵"休战而结束，之后四十多年没有发生战争。这对于恢复和发展各国的生产，安定各国人民的生活，促进各国的文化交流和社会改革起到了很大的作用。对老百姓来说，弭兵会盟比争霸会盟好得多。

二、战国始末

1. 中原晋国

春秋末年，中原传统霸主晋国已经内乱了。各大夫之"家"占有大量土地，先后进行改革，不少农奴受不了国君的高压，请愿逃到各大夫的封地，当佃农。各家兼并的结果，韩、赵、魏三家消灭了最强的智家。晋幽公只好忍辱于三家强力之下，公元前403年，三家打发使者朝见周烈王，要求封侯，周烈王只得照办，三家从此分晋而独立。之后，赵、韩、魏三国先后进一步改革，搜罗人才，兴修水利，改进农业耕种方法，粮食平粜，农奴成了佃农，生产积极性提高，生产发展比较快，三国都成了强国。

2. 东方的齐国

齐国掌权的大夫原有五家，其中田家几代以来把粮食借给困难户，大斗出、小斗进，还把封地上的物产廉价运到外地出卖，以收买人心。民众痛恨残暴的国君，大量流入田家。田家很快发达了起来，灭了其余四家。到田和任相国时，干脆把齐康公放逐到海岛上去了。田和于是托魏文侯向周王请封，被封为齐侯。从此齐侯不姓姜而姓了田。齐国经历代田氏的经营，加上有盐、铁经营之利，也成了强国。

3. 西方的秦国

原来比较落后，又让魏国占了河西一大块土地。深感落后就要挨打的道理。秦孝公即位，于是决心变法。他任用了卫鞅（卫国人，后封于商，亦称商鞅）为左庶长，主持变法。新法：①实行保甲制度，知罪不告发者连坐。②官职大小、爵位高低与杀敌立功大小直接挂钩。贵族无功也不能受爵。③多生产粮食、布帛者可免除官差，因不事生产而贫穷的，全家没入官府为奴。为让群众了解相信新法，执行新法。颁布之日卫鞅叫人在南门口树一根木头，下令："谁能把这根木头杠到北门，赏他十两黄金"，有一人大胆扛了这根木头到北门，左庶长商鞅便如约付给这人十两黄金。这下大家都相信左庶长说话算数，新法必须执行。变法三年后，生产增加，生活改善，将士跃跃欲试要打仗立功。孝公之后又进行第二步改革：①开辟阡陌封疆，重新划定田界，取代了井田制度。新开垦土地，谁开谁有，可自由买卖。②建立县一级行政，县令由朝廷直接任命；③迁都咸阳，以便向东发展。④秦国地广人稀，为吸引邻国劳动力，孝公出了赏格，邻国人来种地，给他们住房田地，还免除兵役。五、统一度、量、衡。变法无疑遇到保守势力的顽强反抗，以至商鞅本人也被车裂，但变法坚持了下来。变法以后，仅仅十几年功夫，秦国就变成了富强的国家。

他真的扛了木头，真的得到十两黄金

4. 北方的燕国

在燕昭王即位之后，经过二十几年的艰苦奋斗，终于改变了原来动乱贫弱的局面，农业快速发展，储存的粮食够吃几年，被人称为"天府"之国。随着经济力量的发展，军事力量也空前强大了起来，燕昭王于是外交上任用苏秦，游说于齐、赵、魏之间，挑起齐、赵矛盾，防止强齐攻燕。军事上拜乐毅为上将军，率燕、秦、赵、韩、魏五国联军伐齐，攻下齐国七十余城，从此燕国声威大振。

5. 南方的楚国

国内"大臣自重、封君太众""上逼主而下虐民"以至"贫国兵弱"。在变革大势影响下，新旧势力权力斗争激烈。在白公胜夺权变革失败后，楚悼王任用了军事家、政治家吴起，进而变法：①精减机构，"罢无能，废无用，损不急之官"，"使封君之子孙，三世而收爵禄"。②迁"贵人往实广虚之地"，开发边区。③"厉甲兵"，"要在强兵"，加强军备。变革中，新旧势力斗争十分激烈，吴起被射死、车裂，射吴者也被灭族七十余家。但变革成就终于保留了下来。变法后，楚"南平百越，北并陈、蔡，却三晋，西伐秦，诸侯患楚之强"，成了头等强国。

以上燕、赵、韩、魏、齐、楚、秦七国，称为"战国七雄"，它们四处扩张，相互兼并，战乱不止。秦王政主政后，致力于伐六国。公元前230年派内史滕攻取韩国，俘韩王安，韩国灭亡；公元前228年，秦将王翦、羌瘣攻赵，俘赵王迁；公元前225年，秦大将王贲攻魏，俘魏王假，魏国遂亡；公元前223年，秦将王翦、蒙武攻楚，俘楚王负刍，楚国灭亡；公元前222年，秦将王贲攻燕，俘燕王喜，燕国灭亡；王贲又攻代，俘代王嘉，赵国最终灭亡；公元前221年，秦将王贲由燕攻齐，俘齐王田建，齐国灭亡。至此，秦灭六国，建立了中国第一个君权至上的统一专制大帝国。

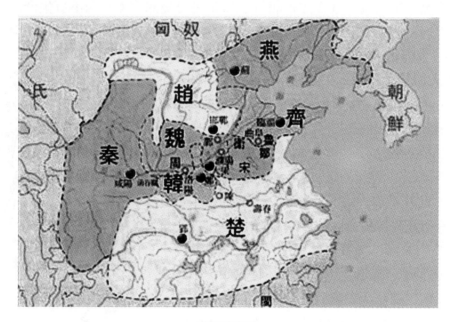

战国形势图

第五节　夏、商、周三代的文明贡献

一、从禅让到世袭——原始社会转变为阶级社会

夏王朝建立之前，夏部落社会生产力已有了较大的发展，农业生产的耒耜特别是各种金属工具的应用，使大片荒地得到开发；水利的兴修使农业产量大大提高；在《颛顼历》的基础上完善的夏历，保证了农业因时而作；仓贮技术使多余粮食物资可以较长期的保管。在这样的条件下，一个人可以生产不止一个人基本消耗所需的粮食、物资。有了剩余便有了私人占有的可能。俘虏改变成生产奴隶才有经济价值，才会有私有制。经济上的私有经济决定了政权的私有制的必然出现。强势的家庭王权终究代替了温情的氏族"民主"。

在这个重大的转折关头，禹和启父子起到了关键性的作用。禹可以算是"总设计师"。他利用治水成功建立起的巨大威望，通过律则确立了个人的权威。史载：皋陶"令民皆则禹，不如言，刑从之"。不听话就坚决镇压，甚至防风民开会迟到，也被诛杀之。这样，就震慑了其他氏族首领和广大众民。从《禹誓》看，禹开始有了一支私人的武装力量，据说禹以地域而不是以氏族划定"九州"，又初步打破了原有血缘地域关系，从而为原始氏族社会公有制文明向阶级社会私有制文明的转变奠定了基础。

对于接班人，禹一面勉强依各氏族首领（四老）的推举，法定"禅让"给伯益，但另一方面却着意培植自己亲儿子启的势力，以至禹死后，多数诸侯和众民"去益而朝启"，为启最终取得王位奠定了基础。这标志着"禅让"制的历史性的失败和世袭制的历史性成功。几万年的原始社会终于完结，几千年的阶级社会已经开始。这父（禹）传子（启）便是这重大的历史转折点。

商、周进一步发展和完善了经济上的私有制和政治上的世袭制。按照多数社会学家的观点，这最早的阶级社会称为奴隶社会。奴隶主阶级掌握生产资料（土地、生产工具），奴隶从事生产劳动。西方古代确实如此。当然也有平民，平民主要服兵役而耻于生产劳动。中国似乎另有特色，基本农业生产劳动是由平民完成的，到西周完善了井田制，通常把土地划成 ▦ 形的十块，中间一块称"公田"。四周九块为"私田"，分给九户平民耕种。平民在耕种自己的"私田"同时也耕种贵族的"公田"。而奴隶往往被役使（妇女服侍贵族，男子参加非农业的手工业和商业活动）；被打仗（充当打头阵的敢死队）；被当作祭品（夏、商、周的人殉多为奴隶，甲骨文中常有"百羌""百戎"为祭品，商大墓中常有大量砍下的奴隶头骨整齐列阶下，令人发指），而很难见到奴隶直接参加基本农业生产劳动的记载或证据。这样看来，中国在这个时候称为奴隶社会，似乎理不顺，也或许这才是具有中国特色的奴隶社会。

商代人殉墓葬遗址

二、一统天下——九州划一

夏、商、周时期每到王朝稳定强盛时，就会东征西讨、南征北战。大禹"伐三苗"、"伐共工"，将天下划为"九州"，开创了以地域而不是以氏族来划分天下、进行管理的先河。《尚书·西夏》说这"九州"是：冀州、兖州、青州、徐州、扬州、荆州、豫州、梁州、雍州。若按此说，则大禹的天下已经和秦皇、汉武时代差不多大了。这是不可能的。夏文化的文物至今没有在中原以外的地区发现过，甚至受夏文化影响的文物也难以看到。大概"九州"只是中原地区就近地域的名称。并非后世理解的地域那么大。有人认为所谓冀、兖、徐、扬……都是夏都附近的一些山川的古代地名。那这个"九州"又太小了。也或许，"九州"之说不过是后人为了强调伟人大禹的丰功伟绩编出来的，今人考证来考证去都上了当。至于商代，

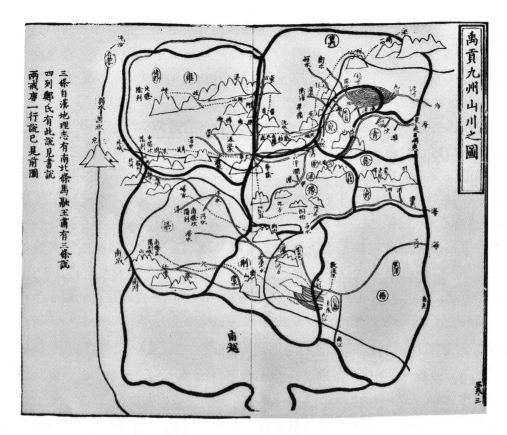

尚书·禹贡九洲图

在灭夏之前就统一了薛、葛、豕韦、顾等国，灭夏以后，特别到好战的武丁、妇好时期，更北征工口方、土方；西讨羌、戎；东征九夷；南伐荆楚。其疆土达到了"左东海"（现在东海、黄海）；"右流沙"（今甘肃西部沙漠地区）；"前交趾"（今广东、越南北部一带）；"后幽都"（今河北北部、内蒙和辽宁的一部分）。更好战的纣王更不断东征西讨，这些，为后代秦、汉、唐、宋、元、明、清的大一统疆土奠定了基础。西周的疆土大体也是那样。

到春秋、战国时期，各大国对外扩张。齐国东征东夷；楚国南取百越；秦国西攻羌戎；燕国北伐诸狄；为中国大一统奠定了基础。

为了开疆拓土，统治者不断发动统一战争，这种统一行动，正面说，对伟大的中华民族的形成，对统一的中国奠定了基础，同时，又加速了各民族的交流和融合。史书对此多有颂词，专家也多有肯定，不需老朽多言。但从负面说，你发动的这个战争，对被征服的这些民族、方国的民众来说是不是都是欢迎你来征服"东面征而西夷怨；南面征而北狄怨，曰'奚为后我'，民之望之若大旱之望雨也。"是不是都在盼星星、盼月亮，盼你去解放的呀？未必！自然，统治者攻打别的方国时都要说说理由，发个什么诰、誓之类的文告。比如"伐三苗"，说三苗用"五刑"镇压民众，民众活不下去了，要我来解放的。其实刑律是社会的进步和维护社会稳定所必需，发动战争者自己也在用，说不定还是六刑、九刑。现代有大国出征前说别人有"大规模杀伤性武器"，危害世界和平，所以要去打，打下后根本找不到什么"大规模杀伤性武器"，倒是发动战争者自己有这种武器，而且品种多而全。

是不是因为别的方国侵犯了你的领土，所以你不得不自卫反击的呀？也未必。武丁东征西讨南征北战都是打到别人的固有领土去的"丰功伟绩"，并不是在商族生活的地域打的仗。

有说，统一战争后，社会有了一个安定期，民众就可以相对安定的生活在统一国家管理下，有了安定、祥和的生活生产环境。这也未必。统一战争后可能有一段"安定"，也说不定潜藏了氏族的分野、潜藏氏族百年千年的仇恨。比如，豕韦族，原来和商族共同生活在中原地区的，并曾经参加平叛战争、立有大功的，被武丁灭国后被赶到天寒地冻的北方，若干年后发展为室韦族、突厥族，世世代代与中原民族结仇，后建立辽、金、后金，一直以中原民族为敌，成为隋、唐、宋、明的大患。中原一直不得安生。被黄帝、大禹、殷商、西周一次次赶到南方的"三苗"，他们世世代代传唱"苗族古歌"，古歌描述的历史中，一面歌颂苗家古代英雄蚩尤、刑天，又处处表现其先民被中原炎、黄氏族侵略、杀戮的痛苦和怨恨，古歌世世代代传唱着对英雄的赞美和对入侵者的仇恨。千百年来，南方地区的苗族对中原为中心的中央政权并不服气，并不服从。尽管中原政权后来利用苗族土司代管，也常有矛盾、斗争，乃至大打出手。还有，像被商王朝武丁灭掉的大彭氏国，西迁复建国，参加了讨伐商王朝的联军。其后南迁彭氏在湘西建立彭氏土司王朝，屡次不服中央及地方政权的压迫，以至兵刃相见、打打谈谈、立碑以誌，称永久和平，又复打打谈谈，再立碑为誌，没有消停过。清康熙号称"改土归流"，好几年也改不下去。雍正帝大军压境才勉强改了，但后患不少，从前清到民国，湘西地面长年不清。直到今天，有了正确的民族政策，才得以逐步消除数千年中原汉族不断发动统一战争的负面影响。

秦灭六国，统一中国之后，不顾国力，修长城、直道，建皇宫、皇陵，一项工程动不动就征发50万人、70万人。每年都有数以百万的民众在服劳役，民众生活在水深火热之中，哪有什么统一后的安定期。战国人口峰值在3000万甚至更高，经秦代战争和暴政，人口不仅没能增加，至汉初反而跌至1800万，非正常死亡人口2000万以上。这是中国人口遇到的第一次大浩劫。

三代统治者除了用战争手段对付四邻外，还常常用会盟的方法，这似乎比战争手段要开明一些，虽然有时也是战争的前奏或结果，出名的有大禹的"涂山大会""苗山大会"；夏启的"钧台大会""璿台大会"；周武王的"盟津大会"。但总的看，会议决定，多数决定的大会形式大概还是古代"军事民主制"时代的遗音，已经是过去时了，和国家政权私有制，君王独断不那么一致，终究越来越少了。况且，这类大会的民主招牌也虚假得很，会场上剑戟林立，搞不好连迟到的（防风氏）、早退的（有扈氏）都要被杀头，诸侯们一个个战战兢兢、如临深渊、如履薄冰，那里还敢说什么不同意见。

到春秋、战国时期，也开过不少大会，虽然性质不一。从齐桓公"九合诸侯"，到越国会盟于徐，齐、晋、楚、吴、越先后以"尊王攘夷"为名会盟而为霸主。值得称赞的是宋国，两次倡议晋、楚弭兵。公元前546年，宋大夫向戎倡议晋、楚、齐、秦各大国及宋、鲁、卫、郑、陈、蔡、许、曹、邾、滕十四国与会，召开了"弭兵大会"。从而造就了四十余年的安定局面。只可惜这样的大会太少了。

三、兵民合一到常备兵制——三代军事制度的演变

夏代兵制似无法详考，史载少康逃亡时"有田一成、有众一旅"，将田地和兵并提，反映夏代实行的临时征召的兵制，民众平时在田务农、战时编成军旅出战。兵民合一。商代前期主要也还是这个制度。《汤誓》中记载商汤伐夏桀时有战士发牢骚说：我们国君不体恤我们，耽误我的农活来管夏国的屁事。当时，可能有部分贵族组成的武装甲士，他们是常备兵，是军队的骨干，但只是少数。直到武丁时代还有临时征召的兵员，称"登人""共人"。不过武丁时期前后，已经有了常备军性质的国家军队。武丁时有右、中、左三师编制，武乙、文丁时又增建三师，这些部队可能平时在家务农，但已经固定军籍，召之即来。除了贵族成员组成的甲士和战车兵、平民组成的步兵外，后勤徒役则由奴隶组成。当时人们还是不放心奴隶拿起武器的。商代军队的编制是师、大行、行、什。一"什"十人，设什长；十什为"行"，设行长；十行为"大行"，设千夫长；十大行为师，设"师长"。看来一个师约万人，比今天的步兵师的人数稍多。商王对军队有绝对指挥权，常亲自率兵征伐，而命将出征则常要赐钺，表示授权。到西周还有此制。商代军事训练一般与田猎结合，所谓："以田狩习战阵"。

西周军队编制沿袭商代。武王立国之初，在京城附近驻有六师称宗周六师，在原殷商中心驻有八师，称殷八师，共有 14 万常备军。除此之外，各诸侯封国还有军队、屏藩周王，战时奉调出征。诸侯军队，大国不得超过三师、次国二师、小国一师。

春秋、战国时代，各国均发展常备兵，紧急情况再全国总动员，全民皆兵。其兵员数量比三代大大增加。三代时一般出兵只有三师（三万人）、六师（六万人），而战国时，韩燕能出兵三十万；齐、魏、赵、秦能出兵四十至六十万；楚国能出兵百万。

夏代开始"以铜为兵"，有戈、戚和箭镞，但从相当于夏代的河南二里头遗址的发掘情况看，当时青铜兵器较少，还大量使用骨、石质的原始兵器。商代，特别是中期以后，大量使用青铜兵器。如妇好墓中出土有铜钺 4 件；铜戈 91 件，铜镞 37 件。商中晚期部队已形成包括格斗兵器（戈、矛、钺、长刀、短刀）、射远兵器（弓箭）和防护器

樊王夫差矛　　越王勾践剑　　　嵌绿松石短剑

春秋、战国金属武器

春秋战车

具（胄、甲、盾）的完备组合。虽然，也有少量兵器（如大量消耗的箭镞）用骨、石、蚌质制成。

西周晚期已有铁剑。春秋、战国时期，金属兵器高度发展，"百炼钢"技术已很发达。出土的越王勾践剑和吴王夫差矛，虽经数千年仍寒光闪闪，锋利异常。春秋、战国时期，出现了独立的步兵和骑兵，改变了传统的以车战为中心的作战方式，更适应各种复杂的地形条件。

四、从"三老"到"封邦建国"——探索中的行政体系

1. 过渡时期的夏代

夏、商、周三代君王主政，当有从属于王命的政治构架。夏代君王称为后，大约称呼上还有母系社会的残余影响，夏代有重要官属"三老""四辅""四岳"，他们或是与夏王室结盟的部落首领，虽然不是主政官，但在本氏族部落还是说了算的。他们有相当的政治地位，夏后要"父事之""兄事之"。这架构大约相当于"顾问委员会"，实际上是军事民主制时期的遗韵。夏后直接管理的官属则称为"六卿"，他们是军队和行政的主管干部，还有所谓"三正"，是主管大臣，下面有宣达王命的"遒人"，主管农业的"啬夫"，主管手工业的"车正"，主管畜牧业的"牧正"，主管王室饮食起居的"庖正"，主管音乐的"瞽正"等。尚有神职人员，主管祭祀、占卜。主管历法的叫"羲和"，主管卜筮的称"秩宗"。

2. 官、巫杂构的殷商

商代，顾问委员会一类的"三老""四岳"大概已经撤消了，但是往往职官都以某族或族长之名，而且代代世袭。这也还是先前氏族领袖作为天然公职人员的沿袭。比如管历法的"羲和"，管用火的"祝融"，便是官贵合一、代代世袭的。商代官员一类是辅政大臣，如成汤时的伊尹，太甲时的保衡，大戊时的伊陟、巫咸，祖乙时的巫贤，武丁时的甘盘。他们往往拥有很大的权力，甚至可以和贵族们商量处置商王，如伊尹放太甲就是。第二类官员是政务官，有"宰"和"卿事"，都是商王的近臣，执行商王的命令。第三类是下级官员，有"多尹"和"御事"，还有大小"臣""正"等。有管耕种的"小籍臣"，管生产的"小众人臣"，管牧马的"小多马羌臣"，管收割的"小刈臣"，管渔业的"司渔"，管手工业的"司工"，管畜牧的"牧正"，从上到下组成了一个庞大的官僚集团。

商代敬神、卜筮成风，从甲骨文卜辞看，不论出征、出行、动土、动工，还是王室婚丧嫁娶都要卜筮、请示神灵，神职人员也是多得很，忙得很的。商王既是世俗的最高统治者，又是最高的神意志的传达者、执行者。商王是最大的大巫，辅政大臣也兼作巫，这巫政合一，也是殷商政治特色。

3. 封邦建国的周代

周王朝为了维护他的家天下，政治上搞了一套礼制，行政体系搞了一整套完整的分封制。周天子是天下共主，天下大宗，其王位由嫡长子继承，其兄弟受封为诸侯、卿、大夫，是小宗。各地诸侯如藩篱拱卫中央。在各诸侯封国内，也是嫡系继承、兄弟分封。这就是分封制度。受封者除了王室成员，也有少数非周王宗姓的家庭，如姜姓的功臣和伐纣时同盟方国首领，

那往往封到边穷之地。西周中央官制，有"卿事寮"为中心的中央行政机构，组成人员完全来自各同盟氏族的贵族，首脑是太师、太保。如周初的姜尚（俗称姜太公）、周公旦、召公都担任过这个职务。"卿事寮"的属官开始有御事、庶士、庶事、多士、尹士、少正、小子、多子、师氏、虎臣、百尹、卿尹等，这似乎不像周代后期的司徒、司马、司工那样分工明确，也或是一个发展的过程。周王朝后来又设立了"太史寮"，其主官称太史，和"卿事寮"主官共同执政，或许这是周王要削弱"卿事寮"主官权力的手段。西周中叶，宫廷事务官也参与了政治活动，它的主官叫"宰"，是周王的身边人。

"封邦建国""以藩屏周"，把全国的土地封了几十个上百个小国，从中国的统一大业的发展趋势来看，似乎有倒退之嫌。但在早期，它对西周的政局还是起稳定作用的，是积极的试探。到了后来，对权力的追求终究冲决制度网络的束缚，自周宣王开始到东周，已壮大的诸侯往往"挟天子以令诸侯"，"以藩屏周"成了"以藩缚周"，它的分裂负面作用越来越明显，走向了自己的反面。

战国以来，周王的"共主"地位更名存实亡，各封国中代表新兴地主的大夫得势，政权由"公族"而非"王族"所有。各国行政体系进一步改革，原有一级级分封制先后改为郡县制，县令、县公由君王直接任命，家族的血缘关系不再是官员升迁进退的依据。代表新兴地主的官僚阶层不再是"不敢知国"的家臣，而是可以直接参与国家事务，可以"执国命"的大臣。他们没有依附性，合则留，不合则去，活跃在历史舞台上。战国以后，各国经过否定宗族政治为主要内容的变法运动，先后完成了由宗族国家向封建制国家的转变。

五、井田制——农业管理制度化

夏商周时期耕地的沟洫灌溉长足发展，在中原大地上沟渠纵横交错，形成类似井形系统。到西周，在这基础上形成一个系统的管理制度。

所谓"井田"，据《孟子》《谷梁传》等描述，就是在一块大田中以阡陌道路和灌溉沟洫分为井字形。井字中间一块称为公田，四周八块田称为"私田"，8块私田交由8户平民耕种。8家合力耕种公田之后各自耕种自家的私田；8家共同为公田收完庄稼后，各自收获自己私田的庄稼。每家私田一般是一百亩。如果田地比较差，要隔年轮休（当时大概不大会施肥，主要靠轮休来恢复地力），称为1易之地，则给200亩；如果是需休耕两年的孬田，称2易之地，则给300亩。还有莱地，一般指灌木丛生、杂草遍地的半荒地，如田亩不足以数倍莱地调剂。井田往往定期（每3年）重新分配，称"换土易居"或"爰田易居"。为的使各农户之间平等。井田制以公田为中心，8家农户的宅院一起建在公田上，每户有宅园2.5亩，建房剩下的地可种菜、植桑，维持自给自足的生活。

这是一种相当理想化的生产关系格局，似乎是后人（如孟子）对当时生产关系理想化的说道，很可能掺入了后人自己的理想。西周当时究竟怎么样就难免公说公有理、婆说婆有理了，也或许还有"贡""助""征"等管理模式，说不清楚了，只好姑妄信之。在这种制度化管理下，西周的农业生产得到了稳定、快速的发展。

井田制度下农户的负担，除了助耕公田外还有军赋，就是要负担服兵役，还要自带装备。

标准为每 10 井（80 户）出兵车一乘。按《周礼》说法，1 丘（16 井）出戎马一匹、牛 3 头。1 甸（64 井）出长毂车 1 乘，戎马 4 匹、牛 12 头、甲士 3 人、步卒 72 人。这么说，一般方里之小国就可能有兵车 4 乘。这些负担，在当时生产力十分低下的情况下是相当严苛的。平时尚可，一旦遇到天灾，农民就活不下去了，只有动乱、造反。

春秋、战国以来，随着铁制生产工具的出现，生产力大大提高了。家庭劳动代替了大集体的劳动，各家各户忙着开垦荒田、营造私田，于是"公田不治""无田莆田，维莠骄骄"公田没人管，禾苗长不好，倒是草长得骄人。这样，奴隶主贵族也没了收入，于是各国先后实行"初税亩""书土田""初租禾"一类的改革，对新开私田按亩数收税，这也就等于承认新开私田的合法性。这样，各家各户开荒大生产的兴趣更浓。那种以家族（宗族）为中心的共同耕种、共同收获、共同祭祀、共同饮食的里、社集体活动场面已成了过去时。井田制从此彻底瓦解。以往被压迫在底层的鄙野之民也有了私田，农奴纷纷转为自耕农和佃农。随着私田的买卖又出现了地主阶级。农民和地主比农奴和贵族有更大的生产积极性，生产效率有了大幅度提高。

初税亩

六、农畜并举

三代农业在较完善的管理制度下，得到相当的发展。其农作物有粟（小米）、黍（黄米）、稷（较粗的小米，有说类似青稞的耐寒作物）、大麦、小麦、麻、菽（豆）、稻等。稷是当时的主要食粮；菽既是食粮，也是油料作物；麻是经济作物，当时的衣服主要是麻织品（也有少量丝织品，夏代称为缯，山东西部和河南东部是桑蚕基地）；稻是食物中的珍品，和小米中的珍品粱并称"稻粱"。

这时农业工具，夏代有斧、镰刀、铲、耒、耜等，大禹亦"身执耒耜以为民先"。商代农业生产工具形式未变，但开始出现了少量青铜制品，西周工具刑制又有了专业的挖土工具耜、钱；除草工具镈；收割工具铚和艾。金属制品的比重大大增加，耕作技术在三代也有不少进步，商代农业已是早期精耕细作的锄耕农业。首先，从甲骨文中就可见商人在火焚开荒后懂得翻耕土地（"畴""衰田"）；懂得除草（"田薅"）；懂得引水灌溉（"三黍"）；懂得打井灌溉（"伯益作井"）；懂得施肥改良土壤（"屎田"）；收获后懂得贮粮方法（"嗇""廪"）。这个程序已经和后人精耕作业差不多了，虽然技术没有今天完善。西周农业技术又有发展：播种时知道选种，除草时知道在作物根部培土，已能使用绿肥，已有防治病虫害的一些知识。如此种种农业技术的改进，大大提高了农业生产率。

据《孟子·滕文公》记载："夏后氏五十而贡，殷人七十而助，周人百亩而征，其实皆十一也。"征、贡、助、赋大体都是十分之一，而西周每一农户所耕土地大致是夏代的 2 倍、殷代的 1.4 倍，单位产量随着农业工具和技术的改进而提高一些，生产总量的提高是相当可观的，产量决不止翻一翻。

春秋以来，铁制生产工具得到应用。考古发现，春秋农业工具有铁耜、铲、镰、锄、锛等数十件，战国以来铁制农业工具更迅速推广，随之，牛耕也逐渐普及。原始的完全依靠人力的集体"耦耕"没有了。农业从广种薄收逐渐转向精耕细作。《国语·齐语》中说：农人"挟其枪、刈、耨、镈，以旦暮从事于田野""及耕、深耕而疾耰之"。与之相应，春秋时代，水利工程也得到大力发展。春秋时郑国子驷使"为田洫"搞排水工程，获得成功。子产又使"田有封洫"，搞灌溉工程，于是民人称颂："我有田畴，子产殖之。"较大的水利工程也已经开始，如"浚洙"，疏浚洙水；"遵彼汝坟（防）"，在汝水上筑堤防；"梁莫大于溵"，溵水上的堤最高大。春秋晚期，吴国开挖了从扬州到淮安北的邗沟，连通了长江和淮河两大水系，之后又开"荷水"，连接泗水和济水。这是大运河的最早一段。战国时，魏国开挖了鸿沟，从河南荥阳连至淮阳东南，把黄河与淮河连接了起来。这使沿运河一带获得极好的发展机会。陶、睢、阳、彭、陈、寿春等城市都发展成新的经济都会。战国以后，多有大型水利工程。其中魏国西门豹兴建引漳工程、凿十二条水渠，引漳水灌溉良田。楚国修芍陂大水库、灌溉四周田地，至今芍陂仍在，淮北仍是著名粮仓。秦国修灵渠、连通长江、珠江水系；命李冰修都江堰，灌溉良田万亩；吕不韦又命郑国主持修郑国渠、关中得到了"万世之利"。

今日芍陂

都江堰

畜牧业在夏、商、周三代有很重要的位置。对这个时期遗址的考古，牛、羊、猪、狗、马的遗骨均有发现，关于它们的驯养也多有文字记载。甲骨文中有"牢""圂""家"等文字，它们最初的意思都是表示家畜的圈栏。商代人祭祀时，常大量宰杀牲畜，一次多达四、五百头，也侧面表现出畜牧业规模之宏大。

七、市井商贸——长途贩运的商人

三代，特别是商代，开始了不仅是家门口以物易物的而是真正的商业活动了。商代殷墟发现有鲸鱼骨、朱砂、咸水贝、绿松石及大量龟甲，这都是很远的地方贩来的。同样，在陕西、山东、河北、内蒙、江西、湖南都发现有殷商的青铜器，这也都是商代人长途贩运、商业发展的功劳。商代的商业大大促进了手工业及经济作物（如桑麻）的发展。这些都奠定了殷商强大的经济、物质基础。若不是商纣王好大喜功、践踏财富、政治上四面树敌，殷都或可成为强大的国际都市。商代被周灭国以后，商遗民仍然"肇牵车牛远服贾"，从事长途大宗贸易，以至后来人称从事贸易的人为商人。西周开始是单纯以农业为中心的。畜牧业、手工业者特别是从事商业都被人瞧不起，往往由官府强制经办，由奴隶和战败俘虏从事这类工作。随着经济的恢复发展，到了西周末年，已经出现了不属于官府的商人，出现了不属于官府的民间桑蚕业。

到了春秋，手工业虽仍属官府所为，但已经从周王室控制转为诸侯所有，生产各种特色产品，如郑国的刀、宋国的斤、鲁国的削、吴越的剑。规模也有了扩大。在山西侯马古城晋国遗址发掘中，发现了大型作坊遗址，大的面积达 3000 平方米，一次发掘便有陶苑 3 万多块。到战国时期，手工业部门更多，有采矿、冶铁、冶铜、金属器具制作、木工、车工、皮革、陶瓷、漆器、玉器、玻璃、煮盐、酿酒、纺织、造船、建筑等，工艺也有很大提高。这时出现了官府以外的手工业者，称"百工""百肆"，也出现了手工业企业家，如猗顿、郭纵、卓氏、程郑、孔氏、寡妇清等。一家往往雇工千人以上，对经济发展影响很大。如赵国卓氏在临邛办冶铁业，以至"倾滇蜀之民"使临邛发展成以冶铁为中心的手工业大城。

春秋战国以来，各地特色产品的发展，更促进了长途贩运、商贸的发展。出现了专业性的富商大贾，并且参加了政治活动。郑国商人弦高在边境发现秦国军队拟偷袭郑国，便假借郑君之命，犒赏秦军，使秦军以为郑国已有准备，快快撤回。曾做过商人的管仲，辅佐齐桓公实施变法，帮其完成霸业。大商人吕不韦在秦国主政时，经济上发展生产、修建大型水利工程，文化上完成《吕氏春秋》巨著，对外阻六国联合，扩地灭周，为秦统一中国的事业奠定了物质基础和外部条件。

弦高救郑

随着经济的发展，春秋战国出现了繁荣的都会，如赵邯郸、上党、齐临淄、秦咸阳、魏安邑、楚郢、豫章、蔡上蔡、宋彭城、吴都等。

三代至战国，人口增殖迅猛。夏代总人口约 1000 万，战国最盛时约达 3000 万人左右。

讲贸易不免讲到"市"。据记载，大禹时大概已有了市场贸易（"懋迁有无、化居"）。到商代，城市中已经有了"市"，据说商人"善治宫室，大者百里，中有市"。"市"内按照商品不同分为若干"肆"。据说姜太公在未遇到周文王时，就曾在朝歌和孟津的市肆里屠宰和卖酒。

商圣吕不韦

可见商代的市是十分热闹的。

西周时，城中的"市"被严格管了起来，四周用垣墙围起，四面设门。按城市规划，"市"设在王宫北面，称"前朝后市"，"市"分而为三，东市为朝市，早晨开放，以大宗的批发贸易为主；中市为日中之市，日中开放，经营高档物品；西市为夕市，傍晚开放，以农副产品和一般日用器具为主。"市"里有管理人员，官员称"思次""介次"；执法调解人员称"胥师""贾师"；维持市场秩序人员称"司稽"；检查产品质量和度量衡的人员称"质人"；收税官员称"廛人"。政府组织的信贷机构，称"泉府"，可低价收购滞销商店，标价出售，可以向商人放贷，利息为5%~25%。周代很热心于干预市场价格。凡是政府不提倡的东西便"抑其价以却之"。至于王族官府所需物品，不是市场来的，是官属工商，称"工商食官"，经营各地贡品、珍异特产，并管理官办的手工业。

贸易用货币。就现有资料看，中国最早是贝币，萌发于原始社会末期，盛行于商代。商代还盛行用贝作为随葬品，多达数百枚、数千枚。贝币用绳系连，5个贝为一系；2个系为1朋；10个贝为1朋，是计量单位。西周仍以贝为主要货币，《诗经》有"赐我百朋"的诗句。随着铸铜业发展，铜铸贝币数量增多，有墓中出土鎏金铜贝一千多枚。同时，也有使用铜块为货币，称为"金"。周代常有赐"金"的记载。

春秋战国时期，随着商贸的发展，金属铸货币也有了很大的发展。有布（镈）币、刀币、圜钱、铜贝四大类。高额交易常用黄金。

三代的手工业，从商代开始特别发达，青铜器发展于夏代，全盛于商代，品类有针、锥、刀、钻、铲、锯等工具；有斧、钺、戈、矛、刀、镞、盔等武器；有觚、觯、尊、盉、卣、爵、鼎、甗、簋、匕、盘、盂、壶、罍、彝等礼器与日用器具。特别是鼎，在青铜器中有着特别的意义。最

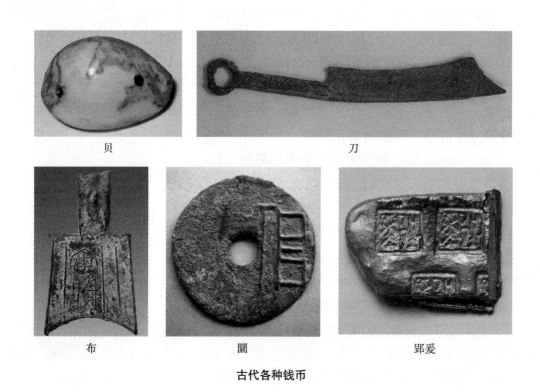

贝　　　　　　　　　刀

布　　　　　　圜　　　　　　郢爰

古代各种钱币

早的鼎是夏启建造的。《春秋·左传》中说：夏启时，划天下为九州（另有说是大禹划天下为九州），州设州牧。夏启令九州牧贡献青铜，铸造九鼎。鼎身仿刻各地山川，一鼎象征一州，九鼎象征九州，显示全国统一和王权，表示"普天之下、莫非王土。"九鼎置于王宫前，成为政权的象征。"九鼎既成，迁于三国"，夏、商、周三代（国）先后承继了九鼎。鼎中的巨无霸是商代的司母戊鼎，它高133厘米，口长110厘米，口宽79厘米，重832.84公斤，出名的大鼎大盂鼎、大克鼎、毛公鼎加在一起只有389.7公斤，还不及它的一半重。纽约联合国大厦门前广场上就安放了一座江泽民送的司母戊鼎的复制品，气势确实不凡。除青铜器外，考古人员还在殷墟发现有为数不少的玉器、骨器和陶器，还发现有手工业作坊。据甲骨文记载，商代还有皮革、酿酒、舟车、土木营造、蚕丝、纺织、制裘、缝纫等手工业部门。到了西周，在城郭、宫室、饮食、衣服、车乘、礼器方面更十分讲究不同等级和品级，以适应礼制的严格等级要求。如衣物有大裘之冕、斩衰、齐衰、锡衰、缌衰、素服等种类来对应不同等级要求。西周手工业者分工比商代更细，有"百工"之说。

司母戊鼎

　　总之，以黄河中下游为中心的夏、商、周三代的经济已经有了相当的发展，特别是殷商时代，不仅农业，而且商业贸易、货币应用、城市，手工业都有了超时代的发展，这些发展给社会大的变革带来了经济物质的基础。

　　春秋、战国以来，随着各地变法运动的成功，经济更加迅猛发展。

八、文化繁荣——百花齐放、百家争鸣

　　从三代到春秋战国，特别是后期，思想十分活跃，文化十分繁荣。在整个中国历史上可谓前无古人后无来者。中国文化的大构架，正是在这个时期成型的。特别是诸子百家中儒、道、墨、法诸家，树造了中国数千年文化的主流，其影响至今而不灭。这些当在以后专辟章节，现在就不啰嗦了，先作个简单介绍。

　　（一）文学，百花齐放

　　（1）诗歌和《诗经》。三代就可能有诗。到西周时诗歌已经在社会广泛流传了，据说当时有三千多首。春秋时孔子删定整理成诗集，合305篇，当作教材教学生，叫做《诗经》。《诗经》包括"风""雅""颂"三部分。"风"是十五国的民间小调，大部分是爱情诗；"雅"是周代先人的传统乐曲，是贵族的"正调"；"颂"是宗庙祭祀用的颂歌，平时没人唱的。

　　（2）史书和《春秋》《左传》。中国早有史官，他们记载的史书叫《春秋》，《春秋》的官修本大约各国都有，也都失传了。留下来的只有据说是孔子编的鲁国《春秋》，这是中国现有的最早的史书。《春秋》只是提纲式的记史，过于简略。到战国时出现了中国第一部叙事写人的历史巨著——《左传》，据说是左丘明为传（阐释）《春秋》而作的。

（3）屈原和《楚辞》。屈原亦名屈平，是楚国贵族。他的作品以楚国民间诗歌为体例，故称楚辞。《楚辞》是以屈原为代表的楚人诗集。屈原有诗25篇。其中《离骚》是中国古代最长的抒情诗，长370多句。此外还有《九歌》《天问》《九章》等。屈原作品浪漫主义和现实主义密切结合，在吸取民间文学营养、写作技巧、艺术风格等方面都有很高成就。以屈原为代表的楚辞文学是中国人民的宝贵财富。

（4）《国语》与国史。它分别记载了周、鲁、齐、晋、郑、楚、吴、越八国的历史，也是战国时成书的。它从文学角度看，似不如《左传》，但其中一些段落文字较浅显、生动，富于一定故事性。它其中的史实对《左传》也有所补充。

（5）《战国策》——中国最早故事论辩文集。作者佚名。从文学角度看，《战国策》文笔生动，清新流丽，富于文采，它又善于用比喻和寓言故事说明事理，富有形象性。散文技巧对后世影响很大。

（二）思想哲学的发展——百家争鸣

三代以来，思想十分活跃，特别到春秋、战国时期，出现了诸子百家争鸣的现象。所谓"百家"主要有儒家、道家、墨家、法家、阴阳家、杂家等。

（1）儒家和《论语》《孟子》。儒家创始人是鲁国人孔丘。去世之后，他的弟子将他的言谈篇成册，称为《论语》。他的学术核心是"仁"，"仁者爱人"，要把人当人看，包含一定的人道主义精神；他的政治思想核心是"礼"，要以维护等级制度来维护社会安定；他的哲学思想是"中庸"，追求完美的折中，反对极端。孔子还是一个教育家，突破官学限制，建立私学，"有教无类"，因材施教。战国时代有儒家传人孟轲。他在"仁"字上有所发展，强调"性善"，提出"民为贵、社稷次之、君为轻"的民本主义思想。其所著《孟子》一书言辞文采很有特色，文章气势磅礴、盛情充沛、淋漓痛快，对后世散文的发展有显著影响。儒家思想是整个封建社会影响最大的主流思想。统治者不管心底里怎么想，面子上总是把孔子捧得高高的，以至成了"至圣"。

孔子像

（2）道家和《老子》。道家创始人是老子，生平已难确考。《老子》（《道德经》）一书成书于战国初期。孔、墨虽为"显学"，但对世界本原和发展规律的哲学问题缺乏系统的阐述。而《老子》首次提出了"道"，创建了以"道"为核心的哲学体系。老子博学，据说孔子专程去向他请教过"礼"的问题。他的哲学思想影响了各家，他的辩证思想对后世影响极大；他的虚无主义世界观直接影响了庄子；他的愚民而治的思想直接影响了法家。

（3）墨家和《墨子》。墨家创始人是宋国工匠出身的墨翟。《墨子》一书大部分是弟子对他言行的记录。墨家和儒家并称"显学"；在当时是影响较大的学派。墨家的主要思想是"兼爱""非攻""节用"。"兼爱"者，人人相爱，何愁世间不和谐；"非攻"者，各国不打仗，天下岂不太平；"节用"者，富豪不花天酒地的浪费，社会何愁不足。墨家思想反映了小生产者和破落贵族的愿望。《墨子》中的文章，善于以具体事例说理，以逻辑严密著称，而不以华丽辞藻取胜。中国的论辩文是由《墨子》开始的。

（4）法家和《韩非子》。荀子对儒家批判吸收，有了新的法家思想，其后集大成者当推韩非子。他的政治主张主要是"法"和"术"。所谓"法"，就是以严刑峻法管理愚民，让君王的个人意志成为全民的高度统一的意志，化为强大的高度统一的行动。所谓"术"，就是君王驾御臣下的种种法术，以制约臣下，保证君王个人"独明""独断"，维护君王的绝对权力。法家思想最合数千年专制帝王的心思，即便是面子上"独尊儒术"的汉武帝，骨子里头所行的还大多是法家的一套。可谓"儒学为面、法学为里"。

老子像

（5）杂家和《吕氏春秋》。《吕氏春秋》是秦相国吕不韦集合门客的集体创作。完成后全文公布，宣称能改一字者赏千金，大大地做了一番广告。全书对各派学术思想博采众长，

墨子像

韩非子像

以儒、道为主，兼及百家。全书在议论中还引证了许多古史旧闻及天文、历数、音律等各方面知识，可谓先秦"百科全书"，是为杂家的代表作。以往人们往往瞧不起《吕氏春秋》，以为它不过是东拼西凑的大杂烩，没有自己的学术。其实，它里面也有不少别人没有的精辟思想，如"天下不是一个人的天下，是天下人、天下万物的天下"，这显然是超时代的人文主义观念，超时代的自然观，从根本上否定了专制制度存在的理由。吕不韦出身大商人，他凭借政治手段和经济实力谋得秦相国，被尊为"仲父"。在他实际主政的年代，他不急于发动灭六国战争，对内完成政治经济改革，抓紧开发建设，进行了郑国渠等大型民生工程，对外抵御了六国联合，灭东周，取成皋、上党、荥阳、朝歌、濮阳等实地，为统一事业奠定了坚实的基础。

九、三代及春秋、战国世系年表

年代、分期多有异说，以下仅供参考。

三 代 总 表

朝代	纪元（公元）	世代	王朝年限
夏	前 2070 年～前 1600 年	16 代	470 年
商	前 1600～前 1046 年	30 代	554 年
西周	前 1046 年～前 699 年	14 代	347 年

夏代世系表 （姒姓）

称谓	嫡亲	在位年限	称谓	嫡亲	在位年限
禹	鲧子	27 年	泄	芒子	16 年
启	禹子	9 年	不降	泄子	59 年
太康	启子	29 年	扃	不降弟	21 年
仲康	太康弟	13 年	廑	扃子	21 年
相	仲康子	28 年	孔甲	廑叔	31 年
少康	相子	22 年	皋	孔甲子	11 年
杼	少康子	17 年	发	皋子	19 年
槐	杼子	26 年	癸（桀）	发子	53 年
芒	槐子	18 年			

商代世系表 （子姓）

序号	甲骨文中祭名	史记中祭名	庙号	谥	名	亲缘关系	在位年限
1	大乙（大丁）	天乙（太丁）	高祖（太祖）	汤	履	主癸子	12 年
2	卜丙	外丙		哀	胜	汤第二子	3 年
3		仲壬		懿	庸	汤第三子	4 年
4	大甲	太甲	太宗	文	至	汤嫡长孙	12 年
5		沃丁		昭	绚	太甲子	29 年
6	大庚	太庚		宣	辩	沃丁弟	25 年
7	小甲	小甲		敬	高	太庚子	17 年
8	雍己	雍己		元	密	小甲弟	13 年
9	大戊	太戊	中宗	景	伷	雍己弟	75 年
10	中丁	仲丁		孝成	庄	太戊子	13 年
11	卜壬	外壬		思	发	中丁弟	15 年
12	戋甲	河亶甲		前平	整	外壬弟	9 年
13	且乙	祖乙		穆	滕	河亶甲子	19 年
14	且辛	祖辛		桓	旦	祖乙子	16 年
15	羌甲	沃甲		僖	逾	祖辛弟	15 年
16	且丁	祖丁		庄	新	沃甲侄	9 年
17	南庚	南庚		顷	更	沃甲子、祖丁堂弟	6 年

（续）

序号	甲骨文中祭名	史记中祭名	庙号	谥　名		亲缘关系	在位年限
18	象甲	阳甲		悼	和	祖丁子	7 年
19	殷庚	盘庚	世祖	文成	旬	祖丁子、阳甲弟	28 年
20	小辛	小辛		章	颂	祖丁子、盘庚弟	3 年
21	小乙	小乙		惠	欽	祖丁子、小辛弟	10 年
22	武丁	武丁	高宗	襄	昭	小乙子	59 年
23	且庚	祖庚		后平	跃	武丁子	11 年
24	且甲	祖甲	世宗	定	载	武丁三子	33 年
25	廪辛	廪辛		共	先	祖甲子	4 年
26	康丁	庚丁		安	嚣	廪辛弟	8 年
27	武乙	武乙		烈	瞿	庚丁子	35 年
28	文丁	太丁		匡	托	武乙子	13 年
29	帝乙	帝乙		德	羡	太丁子	21 年
30	帝辛	帝辛		纣	受	帝乙子	30 年
						合计	554 年

西周世系表　　　　　　　　　　　　　　　　（姬姓）

庙号	在位年代（公元）	在位年数	庙号	在位年代（公元）	在位年数
文王	前 1058—前 1049	9	孝王	前 866—前 853	13
武王（克商前）	前 1049—前 1046	3	夷王	前 853—前 840	13
武王（克商后）	前 1046—前 1043	3	厉王（奔彘前）	前 840—前 817	23
成王（含摄政）	前 1043—前 1006	37	共和	前 817—前 804	13
康王	前 1006—前 980	26	宣王	前 804—前 758	46
昭王	前 980—前 961	19	幽王	前 758—前 747	11
穆王	前 961—前 906	55	平王（东迁前）	前 747—前 699	48
恭王（共王）	前 901—前 891	15	平王（东迁后）	前 699—前 696	3
懿王	前 891—前 866	25			

注：文王元年至平王 52 年在位数 15，共计 362 年。

武王克商（公元前 1046 年）至平王东迁（公元前 699 年），计 347 年。

春秋、战国年表

时代	年代	年数
春秋	公元前 699 年—公元前 403 年	296 年
战国	公元前 403 年—公元前 221 年	182 年

注：春秋、战国之分界有多说。本文取公元前 403 年三家分晋，韩、赵、魏正式立国之时为界。

第四章　帝国时代——黄河中下游为中心的帝国文明

第一节　帝国时代还是封建时代

春秋战国（或秦）以后直到明清，叫什么时代？主流的说法是"封建时代"。这字面上的意思是"封邦建国"的时代。按社会学家说，这个时代的生产关系是掌握生产资料（土地、农具）的地主阶级和从事生产劳动的农民阶级的关系，社会基本矛盾和斗争是这两个阶级的矛盾和斗争。近年也有异说，认为这类时代划分本是西方社会学家对西方中世纪研究的成果，未必符合中国国情。

于是，有人对这一段不称"封建时代"，而称"帝国时代"。作者以为，"封建时代"也好，"帝国时代"也罢，并没有根本分歧，或许是观察的位置和角度不同而已。考虑到从秦汉到明清，中国几千年来，绝大多数时间还是帝王绝对权力的统一大帝国，不妨称为"帝国时代"也比较说得通。

第二节　秦始皇和他的统一大业

秦王嬴政主政后，致力于伐六国。公元前 230 年派内史滕攻取韩国，俘韩王安；公元前228 年秦将王翦、羌瘣攻赵，破邯郸，俘赵王迁；公元前 225 年，秦将王翦攻魏，俘魏王假，魏国遂亡；公元前 223 年，秦将王翦、蒙武攻楚，俘楚王负刍，楚国灭亡；公元前 221 年秦将王贲由燕攻齐，俘齐王田建，齐国灭亡。至此，秦王政灭了六国，建立了君权至上的统一大帝国。统一后的秦朝版图辽阔，据说东南至大海，西至甘肃、四川，西南至云南、广西，南至广西、广东，北至阴山，东北至辽东。

1. 初并天下，秦王政所做的头等大事就是定"名号"

中国人都讲究名号、名份，"名不正则言不顺"，何况一统天下的大王，于是要"议名号"。秦王嬴政自己说自己功比三皇、五帝，取"皇""帝"二字为名号（位号），自称始皇帝，

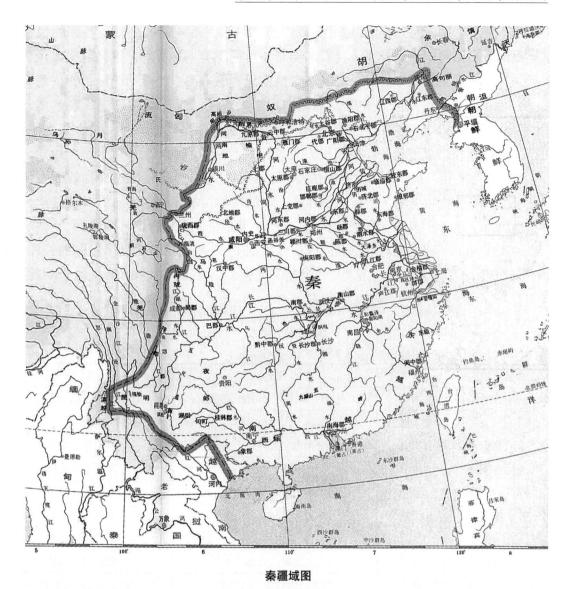

秦疆域图

后世称二世、三世以至万世。于是，此后各朝各代都称皇帝。

2. 第二件大事便是建立官僚机构

这么大的国家，皇上再英明伟大，忙死了也管不了，得有个官僚机构来参与。这个机构大致如下：

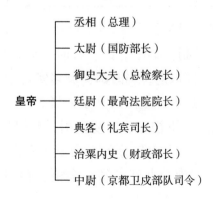

皇帝以下的这些职官都是直接对皇上负责的，丞相并不一定负总责，各部的报告直接送给皇上批阅。秦始皇据说因此每天要看的奏章（竹简）有七十斤重。这搬起来太沉，好在还有人搬，批阅起来太累就不好办了。到秦二世就只看看大事，小事给李斯丞相去看，这过了一过手，就很不放心，后来还是听赵高的，把李斯灭了。汉代丞相总揽政事，皇上轻松快活了，但丞相权力太大，以至曹丞相（曹操）可以拿剑追杀皇后，皇帝不敢吱声；到了唐代，皇帝便直接任命宰相来总理政务。宰相权力太大，皇上管不了他怎么办？于是任命几个宰相（同平章事）共同议事，一个宰相没有办法专权，但遇到李林甫、杨国忠那样的厉害角色还是无效；直到明朝中叶，皇帝终于有了好办法，取消宰相、丞相这样的总管，还是让大臣们直接对皇上负责。但那么多的奏章怎么看、怎么管？于是皇上亲自选定一个或两个官职不大、才气不小的人当辅臣。辅臣先对奏章会同大臣仔细研究，一般提出至少两个不同的处理意见，皇上看了只要批上"照××的意见办""照办""已阅"，甚至一个字不写，画个圈就行了，叫"圈阅"。

秦汉三公九卿表
（附执金吾、将作大匠）

官名		秦名	汉名	职掌
三公	丞相	丞相	丞相 相国 大司徒 司徒	掌丞天子助理万机
	太尉	太尉	太尉 大司马 司马	掌武事
	御史大夫	御史大夫	御史大夫 大司空 司空	掌管监察、副丞相
九卿	太常	奉常	奉常 太常	掌管宗庙礼仪
	光禄勋	郎中令	郎中令 光禄勋	掌管宫廷警卫
	卫尉	卫尉	卫尉	掌管宫门屯卫
	太仆	太仆	太仆	掌管宫廷车马
	廷尉	廷尉	廷尉 大理	掌管司法刑狱
	大鸿胪	典客	典客 大行令 大鸿胪	掌管诸侯及夷蛮事务
	宗正	宗正	宗正	掌管皇族事务
	大司农	治粟内史	治粟内史 大司农	掌管全国钱谷
	少府	少府	少府	掌管山海池泽之税
列于九卿	执金吾	中尉	中尉 执金吾	掌管京师治安
	将作大匠	将作少府	将作大匠	掌管宫廷土木建筑

3. 第三件大事便是废诸侯、设郡县

战国时代，各国多有郡、县制，秦国立郡、县时，秦始皇还没生，郡、县当然不是秦始皇的创造发明。但是，统一六国以前，当时郡县制多实行于各国边地和新夺取的地域。统一六国以后，分封诸侯还是立郡县，秦国上层展开了一场大讨论。丞相王绾等人"请立诸子"，要搞分封制；李斯反对，他说："天下初定，又复立国，是树兵也"，提出全国统一用郡、县制。秦始皇当即拍板同意，始皇二十六年分天下为三十六郡。据《史记·集解》中说，这三十六郡为三川、河东、南阳、南、九江、鄣、会稽、颍川、砀、泗水、薛、东、琅邪、

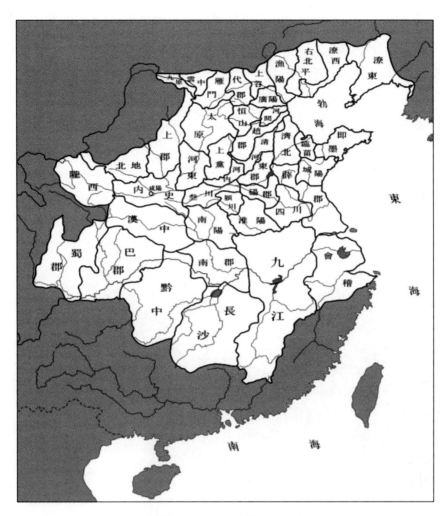

秦始皇二十六年以前的四十二郡

齐、上谷、渔阳、右北平、辽西、辽东、代、钜鹿、邯郸、上党、太原、云中、九原、雁门、上、陇西、北地、汉中、巴、蜀、黔中、长沙、内史。之后三十三年又"南征百越",再设闽中、桂林、象、南海四郡,合四十郡。各郡设置守(行政长官)、尉(军事长官)、监(监察长官)。郡下设县。郡、县官员由皇帝直接任命,随时可以撤换。这样,加强了皇帝的权力,减少了贵族的组织特权,对中央集权制度是十分有利的。

后人考证,此裴骃集解的三十六郡似有笔误,或郡名亦有历史变化。"鄣郡"应为"故鄣郡";"泗水郡"应为"四川郡";"三川郡"应为"叁川郡";"辽东郡"应为"潦东郡";"辽西郡"应为"潦西郡"。《秦始皇三十六郡新考》中说:嬴政划三十六郡以前,秦国已有四十二郡,它们是:内史、叁川、河东、河内、陇西、北地、上、汉中、马、蜀、九原、云中、雁门、代、太原、上党、上谷、渔阳、右北平、潦西、潦东、广阳、恒山、赵、河间、清河、东、济北、临菑、即墨、城阳、颍川、淮阳、砀、四川、薛、南、九江、会稽、黔中、长沙。所谓"划三十六郡"只是调整,重新划定。

到隋唐以后,郡这一级行政机构称州、称路、称道。到了元代,中书省在各地的路设行署,称行省,后简称省。这便是我们今天"省"的前身。

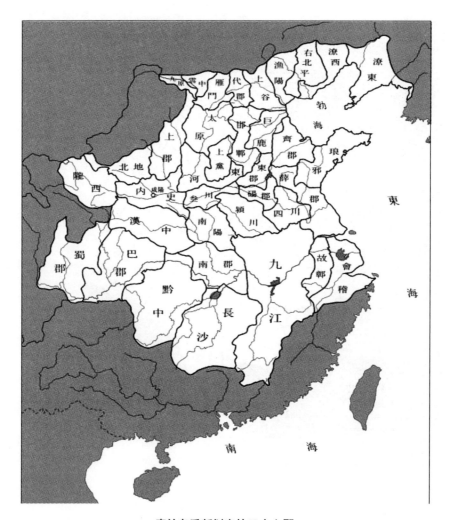

秦始皇重新划定的三十六郡

4. 第四件大事便是统一制度

一统天下势必要统一各项制度。①统一货币。公元前221年，秦始皇下令废除六国货币，统一以秦国原有圆形方孔铜钱为标准的"下币"，另有黄金为上币。②统一度量衡。秦始皇又下令以秦商鞅变法时制定的度、量、衡为标准统一全国的度、量、衡。现今考古发现的大量秦权和器上，都刻有始皇帝统一度量衡的诏书。有专家考证：秦始皇并没有统一全中国的度量衡，只是统一了原秦国的度量衡，而这点功绩也主要是先辈商鞅完成的。③车同轨。秦还规定以六尺为步，二百四十步为亩。还实行"车同轨"，即大车的轮距皆宽六尺。不过，这"车同轨"具体实行起来很不方便。重甲战车、侦察的轻便小车、豪华温车、简便代步车、运输大车，都用六尺轮距，大约不可能，或许只是用于大数量的战车。

统一度量衡的秦诏版

④ "文同书"。秦始皇命令李斯统一文字,令李斯以秦国字体为基础,制定"小篆",通行全国。这个统一不大成功。秦篆弯弯扭扭,刻写十分不便。而当时,六国已经流传较简便且笔划符合刀刻要求的隶书,这强行推行也推行不下去。据说后来秦始皇也允许隶书作为小篆隶属的"佐书",在非正式官方文件中存在,故称"隶书"。到了秦亡之后,"秦篆"便很快被人们废弃,成了短命字体。其实,在秦朝后期,隶书仍广泛被使用。从湖北云梦出土的秦简看,当时官方文书居然也用隶书。

上述措施,对于消除分裂割据、巩固国家统一、促进经济和文化的交流,都起到一定的积极的作用。当然并非秦始皇一人之功。但某些具体决策缺乏科学,造成推广困难。

5. 第五件大事是统一思想,专制独断

历届统治者都追求这个东西,为什么要大家是一个思想?春秋墨家要众人绝对服从一个"钜子";战国法家说"独断者明",强调君王绝对权力;近代孙中山主张一个主义、一个党、一个领袖,说是只有这样革命才能胜利;斯大林也曾批评早期的中国共产党人受"无政府主义"影响,没有设立党魁。他们都认为真理只掌握在个别天才、英雄手里,不赞成对重大问题的决策议论纷纷。直到 20 世纪末,还有人把个人决定国家重大事务作为一个重要的经验来说道。似乎只有这样,几万万同胞才能心往一处想,劲往一处使,才能倾全国之力完成大事业。直到历经了数千年风雨后的今天,中国人民才找到决策国家大事的好办法。那就是:科学决策,会议决定,多数决定。但是,统一制度容易,统一思想并且统一于皇上一个人的意志便很难,恐怕是一个天字第一号的大工程。周厉王靠杀头来堵老百姓的嘴。召伯虎说防民之口,甚于防川,一旦决堤,人死财亡。厉王不听,最后酿成大动乱。秦始皇不信这个邪,只觉得周厉王杀人不够狠。终于机会来了。始皇三十四年,朝廷设宴,仆射周青臣发言颂扬秦皇功德,秦皇听了很受用。不料博士淳于越却站出来反对,说周青臣"面谀以重陛下之过"。并又引经据典重提"分封制"问题。始皇不动声色,将两种意见交臣下讨论。李斯说:"三代之事,何足法也?"接着矛头对向儒生,指责他们"不师今而学古,以非当世,惑乱黔首。"建议:史书非秦纪,皆烧之。天下有私藏《诗》《书》、百家语者,一律烧毁。有敢偶语《诗》《书》者,弃市(杀头);有以古非今者族(灭族);除了医药、卜筮、种树的书都搜来烧毁。藏书不交者,轻则黥面,重则杀头。始皇随即拍板照办,于是全国处处燃起烧书之火。之后,方士卢生与侯生背后说对秦始皇不满的话。事发,始皇借此在京城大抓儒生,亲自圈定 460 人集体活埋,接着又有第二次、第三次大屠杀,目标都是博士诸生。"坑儒谷"遗址今在咸阳灞桥洪庆堡,有碑。

秦始皇焚书坑儒对先秦古文献的保存和传授造成了巨大损失,对春秋战国以来营造的学术繁荣、百家争鸣的氛围造成毁灭性的打击。从根本上说,这不仅没有推动社会进步,反

秦坑儒谷碑

倒是社会的倒退。秦皇的严厉手段也并没有达到他的目标，民间私藏《诗》《书》《百家语》者仍然不少。不少儒生并不屈服，或隐逸山林等待时机，如孔鲋、伏生、浮丘白等；或隐姓埋名，致力反秦，如张良、陈余、郦食其、陆贾等。

秦始皇像

秦始皇陵

6. 第六件大事便是大兴超大型工程

既然有了天下，就可以集中天下之力完成古往今来的不朽工程。①筑长城。秦始皇三十四年，征调民夫，在原来燕、赵、齐、秦长城的基础上，修筑长城，东起辽东郡的碣石，西至阴山，筑成5000余公里的城防；长城固然伟大，但历史地看，有小用而无大用。元灭宋，清灭明，长城并没有起到什么防御作用。②修宫殿。早在兼并六国的过程中，为表现气吞六国的气势，每攻下一国，便叫人把这国的宫殿绘成图样，在咸阳仿造，其后又不断营造骊宫别馆，在咸阳周围二百里以内建了二百七十座宫殿，关外更多。“关中计宫三百，关外四百余”。规模最大、名声最响的还是阿房宫。第一期先建前殿，东西七百米宽，南北一百一十五米长。上可坐一万人，下可竖五丈旗，周围架阁道、复道直通咸阳宫殿。只可惜阿房宫没建成，始皇便死了，没用上这“万人大会堂”。现在考古发现：阿房宫最终只建成了伟大的台基。③挖陵墓。从始皇继位开始，他的陵一直挖了三十七八年。现经科学勘察，其地宫在地下35米，东西长170米，南北宽145米，其中部有墓室，高15米，面积相当于一个足球场，下葬时殉有宫女、工匠数千。其中的豪华与残忍难以名说。④建立全国道路网。“治驰道”，就是修建以咸阳为中心的通往全国各地的道路，出名的有：咸阳往北至燕地碣石；咸阳往东至齐地成山角；咸阳往东南至吴越会稽；咸阳向南直至南越（今广州）；咸阳往西经陇西到临洮；咸阳经四川至云南昆明；还有沟通湖南、江西、广东、广西之间的新道；工程最浩大的是“直道”，从咸阳至包头长城脚下的战略高速公路。宽30丈，长1400里（相当于700公里），要求宽、直、平，以利战车快速通过，故遇山开山，遇沟填沟。今直道遗存，宽处有64米，最窄处还有20余米，气势依然逼人。欧洲人夸耀“条条大道通罗马"，其实他那个"大道"仅宽 5 米，比秦代直道差远了。⑤渡海求仙药。秦始皇对研究历史政治的儒生博士是异常严酷的，而对研究神仙术的方士则相信到迷信的地步。齐国方士徐福上书说东海有三神山，可去求长生不老之药，始皇于是一次次发远洋船队由徐福率领东寻神山。最后徐福带着童男、童女、武士、工匠数千人，粮食、种子、财宝无数，到日本熊野浦上岸，发现了"平原广泽"，于是开荒种地，发展经济，成了日本原住民的一支。据说徐福还成了日本第一代天皇。徐福子孙墓在神奈县的庙善寺内。徐福不归，始皇不以为戒，至死不悔，又继续派方士韩终、侯公、石生，动用大量人力、物力去求不死药。⑥南征百越、北击匈奴。征服六国后，始皇即发动了统一百越的战争，随后又派屠睢率 50 万大军南征。然越人顽强抵抗，三年不成，屠睢反被杀。于是秦始皇又增派大批援军，最终征服越人，建置桂林、象、南海诸郡；战国以来，北方匈奴经常对秦、赵、燕三国侵扰。秦统一后，形势变化，秦始皇派大将蒙恬率 30 万大军北击匈奴，夺得河套南北，重新设置九原郡，置 34 个县。匈奴虽受打击，但实力尚在，大军一直不能回撤。

渡海出发地"千童祠"、"望亲台"

日本的徐福雕像

　　秦始皇果然雄才大略，千古一帝。他下决心完成的这些超大型工程很多都是当时世界最伟大的工程：最长的城——长城；最宽最壮观的"高速公路"——直道；规模最大的远洋船队；规模最宏伟、人殉数量最多的陵墓；占地范围最大的宫殿群以及人数最多的嫔妃；疆域最大的国土等。秦始皇统一全国时，人口大约两千多万，而包括以上各项超大型工程的兵役、徭役就占去了约 300 万人以上（筑长城 50 万，戍五岭 50 万，建宫殿陵墓 70 万，防匈奴 30 万，修驰道、直道，"堑山堙谷"当不下 50 万，还有大型巡视沿途用工、大型军事工程后方运输、后勤材料及正常各地守备用兵、用工亦不会低于前数）。这样，前后方用兵用工总数约占全国人口 15% 左右，而应征兵役、劳役者多是青壮年。

直道遗迹

长城

这些人中十有其六死于前线和工地。以至，到秦末要发兵抵御项羽时，七拼八凑才凑出20万人。《汉书》说秦朝劳役"二十倍于古"，可见其繁重程度。秦皇好大喜功，不惜民力，统一后十一年中，搞了这些超大型工程，不仅对人民没有什么好处，反把国家搞得人穷财尽，遍地非正常死亡的白骨。人民实在活不下去了，自然要反抗，秦始皇不仅不改过，反而采用严刑峻法来镇压，终于"百姓散亡、群盗并起"，六国贵族、豪杰潜于民间，英布隐于山，彭越隐于泽，秦朝已摇摇欲坠。公元210年，始皇病死于沙丘，小儿子胡亥靠阴谋夺取皇位。他不去纠正始皇的错误，反而更荒唐，一面加快超大工程（阿房宫、始皇陵）的进度；一面诛异己、除手足，把宫中的兄弟姐妹，宫外的肱股重臣杀的差不多了。终于触发了各地的起义。陈胜、吴广首义于大泽乡；项梁、项羽起于楚；刘邦起于鲁；齐贵族田儋在狄县（今山东高青县）自立为齐王；周市迎旧贵族魏咎为魏王；各地反秦义兵如雨后春笋。最后，项羽于巨鹿之战消灭了秦军主力，刘邦于汉中进军俘获了秦三世，强大而短命的秦王朝终于灭亡。之后，刘邦、项羽，汉楚相争，几经反复，刘邦最终胜利，公元前202年于汜水之阳即大位，定国号为汉，建立了汉王朝。

阿房宫复原图

第三节　汉武帝和"外儒内法"

　　鉴于秦暴政的后患，汉高祖刘邦采取了一系列社会休养生息的措施：①组织军士复员，"兵皆罢归家"，免其6~12年徭役。②招抚流亡。号召战乱中避于山泽之人户，"令其各归藩县，复故爵田宅"。③释放奴婢，诏令"民以饥饿自卖为人奴婢者，皆免为庶人"。④"约法省禁，轻田租，什伍而税一"。⑤鼓励增殖人口，凡"民产子"，可以免除两年徭役。⑥网罗人才，诏令"贤士大夫有肯从我游者，吾能尊显之"，对于德才出众者，郡守要登门劝请，从而稳定知识分子队伍。

　　为了西汉王朝的统一安定，刘邦还采取了另一方面的措施：①消灭异姓王。刘邦战胜项羽，异姓王韩信、彭越、英布等是灭楚的同盟力量。待刘邦坐上皇位，这些异姓王就从同盟军被异化成为要清除的对象了。胜利后，刘邦先后以种种借口先后灭了楚王韩信、梁王彭越、淮南王英布、韩王信、赵王张敖、燕王臧荼等六位异姓王，改封刘姓子弟为王。这些异姓王被杀，无疑个个都是冤案，但为了中央集权制的巩固，从刘邦角度来看自然是十分必要的，是完全正确的。②控制刘姓诸侯封国。虽然都是刘姓子弟，但也不能不加防范。刘邦规定各王国的相、太傅、内史、中尉等重要官职必须由中央委派。无中央虎符，各诸侯王不得发兵。③与匈奴和亲，花点金银丝帛美女，既稳定边境又避免大动干戈、损耗国力。这套对外和亲、对内镇压的政策往往是各朝各代的重要执政法宝。

　　刘邦以后，吕后称制，残杀刘家子弟、排斥老臣，差点把刘氏天下变成吕氏天下，惠帝形同傀儡。吕氏死后，刘氏子弟群起兴兵，铲除诸吕，重振汉室。之后，文帝、景帝除了因削藩而闹出"七国之乱"外，不兴兵动武、轻徭薄赋，安安生生地发展生产，经济较快发展，天下安定。

　　景帝末年，"非遇水旱，则民人给家足"。人称"文景之治"。景帝去世，武帝刘彻继位。

汉武帝

汉武帝墓茂陵

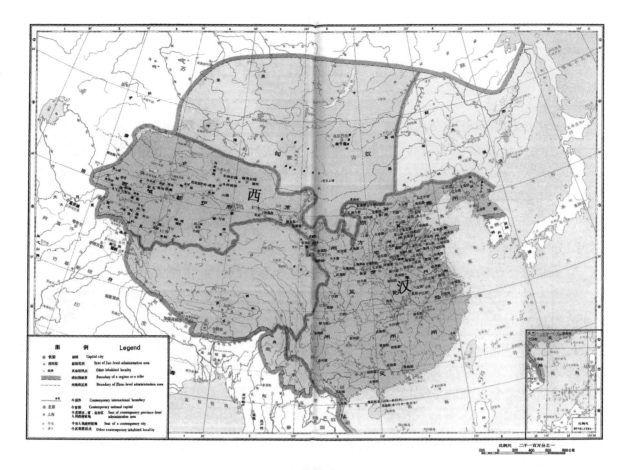

汉朝疆域

文景两代的发展，留下了巨大的财富，又正值武帝年青气盛，便要干一番大事业。

一、北击匈奴，南定闽越

对匈奴，早期，还是和亲为主，因匈汉双方都是和亲派为主，雄心勃勃的武帝的权力也未曾高度集中，于是申明旧约，发展贸易，多送财物，以求安宁。中期，武帝即位 7 年后（公元前 133 年），决定采用壹聂的计策，发 30 万大军诱击匈奴，不料被匈奴识破，无功而返，"自是之后，匈奴绝和亲"。匈汉之间的战争连年不断，匈奴气盛。后期，到公元前 127 年，卫青、李息反击成功，收复河南（河套以南），置朔方郡，于是战争变得对汉方有利，但匈奴实力并未摧毁。到公元前 121 年 3 月，霍去病率万骑深入祁连山之西，杀敌八千余，得休屠王祭天金人；夏天，又转战祁连山匈奴领地，俘大小王 70 余人，斩首级 3 万余人。至此河西匈奴受到惨重打击。秋天，浑邪王率众 4 万余人来降，武帝以匈奴旧地置武威郡、酒泉郡。匈奴这时损失惨重，但王庭尚在，公元前 120 年，匈奴左贤王率数万人犯境。次年，武帝命卫青、霍去病各率五万人反击，大败左贤王，深入大漠 2000 余里，于贝加尔湖封禅，宣扬国威，凯旋而归。"是后匈奴远遁"，边境安宁，汉朝疆土扩大。

战国时越国为楚国所灭之后，南下的越人与闽人（闽人为以蛇为图腾的当地民族）共同建立了闽越国。秦始皇置闽中郡、降闽越王为君长。秦末，闽越王响应陈胜起兵北上，

闽越王城景区大门

闽越王城宫殿遗址

后又助汉灭楚。站队站对了，并立有大功，公元前202年，被刘邦又封为闽越王，统治闽中及仙游一带，并建有王城。之后，其逐渐强大，北征东瓯，南击南越，周边刘姓王也以财宝讨好以求安。之后其首领余善竟刻玺称帝。公元前112年汉武帝令数十万大军四路围攻，两年后，闽越王居胶杀余善降汉，汉迁闽越国至江淮，毁王城。

闽越问题解决后，南越王赵佗派儿子赵兴到长安以示归服。赵兴回归南越继任后，上书汉武帝请求内属于汉。但有大臣吕嘉反对，杀南越王及汉使，于是武帝发5路大军南征。公元前111年，汉军攻下番禺，俘获吕嘉，灭了南越国，以原地设置了九个郡：儋耳、珠崖、南海、苍梧、郁林、合浦、交阯、九真和日南。前六郡在今广东、广西境内，后三个郡在今越南境内。

平南越同一年，武帝又派大军10万平定了西羌，增设张掖、敦煌两郡。从此青海东部已为汉朝行政管理区域。公元前111年又派进攻南越的大军转而西进，攻击贵州的且兰国，灭了且兰君，公元前109年灭了云南东北的劳浸国和摩英国，收降滇国。汉在西南新设立了6个郡，即牂柯郡（在且兰和夜郎、捷为郡取消了）、越嶲郡（在邛都）、沈黎郡（在莋都）、汶山郡（在冉马龙）、武都郡（在白马）、益州郡（在滇），并在各地设有官吏，但没有征收赋税，少数民族的君长仍旧保持他们的地位和称号。

朝鲜，秦时曾纳入版图。西汉初，燕王卢绾逃入朝鲜并立国。公元前109年，武帝派两路大军攻朝鲜。公元108年收降朝鲜，改设真番、临屯、乐浪、玄菟四郡。

二、外儒内法，统一思想

秦统一以后，不能适时改变统治方针，实行休养生息的政策，却依然"以法为政"，严刑峻法而民伤国危，造成失败。汉初文景年间改为推崇黄老之学，实行"无为而治"的政策，收到一定休养生息的效果，但还不理想，还是缺少一种能更全面的适应中央集权统治的需要的思想。于是，武帝于公元前140年刚刚继位不久，便召100余人在京师应对"古今三道"。这时，大儒董仲舒提出了一套兼容阴阳五行学术的新儒家学术。他对汉武帝的三次下诏察问，都以文应对，这便是著名的"天人三策"。董仲舒三策的基本意思就是要改变道学的"无为而治""愚民而治"的方针，要推崇儒家思想。他提出"诸不在六艺之科、孔子之术者，皆绝其道，勿使并进，邪辟之说灭息，然后统记可一而法度可明，民知所从矣！"概括地说，便是"独尊儒术、罢黜百家"。儒家思想强调礼制，礼制其实是全面的等级制度，各等级的人又各安其本份，君信、臣忠、父慈、子孝。这对社会的稳定和谐，对国家统治的巩固当然是有利的。儒家强调教化，人心都统一在儒家的忠信礼义思想中，这封建秩序当然就稳定了。儒家讲"仁"，讲爱民，统治者实行一定程序的"仁政"，这对缓和社会矛盾，也能起相当的作用。于是，武帝接受了董仲舒罢黜百家、独尊儒术的建议。武帝为了尊儒，从组织上任命信奉儒术，甚或就是名儒子弟的窦婴为丞相，田蚡为太尉，赵绾任御史大夫，王臧为郎中令。这样，武帝不但改变了"孝景不任儒"的旧规，还把"三公"这样的重臣及要害部门改由崇奉儒术的人来担任，使"独尊儒术"得以顺利实施。尊儒的另一件事，便是立"明堂"。"明堂"是一种朝会礼仪制度，秦始皇"灭先王之礼"，明堂制便不存在了。于是，武帝以安车、驷马将八十多岁的名儒申公迎来长安。任命他为大中大夫，指导筹建明堂诸事。于是儒学的"文学材智"之士纷纷得宠，"莊助、朱买臣、吾丘寿王、司马相如、东方朔、终军等常在左右"。地方的官吏也要学点儒术、说点仁义才能做官。

武帝重用儒生，当初提出独尊儒术的董仲舒并未得重用。原来董仲舒并非纯儒，既是儒生又是方士，他一生倒花了许多时间研究阴阳八卦，比如天旱要求雨，便关南城门、开北城门，要止雨便开南城门、关北城门之类及天降灾异和人间的关系，还写了专著。他的"天人合一"之说，今人往往拔高成人类和大自然的和谐，其实他说的"天"并不是大自然，只是上帝而已，"合一"不过是说地上有个皇上，天上就有颗亮星，皇上便是天帝之子。地上出了个祥瑞，便是皇上做了好事，感动了上天；地上有了灾变，便是皇上做了错事，受到上天的惩罚。后来他的一次预言说错了，武帝发火，便把他下了狱，差点杀头。

武帝"独尊儒术"也不纯，他在面子上把儒术捧的很高，创造"仁义治国"的表相，以安定社会。骨子里头靠法家的牧民之法、御臣之法来巩固皇权。他重用张汤便是一例。张汤，司马迁把他放到"酷吏列传"中，很擅于治狱扩大化，让他查陈皇后一个人的案件，他也能揪出一大串"党羽"来。让他查淮南王，他就能查出几个藩王串通造反的证据来。这很符合统治者对付公开的敌对势力或潜在的政治对手的需要。于是，武帝重用张汤，让他和赵禹一起主持制定律法，果然"务在深文"，武帝十分满意。武帝时还有个公孙弘，对这一套理解颇深。他的儒学修养、刑名素质都不高，但他懂得讨好皇帝，对策中往往把刑法和礼义结合起来："故法不远义，则民服而不离；和不远礼，则民亲而不暴。故法之所罚，义之所去也；和之所赏，礼之所取也。礼义者，民之所服也，而赏罚顺之，则民不犯禁也。"结果武帝大为赏识，拜为博士。每次朝会时，他只发表温和的看法，从不当面与武帝争辩。一旦武帝表了态，便随声附和。武帝一年之内提拔其为左内史，最后竟封侯拜相。整个西汉王朝以布衣而拜相，唯公孙弘一人。汉武帝这套"外儒内法"的汉家制度，直到唐宋元明清，延用不衰。

汉武帝在位，特别晚年穷兵黩武、大造宫室、迷信方士、封禅求药、冤案不止。把国家也搞得国疲民穷。临终，他终于觉悟。当时桑弘羊等人奏请屯田新疆轮台，武帝于是下诏说："我即位以来，所作所为狂悖，使得天下民众愁苦，追悔不及。自今天起，有伤害百姓、糜费天下财物、人力的事，一概停下来。……我过去犯傻，被方士的鬼话所迷惑（封禅求不死药），天上哪里有什么长生不老的仙人，都是妖言妄说。节食服药，至多可以少生病而已。……之前有奏请，打算增加每人（每户？）三十钱的赋税，以支持边疆，这无疑要加重老弱孤独的困苦。而今又奏请派兵去到新疆轮台去屯田……贰师将军远征大宛失败，士兵死伤，骨肉离散，我心中常常悲痛。今天又奏请派军士到万里外的轮台屯田守备，要修烽隧、亭台，是扰劳天下，不是优待民众也，我不能忍心听从。……当今之要务在于禁止苛捐杂税，禁止粗暴执法，禁止地方擅自增设税费，致力于发展根本农业生产。惟一不能省的只是应恢复"马复令"，让养马的百姓可免除徭役，以补充战马，保持战备而已。"这就是闻名于史的《轮台罪己诏》。罪己诏，古来有之，自禹、汤以来，多有君王由于各种原因下诏罪己。有人收集到从周成王以来有 260 份《罪己诏》。

武帝以后，经昭、宣、元、成、哀、平帝，一代不如一代，到孺子婴更被王莽逼下台，建立新朝。新朝短命，汉光武帝建东汉，经明、章、和、殇、安、顺、冲、质、恒、灵、献帝，终为曹魏所夺。两汉从公元前 202 年刘邦取天下至公元 220 年曹丕代汉称帝，延祚422 年。之后魏、蜀（汉）、吴三国鼎立，西晋统一，南北朝到隋文帝统一。然隋炀帝不惜民力，大搞超大型工程，天怒人怒，把大好河山拱手让于唐王。唐高祖建国安邦，国力恢复。

第四节　唐太宗和他的"民主"

唐太宗李世民继位之后，隋代灭国的教训历历在目，唐帝国治国之策当何如？如何不蹈其覆辙。于是他上位之始便"听百官各陈治道"，征求治国之策。最出名的君臣问答是太宗问魏征："为人主怎么样才能够心明眼亮？怎么样就会糊涂昏暗？"魏征说："兼听则明、偏信则暗。故而君主要多听听各方面的意见，广泛采纳多方面的建议。这样，身边的重臣就不能阻塞你的视听，不能蒙蔽你。社会下层老百姓的真实情况才能够和君王直接相通。"太宗于是称赞魏征说得好。太宗说到做到。贞观元年，太宗打算发兵征讨岑南冯盎。接受魏征的不同意见，改为派使者去说服，结果冯盎遣子入朝表示忠心，老百姓避免了一场战争浩劫。贞观二年，接受李百药的意见，精简宫女，放出三千余人，可谓作了个大功德。十一月又重申：凡军国大事，则中书舍人充分讨论，各执所见，杂署其名，这就是"五花判事"。这样，军国大事的决策便较少有错误。贞观 4 年，突厥降唐者十万余人如何安排？颜师古说安排在河北，分立酋长，领其部落；李百药说将他们离散分派，各置君长，以分其势；魏征说把他们赶回大漠故土，不得留下；温彦博说：突厥人没生路了才投靠我中华，应救其死亡，授以生业，教之礼义。数年后，便都是我大唐子民了。太宗用了温彦博的主意，救了突厥十万子民。六月，太宗要发士卒修洛阳宫，张玄素极谏，以此事比之隋炀帝，甚

唐太宗像

唐太宗陵墓——昭陵

至桀、纣。虽然比得难听，但太宗还是接受了这个意见，罢免了此事；贞观 6 年，一次太宗上朝回来，生气的说：魏征在朝廷之上屡次当众羞辱我，总有一天我要杀了这个乡巴佬。皇后听了，一本正经地穿上朝服站在内庭，对太宗说：我听说君王圣明，臣下才会耿直。今天魏征之所以敢于直捅捅地顶撞您，正说明您是明君，我不敢不来祝贺。……唐太宗比较民主，能听从臣下的一些不同意见，做了不少于国于民有利的事，加上当时地球的气候条件较好，天遂人愿、五谷丰登，于是国内安定，"夜不闭户、路不拾遗"；四境平服，朝堂上突厥的可汗舞蹈，南唐的酋长咏诗，胡越一家，一派盛唐气派，后称"贞观之治"。

太宗晚年，逐渐不爱听臣下唠叨，独断了起来，善始而不能善终。初年简放宫女，慢慢又忙着选秀女、扩编宫女，娶了才 14 岁的武氏为才人；原先罢修宫殿，慢慢又忙着扩修宫殿；原先以德服四邻，现在又忙着发数十万兵东征高丽，西征高昌；当初不敢公开养鹦鹉，现在万里长征以令外邦贡献汗血宝马。大唐的天下也暗暗起了隐忧。太宗死后葬于昭陵。

太宗之后，高宗继位，躺在先辈的成果上，倒也无事。之后武氏专政，大杀唐宗室，李家天下成了武家天下；中宗、睿宗不过是傀儡。武氏死，玄宗把大唐推向极盛。安史之乱起，大唐由极盛而衰。之后肃宗、代宗、德宗、顺宗、宪宗、穆宗、敬宗、文宗、武宗、宣宗、懿宗、僖宗、昭宗，以至昭皇帝时朱温篡唐。之后南北分裂，北方先后有梁、唐（后唐）、晋、汉（后汉）、周，南方更乱：成都有蜀，荆州有荆，杭州有吴越，江东有吴，长沙有楚，金陵有唐（南唐），长沙有闽，广州有汉（南汉），他们各自称王。之后由周基本完成统一。公元 960 年赵匡胤陈桥兵变建立了宋朝，至此，天下复归一统。大唐从公元 618 年李渊称帝至公元 904 年朱温篡唐，延祚 286 年。

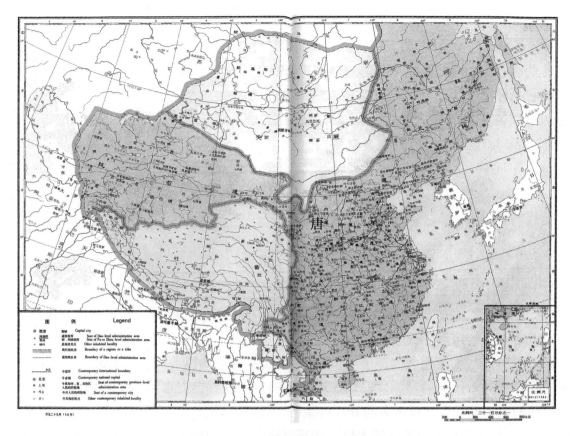

盛唐地图

昭陵六骏

第五节 宋太祖和宋代的开放繁华

宋代是中国列朝列代最繁华最富裕的朝代。据外国专家分析,其GDP占世界50%以上,其经济、文化都达到当时世界的巅峰。陈寅恪说:"华夏民族文化历数千载之演进,造极于赵宋之世。"英国史学家汤因比说："如果让我选择，我宁愿活在中国的宋朝。"现代余秋雨说："我最向往的朝代是宋朝。"邓广铭说："两宋时期的物质文明和精神文明所达到的高度在整个封建社会历史之内可以说是空前绝后的。"日本科学史家薮内清说："北宋时代是中国历史上具有划时代意义的时代。北宋时代可和欧洲文艺复兴时代以至近代相比。"

宋太祖像

宋代的经济和科技有许多革命性的发展成果、硕果累累。

一、农业大改革、大发展

首先是农业产量大提高。汉代粮食平均亩产 0.75 石，唐时 1.5 石，两宋时普遍超过 2 石，南方江浙地区更达到 6~7 石。二是土地普遍开发，出现了梯田（开山造田）、圩田（围湖造田）淤田（利用河水淤积河滩造田）、架田（水面上封土造田）等。三是改进了生产工具，出现了除草用的专用工具弯锄，安装在耧车上的专用铁铧，浇水用的龙骨翻水车等。四是粮食品种的改良换代。比较出名的有"占城稻"（原产越南中南部）的推广，宋真宗大中祥符四年（公元 1012 年）两淮江浙大旱，宋真宗遣使于福建取占城稻稻种三万斛分给两湖两浙，不久又传入河南河北。南宋时又从高丽（今朝鲜）引良种"黄粒稻"。五是经济作物和粮食作物并重。宋代茶、棉、桑、蚕都得到很快发展，各种经济作物品种多、产量高。茶叶，从秦岭以南到两淮都出现了种茶专业户；棉花种植从广西、广东、福建向北一直扩展到长江流域，"木棉收千株，八口不忧食"。六是北方南方并重。随着政治中心南移，随着北方汉人大批南迁，先进技术南移，南方农业比北方得到更快发展，南方农业已赶上并超过北方。

二、工矿业、手工业的早期革命

（1）煤铁生产。宋代煤铁产量世界第一。一位美国学者在对北宋生铁产量做了计量研究后指出：到 1078 年，生铁产量已达到 7.5 万 ~15 万吨。这一产量是 1640 年英国工业革命时产量的 2~5 倍。工业化的以煤炼铁、百炼钢技术已更娴熟，坑矿业的"单筒井"开采技术保证了煤的供应。

（2）各种手工业全面发展。茶、盐、造船、造纸、制糖、纺织、制瓷、玉器、金银器、工艺品都有了很大进步、很大发展，出现了世界上最早的制造工厂，如造船厂、造纸厂、印刷厂、玉器厂、瓷窑厂、炼铁厂等，不少工厂都有数百上千工人，宋代成了手工业的世界霸主。宋代的瓷器晶莹透润、品种繁多，景德镇已经发展成瓷业生产中心。宋瓷远销海内外；宋徽宗特别喜欢玉器、玉雕，玉雕作品已能和近代比美；木雕、竹刻、印章、铜器、金银器、牙器等艺术品各显其神品。

（3）商业和金融业的革命。中国历朝多采取抑商政策，不言利、不谈钱。宋代在朝廷的鼓励下，坊市开放为商业街，商业极为普及、繁荣，对外贸易飞速发展，广州、泉州、杭州、明州都成了对外贸易中心。画家张择端所作的《清明上河图》生动而又真实地描叙了汴京（今开封）当时的繁荣盛况。

三、金融革命

商业的高度繁荣需要大量货币，促进了金融革命。宋神宗时全国年铸币 506 万贯（唐开元盛世每年仅铸币 32 万贯）。宋铸钱流入全世界，南海诸国往往以宋钱作镇库之宝。欧洲、日本、非洲、东南亚都出土有宋钱。巨额的商业往来，沉重的铜钱已不适应需要，从而推动了货币改革，世界上最早的现代纸币出现了。北宋发行了世界上最早的纸币——"交子"。之后，在四川发行过"钱引"，南宋发行了"会子"。"交子"有一贯文至十贯文固定面额，"会子"有二百文、三百文、五百文、一千文、贰千文、叁千文六种面值。纸币的产生和应用标志着中国货币从金属铸币（实物货币）时期演进到信用货币时期。这无疑是一场"金融革命"。公元 1023 年，宋政府开设了世界上第一个负责纸币生产和发行的机构——"益州交子务"，这便是世界上最早的国家中央银行。之后，南宋又设立了"行在交子务"。为了保证纸币的币值稳定，防止发行过量引起通涨，已经有了准备金的做法。

宋代铸钱

宋代玉器

宋代瓷器：孩儿枕

宋代工艺品：黄金饰品

四、城市革命

随着商业的极度繁荣，汉唐以来城市的"市坊制"已经不适应商业大潮的要求了。于是人们纷纷"破墙开店"，高厚的坊墙被打破，形成了新的现代"商业街"的格局，居住的"坊"和贸易的"市"的严格界限已经消失。同时，在广大的乡村，出现了新型的商业集镇。随着工矿业、手工业、商贸运输业的大发展，大量剩余劳动力流入城市，西方近代工业化时期才出现的"城市化"浪潮在宋代已经出现。从此，宋代兴起了一批新的大城市、特大城市，

清明上河图（局部）

如汴京、杭州都已达到100万人口。直到百年后，已不在盛期的杭州还是马可波罗眼中"前所未有"的繁荣都市。数百年后，阿拉伯旅行家伊本·贝图塔仍然认为杭州是世界最大的城市。画家张择端所作的《清明上河图》生动而又真实地描述了汴京当时的繁荣盛况。此画台湾和北京两地"故宫博物馆"都作为镇馆之宝，都用高科技让画上人物活了起来。

五、科技革命

宋代是中国古代科技的黄金时期。其特点一是成果丰硕，"四大发明"有三项产生或盛行于宋代。造纸术虽最早出现在汉代，但汉代的纸质量差，不便书写。到宋代，随着造纸技术的提高，纸的质量也得到提高，宋纸不仅适合书写还适合大规模的印刷。其高质量的竹纸，既吸墨又润笔，令苏东坡也赞叹不已。印刷术在唐代虽已经有了雕板印刷，但雕版印刷一部《大藏经》便要耗费十三万块木板，要用大量劳力，经数年时间才能完成，这很不利于印刷术和书籍的普及。南宋毕昇发明了西方四百年后才出现的"活字印刷术"。其泥活字既省材又省力，是印刷术的一大革命，从而促进了印刷业的大发展。据说，当时全国印刷厂有数百家之多，连海南岛都有了印刷厂。唐代主要印佛经，而宋代主要印四书等教科书及话本、医、农科技书籍。据说国子监仅一个印刷厂每天就要印教科书一万页以上。快速大量的印制书籍也反过来进一步促进了宋代文化科技事业的

宋代广告：刘家针铺

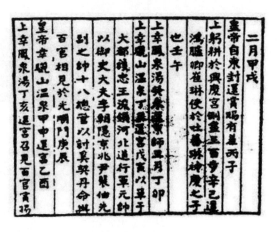

宋代小报：官方邸报

发展。而这时，西方还在靠修士们艰难地抄写圣经。宋代还出现了铜版印制的商业广告、商标和"小报"。广告、小报虽小，其意义非同寻常。

中国古代虽然传说有"指南车"，但很难证实。宋代出现了"指南针"，并且很快和方位盘结合制造出实用型的罗盘。罗盘大量用于航海，数百年后流传到欧洲，这对世界航海业的发展起到了重要推动作用。火药大约是在晚唐发现的，方士们为寻找不死之药，无意将硝石、硫磺和木炭混合在一起，不料发生了爆炸。宋代确实发明了火药，并用于实践。民用有焰火，军事上有火箭、火球、火雷，之后又发展为火炮、突火枪等金属管形火器，出现了兵器革命，并传入欧洲。开封有"广

宋代火器：火焰喷射器

备攻城作"军工厂，其中有 11 个部门，其中的"火药窑子作"便是专门制造火药、火器的。在天文历法方面：苏颂等制造的水运仪象台，成了世界上第一台天文钟。杨忠辅制成的"统天历"，以 365.24 日为一年的长度，这跟千年后的今天我们用的"格里哥利历"完全相同。苏颂等根据实测绘出星图，计有星数 1464 颗，而 400 年后欧洲天文学家观测到的星数才1022 颗。宋代至和元年五月己丑，记录了客星"出大关东南，可数寸，岁余稍没"。这是世界上公认的第一次新星记录。医药方面。苏颂等编的《本草图经》，将本草的品种与应用范围推进了一大步，比欧洲人早 400 年，是世界上第一本有图的药物学名著。建筑学方面：李诫历 30 年编出《营造法式》一书。该书不仅在当年，即便到了今天，仍然是建筑学专业的重要教学内容，讲建筑史少不了它，讲建筑模数、标准化也少不了它。宋代建筑留存至今的，高层有佛塔，精巧有廊桥，宏大有寺院，实用有住宅、园林。

宋代建筑——福胜塔

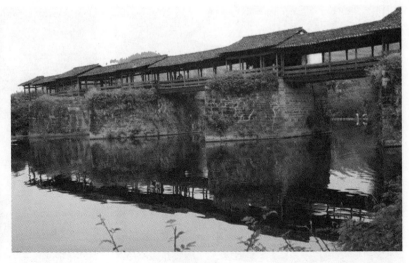

宋代建筑——廊桥

六、教育革命和文化艺术

宋代的教育，官办、民办两手一齐抓，两手都重，官办学校、民办书院遍地开花。全国私人办书院有300多所。像朱熹这样的文化名人走到哪儿办到哪儿。到福建办了"白鹿洞书院"，到湖南办了"岳麓书院"，都是著名的学术交流圣地，至今遗址尚存。教学内容也改变了过去只教四书五经的传统，胡瑗以"体、国、文"来教授学生，创立"经义"和"治事"两斋，其中"治事"包括治兵、治民、水利、算术等实用学科。陈亮、叶适两人针对道学家"相蒙相欺以废天下"的弊病，提出"一艺一能"的"事功"教育，主张"道则兼艺"，教学更为生动。如医学教育，宋代出现了"针灸铜人"。中空铜人盛以水、穴位有孔以蜡封起，学生针刺穴位准确便出水，不准确便不出水，十分生动有趣。

文化上，在周敦颐、朱熹、程颐、程颢等人的提倡下，完成了"儒学复兴"，出现了新儒学（理学），这对后世产生了巨大影响。在巨大财富的影响下，在开明政治的鼓励下，诗词、歌赋、杂技、戏曲、音乐、书法、绘画等都在宋代得到大力和自由地发展，出现了一大批名垂青史的文人骚客。"唐宋八大家"，宋代占了六位，宋代的诗比唐代格调更自由，更大众化，《全宋诗》中的作者是《全唐诗》中的作者的四倍之多，出现了像苏轼、陆游这样的大家；宋代的新诗——词是文化先锋，它使诗歌不仅能吟还能唱，是歌曲的先河。词作走向歌舞，有好作品的作者也是歌舞名妓和大众追捧的时尚名星，宋代出现了像苏轼、辛弃疾、柳永、李清照这样的伟大词家；宋代的画，走出了宫廷，走向了市场，出现了大量的山水画。作者们自由挥毫，各有特色，范宽以崇山峻岭见长，许道宁以扶木野水见长，郭熙以四时风雨见长，米芾、米友仁以云山墨戏见长，赵令穰以抒情小景见长；李成以塞林平远见长，南宋夏圭、马远、李唐以诗情画意见长；宋代的话本是明清白话小说的先河；宋代的茶文化由于徽宗的提倡（徽宗作有《大观茶论》一书），斗茶成风；宋代的市民文化艺术蓬勃兴起：

白鹿洞书院

岳麓书院

宋代山水画

宋代工笔画

杂技、杂剧、说唱、皮影、傀儡戏、滑稽剧、音乐等十分活跃、百花齐放；工艺作品如木雕、玉雕、竹刻、漆器、印章、铜器、金银器、牙角器、文房四宝等繁花似锦、造诣极高。

七、宋代繁盛的原因

一是经济思想的开放。宋代以前的隋唐、以后的明清都重农轻商、轻财、言义而不言利，口不言钱。惟宋代不一样，宋太祖赵匡胤说："多积金、市田宅、以遗子孙；歌儿舞女以享天年。"宋太宗说："令两制议政丰之术以闻。"宋神宗说："尤先理财""政事之先，理财为急"。这种重视金融、财经的思想，一直贯穿整个宋代。为了这个经济发展的中心工作，政策跟着调整改革。农业政策方面"田制不定""不抑兼并"，变土地国家所有、门阀私有转为土地自由买卖的私有化和契约化，庄园制度转为地主制度；原来庄园里的佃农和农奴往往成了自由的小农或地主，国有土地虽然也还有，已经只占少数，土地私有化形成"千亩土地八百主"的局面。此时的土地租佃契约由双方决定，与国家、门阀无关。国家只对土地所有者（主户）以现金方式收取户税和地税，对客户（佃农）不收税。佃农地位提高了，也为手工业大发展提供了充足的自由劳动力。同时，城市执法也有了改革，取消了"市""坊"的严格控制，允许"破墙开店"，推进了从市坊制到商业街的改造。政府适应经济发展、完善经济法规，制定了茶法、酒法、盐法等专卖法，统一调整了国家政府一方和经济活动者一方之间的利益分配问题，形成了正确的导向；为了促进对外贸易，在广州、杭州、泉州、明州设立市舶司，规范外贸管理事务。外商通常可以自由到各地交易并居住，还可以担任地方官职。政府还为外商提供生活便利，在口岸建供外商居住的蕃坊。于是"蕃商杂处民间"、"夷人随商翱翔城市"。对外贸易的发展，大量丝绸、瓷器、茶叶及各种手工业产品远销海外，这也进一步促进了宋代手工业的发展。

二是政治宽松。宋以前各朝代对思想一统也抓得很紧，生怕知识分子对政治问题七嘴八舌，影响一统思想。而宋太祖不一样，他发誓说："不得杀士大夫及上书言事人""子孙有

司马光像

王安石像

包拯像

渝此誓者，天必殛之"。他不仅宣告了"言者无罪"的方针，也实际上遵守了这个誓言。整个宋朝，除因有谋反嫌疑者外，朝堂上言事的官员，没有一个被杀的。宋代还生怕官员不敢说话，还设立了"言官"制度。这样，官员在朝堂上激辩而不必担心脑袋搬家、满门抄斩、株连九族，于是一时朝堂上民主气氛十分浓厚，主和派、主战派、改革派、稳健派堂上争得一塌糊涂，下了堂却没事。司马光和王安石堂上争辩，言词激烈，下朝后还能称兄道弟，相互尊重。宋代朝堂上的民主气氛大概是中国数千年帝国时代最好的典范。社会上学术创新气氛高涨，知识分子不仅不必担心"文字狱"，连"文化狱"也没有过。苏东坡被贬到海南，当地官员还是客客气气地接待，由他办学讲学。并不怕他散布错误思想、不管他是否"以古非今"。于是，有宋一代学派林立、自由讨论，出现了春秋以来第二个学术百花齐放的时期，佛、道、儒三大思想在宋代都能自由传播，都得到了长足的发展。为适应政治上的开放，宋代的法律强调不分职务高低，民可告官，只"以事实者为先"。宋代法制强调证据的重要性，出现了我国第一部法医专著《洗冤录》。在这样宽松的政治条件下，经济文化得以挣脱桎梏、迅猛发展。

三是重视人才和教育。宋代扩大科举名额，广开寒俊入仕之途。"取才惟进士、诸科为最广、名卿巨公、皆由此选。"宋代的书香门第，多重家学、重门风，这对科研发展起到很大作用。如周杰精于历算，其子周茂林也世其学、其孙周克明更"凡行宫、天宫、五行……之收，莫不指要"。前朝把科技往往作为小技，而宋代科技方面有一定成果者多得到提拔，多有一定官职。朝廷还颁旨探访"医术优长者"来编写医书、药书，组织天文专家制作大型天文仪器，组织大型天文观测工作。《宋史》记："太祖下诸国，其命臣乃忠于所事者，无不面以奖激，以至弃瑕而用。"有人献所制火药、火球、火疾藜，献"海战船式"，均"各赐缗钱"。有人制作"新历二十卷"，朝廷便"拜司天监赐官"；有制定"乾元历"颇为精密，便"皆优赐束帛"。宋代分科教育，强调实践中学习，把一些学科放到业务部门中去。如天文学科放到司天监（国家天文台）去培养。由苏颂牵头制造的水运仪表台（天文钟），其参加的专家多半就是司天监自己培养出来的。宋代对医学教育特别重视,规定其主要领导"判局"(常务副校长)必须"知医事者为之",是内行才行,又将医学校从太常寺分出来,提高为国子监(中央大学)直属医学院,学院的行政组织、学生待遇一概比照大学。医学学科的学生地位提高了,吸引了不少儒生学医,形成了中国"儒医"的传统,同时也促进了中医理论和技艺的提高。

八、宋代灭国之因初探

既然宋代经济如此兴盛、科技如此发展、政治如此开放、军事技术也高,为什么为辽、金、蒙古所败,最终灭亡呢?

首先,宋政权一向"重文轻武",这虽然对经济发展有利,但对抵御强敌却不利。宋代的 GDP 虽高过辽、金、蒙古何止数十倍,但舍不得哪怕稍微多拿一点点来增强军备,而北方少数民族政权,虽 GDP 不高,但尚武,先军政治,倾其财力人力扩军备战。宋代虽有先进火器,但很少装备前方部队,成了中看不中用的摆设,而北方少数民族政权在金属、火药被禁运的情况下,倒利用俘虏的汉族工匠(蒙古军杀汉人时不杀工匠)顽强生产了大量火药、火器,娴熟地用于攻城战斗。

其二,宋政权仗着自己 GDP 高。开初,北方大军压境,就签订和约,安生若干年,于是朝廷内外主和派更得势,主战派更受压。朝廷又没有利用这个停战的时机整军备战,边防军的建设和训练得不到应有的重视。宋代朝廷内外,一片歌舞升平,"直把杭州当汴州",一派和平享乐之风。待到蒙古大军一到,贿赂谈和无路之时,便无军可挡,一败涂地。

其三,战术保守,对付北方草原民族的精锐骑兵集团冲锋,始终没有有效的对策。所谓种种步兵"阵法",在对方骑兵冲击下,很少有什么用处。虽然话说岳家军有用趄地刀对拐子马的胜利之举,可惜只存在于演义。朝廷既没有招兵买马建立强大的骑兵,没有像汉武帝那样,以骑兵对骑兵,以快速对快速;也没有敢武装人民,以多打少,把侵略者的武装淹没在全民皆兵的海洋中,反而害怕民众武装,对地方自发武装一概视为叛匪,一概围剿;又没有以先进对落后,建立大量实用的火器营,装备到前线部队去,以密集的火力对付密集的骑兵。军队上层总是在步兵"阵法"上关起门来搞研究,还批评岳飞不讲究阵法。结果经常是列阵数万的大军被对方几千骑兵一冲就垮。

其四,皇上过分吸取唐代藩镇割据的教训,建立"禁军"和"厢军"制度,精兵悍将为"禁军",保卫首都,老弱之兵为"厢军",防守边疆。这样的"厢军",欺负老百姓在行,抵御强敌可不行,等到边疆出大事了,朝廷再派禁军选将带兵前往。这往往鞭长莫及,劳师动众、丧失战机。拱卫中央的"禁军"(卫戍部队),装备好,待遇高,和一战二战时不少国家的近卫军、龙骑兵、皇家卫队一样。这些纨绔子弟搞阅兵在行,威风凛凛;打仗不在行,一上前线就垮。就这样,皇上还对前线带兵的大将不放心,要是跟我的老祖宗学"黄袍加身"怎么办?于是对历经战争考验的大将"杯酒释兵权",又不断搞大军区司令对调,搞得兵不识将,将不识兵,还在领兵大将身边安放个监军。监军"拥有朝廷特命",甚至有权处死有不轨之举的将军。监军通常由皇帝身边的大太监担当,既不懂军事还夹七夹八地干扰正常军事指挥。大将潘美北伐,在陈家谷,监军王侁擅自率军离开谷口,潘美不能制,导致将军杨业兵败

宋代（北宋）地图

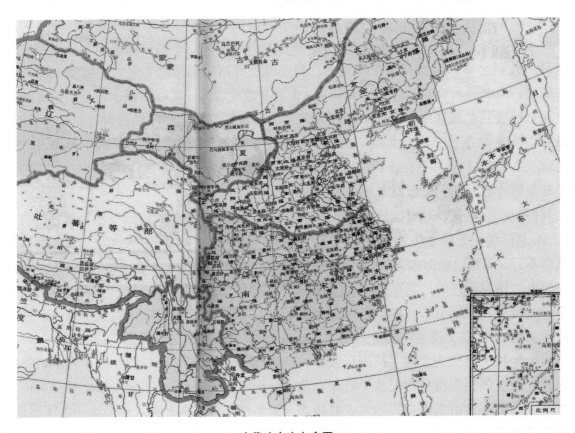

宋代（南宋）全图

被俘，三日不食而死。更要命的是这类监军只相信自己是忠于皇上的，将军们的忠心都可疑，往往胡乱怀疑、乱打小报告。有宋一代，前方功名赫赫的大将，宗泽、李纲、韩世宗、岳飞、辛弃疾、吴玠、张宪，多半没有好下场，和这些人的小报告不无关系。

其五，游牧民族身处大漠荒原，生活环境严酷，锻就一身强健体格。人们能吃苦耐劳，自小骑马射箭，尚武善斗。风尚往往以抢掠为生计，以偷窃为耻、抢掠为荣；以退让为无用，以杀戮为英雄。统治者对"勇士"又大加鼓励，于是男子汉多不怕死。"万人赴死，天下无敌"，于是几万不怕死的北方铁骑便可以横行天下，打败几十万上百万的宋军。

最终，种种因素大汇合，盛世大宋面临辽、金、蒙古大军的铁蹄，一败再败，最终灭亡。于是，中国历史在黄帝灭蚩尤，周灭商，秦灭六国以后，又一次演释了一场落后战胜先进、野蛮战胜文明的大惨剧。战争又把中华儿女推向痛苦的深渊。宋代，从公元 960 年赵匡胤黄袍加身立国至公元 1279 年亡国，历时 319 年。

第六节　明太祖和反贪肃贪

宋太祖以后，经太宗、真宗、仁宗、英宗、神宗、哲宗、徽宗、钦宗，皇上为金兵所俘，高宗南渡史称南宋，又经孝宗、光宗、宁宗、理宗、度宗、恭宗、端宗，至幼主投海，两宋延祚 316 年。公元 1276 年，蒙古大军灭宋。忽必烈已先于 1260 年称帝，建立元朝，中原汉民沦为第四等贱民。

一、明太祖的"重典治吏"

元末，各地起义军烽起，穷苦的小和尚朱元璋借势而起，战胜各地义军，起而建立明朝。明初虽开始建都南京，但他的文化体系还是属于黄河文化，且不久又迁到北京去了。

明太祖出身贫寒，对贪官污吏深恶痛绝。他的父母活活饿死，就是赈灾粮被官吏贪污所致。洪武二年，明太祖朱元璋曾对大臣们说："从前当老百姓时，见到贪官污吏对民间疾苦丝毫不理，心里恨透了他们。今后要立法严禁，遇到有贪官危害百姓的，决不宽恕！"他说到做到，《大明律》规定："官吏受财，坐赃致罪，官枉法，赃八十贯者，绞；吏枉法，赃一百二十贯者，绞。"这可谓史上最严酷的反贪律法。本来明法规定的刑罚限于笞、杖、徒、流、死 5 种，但朱元璋对贪官绝不止这几招，还有阉割；挖膝盖；抽肠（将犯人吊起，从肛门抽出肠子）；秤杆（用铁钩将犯人吊起饿死风干）；刷洗（用开水浇犯人，然后用铁刷子刷肉至死）；凌迟（将犯人绑在柱子或"木驴"上，用刀慢慢割肉，行刑人技术好，可割三千刀以上才死）。最有创造性的是"剥皮揎草"。唐宋以来，县衙布局是差不多的，都有大门、戒石、鼓楼、二门、公堂等这些设施。但明朝在大门、

明太祖像

二门之间加了一个土地祠。这是剥人皮用的。贪官死后，将人皮剥下，塞进稻草，做成标本，挂在公堂之旁，以警示后者。还有的挂在"皮庙场"，成为颇有特色的人皮艺术的明代一景。较先享受到剥皮待遇的是永嘉侯朱亮祖案。当时广州番禺县令道同清廉，由于执法不阿和当地豪绅发生矛盾，镇守广州的朱亮祖得到土豪们的贿赂，多次出面干涉县令正常执法，道同不为所惧，抓了恶霸罗氏兄弟。朱亮祖于是动用军队包围县衙，抢出人犯，并向朝廷诬告道同。道同也上奏本说明实情。然朱亮祖用军用快马，奏本先到北京，朱元璋头脑发热，立即派人斩杀道同。道同从容就死，无数百姓前来刑场送行，人山人海，蔚为壮观。不久，道同奏本到京，朱元璋派人调查落实，于是大理寺（最高法院）官员持皇上手谕到广州逮捕朱亮祖、朱暹父子送达京城。朱元璋亲自鞭打朱亮祖，侍卫亦纷纷动手，当堂打死朱亮祖父子。朱元璋并下令将涉案土豪全部杀死，将朱暹及恶霸们均剥皮揎草，挂在闹市，一时观者人山人海，也蔚为壮观。

明孝陵

　　如此"重典治吏"，贪官仍然贪。朱元璋十分不理解：这些饱读诗书，自谓："朝闻道、夕可死"，怎么当上官就"朝获派、夕腐败"呢？明太祖还是只相信一个办法：杀！杀！杀！他说："我想杀尽贪官污吏，没有想到早上杀完，晚上你们又犯，那就不要怪我了，今后贪污受贿的，不必以六十两为限，全部杀掉！"史料中出现这么一个记录，某年同批发榜官员364人。一年后，被立杀6人，戴死罪、徒流罪办事者358人，6+358=364人，可谓一个不能少，一锅端（这里面恐怕有冤假错案）。"戴死罪、徒流罪办事者"是怎么回事呢？原来官员死的太多，活的太少，堂上没有人办事。于是，贪官犯法、判了死罪，先打几十板子，再戴上脚镣，送回衙门去办案。如此可见，朱元璋靠"重典治吏"，效果并不好。

二、明代反腐失败之因初探

　　其一是，明代反腐缺乏有效的全民监督功能，只依靠皇上的耳目——检校，这些检校遍布各地，一旦发现官员贪赃可以直接上报皇上，皇上随时会接见处理。这些检校缺乏群众监督，往往或者对贪官睁个眼闭个眼，任其逍遥法外，或者为追求政绩搞扩大化、制造冤案。明太祖也曾想打破这个机制，发动群众，于是发布新政策：普通百姓只要发现官吏贪赃，就可以把他绑起来，送京治罪，沿途各地必须放行。如果有人阻挡要株连九族。这在中国法制史上可谓绝无仅有。然而，此举实在难于操作，实施不下去，只得不了了之。

　　其二是，明代官员工资太低，养家比较困难，官员稍有不坚定便为钱所虏。明代官员的工资，开始是年薪制，正一品九百石米，从一品七百五十石，直至正九品六十石，从九品五十石。另外："听武臣垦荒为业、文吏悉授职田。"工资不够，给点自留地凑。这工资拿来养一大家子，低级别官员有点不足，于是，洪武13年，明太祖给官员普遍加工资，俸米按品级各加 200~500 石，再加点现金"禄钞"从 30~300 贯，当时一贯钱可买一石米，这样七七八八算下来，一个最低级（从九品、副科级？）官员月工资算下来大概有 7~8 石米，说是工资翻了一翻。不过，这 7~8 石米也不过只合今天 2000 元人民币左右，养个 5 口之家，虽不宽裕，还能将就过下去。到洪武 25 年，官俸制度最终确定。官员工资改为月工资：正一品月俸米 87 石，……正三品 35 石，从三品 26 石，……正九品 5.5 石，从九品 5 石。同时，取消了所赐公田，"各归旧赐田于官"。低级官员（从九品、副科级）干巴巴的月俸 5 石米，只合今天 1500 元人民币左右，要养 5 口之家，就相当艰难了。这本来倒也罢了，让妻子、老母做点手工糊口，勉强过下去。不料，朝廷后来又搞了个折米制，以布折米，以钞折米，甚至以胡椒折米，从九品官拿了发的这点布、钞、胡椒，再到市场上换米就换不到 5 石米了，这日子怎么过？至于吏，每月 2 石米左右，再折，更艰难了。当朝大清官海瑞死后，家里只有一顶麻布帐子、一只破箱子、几件旧衣服，同僚们只好凑钱安葬；正统年间御史陈泰说："今在外诸司文臣去家甚远，妻子随行，禄厚者月给米不过二石，薄者一石，又多折钞"；洪武年间，官至正三品的通政使的普秉正，去职时竟"贫不能归，鬻其四岁女。"省部级官员为了凑回家的路费，居然只好把亲生女儿卖了！永乐时任双流知县的孔友谅说："国朝制禄之典，视前代为薄，今京官及地面官稍增俸禄，其余大小官员自折钞外，月不过米二石，不足食数人"，于是"贪者放利行私、廉者终萎莫诉。"管子说："仓廪实则知礼节，衣食足则知荣辱。"宋太祖说："吏不廉则政治削，禄不充则饥寒迫。所以渔杀小利，蠹耗下民，由兹而作矣。"虽然，高薪也未必就能养廉，但明代的官员低俸制度，在一定程度上促使了明代官场"礼义沦亡，盗贼竞作，贪婪和无耻之风弥漫"。

其三，官员的权力缺乏应有的限制和普遍全民的监督。不受限制和缺乏监督的权力是腐败的根源。这个问题不止是明朝一代的问题，是数千年帝国时代各朝各代甚至近现代的大问题，恕老朽不在这里啰嗦了。

明太祖死后，孙子建文帝继位。其四叔朱棣起兵"清君侧"，攻下南京，迁都北京，为是成祖。之后，列仁宗、宣宗、英宗、代宗、宪宗、孝宗、成化帝、武宗、世宗、穆宗、神宗、光宗、熹宗、思宗，一代不如一代，至昭（毅）宗时为李闯攻入北京，皇上只好在煤山歪脖树上吊死。明朝从公元 1368 年建国至 1644 年灭亡，国祚 276 年。之后满清皇太极打江山，顺治帝完成统一，至康熙、雍正、乾隆，也是盛世，之后嘉庆、道光、咸丰、同治、光绪、宣统（西太后称制），又是一代不如一代。清朝从公元 1644 年顺治元年至公元 1911 年辛亥革命被推翻，国祚 267 年。

整个数千年的"帝国时代"，是中国以黄河中下游为中心的重要发展时代，论国力强盛当数大汉和盛唐，是当时世界上最为强大的国家；论国家之富庶繁盛当推两宋，其 GDP 总值竟占了全世界的 50%，但到了明清，一朝不如一朝，内政保守腐败，国力疲弱，为东洋、西洋所欺，国土沦丧，沦为世界上积贫积弱的二流国家。到了辛亥革命，大清灭亡，数千年的"帝国时代"终于谢幕。

第五章　黄河文化（一）——文字书法诗词思想

史前或说不清楚，但整个中国古代的政治、经济中心，一直在黄河中下游为中心的中原地区，虽然近现代有所南移，但古代大体未变。和政治经济相应的文化中心也是中原文化，也即是黄河文化。黄河文化是世界文化中很独特的一支，如河源星海灿烂，如河口浩瀚无际。

第一节　文字和书法

一、世界上最独特的文字

它是世界上寿命最长的文字。中国文字开始出现，恐怕已经有四五千年了，到了公元前一千多年，殷商甲骨文已经是完整的文字体系了。比它更早的文字只有埃及的圣书文字和两河流域的楔形文字。它们在公元前三千年已经成了一种成熟的文字体系。此外，最近考古学家在巴基斯坦的哈拉帕的陶罐碎片上发现了世界上最早的文字符号。于是，西方专家多认为：人类文字最早至少在三个地方即埃及、两河流域及哈拉帕独立地发展起来，时间大约是公元前 3500 年至前 3100 年之间。然而，这三种文字都是短命的文字，在公元前后都消亡了。它也或许影响了新的文字体系（如希腊文字），但它毕竟只能是靠考古发现才重见天日的，只是存放在历史博物馆里供人欣赏的文字化石，跟现代人应用的文字无关。而中国文字，既古老又悠长，从公元前一千多年商代甲骨文开始，虽字体有所变化发展，但一直连绵不断，至今不衰，是活生生的文字。

（1）它是世界上最与众不同的文字。世界上的文字有数百种，但大体上属于象形文字和音符文字两大类，惟有中国汉字是一种仅有的表意系统的文字。汉字的形态既和形象有关，也和音符有关，能表达十分丰富、含意深邃的思想。中国含意深远的唐诗往往一旦翻译成其他文字便索然无味，即便是现代文字也如此。如有人说："我是和尚打伞——无法（发）无天"，有外国著名作家绞尽脑汁翻译成："我是一个打着伞漫游四方的孤独的修士。"跟说话者的原意风马牛不相及。

（2）这是今天地球上应用最广泛的文字。有十几亿中国人和数以亿计的外国人在应用。它是世界上最活跃的文字，随着中国的发展，随着中国的国际地位的提高，汉文字的应用必将更广泛，必将成为人类最最重要的文字。

二、中国文字的源流

（1）从"有声无言"到"有言无字"。人类是动物的一员，远古人类和动物一样，以不同的发音、不同的音频的叫声相互传达信息。这时还没有语言，属于"有声无言"的阶段。经过若干万年，随着人类的不断进化，逐渐出现了语言。语言的出现是人类有别于动物的根本特征之一，通过语言对话，交流经验、沟通思想，大大地增强了人类的学习能力。这个时候，人类还没有文字，属于"有言无字"阶段。

（2）从"有言无字"到"有言有字"。语言可以很方便地传达信息，口口相传可以一代代地把古老的历史传颂。但语言口口相传往往会产生信息的缺失和错误。人们开始刻画一些符号来强化自己的记忆，这些符号便是文字的源头。符号渐渐多了，逐渐演变成完整的文字系统。文字的产生是创造性智慧活动的成果，是人类文明化程度的重要标志。

（3）从"画"到"字"——文字的开始。最早的文字符号有说是"结绳"，有说是"八卦"，更多的人认为是各种象形符号。考古学家往往在岩壁上发现不少刻画符号。或许远古黄河人把象形的岩画刻在陶器上，便成了形状大小比较规则的有明确意义的陶文符号，有点文字的样子了。开始，陶文符号还不够多，还不能表达比较完整的内容，还不是完整的文字系统。

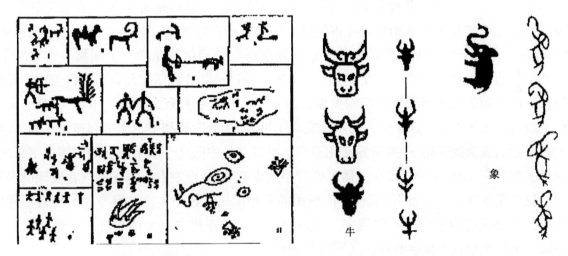

中国西部发现的古岩画　　　　　　　　　　从象形图画到象形字

到了距今 5000 年的黄帝时期，据说黄帝命他的史官仓颉造出了文字。如果我们相信这个说法，那么这时就有了完整的文字系统。但是，仓颉造的字是什么样的，似乎还缺少考古的佐证。另外，中国人往往喜欢把伟大的事迹统统归功于胜利者的名下。文字系统的创造归于黄帝名下，大约也是这个缘故，真实性便可疑。考古发现，属于黄帝时代仰韶文化陶器上的符号还更多地属于"几何形符号"，也许还局限于与数字有关系的"记号"，而差不多同时属于蚩尤集团的大汶口文化中陶器上的符号，其象形作风跟古汉字很相似，二者之间似乎不会一点没有关系。有人提出："如果说大汶口文化与象形符号可能曾与原始汉字同时存在，相互影响，或者曾对原始汉字的产生起过一定作用，距离事实大概不会太远。"

当然，也有不少专家直接认为：大汶口文化陶文就已经是原始文字了。由此，与其说黄帝氏族集团最先发明了文字，倒不如说是蚩尤的东夷氏族集团最先发明了文字。又一说：仓颉氏族本属东夷集团，蚩尤失败后归属黄帝集团，受命整理东夷人已经应用的文字也是可能的。

文字的出现和巫不无关系。最早发现的大汶口文化单个文字是刻在祭器陶尊上的，成熟的甲骨文是巫师占卜时刻上的。可以认为巫师是发明文字的主要成员。仓颉也说不定是属于东夷氏族巫师阶层的一员。

仰韶（半坡）文化陶器上的几何图案

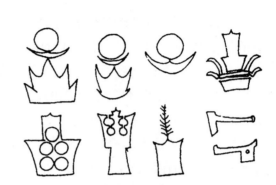

大汶口的陶文

（4）甲骨文——差点被吃掉的文字。陶文说是文字，还只是若干单个有意义的单字。若说已经是完整的文字体系则缺乏考古佐证。完整的最古老的文字体系，发现于清末民初。1899年古史专家王懿荣先生因病服药，意外发现所吃的药材"龙骨"上居然有古代文字，于是急忙把药店里有文字的"龙骨"全买了下来。经过一些考古学家和古董商的努力，特别是后来在殷墟附近由民国政府组织的发掘，出土了十万片左右有文字的"甲骨"，整个是一座地下殷商历史图书馆。这个伟大的发现震动了世界，从而殷墟和甲骨文一起被正式列入《世界遗产名录》，成为我国第33处世界文化遗产。甲骨文是中国迄今以来最早的中国文字系统，它的单字现存有4200多个，现在大体可解的字至少有1500个左右。考虑到现在发现的"甲骨文"仅仅是巫师的"卜辞"，其他方面所用的字相信比这还要丰富。有专家对现有甲骨文作分析，其字式已有表意字、假借字、形声字三种，和现代文字大体相近，是现代汉文的老祖宗。甲骨文中有不少字和现代汉字极为相似。

相似的现代汉文和甲骨文示例

现代汉文	八	白	北	帛	不	仓	呈	大	豆	多	方
甲骨文	儿	日	仆	帛	帝	仓	呈	大	豆	多	才
现代汉文	分	夫	己	闻	开	井	九	口	立	竹	
甲骨文	分	夫	己	聞	开	井	九	口	立	竹	

中国文字的诞生，标志着中国历史由传说时代进入信史时代。有了文字，则前人记录和总结的历史经验，包括社会经验、科技成果、文化成就才得以直接传给后人，并且进一步一代代地积累发展。这大大地加快了中国社会前进的步伐。从此，社会的发展和进步不再以千

年万年作为计程单位，而缩短为百年十年，中华文明出现了飞速发展的局面。甲骨文的出现是属于东夷氏族集团后人的殷商人对中华文明的巨大贡献，是中华文明的里程碑和新纪元。

三、字体和书法

汉文字从陶文发展到甲骨文已经基本成熟。之后，汉字字体又有一些新发展，一般称为五体，即：篆、隶、楷、行、草。到了唐代，已经五体齐全。

五体字示范

1. 篆体

篆体源于秦篆（大篆）。秦始皇统一六国后，命令李斯统一整理后，以行政命令通行于全国，称为"小篆"，篆体字字形方正，大小一致，笔划弯曲连贯。存留于世的有李斯写的《泰山石刻》《秦诏版文》等。篆体字也有一个缺点，笔划弯曲连贯。当时，没有毛笔，字是要用刀刻出来的，弯曲连贯的字，刀刻很不方便。所以，短命的秦王朝灭亡以后，靠强制推行的篆体字也很快消亡了，成了短命的字体。

秦《诏版文》（局部）　　　　　　　李斯《泰山石刻》（局部）

2. 隶体

隶体源于战国时的齐、鲁，应是东夷后人使用的。据说秦末程邈于狱中整理成完整的字体献上。当时秦始皇将此作为"小篆"所隶属的"佐书"，用于非官方的文书上。因为是"隶属"的字体，故称为"隶"体。隶体结构扁平，刀法硬朗，自然古朴。它讲究"蚕头雁尾"，这正是刀刻字体的自然痕迹。秦亡以后，隶书很快流行全国，至东汉达到高峰，全国上上下下都用隶体刻写。存留于世的有《张迁碑》《曹全碑》等碑拓。

张迁碑拓本（局部）

曹全碑拓本（局部）

3. 楷体

楷体结构方正、端正，笔划平直清晰、稳重，书写简便，已经没有了隶书的刀刻痕迹。在隋唐时代，楷书十分流行，出现了颜真卿、柳宗元这样的大家。颜字浑厚雄健，圆润稳重；柳字峻直挺拔，均自成一体。颜真卿，字清臣，唐京兆万年（今西安）人，祖籍山东临沂，开元二十二年中进士，登甲科，曾4次被任命为监察御史，迁殿中侍御史，因受到杨国忠排斥，被贬至平原任太守，肃宗时授御史大夫，代宗时任吏部尚书，太子太师，封鲁郡公，故后人

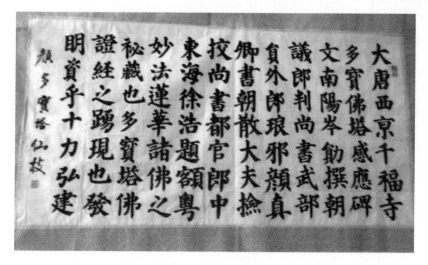

颜体《多宝塔》碑帖

称"颜鲁公"。天宝14年，安禄山叛乱，其势甚长。他联络从兄颜杲卿起兵抵抗，附近17郡响应，被推为盟主。他们合兵二十万，使安禄山有后顾之忧，不敢急攻潼关。德宗兴元元年，淮西节度史李希烈叛乱。建中4年，颜公遭宰相卢杞陷害，被派去李部"劝谕"，李希烈反扣下颜公，以死相逼，颜公不为所动，被缢死。闻听颜公被害，三军将士失声痛哭，举国悼念。

4. 行体

行体较自由，便于毛笔书写，运笔如行云流水，出现了王羲之、王献之这样的大书法家。王羲之，字逸少，号澹斋，祖籍山东临沂，后迁会稽（今浙江绍兴），于东晋时历任秘书郎、宁远将军、江州刺史，后为会稽内史、右将军，人称"王右军"。其子王献之书法亦佳，世人合称"二王"。代表作品有《黄庭经》《初月帖》《乐毅论》及《兰亭集序》。东晋永和元年农历三月初三，王羲之邀谢安、孙绰等41人在绍兴兰亭"修禊"（春日出游以去邪除病），众人沿水边列座，以酒杯浮于水，各人依次取杯联诗，汇诗成集，王羲之写序，这就是《兰

王羲之

兰亭修禊图

《兰亭集序》今传本（局部）

亭集序》。作者写后十分满意,事后再也写不了这么好了。宋代米芾称此为"天下第一行书"。原作据说被唐太宗李世民派人从王羲之之弟子辩才和尚那儿骗到手,李世民爱不释手,时时临摹,死后以此陪葬昭陵。今传本或真本或是摹本。郭沫若以为摹本,高二适以为真本,争论居然惊动了毛泽东。激辩中钱钟书也参加进来,可谓一时之胜事。

5. 草体

早在甲骨文中就发现有简省的草字,当是后世草体的老祖宗。许慎说:"汉兴有草书",确认草体起源于西汉。草体的特点是:存字之梗概,损隶之规矩、变化莫测。这往往成为完全脱离实用的艺术创作。据说有张丞相喜欢写草体,但过分不工整,人们饥笑他,他都不以为然。一天,他忽然得到诗句灵感,便奋笔疾书,满纸龙蛇飞动。他命侄儿把诗句抄录下来,侄儿抄到笔画怪异认不得的地方,问张丞相这是什么字。张丞相看了半天,也没认出自己写的什么字,于是说:"你怎么不早点问我,我现在也忘了写的是什么。"

草书经过多年,写法逐渐统一,产生了有章可循的草体,称为"章草"。章草进一步简化、草化,称为"今草"。唐代,今草写的更加放纵,变为"狂草"。对草体,有人一味求变,也有人热心求统。近代草书大家于右任便编写有《标准草书》字帖,以求规范草体。

草体代表人物:唐代有张旭,称为"草圣",留存作品有《古诗五十帖》;唐代怀素,作品有《自叙帖》;宋代黄庭坚,作品有《李白忆旧游诗卷》;宋代米芾,作品有《论草书帖》;明代祝允明(祝枝三),作品有《前后赤壁赋》;清代徐渭,作品有《草书诗卷》;民国于右任,作品有《草书千字文》;现代林散之,亦称"草圣",作品有《自作诗论书》。

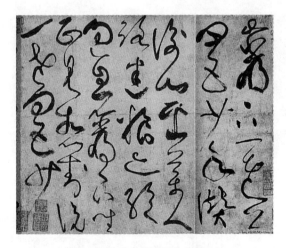

张旭草书《古诗四帖》(局部)

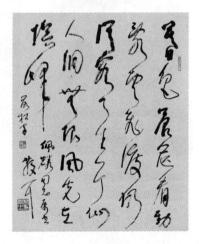

林散之草书

第二节　诗　歌

一、何谓诗歌

陆机说:"诗缘情而绮靡"。赵缺说:"诗者,感其况而述其心,发乎情而施乎艺也。"何其芳说："诗是一种最集中地反映社会生活的文化形式，它饱含着丰富的想象和感情，常常以直接抒情的方式来表现，而且在精炼与和谐的程度上，特别是在节奏鲜明上，它的语言有别于散文的语言。"这个定义概括了诗的几个特点：一是高度集中，概括地反映生活；二是抒情言志，饱含丰富的感情；三是丰富的想象、联想和幻想；四是语言有音节美。

二、中国古代诗歌起源

劳动创造诗歌。诗歌起源于上古的社会生活，近代随着马列主义的传播，越来越多的人相信"劳动创造世界"，当然也是劳动创造了诗歌。鲁迅先生说这是"吭唷吭唷派"，劳动号子是最早的诗歌。

两言诗《弹歌》

［原文］	［译文］
断竹，	大家砍竹，
续竹。	制做弓弩。
飞土，	弹出土石，
逐宍。	追赶獐鹿。

全诗音节短促、有力，强烈表现了生动围猎的热烈场面。相传这是黄帝时代的民歌，从文字结构看至少在春秋以前。不知道孔老夫子编《诗经》为什么没有编进去。

《诗经·伐檀》

［原文第一段］	［译文第一段］
坎坎伐檀兮，	叮叮东东砍檀树唷，
置之河之干兮，	抬到了河滩上唷，
河水清且涟猗。	大河的水唷，又清又起波唷，吭唷！吭唷。
不稼不穑，	你不撒种，你不收割唷，
胡取禾三百廛兮？	凭什么拿了万亩的谷唷，吭唷！吭唷！
不狩不猎，	你不打猎，你不围狩唷，
胡瞻尔庭有悬狟兮？	凭什么院子里挂满了獾子肉唷，吭唷！吭唷！
彼君子兮，	可他那是君子嘛，
不素餐兮。	可不是吃白食的嘛，吭唷！吭唷！
……	……

这是一首春秋时魏国的民歌，是一首嘲骂剥削者不劳而获的诗。全诗强烈地表现了当时劳动者对统治者的怨恨，是《诗经》中反剥削、反压迫最具代表性的诗篇。谁说孔老夫子只是"温良恭俭让"，孔子选编的这首诗可是一首愤怒的诗歌。全诗音节强烈，显然是鲁迅先生说的"吭唷吭唷派"，故译文每句加上了"吭唷吭唷"，倒也颇有劳动号子的味道。

也有人认为诗歌源于爱情。人类本是动物的一类，早有人认为诗歌起源于动物求偶鸣叫的发展和诗化。《诗经》收集的大多数都是爱情诗。开宗第一篇《关雎》便是。《野有死麕》也很有意思。

《诗经·野有死麕》

［原文］	［译文］
野有死麕，	野地里打了只小獐，
白茅包之。	我用洁白的茅草将它包上。
有女怀春，	美丽的姑娘正当青春萌动，
吉士诱之。	打猎的小伙要引她抱一抱。
林有朴樕，	树林里长着朴树樕树，
野有死鹿。	野地里打到一只小鹿。
白茅纯束，	我用白茅草包好，用洁白丝带装束，
有女如玉。	姑娘啊，你如玉一般美丽洁白。
舒而脱脱兮，	悄悄地，情哥哥你来吧！
无感我帨兮，	轻轻地，不要把我身上的佩玉碰响，
无使龙也吠。	不要让我家讨厌的狗狗叫汪汪。

这是一首优美的爱情诗，男女之情朴实大胆率真，后一段写女子口语化的偷情言语，活脱生动。儒学的老祖宗孔夫子看来在爱情问题上并不封建也并不保守。真不懂儒学的爱情观怎么会到了两宋反而变成"父母之命"？变成"饿死是小，失节是大"？变成"男女授受不亲"？变成"三从四德"？爱情是文学永远的主题，说歌唱爱情是诗歌之源似不无道理。

巫师祭祀是诗歌之源。又有不少专家说：古代巫师的祭祀颂辞是诗歌的起源。祭祀时巫师又唱又跳取悦于祖先神祇，记录下来便是诗。《郑氏诗谱》说："古代之巫，实以歌舞为职，以乐神人者也。"巫的唱词记录下来便是诗。《诗经》中数十篇《颂》诗便是。

《周颂·天作》

［原文］	［译文］
天作高山，	上天创造了高高的岐山，
大王荒之。	住在山中的是太王。
彼作矣，	太王开荒种粮，
文王康之。	文王又一年年拓荒。
彼徂矣，	文王干了一辈子，
岐有夷之行，	岐山才有了平坦的大路，
子孙保之。	我们子孙世世代代依靠着祖先的华光。

这类《颂》辞文学价值自然不如爱情诗，但往往颇有历史价值。这篇《天作》，便讲述了周族人的起源，诗中"太王"便是周族始祖古公亶父。

诗歌或者起源于生产劳动，或是起源于求偶爱情，或是起源于祭祀颂辞，专家们争论方兴未艾，大概短时间不会有最终结论。或许，多元融合是适当的解释。

三、中国古代诗歌的发展

中国古代诗歌的发展，大致经过《诗经》（四言诗）—《楚辞》（楚国民歌体）—

汉乐府、南北朝民歌（五、七言古体诗）—唐诗（格律诗）—宋词（歌曲曲辞）几个大阶段。

1.《诗经》

《诗经》是孔子收集整理的中国古代第一本诗歌集，计三百零五篇。当时，大概诗还没有和歌、舞、乐分开，所以《墨子》说："诵诗三百、弦诗三百、歌诗三百、舞诗三百。"大概多半是一边说、一边唱、一边舞蹈、一边奏乐的乐歌。《诗经》的诗句以四言为主，兼有一言、二言、三言、五言，格式自由，押韵随意。诗三百内容分为《风》《雅》《颂》三类。其《风》就是各国（十五国）原生态的民歌，故称十五国风，数量最多。其主题以爱情为主，不论幸福还是痛苦都写得感人至深；所谓《雅》是正声的意思，犹如清代人把昆曲称为"雅声"一样，大概相当于今天的正统创作歌曲，多为周代士大夫所作；所谓《颂》有《周颂》《鲁颂》、《商颂》。是周国王畿地区、鲁国（孔夫子的家乡）、宋国（原商国人，是文化较高的前朝文人集中地）的祭祖或重大典礼用的礼乐歌。其文学价值虽不如《风》《雅》，但历史价值颇高。

《诗经》作为中国文学的重要源头，一直受到历代人的尊崇，历经两千多年已经成为一种文化基因，融入中华文明的血液。人们称《诗经》是"五经之首、文学之源"。孔子说："不学诗，无以言"。难道不学《诗经》竟不会说话？大概春秋时，士大夫在正式场合讲话，特别是外交场合，常常要"以诗为证"、"以诗明志"，才显得有文化档次，所以不学诗经便不好在官场上说话了。汉代，《诗经》是贵族的必读书，汉宣帝、汉哀帝之所以被选择作为天子，其中重要一条是他会背《诗经》，有文化。宋代，《诗经》的内容往往是科举考试中的必考题。所以《诗经》是生员的必读书。《诗经》内容集中反映了当时的生活，是中国诗歌现实主义的源头。

2.《楚辞》和屈原

《楚辞》是指战国时代在楚国兴起的诗歌体裁。据《汉书·艺文志·诗赋略》说有楚辞赋作家106人，作品1318篇。现存世《楚辞》有40篇。作者有屈原、宋玉等人。《楚辞》虽然是南方文化，但和中原早有交融，在楚人建立了汉王朝后更产生了很大影响，北方文化受其影响不断异化，其新兴的五、七言诗都 和《楚辞》有关。鲁迅先生说："其影响于后来之文章，乃甚或在《三百篇》之上。"淮南王刘安称《楚辞》"与日月争光"。《诗经》和《楚辞》是中国现实主义和浪漫主义的两大源头。

屈原（约公元前339年？—前278年），名屈平，又名正则，字原，又字灵均。战国末期楚国丹阳（今湖北秭归）人，系楚国公族（王族后代）。屈原事楚怀王，任左徒、三闾大夫。他主张彰明法度、举贤任能，外交上主张联齐抗秦。但由于自身性格耿直，加上令尹子椒、大夫上官、宠妃郑袖接受了秦国张仪的贿赂，在怀王面前不断地打小报告，楚怀王疏远了屈原。公元前305年，因屈原反对秦楚订盟，被逐出郢都。怀王被骗客死在秦国，顷襄王继位后反把屈原流放江南。公元前278年，秦大将白起攻破郢都。屈原有心报国，无力回天，理想破灭，以死明志，在同年农历五月初五端午节那天投汨罗江自杀。后人怀念屈原，以粽叶包米乘船投江饲鱼以保护屈大夫遗体。数千年来，包粽子、划龙舟已经扩展成全国性的端午民俗。屈原是伟大的爱国主义形象，他是人民的理想，是光明和正义的化身，是中华民族的灵魂。屈原是一个悲剧，一个正义毁于邪恶的悲剧。作为政治家，他失败了；但作为诗人，他成功了。梁启超首推他是"中国文学的老祖宗"；郭沫若称他是"伟大的爱国诗人"，

"是有异彩的一颗明星";闻一多称他是"中国历史上唯一有条件称为人民诗人的人"。现在,屈原成了"世界文化名人"。他的代表作有《离骚》《九章》《九歌》《天问》等。

屈原像

现代龙舟邀请赛盛况

《九章·山鬼》(选段)

[原文]

若有人兮山之阿,
被薜荔兮带女罗;
既含睇兮又宜笑,
子慕予兮善窈窕。

乘赤豹兮从文狸,
辛夷车兮结桂旗。
被石兰兮带杜衡,
折芳馨兮遗所思。

余处幽篁兮终不见天,
路险难兮独后来。
表独立兮山之上,
云容容兮而在下。
……
雷填填兮雨冥冥,
猿啾啾兮狖夜鸣。
风飒飒兮木萧萧,
思公子兮徒离忧!

[译文]

有个美人在深山坳,
薜荔披身女萝系腰;
含情流盼嫣然一笑,
情人爱我美丽窈窕。

骑赤豹啊牵着花狸,
辛夷车啊插着桂旗。
披着石兰结着杜衡,
折技香花赠给情人。

我住竹林深不见天,
道路险难来迟一点。
孤零零兀立在高山之巅,
茫茫云海飘浮在脚下边。
……
闷雷隆隆细雨濛濛,
猿声啾啾啼破夜空。
凉风飒飒落木萧萧,
思念情人我空自忧伤。

"山鬼"即山神，这里特指巫山神女，楚国民间的神话主角。屈原以神女为第一人称叙述神女对情人的思念。

3. 汉乐府及南北朝民歌

（1）汉乐府。汉乐府是指由朝廷乐府（音乐管理机构）搜集、保存而流传下来的汉代诗歌。它主要有两部分，一部分是供执政者祭祀祖先、宗庙用的郊庙歌辞，其内容和《诗经》中的《颂》相似，另一部分是采集的民间歌谣。对后世影响比较大的是这后一部分，后称"乐府民歌"。现存乐府40多首，多为东汉时期作品，表现了激烈而直露的情感，具有浓厚的生活气息。其句式以五言与杂言为主，为中国古代五言诗的发展奠定了基础，形式朴素自然、语言清新活泼，接近口语。它和南北朝民歌是一般不需要翻译成现代文就能理解的古诗。诗文讲爱与恨、讲生与死、讲战争与苦难，都十分生动，催人泪下。

《乐府·古歌》

［原文］

秋风萧萧愁杀人，

出亦愁，入亦愁。

座中何人，谁不怀忧？

今我白头。

胡地多飙风，

树木何修修。

离家日趋远，

衣带日趋缓。

心思不能言，

肠中车轮转。

《古歌》表现旅人的离愁，影响很久远。革命烈士秋瑾临终题写："秋风秋雨愁杀人"，显有其影响。

《乐府·上邪》

［原文］

上邪！

我欲与君相知，

长命无绝衰。

山无陵，

江水为竭，

冬雷震震，

夏雨雪，

天地合，

乃敢与君绝！

《上邪》作者显然是一位纯真的少女。全诗直白地表现了她的爱情誓言，感情十分强烈。

（2）南北朝民歌。由于南北朝处于对峙的局面，民歌虽呈现出不同的情调和风格，又相互融合发展，同时影响了后来五、七言古体诗的形成。南朝民歌清丽缠绵，更多地反映了纯洁的爱情。现存留500多首，大部分保存在清商曲辞（相当于今天的通俗歌曲）中，多反映城市生活，和汉乐府多反映农村生活不同。

《子夜歌·其一》

［原文］

夜长不得眠，

明月何灼灼。

想闻散唤声，

虚应空中诺。

《子夜歌》是乐府吴声歌曲，曲调相传为晋代一女子所作，现存有南朝晋、宋、齐三代歌词42首，收入《乐府诗集》中，本诗是其中一首，诗中以一纯真少女为主角，描述她长夜想念情郎的心境。用词活泼自然。

北朝民歌粗犷豪放，广泛反映动荡的社会现实。北朝民歌保存在横吹曲辞的横吹曲中，数量虽不及南朝，但也有《木兰辞》、《敕勒歌》这样的名作。

《敕勒歌》

［原文］

敕勒川，阴山下，

天似穹庐，笼盖四野。

天苍苍，野茫茫，

风吹草低见牛羊。

这首北朝民歌，歌咏北国草原壮丽富饶的风光，抒写敕勒人热爱家乡、热爱生活的豪情，具有浓厚的民族和地方特色。

4. 汉魏五言、七言古体诗

汉魏六朝以来，除了汉乐府及南北朝民歌这样的诗作，还有不少文人诗歌。文人诗主要是五言古体诗。南朝后期，由于作家进一步重视声韵，使古体诗有了新的发展，为唐代格律诗完成了准备条件。这是一个承上启下的时期。其中汉代有无名文人的《古诗十九首》，全是五言古体诗，主要表现夫妻、朋友的离愁。刘勰誉为"五言之冠冕"。第二阶段曹魏西晋时代，五言诗趋于昌盛。曹操、曹丕、曹植父子及"建安七子"都有大量作品。建安诗爽朗刚健，被称为建安风骨。这时期还出现了女诗人蔡琰（蔡文姬），作品有《悲愤诗》。曹魏后期有以阮籍、嵇康为首的"竹林七贤"。司马氏统一之后又有"太康文学"的繁荣，作者有陆机、潘岳等人。第三阶段，从东晋至隋，出现了以陶潜（陶渊明）为首的"田园诗人"，陶诗朴素自然，毫无矫揉做作之态，从而打动了千千万万的读者。南朝还出现了以谢灵运、鲍照、谢朓为代表的"山水诗"。

《古诗十九首·青青河畔草》

［原文］

青青河畔草，郁郁园中柳。

盈盈楼上女，皎皎当窗牖。

娥娥红粉妆，纤纤出素手。

昔为倡家女，今为荡子妇。

荡子行不归，空床难独守。

这首诗曾为国学大师王国维所推崇，它以一名女子的口吻写出了自己的身世，抒发了思妇在草木茂盛的春景下内心的寂寞苦闷的愁思。此诗对后世影响极广：琼瑶小说便有以"青青河畔草"为篇名的，金庸先生还以"盈盈"作为《笑傲江湖》的女主角之名。

曹操·《观沧海》

［原文］

东临碣石，以观沧海。

水河澹澹，山岛竦峙。

树木丛生，百草丰茂。

秋风萧瑟，洪波涌起。

日月之行，若出其中；

星汉灿烂，若出其里。

幸甚至哉，歌以咏志。

《观沧海》是曹操北征乌桓胜利班师途中所写。他描绘了祖国河山的壮丽，刻画了高山大海的雄伟，更表达了诗人胜利之归的豪情。是中国古代写景诗的名篇。此诗亦影响至今朝，毛泽东："东临碣石有遗篇"中的"遗篇"就是指这篇。伟人大抵也是心相通的。

陶渊明·《采菊东篱下》

［原文］

结庐在人境，而无车马喧。

问君何能尔，心远地自偏。

采菊东篱下，悠然见南山。

山气日夕佳，百鸟相与还。

此中有真意，欲辨已忘言。

这首诗，给人最大的感受是诗中流露的那种人和自然的和谐。这自然之美是要融入自然中、与自然和谐统一时用心才能感受到的，这便是诗中的"真意"。

5. 唐诗和李白、杜甫

唐诗泛指创作于唐代的诗。唐代是中国各朝代旧诗最丰富的时代。据《全唐诗》收录有唐代诗人 2529 人，诗作 42863 首。唐诗是我国文学史上的一颗光辉灿烂的明珠，千百年来一直为人们传诵不衰。

唐诗的分期和代表人物。按照时间，唐诗的创作分为四个阶段：初唐、盛唐、中唐、晚唐。

（1）初唐时期。代表作家有"初唐四杰"：王勃、杨炯、卢照邻、骆宾王，还有陈子昂以及杜甫的祖父杜审言。这个阶段诗作多半是五言古诗，也出现了少量的七言古诗，如卢照邻的《长安古意》。这是唐诗繁荣的准备时期。

骆宾王·《于易水送人一绝》

［原文］	［译文］
此处别燕丹，	荆轲正是在这里告别了太子丹，
壮士发冲冠。	壮士慷慨高歌怒发冲冠。
昔时人已没，	昨日的英雄已然逝去，
今日水犹寒。	今天我送君，易水依然令人心寒。

这种激扬悲壮的格调，打破了南朝后期以来衰落的诗风，为诗坛吹进了一股新风。

（2）盛唐时期。盛唐经济繁荣，国力强盛。在这个基础上，诗歌得到充足的发展，达到顶峰。特别突出的有两座高峰，一是伟大的浪漫主义诗人李白，一是伟大的现实主义诗人杜甫。在他们的笔下，无论是古体诗还是格律诗都达到了空前未有的高度。正如韩愈所说："李杜文章在，光焰万丈长。"同时，还有王维、孟浩然为代表的"田园诗"派以及高适、岑参为代表的"边塞诗"派。盛唐诗代表作有李白的《梦游天姥吟留别》《将进酒》《早发白帝城》《把酒问月》《登庐山瀑布》，杜甫的《三吏》《三别》《兵车行》《茅屋为秋风所破歌》，王维的《辋川闲居赠裴秀才迪》《山居秋暝》等。

李白·《早发白帝城》

［原文］

朝辞白帝彩云间，

千里江陵一日还。

两岸猿声啼不住，

轻舟已过万重山。

李白此诗，全诗上、下句不拘对仗，随心所欲、信笔而为、一气呵成，正如一泻千里的轻舟。诗人赵翼评李白说："诗之不可及处，在乎神识超迈，飘然而来，忽然而去，不屑屑于雕章琢句，亦不劳劳于镂心刻骨，自有天马行空不可羁勒之势。"李白的诗歌，第一个特点是具有浓烈的激情。他心地天真，胸怀开阔，歌哭笑骂毫无顾忌；第二个特点是想象力丰富，纵横变化、大起大落；第三个特点是巧妙夸张，如"燕山雪花大如席""白发三千丈""飞流直下三千尺"，极不准确的夸张语言却极准确地表达了他的情感。李白诗语言明白晓畅，不须翻译成今文，数千年后的今人仍能读懂。

李白·《战城南》

［原文］

去年战，桑干源；

今年战，葱河道。

洗兵条支海上波，放马天山雪中草。

匈奴以杀戮为耕作，古来惟见白骨黄沙田。

秦家筑城备胡处，汉家还有烽火燃。

烽火燃不息，征战无已时。

野战格斗死，败马号鸣向天悲。

乌鸢啄人肠，衔飞上挂枯树枝。

士卒涂草莽，将军何尔为。

乃知兵者是凶器，圣人不得已而用之。

　　谁说李白不悲天悯人？不为民请命？《战城南》全诗描述了战争给人民造成的苦难，其激烈程度并不亚于《三吏》《三别》。反战之声，声声血泪。他毫无顾忌地对以杀戮为业的匈奴可汗及好大喜功的唐朝天子同时加以强烈的批判和鞭笞。

杜甫·《绝句》

［原文］	［译文］
两个黄鹂鸣翠柳，	两只黄鹂鸣叫在翠绿的杨柳，
一行白鹭上青天。	一行白鹭翱翔在青青的苍天。
窗含西岭千秋雪，	窗框包含着西岭千年不化的积雪，
门泊东吴万里船。	门口停泊着万里开来的东吴大船。

　　杜甫诗老成稳健，倾向现实主义。郭沫若在杜甫草堂写了一副对联："世上疮痍，诗中圣哲；民间疾苦，笔底波澜。"杜甫立身群众中，为百姓呼号，是中国知识分子的楷模。他"读书破万卷""语不惊人死不休"，写诗极为认真。其格律诗平仄对仗十分认真严格，往往是后世的标本。《绝句》一诗，平仄十分准确，对仗精当，功夫十分了得。谁说杜老的诗只是老成稳健？这首诗便轻快灵动，恰似天真孩童在感受小鸟唱歌、遥看白鹭冲天。谁说杜老不讲夸张、不浪漫？黄鹂鸣叫和白鹭巡天本不是一个时节；东吴的万里大船也到不了小小的浣花溪；草堂西窗更看不到数百里外的西岭雪。杜老统统来了个时空穿越，还不浪漫？

杜甫·《春望》

［原文］	［译文］
国破山河在，	长安沦陷，国家破碎，只有山河还在。
城春草木深。	春天来了，城空人稀，惟见草木茂盛。
感时花溅泪，	伤心国事，面对繁花，难免涕泪四溅。
恨别鸟惊心。	亲人离散，鸟鸣惊心，反觉增加离恨。
烽火连三月，	立春以来，战火频连，已经蔓延三月。
家书抵万金。	家在何处，音讯难得，一信抵值万金。
白头搔更短，	愁绪缭绕，搔头思念，白发越搔越短。
浑欲不胜簪。	头发脱落，又少又短，简直不能插簪。

　　《春望》全篇忧国、伤时、念家、悲己，显示诗人一贯心系天下、忧国忧民的博大胸怀。这正是本诗沉郁悲壮、动慨千古之所在。

　　李白、杜甫是唐代也是中国古代诗人的两座高峰。郭沫若先生曾说李杜是"诗歌史上的双子星座"。但也颇有些人要评一评哪个的诗最好，哪座高峰最高？在古代，大概因为讲究格律，于是把精于格律的杜甫提的更高，元稹说："李白壮浪纵姿，摆去拘束，诚亦差肩子美（杜甫字子美）矣。至若铺陈终始，排比声韵，大或千言，次犹数百，词气豪迈，而风调清深，属对律切，而脱弃凡近，则李尚不能历其藩翰，况堂奥乎。"白居易亦云："杜诗贯穿古今，尽工尽善，殆过于李。"宋代王安石编《四家诗》，"杜、韩、欧、李"四家，杜甫排老大，李白排老末，垫底。到了近现代，由于文艺评论往往重思想性轻艺术性，也难免对天马行空的浪漫诗人李白评价偏低。如胡适先生说："李白虽然咳唾落九天，随风生珠玉，然而我们凡夫俗子总不免自惭形秽，终觉他歌唱的不是我们的歌唱。他在云雾里嘲笑那瘦诗人杜甫，然而我们终觉得杜甫能了解我们，我们也能了解杜甫。杜甫是我们的诗人，而李白终于是天上的谪仙人而已。"新中国成立后，学术界研究古典诗歌往往强调诗歌的社会功用和诗歌作品的人民性。

（3）中唐时期。诗人有白居易、刘禹锡、李贺等，特别是白居易。他提出"文章合为时而著，歌诗合为事而作"的进步理论，并亲自领导了"新乐府运动"。他的诗明白晓畅、通俗易懂，代表作有《长恨歌》《琵琶行》等。

白居易·《代卖薪女赠诸妓》

［原文］	［译文］
乱蓬为鬓布为巾，	乱糟糟的头发扎着粗布头巾，
晓踏寒山自负薪。	天色刚亮自己背柴走出寒山。
一种钱塘江上女，	同样是钱塘江边长大的女子，
著红骑马是何人？	你们穿红裳骑高马算什么人？

白居易很崇尚乐府诗，强调诗歌要通俗易懂，"老妪能解"。这首诗以卖柴的老妇之口，用老百姓的语言，诉说老百姓的心声，是难能可贵的。

（4）晚唐时期。诗歌更加成熟华丽，但日趋雕作，过多用典。著名诗人有温庭筠、李商隐、杜牧、韦庄等。

李商隐·《隋宫》

［原文］	［译文］
紫泉宫殿锁烟霞，	昔日繁华的隋代宫殿只剩下烟霞，
欲取芜城作帝家。	只因炀帝要以繁盛的扬州来做帝王的新家。
玉玺不缘归日角，	倘若秦始皇的传世玉玺没有归到"面相日角"的李渊，
锦帆应是到天涯。	隋炀帝的龙舟大概会畅游到海角天涯。
于今腐草无萤火，	现在腐草上已经难见萤火虫了（被炀帝派人都捉了），
终古垂杨有暮鸦。	大运河两岸的垂扬上黄昏倒还有聒噪的乌鸦。
地下若逢陈后主，	炀帝死后若遇上被他降服的陈后主，
岂宜重问后庭花。	现在还能再问他陈宫中歌舞《玉树后庭花》的事吗？

李商隐全诗以历史为体裁，陈述帝王败亡的故事以警当世，但用典过多。一般人对"紫泉""芜城""玉玺""日角""腐草萤火""后庭花"等典故未必弄得明白，则全诗全然看不懂。这种毛病从晚唐延至明、清。诗人往往以用典多以表现自己的博学，结果把诗搞成了"象牙塔"

式的摆设，远离了大众。大众看不懂，便不看。少有人看的诗自然就衰落了。

（5）古体诗和格律诗。唐代以前的五、七言诗一般称为"古体诗"，古体诗句数、字数、用词都没有严格规定，押韵亦比较随意。到唐代，出现了一种新的诗体。因为讲究格律，所以叫格律诗，简称律诗（律诗的上半阙称绝句）。格律诗也称为"近体诗"，是和"古体诗"相对而言的。所谓格律，一是句数、字数有规定；二是按规定的韵部按规定位置押韵；三是每两句为一联，一联的上句和下句词句之间平仄声相对；四是一联上下句对应的词一般要对仗，即词性一致，词意相对或相应。这样的诗吟读起来一平一仄，十分朗朗上口，有一种音乐美。格律诗摆脱了歌曲的影响，不再需要和着曲来唱了，可以单独的吟颂了。还是拿杜甫的《绝句》为例。"两个黄鹂鸣翠柳，一行白鹭上青天。窗含西岭千秋雪，门泊东吴万里船。"这是"七绝"，即"七律"的上半部。其平仄：一、二句为仄仄平平平仄仄对平平仄仄仄平平；三、四句为平平仄仄平平仄对仄仄平平仄仄平。上下句相对应的每个字都是平仄相对的，是十分准确的。其词性：两个对一行（数词）；黄鹂对白鹭（名词）；鸣对上（动词）；翠柳对青天（名词）；窗对门（名词）含对泊（动词）；西岭对东吴（名词）；千秋雪对万里船（名词）；细算起来副词也是相对的，黄对白，翠对青，西对东，千秋对万里，均十分精当。功夫十分了得。

格律诗到了盛唐，经杜甫等诗人之手已经发展得十分成熟了。杜甫在这方面作了不少贡献。（相对来说，李白的律诗虽然也写的不错，但大概不愿受格律的约束，很少写律诗，大部分诗作是较自由的乐府等古体诗）格律诗对唐代及唐以后的诗作影响很大。特别到了明清，科举考试时，为便于考官掌握评分标准，文章以八股文为准，诗作以格律诗为标准，凡不合格律者一概先行革除。对于格律，《红楼梦》中林黛玉对香菱说："平声对仄声。虚的对实的，实的对虚的。若果有了奇句，便平仄虚实都不对，都使得的。"这林黛玉小姐说的固然不错，但明清士子，倘若考试时照林小姐说的办，那么对不起，平仄有一处不对，考官便红笔一划，把你前程给毙掉了。倘若诗仙李太白去应试，他的诗作也多半得不到考官青睐的。这么一来，明清诗人往往过于注意格律，诗的精华内容、品位反而不受重视。这样，格律诗的局限性和缺点便越发被夸大了。这也许是明清诗相对没落的原因吧。

唐诗兴盛的原因：一是唐代经济发展，国内相对稳定多年，这是文化发展的基础；二是唐代统一帝国对外开放，北侉、南蛮、西戎、东倭东西南北文化交流融合，促进了文化发展；三是唐太宗开始大力推行科举考试制度，而唐代科举考试重要内容之一就是诗作。文人要进取便要拿着自己得意的诗篇求见名人、官僚，以求青睐。诗作成了当官的入门阶梯，天下士子焉能不用功作诗。这样一来，唐代上上下下作诗，蔚然成风。上至皇帝、下至和尚妓女乃至造反者都要作诗以提高自己的声望。《唐诗三百首》压轴篇有杜秋娘的《金缕衣》，便是诗妓的名作。

杜秋娘·《金缕衣》

［原文］	［译文］
劝君莫惜金缕衣，	劝您不要舍不得给我买金缕衣，
劝君惜取少年时。	劝你要珍惜青春年少的好时机。

花开堪折直须折，　　　　鲜嫩的花儿正等着你来采折，

莫待无花空折枝。　　　　不要等花谢了只剩败叶枯枝。

唐代全民作诗，和尚作诗的也不少，有寒山、拾得两人爱作白话诗，内容多是劝世之作。他们或桦皮为冠，布裘、弊履，或飘惚于山林之中，常于石壁、竹木书诗，后人收集得数百首，《全唐诗》编为两卷。后世将二人加以神话，说他们是文殊菩萨的普贤菩萨的化身。

寒山·《老翁娶少女》

［原文］

老翁娶少女，发白妇不耐。

老婆嫁少夫，面黄夫不爱。

老翁娶老婆，一一无弃背。

少妇嫁少夫，两两相怜态。

拾得·《寒山自寒山》

［原文］

寒山自寒山，拾得自拾得。

凡愚岂见知，丰干却相识。

见时不可见，觅时何处觅。

借问有何缘，却道无为力。

寒山、拾得栖身天台山国清寺，行迹怪诞，言语非常。他们之间常有玄妙对谈。《古尊宿语录》：寒山问曰：“世间谤我，欺我，辱我，笑我，轻我，贱我，恶我，骗我，该如何处之乎？”拾得回道：“只需忍他，让他，由他，避他，耐他，敬他，不要理他，再待几年，你且看他。”诗到了唐代逐渐格律化，而寒山、拾得反其道而行之，倾心于写自由化的白话诗，是近现代白话“打油诗”的老祖宗。

唐代全民写诗，工匠也会作诗。70年代，在长沙及国外印尼等地出土有唐代铜官窑的瓷器。其中不少精品上题有诗句。有人整理了有好几十首。其中有反映离别与相思的：

一别行千里，来时未有期。月中三十日，无夜不相思。

只愁啼鸟别，恨迭古人多。去后看明月，风光处处过。

道别即须分，何劳说苦辛。牵牛石上过，不见有啼（蹄）痕。

我有方寸心，无人堪共说。遣风吹却云，言向天边月。

有反映边塞征战的：

一日三场战，曾无赏罚为。将军马上坐，将士雪中归。

自入新丰市，唯闻旧酒香。抱琴沾一醉，尽日卧沙场。

有反映商贾生活的：

人归千里去，心画一杯中。莫虑前途远，开航逐便风。

买人心恫恨，卖人心不安。题诗安瓶上，将与买人看。

还有反映游子游人的：

日日思前路，朝朝别主人。行行山水上，处处鸟啼新。

男儿大丈夫，何用本乡居。明月家家有，黄金何处无。

当然也少不了反映歌楼妓馆的：

自从君去后，常守旧时心。洛阳来路远，还用几黄金。

客人莫直入，直入主人嚷。扣门三五下，自有出来人。

最出名的有：

君生我未生，我生君已老。君恨我生迟，我恨君生早。

君生我未生，我生君已老。恨不生同时，日日与君好。

我生君未生，君生我已老。我离君天涯，君隔我海角。

我生君未生，君生我已老。化蝶去寻花，夜夜栖芳草。

诗作可能录自里巷歌谣，更可能是陶工所作。中国瓷器本受外人欢迎。这类精品外销瓷有诗配画，很有中国雅士情趣，在外国更为畅销，拓宽了广阔的国际市场。这大概是开初在瓷瓶上题诗的陶工所没有料到的。唐以后瓷器上题诗多得越发不可收拾，宋代以后更时髦在名瓷上刻诗嵌宝石。

北京徽宗汝窑题诗嵌宝石瓷器　　　　　　清康熙汝窑题诗刻字瓷器

唐代全民写诗。皇上写，造反者也写。率领"义军"攻入长安城的黄巢，便写过一首颇有点豪言壮语的《菊花》诗。

黄巢·《菊花》

［原文］	［译文］
待到秋来九月八，	等到秋风飒飒九月初八，
我花开后百花杀。	且看我辈怒放百花萧杀。
冲天香阵透长安，	花香冲天直透长安内外，
满城尽带黄金甲。	全城处处是我们的金甲。

黄巢是唐代最著名的造反领袖。《菊花》诗是他在考试落榜、失意、愤懑不平时写的，偏写得如此争强好胜，反映了他对于权力的急迫要求以及一旦夺取权力后的那种霸气。皇帝唐太宗也写过一首《赋得残菊》："阶兰凝曙霜，岸菊照晨光。露浓晞晓笑，风劲摇残香。

细叶雕轻翠，圆花飞碎黄。还将今岁色，复结后年芳。"虽说写的是"残菊"，偏写得如此和谐荣光，这心境、胸怀到底不一样。

四、宋词

1. 词的源流

唐代从西域传入的各民族的音乐与中原音乐渐次融合，开始了以胡乐为主的燕乐，原来整齐的五、七言格律诗已不适应，于是首先在民间产生了字句不等，形式更为活泼的词。词始于唐（李白也写过词），定型于五代，盛于宋。宋代，随着经济的发展、商业的繁荣、市民阶层的壮大，更接近于市民阶层需要的词得到了很充分的发展。宋词和唐诗的形式不一样，是按照各种既定的歌曲"词牌"填以歌词，故又称曲子词、长短句、琴趣等。词往往文字更口语化，更接近人民大众，是宋代商业繁荣、文化世俗化的反映。唐代格律诗刚刚脱离了歌唱，现在词又跟歌曲紧紧结合在一起，离不开了。

前人论诗说词，多重诗而轻词，认为诗庄词艳，"词为诗余"，以为写诗是君子之事，填词是曲坊之为，不过是雕虫小技。这显是不公平的。李清照说："词别是一家"，甚为中肯。王国维先生说："词之为体，要妙宜修，能言诗之所不能言，而不能尽言诗之所能言。诗之境阔，词之言长。"这才说到点子上。宋词是中国古代文学皇冠上光辉夺目的一颗巨钻。在古代文学的阆苑里，她是一座芬芳绚丽的园圃，她以姹紫嫣红、千姿百态的风情与唐诗争奇、与元曲斗艳。

宋词的发展大体分三个阶段：第一阶段，李煜（南唐）、晏殊、张先、晏几道、欧阳修等承袭"花间派"余绪，为由唐入宋的过渡；第二阶段，通过李清照、柳永、苏轼、辛弃疾等在内容和形式上进行了新的开拓，秦观、赵令畤、贺铸等人的艺术创造，促进宋词出现多种风格和竞相发展的繁荣局面，把宋词推向高峰；第三阶段，周邦彦等在艺术创作上集大成，体现了宋词的深化和成熟。由于词是词牌歌曲的填词，当之后词牌歌曲演化为曲的时候，词也就演化为曲词，和词牌结合在一起的词也就衰落了。

2. 词牌

词有词牌，即曲调格式，词便是按曲调填写的歌词。当年常见的词牌大约有1千多个。词牌的名称有的是乐曲本来的名称，如《菩萨蛮》《西江月》《蝶恋花》《风入松》等；有的是摘取某些著名词作中的几个字，如《忆江南》由白居易《江南好》中"怎不忆江南"而来，《念奴娇》《大江东去》由苏轼词而来；有的本来就是词的题目，如《踏歌词》《渔歌子》《浪淘沙》等。

词牌依字数分为"小令"（58字以内）、"中调"（59~90字）、"长调"（90字以上）。最长的词牌《莺啼序》长达240字。

词牌格式不仅每句字数有规定，字的平仄也有要求，只是苏轼等豪放派词人往往不拘平仄。

3. 宋词的派别和代表人物

（1）婉约派。婉约派的特点，主要是内容侧重爱情、亲情，音律谐婉，语言圆润，清新绮丽，具有一种柔婉之美。人们往往认为婉约派是"词之正宗"。婉约词风长期支配词坛。代表人物有李清照、柳永、晏殊、晏几道、周邦彦、吴文英，还有南唐的李煜等。

李煜·《虞美人》

〔原文〕

> 春花秋月何时了，往事知多少。
> 小楼昨夜又东风，
> 故国不堪回首月明中。
> 雕栏玉砌应犹在，只是朱颜改。
> 问君能有几多愁，
> 恰似一江春水向东流。

　　李煜，初名从嘉，字重光，号钟隐，又号莲峰居士，南唐中主李璟第六子。彭城（今徐州）人。公元961年在金陵即位、在位十五年，人称李后主。公元975年，城破被俘，978年七夕，他42岁生日，为宋太宗赐牵机药所毒毙。后主前期词作风格绮丽柔靡，还不脱"花间派"习气。国破之后，在"以泪洗面"的生活中，以一首首泣尽以血的绝唱，使一国之君成为千古词坛的"南面王"。这些后期作品，凄凉悲壮，意境深远，为宋词婉约派开了先河，为承前启后的大师。王国维说："词至李后主而眼界始大，感慨遂深。至于其语句的清丽，音韵的和谐，更是空前绝后的了。他的词中不乏名句："剪不断，理还乱，是离愁。别有一番滋味在心头""别时容易见时难，流水落花春去也，天上人间""自是人生长恨水长东""问君能有几多愁，恰似一江春水向东流"。这些名句，至千年后的今天仍为人传颂。有人说他不幸生于帝王家，否则诗词还要好。其实他若不生于帝王家，不经历从帝王到囚徒的经历，他如何能写出如此凄美的词句来？

　　（2）豪放派。豪放派的特点大体是创作视野比较开阔，格调雄奇豪放，有时不拘平仄音律，南渡以后更是悲壮、慷慨的高亢之声。豪放派对后世影响极大，金元直到清，词家往往标榜豪放、推举苏辛。豪放派的词人有苏轼、辛弃疾、岳飞、张元举、张孝祥、王安石、李纲、文天祥以及陆游等人。

苏轼·《水调歌头》

〔原文〕

> 明月几时有，把酒问青天。
> 不知天上宫阙，今夕是何年。
> 我欲乘风归去，又恐琼楼玉宇，
> 高处不胜寒。
> 起舞弄清影，何似在人间？
> 转朱阁，低绮户，照无眠。
> 不应有恨，何事长向别时圆。
> 人有悲欢离合，月有阴晴圆缺，此事古难全。
> 但愿人长久，千里共婵娟。

苏轼，字子瞻，又字和仲，号东坡居士。四川眉山人，他与父苏洵、弟苏辙在文学上均有建树，合称"三苏"。苏东坡在中国文学史上堪称全才，其散文汪洋恣肆、明白晓畅，与欧阳修并称"欧苏"，为"唐宋八大家"之一；其诗清新豪健，善用夸张比喻，独具风格，与黄庭坚并称"苏黄"；其词开豪放一派，对后代很有影响，与辛弃疾并称"苏辛"；其书法擅长行书、楷书，用笔丰腴跌宕，有天真烂漫之趣，与黄庭坚、米芾、蔡襄并称"宋四家"；其画学文同，喜作枯木怪石，论画主张神似，自是一家。中国文化史上如此全面，且各方面都能登上高峰的，惟东坡一人。

《水调歌头》一词，苏东坡自己说是："丙辰中秋，欢饮达旦、大醉、兼怀子由。"当时东坡远离京城，人到中年，贬至远离京城的密州，政治上不得意，中秋赏月，思念兄弟，感慨而作。但他的这首词仍然充满对生活的热爱和积极向上的乐观精神。

第三节 思想、信仰

一、远古信仰

1. 鬼神

（1）自然神。日、月神。远古中原人崇拜日、月、火、土地、动植物等。首先是日、月。日、月与人类生存有密切的关系，如冷暖、阴晴以及庄稼生长有着不可分隔的关系。因此日、月为远古中原人所崇拜。中原的仰韶文化、大汶口文化的陶器上常刻有日、月形象。

仰韶文化太阳纹彩陶

大汶口文化日月山图象

沧源岩画上太阳神

（2）土地神。土地是人类生存的载体，远古人视为母神、地母、社神。"社者，土地之神也，土地阔不可尽祭，故封土地为社，以报也。"（《孝经、纬》）在少数民族地区至今还能看到活生生的土地神形象。如黎族的土地神是在村边大榕树下立一块石头作为土地神。山神是从土地中分离出来的。大汶口文化日、月 之下多有一座山，显是山神形象。不少学者认为是东夷的泰山。那里的人死后要魂归泰山。为什么要把亡灵送往泰山呢？一是泰山地区是中原文明起源之一，是东夷氏族集团的故土。二是泰山高大。"岱，大山也"，泰山高与天接，可为登天之梯。所以后代成功的帝王都要去祭泰山。此外，和土地相关的水是人类重要的生活来源，农业、渔业都要依靠水，因此对水神的信仰亦由来已久，出现了河神、江神、海神等。河神又称河伯，本书第二章另有介绍。

（3）动植物神。在大汶口文化的祭器陶尊上刻有一棵树，并加以供奉，这显然是远古东夷人心中的树神。苗族世世代代认为枫树是他们的祖先，一说是祖辈英雄蚩尤死后带血的木枷化为枫树。仰韶文化彩陶上的鱼、龟、鸟、鹿形象很多，这些多和远古人的动物崇拜有关。

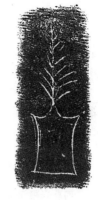

大汶口文化祭坛上的树　　苗族的枫树生人

2. 鬼、灵魂信仰

远古中原人对自身不了解，尤其在睡梦中，往往现出肉体和灵魂分离的假象，于是误认为肉体和灵魂是两部分，是可以分开的。"人之精气曰魂，形体谓之魄。"人死后，肉体腐烂不存，灵魂不死化为亡灵或鬼。古人相信人死灵魂尚在，在墓地、在故里、在火塘边，而尸骨便是亡灵的依托。在仰韶文化墓葬的人头骨、肢骨上或者周围，多数有红色氧化铁粉末。龙山文化的尸骨上有的撒有红色的朱砂。其一是为了防腐，尸身不腐代表生命的延续。二是红以为血色，象征生命，是对灵魂不死的祝愿。

3. 祖先崇拜

（1）女始祖。女始祖是人类最早的祖先神。远古时代,生育是氏族繁衍生存的头等大事。人们看到女人能生出娃儿来并能哺乳喂养，自然崇拜女姓，母亲在氏族中的地位自然崇高，母系社会便自然而然地形成了。传说中女娲是中国最早的女姓始祖，她是炼石补天的英雄，又是抟土造人的祖先。这类女神不止一位。各氏族往往都有自己女始祖的传说。比如炎、黄氏族集团认为女始祖是彭婆（女登、安登）。红山文化建有女神庙，供奉众多陶塑女神像。远在七八千年前的内蒙兴隆洼地区，出土若干女神的雕象，一般安插在室内的火塘边。远古女神形象，往往突出夸大其生育能力的标志，如乳房、肚子、女阴的部位，并以此作为崇拜的对象。宁夏贺兰山岩画及内蒙古阴山岩画均有女阴画像。女阴崇拜范围很广，历时很长。袁枚《子不语》中说："广西柳州有牛卑山，形如女阴，粤人呼阴为卑，因号牛卑山。每除夕，粤中妇女必淫奔。"

（2）男始祖。远古中原人逐渐认识到，男姓在生育过程中也有作用。没有男姓下种，女姓也生不出娃儿来。于是人们创造出男姓的人类始祖。盘古便是男姓的始祖。为了减弱女始祖女娲的影响，创造了伏羲这位女始祖的丈夫来，于是伏羲、女娲成了中原人的共同祖先。和女始祖的孤单女神不同，各民族父系制男姓祖先一般都有妻子。男姓始祖崇拜也同样崇拜男姓和生育有关的生殖器部位。石制的称石且（即石祖），全国各地均有出土，有的还很具象，有龟头、龟裂。木制的木祖大概更多，但年代久了，都腐烂了，没有出土物可证。但现在有少数民族，如门巴族还可见，人们在房檐下吊着木祖作为辟邪物。门巴族还在锄草祭时祭木祖。"祖"者，《说文解字》解为左边的"示"是一个人恭恭敬敬地立着，右边的"且"便是男姓的生殖器。可见"祖"便是古人祭祀生殖神。最早的祖庙便是古人祭祀生殖神之所。

内蒙兴隆洼文化石制女神像　　　　　　　　伏羲、女娲

4. 巫和祭祀

（1）巫。巫是指供奉鬼神、主持祭祀与占卜兼治病的人，通常是古代氏族中能歌善舞、知识丰富的知识分子，是氏族权力中心的重要成员。最早的巫大约是女姓，大约是女氏族首领。开初氏族首领兼作巫，随着社会的发展，祭祀、占卜越来越复杂，氏族首领完全兼任已经不适合了，于是出现了专职的巫。当然，最重要的祭祀活动往往还是首领亲自主持的。随着父系制的出现，巫也转为男姓，也有人称男姓的巫称为觋。据说，早期"民神杂糅，人人祭神，家家有巫史"。也就是说：大小氏族（家）都有自己的神，自己的巫史。到了颛顼时，"乃命南正重司天以属神，命火正黎司地以属民……是谓绝地天通。"就是说：颛顼为帝时，为了集中统一，任命了南正（官职名）重（人名）专门祭天，任命火正（官职名）黎（人名）专门祭地。这样，就出现了全国统一的专职的巫，杜绝了各氏族（家）的巫各自去跟天帝对话。这对于颛顼的统治是十分有利的。何况颛顼自己也是大巫，最重大的祭祀、占卜还是他亲自主持，他有对天帝意志的最后解释权。

巫是远古政权的重要决策人，又是战争的决策人和吹鼓手，又是法律的执行人，又是礼制的促进人，还是音乐、舞蹈、诗歌以至文字的主要创建者，在当时对历史进程起过重大作用。巫师到了后来，随着世俗王权的不断膨胀，神权的逐渐后退，社会意识从"天定，则胜人"演化成"人定，则胜天"。巫师从上层决策者异化为专门治病救人的医师和专门占卜的祭师以及专门算命占卦的卦师。到了近代，巫已经很少见了，但少数民族还有巫觋存在，不过已经不是专职的了，平时还要参加生产劳动。

女巫射鬼　　　　　　　　左江岩画上的巫舞

（2）祭祀。古代先民设个祭坛，上面放着物化的神灵，然后以牺牲供神，以歌舞娱神，以美词颂神，这就是祭祀的主要内容。在距今5000年前后，出现了许多大型祭坛，如内蒙古史前祭坛，其金字塔形人工土丘，有石块护边，边长40米，高25米；红山文化女神祭坛，长60米，宽40米，下有圆形石台基。另外，龙山文化、齐家文化层均出土有祭坛。

祭坛所祭无非是祭天、祭地、祭祖、祭神、祭龙。其所用的牺牲，普通为鸡、猪、犬，比较高级的有羊、牛、马，甚至有人祭。半坡遗址有人头奠基的，大汶口墓葬中有杀人殉葬。人殉至殷商为盛，秦规模最大，至汉以后逐渐被禁。

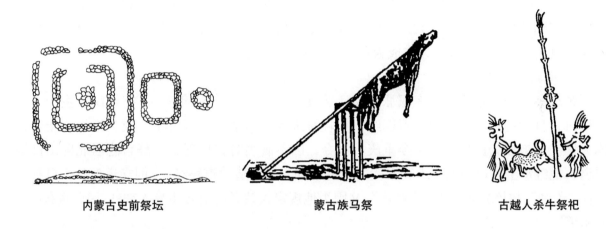

内蒙古史前祭坛　　　　　　　蒙古族马祭　　　　　　　古越人杀牛祭祀

5. 丧葬，鬼魂崇拜

远古中原人有了灵魂概念以后，又发展为鬼魂概念，产生了鬼魂崇拜。从而自然而然地出现一套送鬼魂的安葬死者的礼仪。

墓地。墓地制起源于旧石器中晚期的"居室葬"。最早墓地发现于周口店山顶洞人。山顶洞人以上室为住所，下室为死者墓地（也可能只是将吃剩的同类骨头弃在下洞，待考）。到新石器时代，"居室葬"发展为氏族公共墓地。新石器晚期，出现了相对独立的家族墓地，人们在安葬时以死者生前的东西随葬，以此炫耀和突出其地位。

墓室形制。据专家研究，史前墓室大概有以下几类。①洞穴土葬。②平地土葬。③长方形土坑。④方形土坑。⑤带木棺或木椁的土坑。⑥石棺。⑦瓮棺。⑧带墓道及封门的土坑墓。⑨圆形土坑墓。⑩积石冢。

当时东夷氏族集团的人对墓葬是比较重视的。大汶口文化首先出现了夫妻合葬墓，并且出现了多少不等的随葬品。这说明在东夷开始出现了当时较先进的私有制度。比较气派的有河南濮阳西水坡M45墓。专家王大有认为这就是蚩尤真身墓。墓主人胸椎被利器砍断，符合历史记载。陪葬有蚌塑青龙、白虎，有蚌塑象征权力的钺，有两少年、一青年，符合《苗族古歌》的记载。从这个墓来看，当时东夷人已经有了南为天、北为地、天圆地方及东青龙西白虎的概念。有了以蚌壳作为货币、财富的概念，也可见东夷文化的先进理念。

二、本土宗教——道教

1. 道教概述

中国本土宗教是道教。其主要思想源头《易经》传为伏羲、周公、孔子"三圣"所创。伏羲创造了"八卦",周公创造"六十四卦",孔子为《易经》写了《易传》。在这个思想源头上,东汉时形成了宗教。

远古社会已有人开始学仙,旧中国时已出现不少神仙传说,从战国到西汉武帝,在方士和帝王的相互鼓动下,掀起了中国历史上入海求仙、求不死药的高潮。齐威王、齐宣王、燕昭王、秦始皇、汉武帝都曾派方士到海上寻"三神山"、求不死药,规模相当浩大。我国独有的神仙信仰沿袭而下,到东汉时,成为道教信仰的核心内容。道教从东汉至今,统治者或尊道或灭道,几经起伏,终成为我国唯一的本土宗教。

2. 道教的创立

张道陵。道教创立者为东汉张道陵(公元34年至公元156年?),字辅汉,生于丰县阿房村,自幼聪慧,七岁便学习五经,年轻时进入最高学府洛阳太学,成为饱学之士,人称大儒。曾被授为巴郡江州(今重庆)县令,因不满当时官场现状,辞官隐居北邱山修炼得道,他继承上古以来的巫术和秦代方士的求仙术,改造《道德经》,创立道教,张自称第一代"天师",故该教亦称为"天师道",又因为他规定入教者需交五斗米入教钱,因此也称"五斗米道"。

道教尊奉老子为教祖,号称"太上老君",奉其《道德经》为最高经典,张道陵自撰《老子想尔注》,发挥并改造道家思想,宣称"道"是有意志有人格的最高神灵,即是"一",散形为气,聚形则为太上老君。道教教人信守道戒、"积善成功,积精成神,神成仙寿",便可以长生不老,其最高境界便可以飞天成仙。

3. 道教尊奉的神灵

道教尊奉的神灵种类繁多。①"太上老君"即老子,道教之祖,也是神。②"三清",指元始天尊、灵宝天尊、道德天尊三位。他们是道教的主神,各地"三清观"、"三清殿"供奉的就是他们三位。③"四方之神",指东青龙、西白虎、南朱雀、北玄武。④"四御",指北极紫微大帝、南极长生大帝、勾陈上宫天皇大帝、承土效法土皇地祇。⑤"五斗星君"、"二十八宿星君",指天上各位星座。⑥"三官大帝",即"上元天官紫微大帝""中元地官清虚大帝""下元水官洞阴大帝"。⑦"玉皇大帝",原来地位不高,后来到小说演义中演变成最高天帝。⑧"文昌帝君"。以上只是一小部分,道教尊奉神灵成千上万,其诸神来源多半和远古中原人对自然神(日、月、星辰、山、河、雷电)、鬼神(阎王、无常)、祖先(三皇五帝)的崇拜有关。

4. 道教的发展

东汉末年,道教在民间得到轰轰烈烈的发展,成了燎原之势的政治力量。信奉五斗米道的黄巾军挟众百万,横行于中原、汉中。后来,由于曹操的镇压和招降,五斗米道上层人物迁入北方居住,教众随之北迁。在北方,由于魏晋统治者对它戒心不已,对信教加以禁止,道教在北方逐渐衰落，反倒在江南和巴蜀得到发展。

北魏初期，道、佛两教同时发展壮大。晋太武帝灭佛、道教独大。北齐政权又灭道、佛教又独大。之后，反反复复，道教终成为封建上层思想文化的重要组成部分。

隋唐时期，特别在唐代，道教全面发展。当时，唐皇姓李，道士便说唐皇是太上老君李耳的后代，皇帝和太上老君是一家，以此拉拢皇室。唐高祖信道、唐太宗又佛又道、武则天先佛后道、唐玄宗一生信道，从而把道教推向极度繁荣。

五代，社会动乱，民众求心灵依托，佛教兴，道教衰。至宋代以后，道教引入儒家思想，神仙少了点，人性多了点，三教合一。道教又逐渐兴盛起来。但佛教发展更平民化，不吃斋也行，在家修行也行，且重在修来生，今生无望还有来生的希望。道教徒终年炼丹、求长生不死药，总不见有长生不死者，信徒便难以扩大，和佛教相比，还是衰落了。

5. 道教名胜

名山：武当山、青城山、齐云山、龙虎山、玉屏山、崆峒山、鹤鸣山。

著名道观：北京白云观、重庆老君洞道观、成都青羊观、青海贵德三清观、大邑鹤鸣山迎仙阁、上海白云观、广州三元宫、河南上清宫、湖北长春观、苏州玄妙观、青城山上元宫。

三、诸子百家——思想界百花齐放的春天

东周末年王室衰微，高度统一的中央政权所宣扬的思想受到质疑，思想界有了各自发展的机遇，萌发出各种新的思想。这时诸侯争霸，要求能有强国富民的主张，学者们便带着自己的学术成果周游列国、为诸侯出谋划策。到了春秋、战国时期，形成了"百花齐放、百家争鸣"的局面。

所谓诸子，春秋时代有管子、老子、晏子、孔子、孙子、范蠡等人；战国时代有尹文子、列子、庄子、杨子、邓析子、公孙龙子、惠子、鬼谷子、张仪、苏秦、孙膑、庞涓、孟子、墨子、告子、商鞅、申不害、慎子、许行、邹衍、荀子、韩非子、吕不韦等人。当时人们对有成就的文化人尊称为"子"，所以这些名人常称某子。

所谓百家，流传最广影响最大的有儒家、道家、阴阳家、法家、墨家、杂家、名家、农家、纵横家、兵家等。

1. 老子和道家、庄子

老子（公元前571年~前471年？）《史记》说："老子者，楚苦县厉乡曲仁里人也。姓李名耳、字聃，周守藏史也。"苦县，原属陈国，后来战国时曾为楚国所灭，故司马迁说是"楚苦县"，在今河南鹿邑一带，也还是中原地区。老子就是老先生的意思，姓什么说不准，司马迁说姓李，姑妄信之。周守藏史，是周王室图书馆馆长，所以博学。孔丘好学，对周礼有不清楚的地方还千里迢迢去向老子请教。老子晚年乘青牛西去在函谷关写成《道德经》（又称《老子》《道德真经》《老子五千文》），后来一路西行至盩厔，见此处依山（终南山）傍水（田峪河）、峰峦起伏，遂在此驻足，修行说经，并结草为楼。此楼今称"观楼台"，为国家重点文物保护单位。史称道家及道教发源地。老子去世后葬于"西楼观"，现有老子墓。也有人认为老子是老莱子，是和孔子同时代的人，著作有十五篇。

庄子。道家在老子之后独树一帜者有庄子（公元前369年～前286年），名周，年轻时曾为蒙国漆园小吏，后来一直隐居。庄子是道家学派的主要人物，是老子的继承者，后世将其与老子并称"老庄"。老子主张无为而治天下，庄子更主张无为而养生全年，并不想去"治天下"。庄子对老子的朴素辩证观点发挥到极致，对大小、贵贱、死生、是非、善恶、得失、荣辱都作了相对主义的解释，对后世有着深远的影响。他无情地揭露那个"窃钩者诛、窃国者侯"的社会，拒绝为统治者服务。他鄙视富贵利禄，否定鬼神的存在，有着积极的意义。《庄子》一书，文字生动，往往用浅显的寓言故事来陈述深刻的哲理，对后世有很大的影响。

《老子》的哲学精髓是朴素的辩证法，他说："正复为奇、善复为妖""祸兮福所倚，福兮祸所伏"。认为一切事物的生成变化都是"有"和"无"的统一（"有无相生"），所以"天下万物生于有，有生于无。"老子的《道德经》思想十分深邃。林语堂先生曾对尼采说："我觉得任何一个翻阅《道德经》的人最初一定会大笑，然后笑自己竟然会这样笑；最后会觉得现在很需要这种学说。"尼采则说："老子思想的集大成——《道德经》，像一个永不枯竭的井泉，满载宝藏，放下汲桶、唾手可得。"

《老子》用"道"来说明宇宙万物的演变，提出："道生一，一生二，二生三，三生万物。"宇宙起源是一元，就是"道"。这个道无形无名，自然无为，是超越现实世界的宇宙法则。之后，儒家讲"道"、讲"天"，墨家讲"天志"，阴阳家讲"阴阳"，杂家讲"太一"，大体是老子的"道"的演化和发展，根子还是老子的"道"。

政治思想上，老子主张"无为而治"。他的理想政治境界是小国寡民："邻国相望、鸡犬之声相闻，民至老死不相往来。"统治者没有大的物质欲望，不想称王争霸，不去折腾什么律则法度；老百姓个个"愚"（所以不能搞教育，一定要"无智"。愚民而治是历代统治者的重要法宝。）无知无求，傻乎乎的只晓得种地。下者"无知"，上者"无为"，天下便大治了。

在物质生活上，老子强调"知足""寡欲"，憎恶工艺技巧，并归结为"绝圣弃智"。

2. 孔子和儒家、孟子

孔子（公元前551年～前479年），名丘字仲尼，春秋鲁国（今山东曲阜一带）人。孔子祖先是殷商后裔，应为子姓。六世祖孔父嘉，以氏为姓，始姓孔。曾祖父孔防叔从宋国迁到鲁国，其父孔纥（字叔梁，故常称叔梁纥）是鲁国的出名勇士，但妻、妾均无子。据说他在古稀之年于尼丘山艳遇年轻的颜氏征在，之后颜氏便生了了孔子。孔子名丘字仲尼，大概和尼丘山这段艳遇有关。孔子三岁丧父，家境转而贫寒。孔子勤于学习，兴趣广泛，长大后礼、乐、诗、数、射、御，样样在行，曾在鲁国中都（今山东汶上县）当过县令。不久，孔子又升任司空（建设部部长）、大司寇（司法部长），有政绩。但是，由于地方势力"三桓"的排挤，被罢了官，不得不离开鲁国。之后，他带领弟子开始了周游列国的活动，先后访问了卫、陈、曹、宋、郑、蔡、楚、齐等诸侯国，宣传他的"仁治"主张，但没有一个国君真正任用他。他68岁无可奈何回到鲁国。回国后，他一面教学、一面整理资料、编撰文献，修《诗》《书》，定《礼》《乐》，序《周易》，著《春秋》。其弟子整理他的言论，集为《论语》。创建了儒家学派。

孔子继承人很多，弟子三千，得意门生有七十二人，其后最出名的有荀子、孟子。

　　孟子（公元前372~前289年）名轲，字子舆（一说子车或子居），战国时鲁国人。其生平身世流传不多，只说其祖为鲁国贵族孟孙氏，后来家道衰微，从鲁国迁到邹国。孟子三岁丧父，十五、六岁时回到鲁国，拜入子思门人的门下。他学成后，同孔子一样周游邹国、齐国、滕国、梁国，但和孔子一样不受重用，至多做个无职无权的顾问（卿士）。最后，还是和孔子一样，回乡传道著书，和弟子共同著有《孟子》一书，有三万五千多字。南宋朱熹将《孟子》和《论语》《大学》《中庸》合篇为《四书》，《孟子》是其中篇幅最大的一部。《四书》一直是儒家学派的代表作，是各朝各代科举考试的必考内容。《孟子》说理畅达，气势磅礴，逻辑严密，长于辩论，和同代《庄子》同是散文作品的高峰。

　　孟子的思想对儒家学派的新贡献主要有：①发展了孔子的"仁"，更提出了"义"，仁义从此成了儒家道德思想的核心。②发展了孔子的民本主义思想，提出"民为贵，社稷次之，君为轻"的原始民主思想。③强烈反对战争，指出"春秋无义战"，他又明确支持"正义"战争。④强调个人"慎独"。他把"仰不愧天，俯不愧人"当做一生的目标。这对后世知识分子影响很大。

　　孟子三岁丧父，他的教育得益于母亲很深。孟母教子的故事流传数千年而不衰。①杀豚无欺。孟子看到邻居杀猪，问："杀猪干什么？"孟母随口回答："煮肉给你吃呀！"孟子便很高兴，等着吃肉。孟母深知做人要诚实，身教重于言教的。为了不失信，尽管经济十分困难，孟母还是花钱向邻居买了块肉，烧给孟子吃。②择邻三迁。孟家原住邹城北，靠近坟地，孟子和村中儿童模仿丧事，甚至抢夺供品。孟母觉得这种环境不利于孩子的教育，她就迁居到城西庙户营。新家靠近市场，邻居是杀猪的，孟子常用泥巴做猪，竹片杀"猪"，四处"叫卖"。孟母觉得还是不好，于是又迁到学宫旁，孟子于是和小伙伴一起演练礼仪，要求学习。孟母觉得这才是孩子的好环境，于是把孟子送到学宫读书。③断机喻学。孟子在学宫一开始对学习很感兴趣，不久厌烦了，经常逃学。孟母很生气，拿起刀来把快要织好的帛布割断经线。她对孟子说：学习就像织布，你废学，就像这正在织的帛布被割断了线，前面的功夫便白废了。学习必须有恒心，否则一事无成。孟子听了母亲的话，旦夕勤学不止，终成大业。孟母的教育成了千年母教的楷模。

孟母三迁图

孟母断机喻学

孔子及其儒家思想对我国影响很大，汉武帝接受"新儒家"其实也是阴阳家董仲舒的意见，"独尊儒术、罢黜百家"之后，孔子更被一代代统治者捧上了天，从"师"（先师）→"公"（衍圣公、宣尼公、隆道公）→"王"（文宣王）→"帝"（文宣帝）→"圣"（大成至圣天师）。似乎高得不能再高了。明清之后，全国各府各县都建有孔庙，儒家思想似乎成了唯一独尊的正统思想。

孔子及儒家学术经历了几千年，"盲目批判孔子的时代过去了，盲目尊崇孔子的时代也过去了，科学研究孔子的时代到来了。""孔子是中国的，儒学是世界的。"今天世界有91国建有"孔子学院"七百余所，曲阜孔庙、孔府、孔林被列为"世界文化遗产"。

孔子学院标志

孔子哲学思想的精髓是"中庸"。"不偏之谓中，不易之谓庸。"任何事情不过急也不过缓、不放任也不严酷、不过右也不过左。世间的事，其实在其两极端之间，必有一个最佳结合点，这才是真理。

孔子政治思想核心是"礼"和"仁"。所谓"礼"，实际上就是一套完整的等级制度。人人遵守一定的等级，不做自己所处等级所不应做的事，使天下太平、维护了封建王朝的社会秩序。说回来，儒家的等级制也不是绝对的。"君信臣忠"，君王诚信，信任臣下，臣下方才忠。君王要是无道，便是独夫民贼，臣下便可以一走了之，"隐之"。孟子甚至以为贵戚之臣为了社稷、人民，可以把无道之君换掉。所谓"仁"，就是"仁者爱人"、"君子学道则爱人"，君王要"克己复礼为仁"。孔子在《论语》中讲到"仁"有一百多处。就是说君王要克制自己过分的欲望、节用爱民,这样社会才能安定发展。他的政治理想是"仁政礼治"。他的理想社会是君信、臣忠、父慈、子孝、"和而不同"的和谐社会。孟子还认为只要做到"仁"，便会产生巨大的力量,"仁者无敌于天下"。孟子除了"礼""仁"又加了个"义"。"义"是广利天下。"仁"者爱人，"义"者利人；"仁"者博爱，"义"者广利；"仁"者慈悲，"义"者豪举。孟子把"义"看得比生命还重要:"生,亦我所欲也;义,亦我所欲也,二者不可得兼,舍生而取义者也。"孔孟的"仁""义"道德观几千年来培养、熏陶了中华民族多少"杀身成仁、舍生取义"的烈士。

儒家的认识论。孔子说:"生而知之者上也，学而知之者次也，困而学之者又其次也，困而不学，民斯为下矣。"将知识来源分为"生而知之"和"学而知之"两类。但他对"生而知之"只是虚幌一枪，以后便不提了，他一辈子做的便是解决"学而知之"的事，他自己是"吾非生而知之者，好古，敏以求之者也"，活到老，学到老，"发愤忘食，乐以忘忧，不知老之将至""学而时习之，不亦说（悦）乎！"孔子办了中国古代最早的民间学校，也就是解决民众的"学而知之"的问题。孟子虽然有"良知良能"之说，但总的来讲还是强调学习得到知识的，只是他更多地强调学习方法，"尽信书，不如无书"，要依据实践独立思考，读书要有从"博"到"约"的过程。就是从博览群书、经过独立思考，去伪存真，到归纳综合，以简约精确的语言表达出来。

儒家的战争观:①强烈的反战情绪、"春秋无义战""争地以战、杀人盈野，争城以战，杀人盈城"，以至于孟子要对胜利者"善战者服上刑"。不会像我们某些电视剧,对"善战者"、对坑杀赵卒 40 万的白起，对屠城无数的成吉思汗歌功颂德，对他们的胜利描写得那么轰轰烈烈。②反对非正义战争，支持正义战争。正义与否，孔子以为是否符合"礼"是标准，陈恒弑君，孔子便主张去讨伐。孟子则以为是否符合"仁"是正义非正义的标准，更多地强调人民的意愿，人心的取向。武王伐纣，孔子或以"君本位"思想不赞成武力推翻暴君，而孟子则以"民本位"思想，指出纣失道残民是"贼"，只是"一夫"，不够做君的资格，"闻诛一夫纣矣，未闻弑君者也。"齐人伐燕，齐宣王问孟子，孟子曰："取之而燕民悦，则取之""取之而燕民不悦，则勿取。"

儒家的宇宙观。儒家和道家一样，也提出一个"道"的概念，《论语》中有 60 处提到"道"，这个"道"是什么呢？道者，"精气为物、游魂为变"，似乎和道家的玄而又玄的作为世界本源的"道"差不多，这个道可演化为太极。"太极"天然而有，无生无死，始动之时只有一明一暗，明为阳，暗为阴。于是太极生阴阳，阴阳生万物。但孔子又说："朝闻道，夕可死矣"，这里的"道"又变成了他一生追求的真理。孔子自己也没有把这个"道"说清楚。于是孔子又提出了一个"天"的概念，这个"天"也是万物的本源、主宰。他说："巍巍乎唯天为大""天何言哉，四时行哉，百物生焉，天何言哉。"孟子说："天油然作云，沛然下雨，则勃然兴之矣。其如是，孰能御之。"天崇高伟大，天主宰着宇宙四时的运行，万物的滋长，是没有任何力量可以抵御的。天还是命运和惩罚的主宰。"获罪于天，无所祷也"，"君子有三畏，畏天命……"，"不怨天，不尤人，下学而上达，知我者其天乎！"孟子更以为"夫成功，则天也"，"无敌于天下者，天吏也"。孔子敬天、畏天，孟子讲"天命"，孔孟说的"天"，意思接近于大自然，似乎和后儒说成天帝不一样。但孔夫子对天是"知而不求深思"，孟子对天"信而不求其解"，都不愿在世界本源的理论上深究，更多地去研究现实生活，多务实而少务虚。这和他对鬼神的态度一样：信其有，敬而远之。原则肯定、实际存疑。

3. 法家和韩非子、申不害

法家是战国时代的重要学派。他们主张以"法"治国。这里的"法"和我们今天讲的"依法治国"的"法"不是一个概念。他那个"法"主要不是法律的法，是方法的法，是"牧民之法"、"御臣之法"。当然也包括用严刑峻法统治众民的方法。法家的代表人物有申不害、商鞅、韩非、李斯。他们往往多是实践家，在理论上比较全面的，当推韩非子。

韩非子（约公元前 280~ 前 233 年）。韩非为战国时韩国公子（国君之子），战国末期韩国（今河南新郑）人。他和李斯都师从大儒荀卿（荀子）。但他没有完全承袭儒家的思想，却"喜刑名法术之学"。（法家的早期代表人物申不害主张君主当执术用刑，以督责臣下，其责深刻，所以申不害的理论称为"术"。商鞅的理论多主张重罚重赏、严刑峻法以管理民众，称为"法"。这两种理论统称"法术""刑名"。其学术称"刑名法术之学"）"归本于黄老"（韩非的学术与黄帝、老子相近，都不尚繁华、君臣自己）。他虽口吃，不擅于言词，但擅长著作，著有《韩非子》，继承发展了早期法家思想，成为战国末年法家集大成者。

韩非曾多次向韩王上书进谏，希望变法图强，但一直未被采纳，于是写了《孤愤》《卫蠹》《内外储》《说林》《说难》等十余万字著作，全面系统地阐述了他的思想。后来他的著作传到秦国，秦王政读了之后特别赞赏，说："嗟乎！寡人得见此人与之游，死不恨矣！"马上攻打韩国，得到韩非。一开始秦王非常高兴，但丞相李斯不高兴，怕韩非被重用，自己靠边站，于是借韩非建议秦王缓攻韩国为由，诋毁他"终将为韩不为秦"，秦王政最恨臣下"里通外国"，于是韩非被杀。

韩非的思想：①反对复古、求变，主张"不期修古、不法常可"，"世异则事异"。②性本利。他从荀子的"性本恶"出发，认为民众的本性是"恶劳而好逸"，只有用严刑峻法来约束民众。他主张君王不要给民众施恩惠，而要重奖重罚。③他继承了道家的朴素辩证法思想，比如讲矛和盾的故事。④君权神授，君王的权力不可动摇。君王要造"势"（即权力地位），用"术"（即阴谋阳谋）驾御群臣。他的具体政策主张：①法治。②重赏重罚。③重农。④重战。司马迁在《史记》中说："韩子引绳墨，切事情，明事非，其极惨礉少恩。"

申不害（公元前385年～前337年）亦称申子。战国时代郑国亡国之时，申子年方二、三十岁，作为亡国之臣流落韩国。他年轻时可能杂学诸说，因为在他之前的管子、李悝、慎到、晏子的学术中都有"术"的思想。他主张将法家的法治和道家的"君王南面之术"结合起来，是法家中主张"术治"的一派。他的政治改革主张是"修术行道""内修政教"，即整顿吏治，加强君主集权。君王在决策前"示弱""无为"，以便了解臣下真实意思，到决断的时候，君王要独揽一切，决断一切。他认为在战国之时，君主专制是最能集中全国力量的政权组织形式。他说："君之所以尊者，令也，令之不行，是无君也，故明君慎之。"令是权力的表现，是一种自上而下的势能，"权势"是君王的本钱。他又提出"正名责实"，他的"名"是名份，是为君王制定的工具，其"实"是君王给臣下规定的责任。申子认为有了公开的法和势，君王地位还不够稳固，还必须用"术"驾御群臣。他告诫君王不要相信任何大臣。用藏在心中的"术"来专门对付可能危及君王权力的大臣。"术"有两类，一类是控制术，"君如身，臣如手"，"名正责实"，另一类是搞阴谋、阳谋、弄权术。要派耳目、了解臣下，之后发展为特务组织。

申子"法术"治国理念受到韩昭侯的赏识，被委以重任，在韩国为相十八年，使韩国国治兵强，盛于一方。

总之，法家以"法"治民，即严刑峻法加重赏勇夫来治理民众；以"术"治臣，即靠阴谋加阳谋防止大臣贵戚夺权；以"势"固权，即加强皇权为中心的中央集权制度。他对外强调"强兵"，先军政策，强调用战争手段，实现天下一统；思想上强调"愚民"，反对教育，禁止臣民议论政治，强调君王独听、独断、独裁。经济上重农抑商。思想教育上，主张教育要"以吏为师""以法为教"，反对民办教育。

4. 墨子和墨家

墨子（约公元前488年～前376年）名翟，也有人说他姓翟，因脸黑（墨），故称墨翟（黑脸的翟先生），应该姓翟名乌；甚至还有人说墨翟是"貊狄"的译音，"貊狄"是印度人或阿拉伯人。墨翟，鲁国邾国滥邑（今山东滕州）人，一说是宋国人，《史记》说："盖墨翟，宋之大夫"；一说是楚国人，楚国鲁阳人，不是山东鲁国人；一说是山东鲁山人，《墨子》一书之中，鲁山方言极多而滕山均无。总之，是中原人。

墨子是我国战国时代著名思想家、科学家、社会活动家，墨家学派创始人，有《墨子》

一书传世,《墨子》是墨子及其再传弟子所作,现存 53 篇,内容广泛,包括政治、军事、哲学、伦理、逻辑、科技等内容。

墨家学说有以下几点:①兼爱、非攻,反对一切战争。他不仅在理论上反对,并且付诸实践,墨子亲自到楚国去,力劝公输般和楚王,阻止楚伐宋。②尚同尚贤。③天志、明鬼。④节用、节葬,反对高消费,反对儒家的厚葬。⑤非乐。⑥非命。

在科技方面,《墨子》对光学(光线的直线传播原理,平面镜、凹面镜、球面镜及针孔成像原理)、数学(圆周率)、力学(力和重量的关系、作用力反作用力、杠杆原理)、几何学(圆形、正方形、直线的定义、特性)等自然科学作了探讨。

墨子是中国逻辑学的奠基者,他称之为“辩”学,视其为“别同异、明是非”的思想准则。人们对同一事物作出“是”或“非”的判断,二者必居其一,不可能有第三种情况。这就是现代逻辑学的“排中律”和“毋矛盾律”。由此,墨子建立了一系列推理,他用“名”(概念)、“辞”(判断)、“说”(推理)来表达。他以“类取名”(即现代逻辑学的“类比”)来推理。

认识论。他认为人的知识来源于三个方面,即“闻知”、“说知”和“亲知”。“闻知”含传闻、听闻,他强调要“循所闻而得其义”;“说知”包含有考察、推论的意思,指由推论而得到的知识;“亲知”包含“虑”“接”“明”,即通过思虑,亲身接触,分析整理而真正达到“明”的真理。墨家在科技、认识论和逻辑学方面的贡献是其他诸子所无法比拟的,但由于数千年来,统治思想不重视科技,斥之为淫巧之技,特别不重视科技理论,所以墨子科技思想得不到重视。

对于物质本原和属性,老子提出“有生于无”。墨子则认为“无”有两种,一类是过去曾有过而现在没有,不能否定其曾经有过;一类是过去从来没有的事,如“天塌下来”,这是本来就不存在的,本来不存在的“无”不可能生出“有”来的。他认为:如果没有石头,就不会知道石头的坚硬和颜色,如果没有太阳的火,如何会知道“热”,属性不会离开物质而存在,属性是物质客体的反映。这显然是一种朴素的唯物主义思想。

墨家思想存在矛盾,一方面他强调“非命”“尚力”,又肯定“天志”和“鬼”的作用。他一方面强调“耳目之实”的感觉经验,并作为认识的唯一来源,但又相信鬼神,并以有人“尝见鬼神之物,闻鬼神之声”作为鬼神存在的依据。

他的唯物主义思想的合理因素为后代唯物主义思想家继承和发展;他的神秘主义糟粕也为秦、汉以后的神学目地论者所吸收、采用。

墨家有严密的组织,成员多来自社会下层,相传皆能以自苦励志,纪律严明。其领袖称为“钜(巨)子”,徒众对之绝对服从,赴汤蹈火,在所不辞。墨家之后一派注重认识论、逻辑学研究,而从事谈辩者称为“墨辩”,是“墨家后学”。另一派从事武侠者称为“墨侠”。后世演化为游侠。墨子当是第一任巨子,其后巨子有禽滑厘、孟胜、田襄子、腹黄享等。据说孟胜与楚国阳城君交好,受阳城君之托承诺守阳城。阳城君政治斗争中失败出逃,孟胜在楚国大军到来之际决定殉城。他先派 2 弟子传信任命田襄子为下任巨子,自己殉城,其弟子 183 人均赴难。传信的 2 位也不顾田襄子劝阻,赶回来赴死。这就是重诺而轻死的精神。汉初,齐田横率八百壮士据海岛,刘邦令其归附,田横至长安不受封而自刎,八百壮士亦集体至田横墓前自刎,这大概是“墨侠”精神的遗韵吧!金庸先生武侠小说中的人物似有一点"墨侠"的意思，至于现代帮派也讲重诺轻死，下作了。

5. 鬼谷子和纵横家

纵横家出现于战国末年，多为策辩之士，可称为中国五千年历史中最特殊的外交政治家，是战争时期以实践为主、以从事政治活动为主的一派。《韩非子》说："纵者，合众弱以攻强也；横者，事一强以攻众弱也。"他们的出现主要是因为当时诸侯分争，除了单纯的战争解决手段外，还需要以联合、排斥、威逼利诱等外交手段，以便不战而胜或以最小的代价取得最大的收益。他们的智慧、手段往往是当时处理诸侯之间问题的最佳选择。他们可能以布衣之身雄辩于诸侯之王庭；可以以三寸之舌退十万雄师；可以解弱国之危，也可以破多国之围。苏秦佩多国相印，合纵逼强秦废弃帝位；张仪以片言只语得楚六百里土地；蔺相如完璧归赵，演出了多少浩浩荡荡的正剧。

纵横家创始人鬼谷子，代表人物有苏秦、苏代、张仪、姚贾、公孙衍等。

鬼谷子，生平及生卒年月不详，战国时卫国（今河南鹤壁洪县）人，姓王名诩，常入云梦山采药修道，隐居于清溪鬼谷，人称鬼谷先生，民间称为王禅老祖。他神神秘秘，颇有点神龙见首不见尾。其人长于修身养性和纵横术，精通兵法、武术、奇门八卦，著有《鬼谷子》兵书十四篇传世，是中国战国史上一代重要人物，是诸子百家中纵横家、兵家共同公认的始祖。他也是卓有成就的教育家，出名的弟子战国时有苏秦、张仪（纵横家）；有庞涓、孙膑、乐毅（兵家）。楚汉相争时，双方的主要谋士范睢、郦食其、蒯通等往往也自称鬼谷子弟子（应是其弟子的弟子）。

纵横谋士知大局，善揣摩，会机变，全智勇，能决断。合纵者讲联合、团结，以阳谋多而阴谋少；连横者要破坏联合，阴谋多而阳谋少，更无法无天，是不拘于仁义道德的。因此，他们往往为后世正统学者们所不齿，当面评价不高，当根草；但后代政治家的私下心中，评价很高，当个宝。他们往往以纵横家为榜样、活学活用。弱者讲统一战线、共同对敌、联弱抗强；强者讲集中兵力、分化瓦解、各个击破。纵横家的所作所为早已深入后代政治家的心中。

近现代，著名学者斯宾格勒在《西方的没落》一书中赞扬中国的纵横家；70 年代美国基辛格深受纵横家的影响，有人甚至认为他就是现代的苏秦、张仪；日本学者、企业家大桥武夫把《鬼谷子》用到经营中，著有《"兵法"与"鬼谷子"》，可见纵横家的思想已经从外交领域扩大到各个领域。

纵横家的著作有《鬼谷子》三十三篇，《苏子》三十一篇；《张子》五篇；《本经阴符》十篇；还有记载战国纵横家（包括兵家）事迹的《战国策》，汉代刘向校录编定为三十三篇。这是先秦历史散文成就最高、影响最大的著作之一。

《战国策》一书文学造诣很高：①人物刻画生动；②善于讽喻；③语言风格独特；④大量使用寓言故事。对后世散文影响很大。

张仪（？—公元前 309 年），魏国大集（今河南开封）人，魏国贵族之后裔，曾随鬼谷子学习纵横之术。张仪学成，开始到楚国游说，一次相国设宴，不巧玉璧丢失了，大家怀疑新来的穷光蛋张仪偷了，把他打得半死。张仪回到家，老婆说："你要是不出去读书，不四处游说，在家安安生生地过日子，能挨这顿打吗？"张仪说："你看我的舌头还在吗？"老婆笑着说："在呀。"张仪说："只要舌头在，就什么都行了。"秦惠王九年，张仪由赵国西入秦国，凭借口才和智慧，被任为客卿（首席顾问）。第二年秦国设置相位，张仪担任第一任相国，位居百官之首。他任相后，为秦国完成了几件大事。①逼魏连横，破坏合纵。当时有纵横家公孙衍游说六国，建立六国联盟，合纵抗秦。张仪首先软硬兼施，游说魏惠王把上郡 15 县献给秦国以和强秦交好，以为联秦可以共取韩赵之地。由于魏国当了连横政策的带头羊，六国合纵连盟开始被打破。②诳楚破楚。当时战国七雄数秦、楚、齐最强大。屈原鼓动楚怀王联齐抗秦，结成楚齐联盟。这对秦国十分不利。张仪使楚，对楚怀王说：如果楚秦联盟对抗东齐，秦国就归还商、于之地六百里给楚国，楚国就更强大了。楚怀王为这眼前利益所动，不顾屈原等众大臣的反对，授张仪相印，并和齐国断交，还派一位将军随张仪回秦国取回商、于之土地。张仪回秦后，以脚伤为由三月不露面，怀王还以为是自己与齐断交不坚决所致，又派人到齐国大骂齐王。齐王大怒，亦与秦国结盟。张仪这时才对楚将说：我答应怀王的是六里自己的封地，不是六百里。"仪与王约六里，不闻六百里。"楚怀王得知上当大怒发兵攻秦，由于没有齐国支持，楚军大败，秦军攻占汉中等地，扩地千里。秦君从此称王。③灭巴建城。公元前 316 年"秦惠王命张仪灭巴，建江州。"张仪率军灭巴（四川东部），从此汉中、巴、蜀连为一体，秦国西南从此无忧。江州大约在今重庆市朝天门一带，扼控两江，为之后秦军顺江而东下进攻楚国最终灭楚打下基础。④只身赴楚，六国连横。楚国两次战场失败，楚怀王恨死了张仪，向秦国提出：只要得到张仪并亲手诛之，愿意奉上黔中之地送给秦国。张仪听后竟不顾个人安危，主动要求只身赴楚。张仪买通楚国宠臣靳尚和宠妃郑袖，靠着走后门居然使楚怀王又改变了态度。张仪提出他可以劝秦国不要黔中的土地，并归还汉中一半土地，两国太子互为人质、两国永结亲好。楚怀王又为"利"所动、赶走正直的屈原，于是秦楚结盟。随后，张仪分别出使韩、齐、赵、燕，使各国分别与秦结盟连横，从而彻底打破了六国联盟合纵抗秦的局面。张仪因此大功被封为武信君。秦惠王死后，张仪到魏国任魏相，次年病故。

苏秦（？—公元前 284 年），战国时东周洛阳乘轩里人，字季子。他亦就学于鬼谷子。学成后赴燕，奉燕昭王之命入齐，从事反间活动，使齐疲于对外战争，以便攻齐为燕复仇。入齐后，苏秦被齐王任命为相国。他在政治上的事迹主要有：①归还燕城。苏秦入齐后为燕昭王所做的第一件事是说服齐宣王归还因燕丧所夺取的十座城。②秦废帝号。时秦昭王约齐湣王并称西帝、东帝，苏秦劝说齐王取消帝号，与赵魏约六国结盟于洹水，苏秦身佩六国相印，六国合纵结盟，大军压境，终于迫使秦王取消帝号，归还部分赵魏土地。这是苏秦政治活动最辉煌的时刻。③说齐攻宋。苏秦说动齐王攻宋、削弱齐国国力，并引起五国攻齐。这是苏秦为燕昭王所做的另一件大事，几乎致齐于灭国之灾。

苏秦的生平事迹，《史记》《战国策》《战国纵横家书》《马王堆帛书》中都有记载，也都不一致，有矛盾，似乎只能当作故事看。但这些故事也是很精彩的，往往成了日后的成语：①悬梁刺股。苏秦从鬼谷子那儿学成之后，出游数载，先以连横说说秦惠王"书十上说而说不行"，一事无成回到家，搞得"妻不下纴、嫂不为炊、父母不与言。"苏秦感叹说："妻不以我为夫，嫂不以我为叔，父母不以我为子，是皆秦之罪也！”于是闭门不出拿出书重新学习，苦读太公《阴符》，每逢困乏欲睡，便用锥刺股。这就是成语“悬梁刺股”中刺股的来源。苏秦后来说燕王，任齐相，风光回家，妻子、兄嫂、甚至父母都跪在路边迎接他。②死报生仇。苏秦任齐相，齐大夫多有不服，派刺客刺杀他。苏秦身负致命重伤，齐王派人四处捉拿凶手而不得。苏秦临死对齐王说：“我马上就要死了，请您在闹市将我五马分尸示众，就说苏秦为燕国在齐国作乱。这样凶手一定能抓到。”齐王照这样做了，刺客果然出来邀功请赏。齐王于是把凶手和主使人一齐抓来杀了。这就是成语“死报生仇”的由来。

苏秦死后葬于成周（今河南偃师西），其墓位于淄川区二里乡苏相桥庄西。墓封土高5米，占地10000平方米，市级重点文物保护单位。另山东青州城东北亦有苏相墓，未知孰是。

6. 兵家

春秋战国之际，诸侯之间战争不断，军事方面的智谋之士，总结军事方面的经验教训，研究致胜的规律。这兵家和纵横家一样。①其代表人物都是实践的军事家、政治家，也是出谋划策的纵横之士；②都尊鬼谷子先生为创始人；③百家之中，惟有兵家和纵横家在理论上无所不用：道家之沉静、儒家之仁义，法家之严厉，乃至民间所有智技无所不用。黄帝曰：“是神是鬼，先稽我智。”所以也有人将兵家归于纵横家一类。

兵家代表人物：西周：吕尚（即姜尚、姜子牙，辅佐周武王指挥灭商的牧野大战，有人称之为兵家鼻祖，也有人称黄帝或蚩尤为鼻祖）；春秋：司马穰苴、孙武、伍子胥；战国：孙膑、吴起、尉缭、赵奢、白起；汉初：张良、韩信等。

兵家代表著作：《鬼谷子》《孙子兵法》《孙膑兵法》《黄石公三略》《黄帝阴符经》《司马法》《六韬》《尉缭子》等。

兵家把政治、军事、天文、地理、国际关系等各种客观因素作为决定胜负的条件，同时把战争的主观指导，即主观的决策、指挥、组织、运筹等军事理论素质（“将能”、“将才”）作为基本因素，并由此引出争取战争胜利的一系列战法。其基本思想：“知彼知己，百战不殆”“知天知地，胜乃可全”“居安思危，有备无患”“兵贵胜，不贵久”“兵贵神速”“先计后战”“远交近攻”“攻其无备，出其不意”“避实击虚”“以众击寡”“兵贵其和，和则一心”“三军一人，胜”“三军可夺气，将军可夺心”“密察敌之机，而速乘其利，复疾击其不意”等。

孙武（公元前545？—前470？），字长卿，后人尊其为孙子、孙武子、兵圣。孙武系陈国公子陈完后裔，生于乐安（山东广饶境内，另有惠民说、临淄说等。）十九岁在蒙山求学，二十一岁漫游天下，三十岁著《孙子兵法》十三篇。公元前514年，由伍子胥推荐给吴王，吴王阖闾遂拜孙武为元帅，和伍子胥共同执掌军事。公元前510年，孙武和伍子胥率兵破楚越联军，之后孙武献策三方扰楚，使楚六军疲于奔命，公元前506年孙、伍率军救蔡破楚，以吴军三万军破楚军三十万，一直攻入楚国郢都，后秦军介入，吴军班师回国。公元前504年，孙、伍又率军破楚舟师又破陆师。公元前494年，孙武、伍子胥率吴军在夫椒（太湖边）夜袭越军、大破勾践、勾践求和。之后，孙武见吴王夫差日益专横、不纳臣谏，遂以回乡探亲为由，隐遁山林，修订十三篇，不知所终。有人称其安度晚年，享年75岁。伍子胥不听孙武劝告，留在夫差身边，终为伯喜所诬，被杀。

孙膑（？—公元前 316 年），其本名孙伯灵，因后受膑刑，称孙膑，生于战国时的齐国阿鄄之间（今山东阳谷县阿城镇、鄄城县北一带）。孙膑是孙武的后代，曾和庞涓同在鬼谷子门下学习兵法。后来庞涓成为魏国将军，他害怕孙膑出山帮助别国打败他，于是骗孙膑下山到魏，又诬其私通齐国，处以膑刑（削去膝盖骨）。同时庞涓假意关心孙膑的生活，骗他写出兵法十三篇。孙膑得知真相后装疯，烧了兵法竹简，趴在猪圈里吃粪团、说胡话。最后被朋友用计救回齐国。公元前 353 年，魏惠王派庞涓进攻赵国。齐威王任命孙膑为军师和大将田忌一齐出兵。孙膑用"围魏救赵"之计，大败庞涓。十年后，魏王又派庞涓率数十万大军攻打韩国，齐威王又重新派田忌和孙膑带五万兵迎战。孙膑用"减灶"之计迷惑庞涓，庞涓看齐军留下的灶一天天减少，认为齐国孤军深入，逃亡严重，于是大胆跟进追击。孙膑在马陵道埋伏重兵，魏军进入峡谷，谷底大树已被砍倒了，于黑夜中见留有一棵大树，树皮上有字，点火照看，竟是："庞涓死此树下。"正在此时，两边齐军弓箭手一见火光便万箭齐发，箭如飞蝗，庞涓身中数箭，果然"死此树下"。魏军死的死，降的降。齐军大获全胜。魏王只好派使者向齐国朝贡。齐王封田忌为相国，孙膑不愿受封，献上兵法十三篇，辞了官职，从此隐居，不知所终。

7. 阴阳家

阴阳家是流行于战国末年的一个学派。《史记》称其："深观阴阳消息，而作迂怪之变。"

其代表人物：邹衍、公梼里、公孙发、南公学等人，以邹衍最著名。

著作：《汉书·艺文志》载有阴阳家著作 369 篇，均已亡佚，只留少量残文断句。

其基本思想：它将自古以来的各种思想和阴阳五行相结合，并试图进一步发展，用来建构宇宙的图式，解说自然现象的成因及其变化法则，并预测未来命运祸福。

所谓"阴阳"的概念：阴阳表示万物两两对应，相反相成，即是老子说的："万物负阴而抱阳"，"一阴一阳是谓道。"《易经》就是讲阴阳变化的数理和哲理的。

阴阳家认为：阴阳是概念而不是具体事物，"阴阳者，有名无形。"阴阳交感生出宇宙万物，而对立的万物又抽象出阴阳这两个概念。阴代表消极、柔弱、退守的特性和具有这类

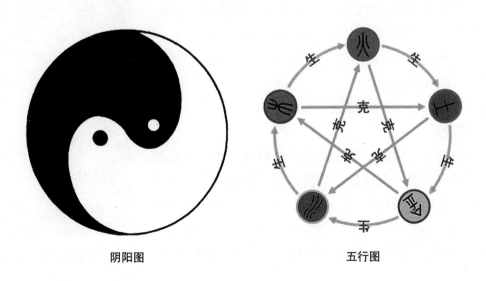

阴阳图　　　　　　　　　　　五行图

特性的事物的现象，阳代表积极、进取、刚强的特性和具有这类特性的事物的现象。阴阳学术的基本内容可概括为"对立、互报、消长、转化"八字。阴阳家认为：阴阳是宇宙本元。

所谓"五行"，古人（包括儒家的《易经》）认为万物是由水、火、木、金、土五种基本物质构成的。阴阳家更强调五行的相生相克。五行的"行"指远行，是变动运转的概念。五行相生：木生火、火生土、土生金、金生水；五行相克：水克火、火克金、金克木、木克土、土克水。任何事物都有五种特征：五音（角、征、宫、商、羽）；五味（酸、苦、甘、辛、咸）；五色（青、赤、黄、白、黑）；五季（春、夏、长夏、秋、冬）；五脏（肝、心、脾、肺、肾）；五官（目、舌、口、鼻、耳）。后代阴阳家董仲舒等人并把五行说在历史政治上发展成为"五德终始"说，他们认为宇宙万物与五行各有其德。天道运行、人世变迁、王朝更替都是"五德"转移的结果。他们以此说明夏、商、周、秦、汉改朝换代的规律，他们说：夏、木德；商、金德；周、火德；秦、水德；汉、木德；于是金（商）克木（夏）；火（周）克金（商）；水（秦）克火（周）；土（汉）克水（秦）。"五德终始"说为新朝统治者的胜利找理论根据，而又陷入了历史循环论。"五行"说把什么事物都分成五类，是朴素的唯物主义思想，是早年科技水平的反映。随着科技的发展，五行说便露出破绽。比如"五音"说，现代科学分音阶为七个音阶，其中全音阶之间的频率数有倍数关系，七音阶似比五音阶更科学；又如"五季"说，现代气象学认为中国大多数地区"四季"分明，云南、广西南部则多为两季（干、雨季）或三季（干、雨、热季）；至于"五脏"说，把胆、肠甚至总司令部大脑这样的重要器官排除在外，显然不妥。至于"五德终始"说，除了政治上为统治者说项外，更无科学道理。若把肝炎、艾滋病、麻风病一类传染病的病因到阴、阳、寒、热中去找原因，更是害人。现在有的庸医、"养生专家"口不离"黄帝内经"，似乎阴阳五行学术便能解决一切疑难杂症，纯粹是拉大旗当虎皮、唬人。这只能败坏阴阳五行学说。

阴阳家及其理论在战国末年颇为流行，到汉初还有存在。汉武帝以后"独尊儒术、罢黜百家"，其部分内容融入董仲舒之流的"新儒家"，部分内容融入原始道教，部分内容融入中医药原理，作为独立的思想学派就不存在了。

8. 杂家和吕不韦、刘安

杂家是战国百家争鸣时的一家。他号称"兼儒、墨，合名、法""于百家之道无不贯通"，以博采各家之说而见长。

其代表人物：战国的吕不韦；西汉的刘安。当然，管子、范蠡等也可以归入杂家。

其代表著作：《吕氏春秋》（吕不韦）；《淮南子》（刘安撰）；《尸子》（尸佼著）。

后人往往瞧不起杂家，认为他们什么都懂一点，什么都不专业，没有自己的一套理论。其实，杂家是通才，通才往往更容易接近真理。《吕氏春秋》《淮南子》中有不少了不起的内容。司马迁称它"备天地万物古今之事"。在《报任安书》中甚至把它与《周易》《春秋》《国语》《离骚》相提并论。

吕氏春秋（封面）

汉代有人说它"大出诸子之右"，是不无道理的。杂家思想以《吕氏春秋》表达最完整，吕氏思想十分广博、值得后人研究：

① 兼容百家、批判吸收。当时诸子百家相互攻击，惟《吕氏春秋》承认各家都有优长，诸子都是"天下豪士也。"它说："老聃贵柔，孔子贵仁，墨翟贵兼，关尹贵清，列子贵虚，陈骈贵齐，阳生贵己，孙膑贵势，王廖贵先，儿良贵后，此十人者，皆天下豪士也。"由于吕氏有这种兼容并包的眼光，故能融汇百家。他对各家不是简单否定，也不是简单照搬，而是批判吸收。它对儒家主要吸收其民本主义思想和修身齐家治国平天下的观点，进而发展出"天下非一人之天下"的论断；它对法家主要吸收了天下一统和中央集权"执一""抟"，但不赞成君王对臣下"惨礉少恩"，不赞成阴谋权术；它吸收了墨家的节俭、节葬、但允许必要的仪式；它吸取农家的重农思想但不排斥商业活动，农商并重；它吸收墨家的反战思想但又推崇"义兵"；……总之，吕氏杂家对各家批判吸收、自有一套，"杂而不杂"。

② 宇宙起源。它把道家的"道"，宋尹学派的"精气"，阴阳家的"阴阳"综合在一起，提出："万物所处，造于太一，化于阴阳。"就是说："太一"是万物的本源，万物都是由"太一"派生并由阴阳而演化出来的。"太一"是什么？它说就是"道"。"道也者，视之不见、听之不闻，不可为状……道也者，不可为形、不可为名。强为之，谓之太一。""太一"就是道。

吕氏还认为：万物是不停的运动的。"天为高矣，而日月星辰云气雨露未尝休矣；地为大矣，而水泉草毛羽裸鳞未尝息也。"它还注意到物质运动的循环过程，它说："物动而萌，萌而生，生而长，长而大，大而成，成乃衰，衰乃杀，杀乃藏，圜道也。"对于墨家的尊天、明鬼，它一概据理驳斥。

③ 治国理念。儒家、法家、名家、墨家、杂家都讲一统天下。但墨家、儒家（特别是孔子）讲维护旧秩序、恢复旧天子，吕氏讲一统，讲拥护新天子。它说："今周室既灭，而天子已绝，乱莫大于无天子。"他强调"执一"（中央集权）："天下必有天子，所以一之也。天子必执一，所以抟之也。一则治，两则乱。"法家、墨家讲君王的神圣化，臣下对君王要绝对服从。而吕氏吸收了儒家的民本主义思想，他说："凡举事必先审民心，然后可举"，"圣人南面而立，以爱利民为心"，这里"爱利民为心"的主张说得何等之好！他还强调："主之本在于宗庙，宗庙之本在于民"，这和孟子所说的"民为贵，社稷次之，君为轻"如出一辙。它还进一步提出："天下非一人之天下，天下乃天下之天下！"这样翻天覆地的认识，从根本上阐明了天下的属性，天下属于天下万物，属于天下民众，不属于任何个人（天帝、君王）。这"天下为公"是多么超前的思想，无怪郭沫若先生要说是："具有一种钢铁般的声音！"

墨家"尚贤"，儒家、法家、纵横家都讲贤人政治。内容稍有不同，而吕氏讲的："为国之本在于身，身为而家为，家为而天下为"，这和儒家的"修身、齐家、治国、平天下"是一个意思。他希望君王能修身以治国平天下，而不是靠阴谋阳谋夺天下。它理想的是："大圣无事而千官尽能"，"善于君者劳于论人而佚于治事。"这和道家的"无为而治"有点相近，又不完全一样。它指出法家君王独裁的结果是："人主好暴示能，好倡自奋，人臣以不争持位，以听从取容。是君代有司为有司也。"

关于法治，它肯定律法的重要性和变法的必要性。它说："有金鼓所以一耳；必同法令，所以一心也；智者不得巧，愚者不得拙，所以一众也；旁者不得先，惧者不得后，所以一力也；故一则活，异则乱；一则安，异则危。""故治国，无法则乱，守法不变则悖，悖乱不可以持国。事易时移，变法宜矣。"但和法家不同的是：它提倡的是律法之法；而不赞成法家的用势用术的"牧民之法"、"御臣之法"。

④ 经济理念。它吸收农家重视农业的思想，《吕氏春秋》中的《上农》《任地》《辩土》《审时》四篇显见是农家观点，但它和法家、农家的重农轻商"困末（商）作而利本（农）事"不一样，它重农而不轻商，更不排斥商业。它热心于统一度量衡而发展工商业，在吕不韦任相国时，秦国工商业一度得到长足的发展，出现了寡妇清这样的跨地区大工商业家。

⑤ 战争理论。它反对侵略战争，它指出："凡是强国，都是战胜他国的。战胜他国就要结下许多仇怨；侵夺邻国，就要留下许多祸患。结下许多仇怨，留下许多祸患，国家虽由此强大，哪能不忧惧呢？哪能不惊恐呢？"（凡大者，小邻国也；强者，胜其敌也。胜其敌则多怨，小邻国则多患。多患多怨，国虽强大，恶得不惧？恶得不恐？）吕不韦在主政期间，慎于开战，即便开战也不搞屠城、坑卒之举，和后来秦王政是不一样的。同时，它又主张兴"义兵""义兵至，则邻国之民，归之若流水，诛国之民望之若父母，行地滋远，得民滋众，兵不接刃，而民服若化。"就是说发动"攻无道而伐不义"的正义战争，不仅可以除暴安良，还可以得到被伐国家人民的拥护。这显然又是为秦国发动统一战争辩护的。什么是"义"兵？其实各家自说自话。孔子以"礼"为准，合乎礼才是义兵，纣王再怎么坏，也轮不上你臣下周武王来伐，那不合乎礼；孟子以"义"为准，纣王无道，便是"贼"，是独夫，应该伐；法家强调君王绝对权威，臣下只有绝对服从的份儿，自然绝对不能犯上。吕氏之说和孟子之说相近，他认为："如果战争确实是正义的，是用来杀掉暴虐的国君，拯救苦难的百姓，那么百姓是高兴的，就好比孝子见到慈爱的父母；好比饥饿的人见到美食；百姓为之奔走呼号而归顺他；就好像强弩射向深谷那样迅速；就好像聚积的大水没有了壅塞的土堤。一般的国君尚且控制不了老百姓，何况是暴君呢？"（"兵诚义，以诛暴君而振苦民，民之说也。若孝子之见慈亲也；若饥者之见美食也；若积大水失其壅堤也。中主犹若不能有其民，而况于暴君乎？"）吕氏以百姓的好恶利害为"义兵"之准，是比较先进的。但是，如果消灭侵略战争的"义兵"理论落到侵略者手中，那么就反而成了侵略者的辩护词，古今中外莫不如此。黄帝说蚩尤以"五刑"残害百姓，所以要攻打蚩尤，解救东夷百姓。其实黄帝行"九刑"，比蚩尤更厉害；秦王政讲统一战争可解救各国百姓，结果统一后百姓更苦；近代有人说某国独裁者有"大规模杀伤性武器"，危害世界和平，所以要攻打，结果，打下来以后根本找不到什么"大规模杀伤性武器"，倒是攻打者自己有，且多而全。现实生活中，主动发动的"正义战争"，细想起来多半很不靠谱，多半是侵略者的托词。至于大战之后，百姓是否就能得到解救，那更是天晓得。

⑥ 历史观。它认为历史是不断发展的。"今之于古也，犹古之于后世也。今之于后世，亦犹今之于古也。故审知今则可知古，知古则可知后，古今前后一也。"就是说历史发展是一环扣一环的，了解过去，有助于了解今天。同时，历史也是发展的，"世易时移，变法宜矣……故凡举事必循法以动，变法者因时而化。"它举了"刻舟求剑"、"循表夜涉"两则寓言故事，

生动地说明固守成规的后果（求剑无果，夜涉被淹）。

吕不韦（约公元前290年~前235年），卫国濮阳（今河南濮阳西南）人，原为家累千金的阳翟大商人。吕在赵国邯郸见到当人质的秦国公子子楚（即异人），认为"奇货可居"，遂重金资助，游说、贿赂，用尽手段，使秦太子立子楚为嗣，最终子楚成为秦庄襄王，任命吕不韦为丞相、文信侯。庄襄王卒，年幼的秦王政任命吕不韦为相国、尊为"仲父"。吕不韦从而掌握了秦国的执政大权。吕氏如此卖力帮助子楚，为什么？就为了当"相国"、"仲父"，要这点个人权利？他在《吕氏春秋》中说："贤人之不远海内之路而往来乎王朝，非以要利也，以民为务故也。"似乎又是"以民为务"（这是"为人民服务"的最早版本）。他掌权时所作所为，也确有为民之举，并非全为个人之利。他召集天下各派贤士，综合各派学术观点，编写了《吕氏春秋》，共二十余万言。他执政时对内兴修水利，发展经济，改革吏治。大型水利工程郑国渠便是在他主政时（秦王政元年至十年）修建完成的。工商业得到长足发展，出现了一批跨地区的寡妇清等大工商业家。对外，他积极外交，军事上适时攻取东周及赵、魏实地，立三川、太原、东郡（其时，并无屠城、坑卒，这和后来不一样。），很有作为。后来，因所谓叛乱罪的牵连，被撤职查办，全家迁蜀，吕恐被诛后牵连家庭，服毒自杀。

刘安（公元前179年~前122年），汉高祖刘邦之孙。公元前164年，被封为淮南王，时年16岁。他才思敏捷，好读书，善文辞，鼓琴作诗样样精通，惟不喜戈、猎、驰骋。他是西汉著名文学家，他在所著的《离骚体》中最早对屈原及其《离骚》作了高度的评价。他曾招致宾客数千人，集体编写了《鸿烈》（即《淮南子》）一书，书含有《内篇》21篇、《外篇》22篇、《道训》2篇，共45篇，洋洋数十卷，计20余万字。刘安还热心科技，他是世界上最早试验热气升空原理者，他将鸡蛋去汁、以艾燃烧取热气，使蛋壳浮升。刘安还是我国豆腐的制作创始人。他在淮南发展经济、煮盐、炼铁，"富可敌国"；他的国中群士归附麇集，较中央政府为盛；他施惠于民，"以阴德附循百姓"；这些都引起中央政权十分不放心的。正好有家人告发其太子谋杀汉中尉之事，于是中央政府下令捕杀其太子一家并借此机会由酷吏张汤办案，牵连淮南王刘安及宾客豪强数千人，刘安最终含恨自杀。这在今天看，无疑是大冤案，但在当时中央政权来看：地方政权首脑不喜戈、猎、驰骋、游嬉，反而好读书、有独立思想、有远大理想便有问题；地方发展经济，"富可敌国"，比中央有钱，更是有罪；再搞得宾客、群士麇集，再小恩小惠，"阴结宾客，附循百姓。"更是大罪。杀几千人还是客气的，要是到了近代明太祖、现代李绍久、康生手里，不牵连几万人才怪。《论衡》认为："淮南王作道书，祸至灭族"，王充作为唯物主义者，作这个分析是有道理的。

9. 农家和许行

农家是战国时期反映农业生产和农民思想的一个学术派别。主张劝农耕、足衣食。春秋战国社会的大变革使社会关系发生很大的变动，以至反映各类劳动者的学说在当时有可能存在的条件。代表小手工业阶层的有墨家学派；代表小土地所有者的有杨朱学派；代表工商业者的有管子、范蠡、吕不韦等杂家；代表谋士、将帅的有纵横家、兵家；代表下层农民的就是农家学派。

其代表人物：许行，以神农氏为祖。

代表作品:农家著作有《神农》《野老》《宰氏》《董安国》《尹都尉》《赵氏》等,均已佚。关于农家思想的记载见于杂家《吕氏春秋》中的《上农》《任地》《辨土》《审时》《爱类》等篇,以及《淮南子》中的《齐俗训》以及《管子》等书之中。

许行(公元前390年~前315年),与孟子同时代人。他大概是楚国随官僚女子嫁出的媵臣。(孟子说他是"南蛮",是"楚之媵"。)

许行有弟子几千人,他们生活极为简朴,穿着粗布衣裳,靠打草鞋、编蓆子为生。他们不追求高官厚禄,只求有一块地、一间房子,好进行农业生产。许行的主张在社会上有一定的影响,连原儒家弟子陈相、陈章兄弟都去拜他为师。从孟子对许行的批判反过来也可以看到许行的主张:

(1)贤人治国。贤人应和老百姓一道耕种,一道亲自做饭吃。"贤人与民并耕而食"。这对贤人的要求是好的,但如果日日如此,没有贤人和老百姓的分工,是说不通的。

(2)"市贾不二",物物等量交换。价格固定不变。这想法不错,但不懂价格规律,被孟子批了一通。

(3)顺民心、忠爱民。这比儒家民本思想更前进了一步。用管子的话:"取于民有度、用之有止。"(这其实和儒家孟子的话是一致的)"修饥馑、救灾荒。"

(4)"农本商末"。他认为:农业是保障百姓生活的基本手段,是根本;商业服务业者不创造物质,珠、玉、金、银既不能当饭吃,又不能当衣穿,还是破坏、损耗社会财富的根源。这种思想影响数千年,到近现代,还有人教育非工农分子(教师、小摊贩、小职员):你们不从事生产,吃的农民的,穿的工人的,不改造怎么行。而商人,一直在政治上是低人一等的。持续数千年的抑商政策是中国工业化不能发展的一道坎。

(5)重军。强大的军队是国家稳定的根本保障。军队要军粮,所以要发展农业。

(6)劝民务农可使民风淳朴,守在土地务农者,不会结党营私,不会谋图造反,也容易供统治者利用和役使。将百姓都束缚在土地上,可以防止他们东张西望、见异思迁,保证政令的推行,减少封建社会的不安定因素。

(7)农业生产,强调上应天时,下尽地财、中用人力。农家特别强调"上应天时",在《吕氏春秋》中有多处谈到如何顺应天时进行农业的论述。

10. 其余诸子

春秋战国时代,还有不少改革家,他们很难说属于某一家,比如晏子、管子、范蠡、荀子、慎子、告子、杨子等。他们或有辉煌的业绩,或有别于他人的思想。他们思想较为庞杂,当然也可以把他们归入杂家之中。

(1)管仲(公元前770年~前476年),名夷吾,又名敬仲,字仲,后人尊称其为管子。颍上(今安徽颍上)人,早年经商,初事齐国公子纠,助纠和公子小白争夺君位,曾射中小白,但最终小白获胜,是为齐桓公。桓公不计前嫌,经鲍叔牙推荐,任命管仲为卿相。管仲辅佐齐桓公进行一系列改革,选拔士子,分设官吏,赏勤罚懒,征收赋税,统一铸造钱币,制定捕鱼、煮盐之法;对外执行"尊王攘夷"策略,使齐桓公成为春秋第一位"霸主""五霸之首"。管仲亦被任命为上卿,尊为"仲父"。

《管子》一书原有 86 篇，刘向编定为 76 篇。它包括道、名、法、农、儒等思想，及天文、舆地、经济和农业知识，其中《轻重》一篇是古代不可多得的经济文件，对生产、分配、交易、消费、财政均有论述。

管仲像

管子法律思想：定义："法律，政令者、吏民规矩绳墨也。""法者，天下之仪也，所以决疑而明是非也。百姓所悬命也。""法者，天下之程式也，万事之仪表也。"总之，"法"乃是人们言行是非功过、曲直的客观标准和人们必须遵守的行为规则。"法"是"尺寸也、绳墨也、规矩也、衡石也、斗斛也、角量也，谓之法。"法的作用："法者，所以兴功惧暴也；往者，所以定分止也；今者，所以令人知事也。"总之，"法者，上所以一民使下也。"管子最先提出"以法治国"。但他和商鞅、韩非的重刑重赏不同。他认为"至赏则匮，至罚至虐。财匮而令虐，所以失其民也。"还说："诛杀不以理，重赋敛，竭民财，急使令，疲民力"，就必然会造成"诛罚重而乱愈起"的结局。所以，管子认为："凡治国之道，必先富民，富民则易治也，民贫则难治也"，"仓廪足则知礼节，衣食足则知荣辱。"这些显然受到儒家"富民""仁治"思想的影响。

管子不反对"教化"，和否定教化作用的法家不一样，但他也不同于儒家"德主刑辅"的儒家，他认为"仁义礼乐"必须"皆出于法"。

对于法律的制定、执行，他提出："有生法，有守法，有法于法。"即君王"生法"，依道立法，要"重民力"，应"随时而变，因俗而动"，但不能"朝令夕改"；臣守法，执行法律，要公开透明，"号令必须着明"，"赏罚必信密"，不能"释法而行私"。民"有法于法"，规规矩矩，遵守法律。

管子提出"重令""尊君"，君王为了防止失势，必须有"术"以驾驭臣下，这个"术"到法家得到充分的继承发展。

管子或许由于商人出身，经济思想十分超前：

① 赋税。分两类。一类是强制的，按土地、房产、牲畜、人头纳税，这类税宜少收、免收，以免负面效应；一类是自愿的，盐铁税、特产税，谁要发财谁就交税。

② 货币信贷。国家铸币，按"币重则万物轻，币轻则万物重"的相互作用调控，物轻时买进，物重时卖出。谷物太贱则国家大量收购，谷物就涨了。《管子·轻重》中说：是年齐国西部因涝灾缺粮谷贵，齐国东部丰收而谷贱。于是他大量收储东部之谷，还下令诸侯藏千钟，大夫藏五百钟，商贾藏五十钟。这样，一方面收到大量粮食卖到西部地区，解决了那里粮贵粮荒。东部因大量收购而粮价上涨，避免了谷贱伤农。同时，国家大量收购，货币不足则增加铸币来调控。国家还可以通过信贷来调控物价，在春荒时给农民放贷或预付粮食定金。还利用价格手段参加"国际"贸易。例如盐价，"天下高我独下"，利用低价竞争手段，使齐盐大量出口至梁、赵、宋、卫、濮之国；对于齐国短缺物资，则"天下下我独高"，利用高价，促使短缺物资流入齐国。当然，管子所说的工商主要是君王的官办工商，

和吕不韦提倡的不一样。

一次，桓公向管仲提出要"阳山之马，具驾千乘"。管子一了解，对方要四万黄金。齐国不产金，怎么办？于是管仲提出国内交税者，若交黄金可以一顶四，这样征得不少黄金。他又对处于战争状态"缺盐独苦"的国家要求以黄金换盐。这样，完全依靠价格手段（而不是法家的战争手段或强制掠夺富人的手段）很快筹得四万黄金，换来千乘良马。

管子治国，一系列强国富民政策的理论依据，一是利益趋动，用利益杠杆，调动各方面积极因素。比如煮盐、炼铁能赚大钱，谁要想赚这个钱，就要多交税。另一个理论依据便是重视商业、重视市场作用。"无市则民乏"，有了市场"则万物通；万物通则万物运；万物运则万物贱；万物贱则万物可因；万物可因，则天下可治。"

（2）晏子（公元前578年～前500年）名婴，字仲，谥平，后人尊称晏子，夷淮（今山东莱州）人。晏婴是齐国上大夫晏弱之子，以生活节俭、谦恭下士著称。公元前556年，晏弱病死，晏婴继任为上大夫，历任灵公、庄公、景公三朝为相，辅政50多年。是春秋后期重要的思想家、政治家、外交家。孔丘赞曰："救民百姓而不夸，行补三君而不有，晏子果君子也。"现存晏子墓在山东淄博。

《晏子春秋》是记载晏子一生事迹和言行的书，亦称《晏子》，书中表达晏子思想：①爱民乐民、和平反战。他提出"仁者长寿，和则养生"，要治理天下"始则爱民"，"意莫高于爱民，行莫厚于乐民。"遇有灾荒，国家不发救济粮，他将自家的粮食分给灾民救急，然后劝谏君王救灾，深得百姓爱戴。对外主张和平共处，不事挞伐。齐景公欲伐鲁，他劝景公"请礼鲁，以息吾怒；遗其执，以明吾德，"景公"乃不伐鲁。"他"尚和不尚同""和而不同"。②廉洁无私、生活俭朴。他主张"廉者，政之本也，德之主也。"他辅佐三代君王，廉洁从政、清白做人。他从不接收礼物（包括国君的赏赐），大到赏邑、住房，小到车马、衣服都坚决辞绝。他还经常把自家的俸禄送给亲朋和穷人。他吃的是"脱粟之食"、"苔菜"；穿的是"缁布之衣"；坐的是"弊马驽骊"之车；住的是"近市湫隘、嚣尘、不可以居"的"陋仄之室"。他不仅戒得，也戒色。齐景公见晏子妻"老且恶"，打算以爱女妻之，他坚拒不允，说："去

晏子像

晏子墓

老者，为之乱；纳少者，为之淫；且夫见色而忘义，处富贵而失伦，谓之逆道。"

③ 乐观豁达、生死自然。他虚怀若谷、闻过则喜。孔子赞他："不以己之是，驳人之非，逊辞以避咎，义也夫。"他生性乐观，对生死淡然视之，他："人总是要死的，不论仁者、贤者、不肖者，概莫能外。"因此从不"患死"也不"哀死"。

④ 社稷为重，昏君为轻。晏子使楚，楚上大夫说："齐国内乱以来，齐臣为君王死的不计其数，而您作为齐国世家大族，既不能讨伐叛贼，又不能弃官明志，又不能为君王而死，您不觉得羞愧吗？为什么留恋名誉地位不肯去死？"晏子说："我只知道君王为国家社稷而死的，作臣子的才应该与之同死，而今齐先君并非为社稷而死，那臣子为什么随随便便去死呢？那些死的人都是愚人，而非忠臣。国家有变时，我不死不离，乃是为了迎立新君，为的是保守齐国社稷、宗庙。假若每个人都离开朝中，国家大事又有谁来做呢？"后世孟子的名言："民为贵、社稷次之、君为轻"显见是受到晏子思想影响的。

（3）范蠡（公元前536年～前448年？），生于楚国宛地三户县（今河南南阳附近）。他出身贫寒，年青时学富五车，上知天文，下知地理，满腹经纶，文韬武略，无所不精。由于在楚国当时只有贵族出身才有出仕的机会，于是他约了宛令文种一齐投奔越国。但是在越国也没有被重用。直到42岁时，越王勾践兵败被困于会稽山，在此危难之时，范蠡求见越王，献复仇九策，才被重用。他随越王到吴国为奴，四年后和勾践一齐返越，任上大夫，和相国文种一起用贿赂麻痹吴国君臣；以美人计腐蚀吴王夫差；暗中在山中准备军械、训练士卒。又四年，勾践拟伐吴复仇，范蠡以为条件不成熟，加以劝阻。经十年生聚、十年教训，已具争霸实力。又八年后，吴师北上争霸，国内空虚，范蠡始建议越王率军乘虚而入，大败吴师。又三年，越军围攻吴都，吴军自溃，吴王被杀，越国最终取得胜利。胜利后，范蠡十分冷静，辞官归隐，悄悄地带着家人，据说还有娇滴滴的美人儿西施，乘舟浮于海上，北上齐地，更名为鸱夷子皮，隐于海边，农耕，桑蚕，经商成千万富翁。据说齐王请他当相国，他认为不祥，散财于民，又异地隐居于陶（今山东定陶？陶城？），自称陶朱公，依靠远途跨国贸易，又成为大富翁。之后，他又散财于民，带着妻子、儿女再重新隐于山林，泛舟五湖，不知所终。

范蠡著作有《计然篇》（见《国语·越语下》）、《范蠡兵法》（二篇，已佚）、《陶朱公理财十二则》（可能是后人伪托）。此外，《史记》对范蠡亦有专门介绍，从中我们可以看到范蠡的思想：

① 政治态度。他对君王忠而不愚忠，遵循的是孔夫子的"邦有道则仕，邦无道则隐。"越王勾践奋发图强时就出仕为上大夫，献九策，吃尽辛苦，取得胜利。胜利后越国上下热气腾腾，惟范蠡十分冷静，见勾践不可共患难，上书辞官。越王不允，对他说：你留下，我与你共有天下；你坚持要走，我杀了你。范蠡不为名利所动，不以杀戮为惧，悄悄地带着金银细软、家人、弟子，也许还有老情人西施，乘舟浮于海上，北上齐地。他临走前给文种写信说："蜚（飞）鸟尽、良弓藏，狡兔死，走狗烹。越王为人长颈鸟喙，鹰视狼步，可与共患难，不可与共享乐。子何不去？"文种贪恋权位，后终被越王赐死。汉初韩信临死才悟出"鸟尽弓藏、兔死狗烹"的道理，已是迟了。

他追求天道、地道、人道的统一。"夫国家之事、有持盈，有定倾，有节事。"就是说：治理国家有三件大事，一是国家强盛要保持后劲（可持续发展）；二是国家倾复时要转危为安；三是平时，国事要有节制（要爱惜民力，不要搞滥用民力的超大型工程）。

②经济思想，农商并重。他既提出"劝农桑、务积谷"，又提出"农末（商）兼营"，把粮食作物生产和经济作物生产（桑）并重，同样重视农业和商业的经营。他还提出要重视货币、市场的作用。"务完物、无息币。"如何用价格调整使农商俱利，他说了一个例子：卖粮食，价格二十钱则损害农业；价格八十钱则损害商业。商业一受损则国家得不到财税来源；农业受损则庄稼没人管。所以价格高于二十低于八十则农业商业都有利。即："平粜谷物、关市不乏，治国之道也。"关市不乏，税收充盈，国家经济才能发展、军事政治才有了后盾。范蠡作为有成就的大商人，其经济政策和同是商人出身的管仲、吕不韦是很一致的。

③军事思想。他主张强则戒骄逸，外安有备；弱则暗图强，待机而动；用兵则乘虚蹈隙，出奇制胜。在越方困难的时候，他暗地组织越人训练。浙江今天尚存许多人工洞窟，有人说或是当年制作兵器的地下兵工厂或地下训练基地。而乘吴国大军北上争霸时，乘隙攻其后方。这些都是成功的范例。

后世正统史家往往对范蠡评价不高，没有把他放到诸子百家中去，其中有一个重要的原因就是范蠡于越国胜利之时，不服从越王的挽留，炒了老板君王的尤鱼，自顾自走了，"不忠"。出走以后隐居倒也罢了，还下海经商，以陶朱公的名义，大肆搞国际贸易，成千万富翁。其实，这些都正是范蠡过人之处，不愧为明哲保身的智者，不愧为儒商之祖。

第六章 黄河文化（二）——城市与建筑

第一节 黄河城市

一、城市的发展——从聚落到城市

中国古代都城多集中在黄河流域。古都中除了三国以后才建都的南京，夏都阳翟、商都殷、周都丰、镐、秦都咸阳、隋唐洛阳长安、宋都开封无一不属于黄河流域。元大都、明清北京虽然属于海河流域，但那个地方远古还是黄河流域一部分，北京的土地还是黄河泥沙沉积的，北京的文化还是属于黄河文化体系。从中国史前已发现的城址遗址来看，大体集中于黄河流域、四川岷江流域和长江流域三处，以黄河流域为最多，其数量超过后两处的总和。

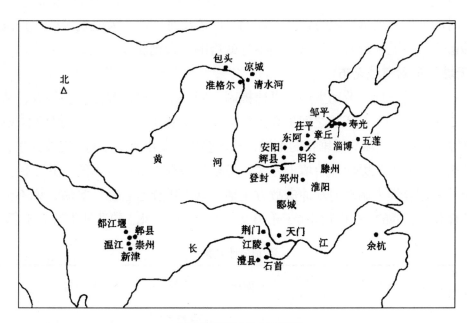

中国史前城址分布示意图

1. 无城无市的聚落

远古黄河人为了防御野兽及外族敌人, 为了集中围猎、集中农业生产（烧荒）必须群居。这就形成了聚落。这样的聚落一开始既无城（城墙）, 也无市（互贸商市）。

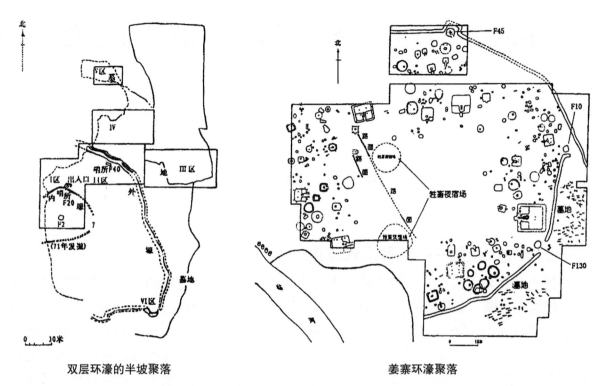

双层环濠的半坡聚落　　　　　　　　姜寨环濠聚落

从发掘的古代聚落遗址来看, 其选址大抵 "高毋近旱而水用足, 下毋近水而沟防省"。遗址一般在河边的二级台地上, 一般高于河水 10~20 米。聚落中的居住建筑通常是穴居或半穴居。这时的人们在聚落四周通常挖了濠沟, 但还没有城墙。大概筑城要比挖濠困难。土城要是不够密实, 一见水就软, 几场雨搞不好就垮的一沓糊涂。

2. 从无城无市到有城无市

随着农业生产的发展, 劳动生产率迅速提高, 同一土地可以养活更多的人, 从而人口迅速繁衍。人口越来越密集, 各氏族之间争夺生存空间的斗争日益加剧。为了保护本氏族的安全, 人们开始筑城。最早的筑城只是堆积的土堤, 遇水会塌, 防洪水更不行; 堤坡太平, 防卫敌人也不行。后来人们从水工堤坝开始填土夯实。最早掌握夯土筑堤技术的是共工氏。史载共工氏善于筑堤并利用堤坝来调动河水冲击敌方土地。共工氏族是否已经筑城, 说不清楚。但之后蚩尤城是有夯土城墙的, 和蚩尤同属于东夷文化（如龙山文化）的遗址常有夯土版筑的城墙。

史前城址列表

城址	文化（类型）	所在地		规模（平方米）	平面形状	所处地形	城垣筑造	备注
西山	仰韶（大河村）	河南	郑州北郊	3.1 万	类八角形, 近圆形	邙岭余脉上, 枯河北岸的二级台地边缘	城墙为方块版筑法, 外侧环绕有取土沟	

（续）

城址	文化（类型）	所在地		规模（平方米）	平面形状	所处地形	城垣筑造	备注
王城岗	中原龙山（王湾）	河南	登封县告成镇西	1万	西城近方形	五渡河西岸的岗地上	两城并列，共用一墙	东西并列两座小城
郝家台	中原龙山（王湾）	河南	郾城县东石槽赵村东北	3.2万	长方形	台地上	城外有壕	—
平粮台	中原龙山（王油坊）	河南	淮阳县城东南	5万	方形	新蔡河西岸的台地上	城墙采用小版筑法堆筑夯成	南门中间路土下铺设陶排水管道
孟庄	中原龙山（后冈）	河南	辉县市孟庄镇东侧	16万	方形	坡地上	城墙堆筑而成，外有环壕	—
后冈	中原龙山（后冈）	河南	安阳市	—	—	西北洹水南岸的高岗上	残余一段长70余米，宽2~4米的夯土围墙	—
边线王	山东龙山（姚官庄）	山东	寿光县孙家集镇边线王村北	大城5.7万；小城1万	圆角方形	弥河两条古河道间的台地上	—	小城位于大城中部略偏东南处
城子崖	山东龙山（城子崖）	山东	章丘市龙山镇东	20万	长方形	武原河畔的台地上	北垣随地势弯曲而外凸，沿断崖而筑，外壁呈陡壁，内壁呈漫坡，墙外为河流或沼泽；大部分城墙挖有基槽	
丁公	山东龙山（城子崖）	山东	邹平县苑城乡丁公村东侧	11万	圆角长方形	高埠上	有壕；城内发现有与外城垣、城壕平行且结构基本一致的城垣、城壕	—
田旺	山东龙山（城子崖）	山东	淄博市临淄区田旺村东北	18万或15万	圆角竖长方形	乌河东岸	—	—
景阳岗	山东龙山（城子崖）	山东	阳谷县东南张秋镇景阳岗村周围	38万	呈东北—西南向的圆角长方形	—	城垣南、西、北三面中部有缺口，可能为门址	城内中部有大小两座夯土台基，利用原自然沙丘加工而成
薛城	山东龙山（尹家城）	山东	滕州市官桥镇尤楼村东南	2.5万或1万	近方形	古薛河西岸	未发现有明显的城垣	在周代薛国故城的范围内；似属夯土台址
丹土	山东龙山（两城）	山东	五莲县东南部丹土村周围	25万	早期为不规则椭圆形，中期为不规则刀把形	—	—	中期城址有蓄水池、排水池和出水口等设施；已开始考虑地势、洪水和防御之间的关系

（续）

城址	文化（类型）	所在地		规模（平方米）	平面形状	所处地形	城垣筑造	备注
老虎山	老虎山	内蒙古	古蛮汗山南麓的东南向阳坡地上，面向岱海及其周围的开阔地	3万	上窄下宽的不规则三角形	依山而筑，上下高差逾百米	城墙为黄土垒成，外侧由石块砌筑	为全城制高点的山顶平台上筑有小城；全城依山势修城八层阶地
西白玉	老虎山	内蒙古	凉城	为老虎山城的1/2左右	地貌、城墙形状及建筑方式略同于老虎山城			—
板城	老虎山	内蒙古	凉城	更小	略呈梯形	—	石砌	—
园子沟	老虎山	内蒙古	凉城	较大	—	三面为山脊包围，一面临水，地势险要	未筑城墙	沿山坡分成多层
大庙坡	老虎山	内蒙古	凉城	—	—	平缓坡地上	石砌	城中部发现一道顺山势修筑的城墙
威俊	老虎山	内蒙古	包头以东的大青山南麓台地上	0.8万/处	不规则	台地上	—	由东西三处石城组成
阿善	老虎山	内蒙古	南临黄河与河套平原	5万	不规则	—	有的地段多重石墙并行	由东西两处石城组成
西园	老虎山	内蒙古	包头	—	不规则长方形	台地边缘	石砌	—
莎木佳	老虎山	内蒙古	包头	—	—	台地上	石砌	有东西两座石城
黑麻板	老虎山	内蒙古	包头	2万	—	—	石砌	由东西两个台地组成
寨子塔	老虎山	内蒙古	准噶尔和清水河之间南下的黄河两岸的高台地上	—	—	东、西、南三面为峭壁和陡坡	石砌城墙依地形起伏修筑；地势平缓的北侧筑有两道平行的石墙，建于人工堆筑的土埂上，外侧为深沟	—
寨子上	老虎山	内蒙古	准噶尔	—	—	地形、地貌与寨子塔城相似	石砌，有壕	—
马路塔	老虎山	内蒙古	清水河	4万	—	西临黄河断崖，呈东高西低的缓坡状	石砌	

黄帝城在今涿鹿轩辕丘。其遗址南北长 510~540 米，东西宽 450~500 米，城墙高 16 米，顶宽 3 米，底宽 16 米，十分雄伟。城内发现有玉斧、玉钺，是王权重器。城墙的夯土之中有竖向分层，可见黄帝城或是在古彭城的基础上扩建的。

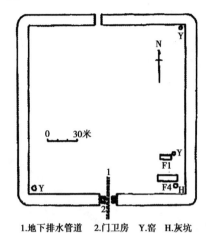

1.地下排水管道　2.门卫房　Y.窑　H.灰坑

黄帝城遗址　　　　　　　　　　　河南平粮台城址

河南淮阳平粮台城遗址呈正方形，开创了后代方形城的先河。城内面积 3.4 万平方米，城墙残高 3 米多，宽 10 米，每边长约 185 米。有南北城门，在南门下发现有陶质排水管。

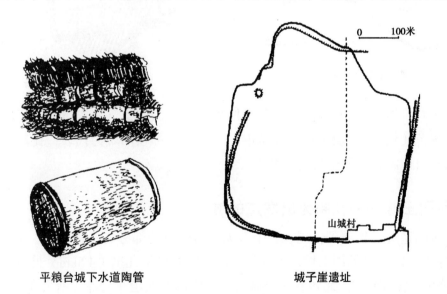

平粮台城下水道陶管　　　　　　　城子崖遗址

山东章丘龙山城子崖遗址建于台地上，北、西两面均离河流不远。城址呈不规则长方形，南北长约 450 米，东西宽约 309 米，面积 20 万平方米，城墙残高 2.1~3 米，筑城方法：地面先挖基槽，然后填土夯实作为城墙地基，然后在地基上夯筑城墙。城内有房基、道路、水井、陶窑区，城外有河流环绕。

山东阳谷景阳岗遗址。遗址呈长条形，面积达 38 万平方米，现有南、西、北三个城门，估计东面也应该有一个城门，压在现在景阳岗村之下，暂没挖出。城内有 2 处台址，当有重要的建筑，其中较小一处或是祭祖场所，较大一处可能是宫室居住区，当时人们已经把建筑建在人造的土台上，这是后代高台建筑的先河。

3. 从有城无市到有城有市

据记载，夏禹时大概已有市场贸易（"懋迁有无化居"），但未必有固定的贸易场所。到了商代，经济迅猛发展，贸易量急速增加，于是城中有了一个比较固定的贸易处所，这便是"市"。史载商人"善治宫室，大者百生，中有市"。据说姜尚（姜子牙）在未遇到周文王之前，就曾在殷都朝歌与孟津的集市上杀牛卖牛肉。显然，从商代开始，有城无市的城堡演变成了有城有市的城市。

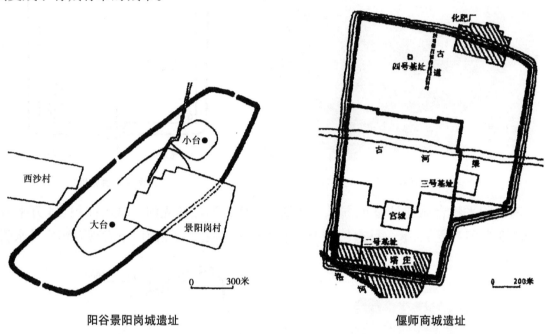

阳谷景阳岗城遗址　　　　　　　偃师商城遗址

"有城有市"的城市，到西周、春秋时期大体发展为两类。一类以西周王城为代表，比较强调政治规范（周礼），属于规则型城市。一类以齐都临淄城为代表，比较强调经济环境的制约，强调因地制宜，属于自由型城市。

二、西周王城——礼制为出发点的城市

西周王城的遗迹已见不到，《周礼》中有关城市建设的部分《冬官司空》也已佚。后人以《考工记》替代，以此可见周王城的大体情况：王城大约是九里（4.5km）见方的大城，面积约20平方公里，东、南、西、北各有三个城门。城内南北大道（经涂）有九条，东西大道（纬涂）也有九条。经涂、纬涂均宽九轨（72尺，24米）。沿城内有环城大道（环涂），宽7轨（56尺，18米）。城门外有出城大道（野涂），宽5轨（40尺，13米）。宫殿区（王城）在都城中心。王城之中有朝宫，朝宫前（南）有祖庙和社稷坛（"左祖右社"），后有王室居住区（六宫）。王城之后（北）是贸易区（"前朝后市"）。贸易区（市）包括东市（朝市），上午开放，大型货物贸易为主；有西市（夕市），太阳西下开放，小商小贩日用品交易为主；有中市（大市），中午开放，以对外地贸易为主；贸易区占地多大？据说占地"一夫"，"一夫"有多大，有人以为便是一格（约450米见方），怕不止。有三个市，有管理机构、有仓库，大约应占两格。大城有城墙、城濠，王城（宫殿区）也有城墙，贸易区有"桓墙"，大概是栅栏一类的墙。

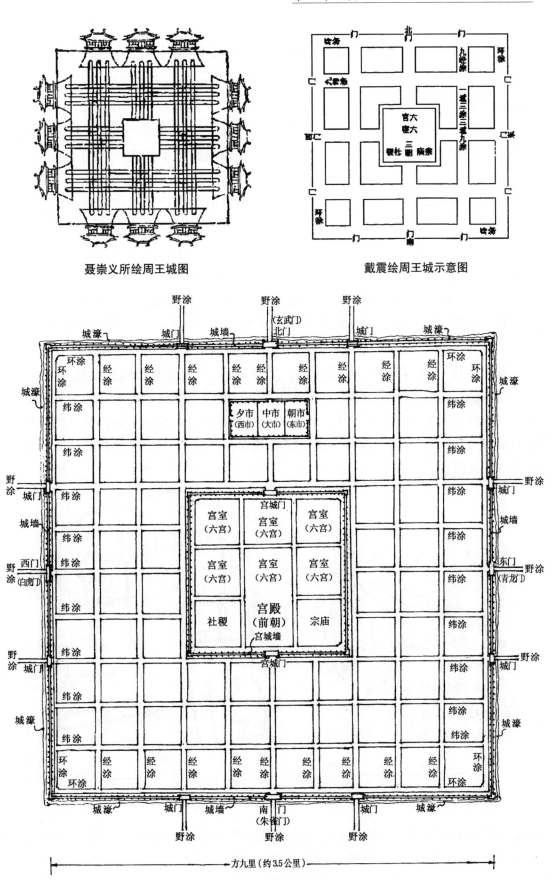

聂崇义所绘周王城图

戴震绘周王城示意图

本作者绘周王城示意图

三、临淄城——以经济环境为依据的自然型城市

临淄城是春秋时期齐国的都城，位于山东东部临渤海湾。春秋时齐桓公任用管仲为相，实行一系列改革，之后又经过管子至晏子等一代代贤臣的努力，齐国的农业、工商业得到全面发展。由于齐国开凿了淄济运河，把淄水、时水、济水连接了起来，临淄和中原其他国家之间有了便捷的运输条件。特别到了春秋末，各国开挖了邗沟、鸿沟等运河，连通了长江和淮水、黄河，从此江、淮、河、济"四渎"水运通达，位于江河渤海之间的临淄得到了更大的发展。水运的便捷（大宗物资如盐铁主要依靠水运）促进了商业（管子、晏子的思想是重农而又重商的）的繁荣，并促进了手工业（制盐、冶铁业等）的发展，最终临淄城成了盐铁业大宗商品的集散中心，成了三十万人口的"国际大都会"。

临淄城遗址尚存，位于淄水西岸，系水东岸，大体上处在南高北低，东高西低的缓坡地上，南北高差最大约 10 米。临淄城有大城、小城两部分。大城约南北长 4.5 公里，东西宽 3.5 公里，春秋时所筑，到战国时又在大城西南角扩建了小城。小城应是宫城，中有"桓公台"，当是宫殿遗址，大城当是外城，主要是居住区及手工业区，其中出土多处作坊、墓地遗址。居民按工作性质居住："仕者近宫，耕者近门，工贾近市"。大城城墙残基宽处 67 米，窄处也有 17 米，大城北、西、南各发现有两个城门，东面有一个城门，有专家认为东面应该还有一个城门。当然或因为淄水所阻，从经济效益出发未必再开门建桥。城门宽大约 10 米左右。小城另有城门 5 座，北、东、西各一座，南面两座，其东门、北门对大城开启，显是为方便官员进宫上朝所用。

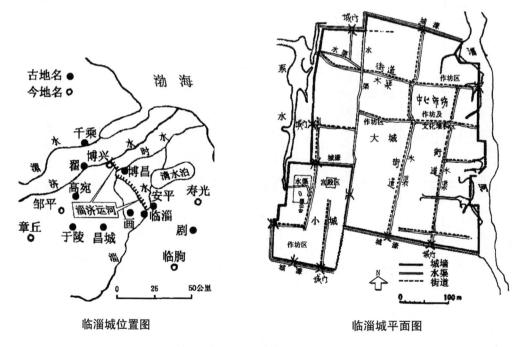

临淄城位置图　　　　　　　　　临淄城平面图

临淄城内开了不少水渠，特别是在小城东城墙外从南向北开凿了一条长约 2.8 公里的干渠，一直从大城北门附近流入城濠，解决了整个城西地区的排涝问题。其余水渠也大体南进北排或东进西排，排入北面城濠或西面的系水。为防止淄水洪水危及大城，东城墙外还

筑有防洪堤坝。水渠和街道并行，如近代苏南城镇，既方便居民生活供水，又方便物资的运输、道路和水面之间也往往是游憩场所、商业服务中心。

临淄城作为商业繁荣的城市，城中当然有集市。管仲主张重视市场："有市，无市则民乏矣！"没有市场，居民生活自然匮乏。临淄大城中部井字形道路及水渠的附近多有作坊遗址，据："工贾近市"之要求，大市场（国市）当在此处。此外，大城还有多处集市。显然，临淄的"市"不会有周王城那样严格的压制性的管理体制，是比较宽松的，这自然有利于工商业的发展。

临淄的宫城原来可能在大城的中心地带，随着经济的发展、商业繁荣，城市中心格外拥挤，于是让出中心地带到西南角另建小城作为宫城。宫城中北部有"桓公台"，当是宫殿的台基，在小城之中倒也算是符合"坐北朝南"的要求。宫城中除了宫殿，还有"稷下学宫"、铸钱作坊等重要机构。

周王城和临淄城规划之异同　周王城和临淄城的规划是两种不同的风格。周王城的规划以礼制作为依据，是政治为中心的规整型城市；临淄城的规划以经济社会环境为依据，是经济为中心的自然型城市。它们代表了后世两种不同的城市发展方向。隋唐长安、明清北京是周王城的延续和发展；宋汴梁、明南京延续了临淄城的精神。有人以为北方地区有大面积平原，因此可以出现规正对称的周王城，东方、南方地形起伏变化，为了适应变化的地形，不得不出现相对自由的临淄城。这么说，似乎只说对了一小半，其实临淄城南北最大高差只有10M，地形坡度不到0.2%，是很平坦的，完全可以建个方正规整、道路横平竖直的城市，但管子、晏子没有这么做。看来，决定性的因素不是地形，而是经济、政治及其表达的规划思想。周王城的规划反映"周礼"为代表的等级制思想，它强调王权为中心，"以中为尊"，所以必须把周王宫殿放在"国"之中心，以表示权在中央，面向四方；君王执一，四方来归；建筑道路方位朝向要"正"；对于集市，周王朝又要收税，更要严控，无非是利用、限制、改造；集市放在朝宫之后，占地仅仅"一夫"，还要"桓墙"围起，还设了一大批官员来管理，官员们很喜欢行政干预市场价格和商品品种、交易方式；活脱脱体现了"重农抑商"的思想。道路体系强调方向位置经纬划一、道路宽度等级明确、高度统一。城市规模也按照王、诸侯、大夫之城等级分明，标准一致。临淄城的规划则代表以管子、晏子为代表的稷下学派的思想，它追求摆脱绝对王权的束缚，求得相对的自由而和大自然取得和谐。于是"因天材、就地利，故城郭不必中规矩，道路不必中准绳。"（《管子》）它肯定集市、市场的作用，断言"有市。无市则民乏矣。"于是中心市场（国市）在大城中心设立，体现了"农末（商）兼营"的农商并重的思想。城中道路并不横平竖直，往往和水渠并行，陆上交通和水上交通实现了"无缝对接"，从而降低了物流成本，促进了工商业发展。

由于中国几千年来正统思想是皇权为中心的等级思想，都城规划大多摆脱不了周王城规划思想的影响。之后的隋唐长安、明清北京无不如此，甚至小小的县城（如山西平遥）已经到了近代，还追求这种以县衙为中心、城廓方正、道路规整的平面风格。而经济发达地区，如隋唐扬州，宋汴梁、临安，明清南京则接受临淄规划思想的影响多一点，城中宫城官署不一定在中心（临安在南角、扬州在西北角、南京靠东门），城郭不一定方正，道路不一定横平竖直，市场不一定偏于朝宫之后，倒可能位于城中心附近。

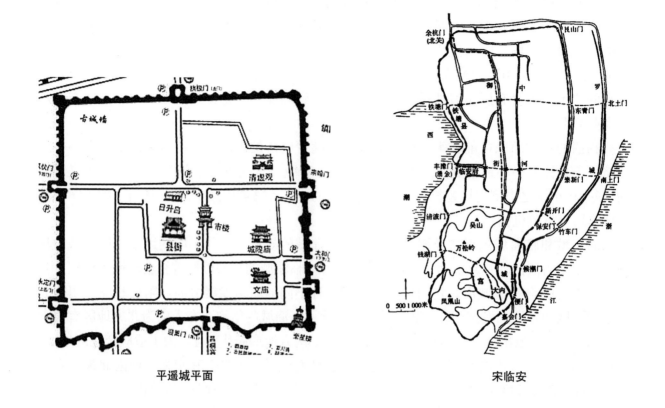

平遥城平面　　　　　　　　　　　　　　宋临安

四、隋唐长安——古代世界第一大城

1. 长安延革

隋代建了三个都城。其中公元582年建大兴城，即放弃汉长安，而在其东南龙首原兴建的新都城。隋以后，唐延用隋都城的城廓、宫殿，改大兴城为长安城，改宫城内大兴殿为太极殿。唐高宗时（公元663年）在城外东北角另建大明宫，唐玄宗时，把主城东北原居民坊划入禁苑，建王子住宅，号"十六宅"。公元714年，又把兴庆坊全坊改建为兴庆宫，又称"南内"。玄宗天宝年间，是长安最繁荣的时期，也是世界最繁盛的城市。公元756年，安禄山叛军攻入长安，长安遭受第一次大破坏。公元883年，黄巢率军攻入长安，并"焚宫室逼去"，唐军回城后又"暴掠无异于贼，长安房屋所存无己。"公元904年，朱温逼迁唐帝于洛阳，"毁长安宫室、百司及民间庐舍、取其材，浮渭沿河而下，长安自此遂丘墟矣。"长安城终于彻底被毁。

隋唐长安城在史籍中多有记载，近年又经大规模发掘，已基本上明了其布局及特点。

2. 长安城结构

长安最外为外廓（大城），其中间靠北为宫城（小城、大内）。宫城为宫殿区，紧靠宫城以南为皇城（子城），皇城布置官署、庙社及官员住宅。长安外廓经实测为东西9721米，南北8651.7米（不包括后来东北扩建的大明宫部分及曲江池向南凸出的部分）。全城面积84.103平方公里。以城廓面积论，它不仅超过在它之前的汉长安（35.8平方公里）、北魏洛

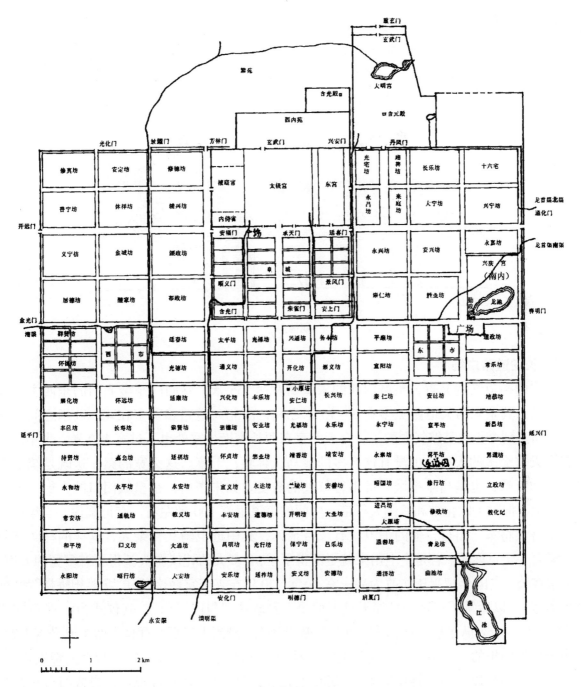

隋唐长安城布局图

阳（53.4平方公里）和在它之后的元大都（49平方公里）、明清时的北京（60.6平方公里），也超过了世界著名都城罗马（13.68平方公里）、拜占庭（11.99平方公里）、巴格达（30.44平方公里）。所以就城廓内所含面积而言，隋唐长安是人类进入资本主义社会以前所建的最大城市。至于建康城，其居民区大于长安，但无城廓，属于另一种形式、不好比较。隋、唐统治者把长安城建得如此之大，主要是为了表现一种大一统的气势。关中地区农业生产能力有限，商业和交通并不发达，不可能像南方建康那样聚集大量人口。长安本身的口粮还得靠河北、河南以至靠江淮漕运来接济，所以城市南部的居民区始终没能得到发展，几乎是半座空城。这终不能不认为是规划上的失策。

长安宫城城墙基宽9~11米，外廓城墙基宽8米，高约5米多。城门（含外廓和宫城）计25座，不少城门建有门楼。其中明德门门楼下开有五个门洞，中间为御道，平时不开，专为皇上出行用。其余门楼下开三个门洞。

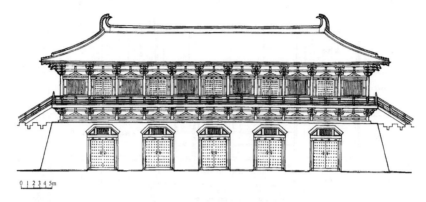

明德门

3. 长安道路广场

长安的街道又宽又直，皇城门前的朱雀街宽达155米，春明门至金光门的东西主干道宽120米，其余东西大道路宽多在39~75米之间，南北向道路路宽多在42~68米之间。这样的道路落到今天也是够气派的了，今天北京东西长安街最宽处也不过宽120米，当年街上没有今天这么多的人口，也没有这么多的宝马、奔驰，干嘛修这么宽的路？这既是统治者好大喜功所致，也是当年皇城官员出行仪仗的需要。如朱雀街，是皇城门口的大街，虽然宽155米，但除去绿化带和两侧人行道，中间的御道也就100米左右。有记载说，当年小小的"金吾大将军"出行，他的护卫就有二百余人，其中近卫骑兵百余人，这样的马队排起来是需要一定宽度的。若是皇上出来就更不得了了，有多大的礼仪派头就得要有多宽的大道。唐玄宗在公元714年把兴庆坊改为兴庆宫，公元720年在兴庆宫西南角建"花萼相耀楼"和"勤政务本楼"。以后每年玄宗生日那天皇上便要上勤政楼"与民同乐"，其仪式为："是日文武百官、仪仗卫士列队于楼南横街之南北，皇帝坐楼上，献酒上寿后，百官入席（或是露天席，相当于今天四川的"坝坝餐"），先后奏太常雅乐，立部伎、坐部伎、宫女数百人奏破阵乐、太平乐等，最后以舞马、舞象结束"。每年上元节，"皇上御勤政楼观灯，贵戚与百官在楼前设'春楼'，除观灯外，有歌舞百戏等。"又在勤政楼举行"大酺"，与百姓会饮，"百戏竞作，人物填咽"。如此大的场面，这120米宽的主干道显然不够，于是"毁西市的东北角及道政坊西北角，以广花萼楼前。"这样在花萼楼、勤政楼前面形成了一个大广场。这样的广场相当于后世的庙前广场，只是坐在上面的不是救苦救难的观音菩萨，而是折腾百姓的上皇。这个广场的尺度虽比不上今天的天安门广场，但或许和莫斯科红场差不多，大人物都是喜欢大广场，以便和"万民同乐"的。其实小百姓在广场站了那么半天，未必有多少"乐"。倘若天不作美，有点风雨更苦不堪言。除勤政楼前大广场外，皇城正门承天门前还有一个横街，宽220米、长2000米有余。隋以承天门为大朝，每年元旦、冬至在承天门举行大朝会，文武百官及各地朝圣使齐聚门前，设仪仗队。诸王军士陈于街，总人数不下二、三万人。唐初延隋制。唐中叶，大明宫建成后，大朝会才迁到含元殿举行。

4. 长安城的商业市场

长安的集贸市场有"东市"（都会市）和西市（利人市），这比周王城将市安放在朝后一个点要方便一点，城东西市民可各自入市购物、贸易。四周道路通畅，东、西市北临春明门至金光门的东西干道，四周道路均120米左右，便于货物运输。东西市各占地约1平方公里，围以市墙，墙厚4米许，每面开2个市门，有井字形道路，将"市"口分为9区。沿墙内还有环路。纵横四条街均宽16米，环路宽14米，沿市墙设仓库。其中店铺从发掘看大的不过3间，宽10米；小的1间，宽4米；均夯土墙。史载东、西市之内有酒楼等豪华建筑，可惜尚未发现遗迹。长安的东、西市是封闭管理的，定时开放。"其市当以午时击鼓二百下而众大会；日入前，七刻击钲三百下散。"这么大的城市，只有东、西2个市，还是不够方便，坊内居民若要打个酱油也要跑十里地，花上个把小时，又没有公交车、出租车、私家车，怎么办？于是在居住坊内便出现了胡饼店、酒肆一类便利店，之后，慢慢出现了小旅邸、小杂货店。唐中叶以后，商业逐渐繁荣、管理放松，坊内商业越来越发达，以至"一街辐凑，遂倾两市，尽夜喧呼，灯火不绝。"

5. 长安城的居民区

外廓内居住区有百余个"坊"，住有居民10万户，约40万人。"坊"有夯土版筑的坊墙，四角有角亭。一个坊相当于一个小城。皇城南面四个坊只开东西门，不得对皇城开北门。"不欲开北门以泄气冲城阙（指皇城）。"这大概又是阴阳家的说道。其余的坊四面开门。大坊占地约1平方公里，小坊只有大坊的四分之一。所有的坊都严格管理，坊门早开晚闭。除坊门外，官民住宅均不得对街道开门。

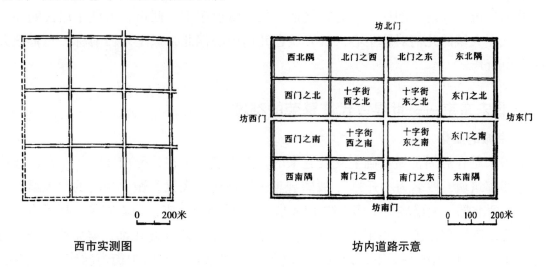

西市实测图　　　　　　　　　坊内道路示意

6. 长安城的绿化

长安城内的游憩之处，出名的有曲江池和乐游园。曲江池在大城东南角，大部分凸出外廓之外，并另建廓城。史称："青枝重复，绿水弥漫。"池西直至通善坊的杏园一带，水道萦回，花木茂盛，景物之美，也屡见唐人诗篇。另一处是乐游园，在昇平坊，其处是长安城地势最高处，"四望宽敞，京城之内，俯视指掌"，太平公主曾在此建亭，后成为游赏之地，"每正月晦日，三月三日，九月九日，京城仕女咸就此登高祓禊。"这两处游憩之地，一处临水、一处登高。把公共游赏之地布置在都城之内，如近世的公园，应是城市的一大进步。

7. 长安城供排水

如此大的城市，为解决城市供水，隋迁都后，即于开皇三年开凿了龙首渠、清明渠、永安渠三条供水干渠。龙首渠在城东，引浐水入城。其南支于通化门北入城进皇城入太极宫，北支进入内苑，顺环城大道入大明宫。清明渠在城南，引沉水入城，一直北上入皇城，沿含光门入宫。永安渠在清明渠以西，引交水入城，亦一直北行，从景耀门出廓，然后西行进入大明宫。已发掘的龙首渠穿城涵洞遗迹宽 2.5 米，长 5.5 米，底面铺石板。涵洞口竖立五根方形铁棍为栅。涵洞入城后为渠，渠宽约 6 米，两壁陡直，壁与底均以青砖铺砌。三条渠的主要目的地似乎都是宫城，居民区的供水似不是主要目标，居民供水怕还有点不方便。

在长安城外，隋唐时期还修了广通渠，引渭水自长安城东郊至潼关 300 余里，东连黄河，以通漕运。这条渠经黄河、汴河与通济渠（古大运河的一段）相连，据此可把江淮及河南、河北的粮食运往关中，供应都城，这是长安的命脉。唐玄宗天宝三年，又引浐水至禁苑以东，开广运泽以聚江淮之船，泽在长安东九里，江淮粮食、财赋可水运直达长安城，但由于运河、水渠水源不足，靠黄河输水则泥沙淤积，挖不胜挖，陆路运费又贵，结果并没有完全解决特大城市的粮食、炭柴及日用品的供应问题，荒年甚至还要由皇帝率臣民东行"就食于洛阳"。

隋唐长安的规划，始作俑者杨坚。主要规划师宇文恺，主持规划时年仅二十八，实为天才。讲长安规划自然不能离开周礼、周王城以及北魏洛阳城的影响，但宇文恺还是有不少改变。如周王城的"市"局促于朝后"一夫"之地，长安城设东市、西市，方便了居民购物。周王城的宫城在大城的几何对称中心，长安城在几何中心偏北，只是东西对称，免得把大城居民区完全断开。

五、北宋东京——世界古代最繁荣的都城

1. 东京城的演化

北宋东京是在后周都城基础上发展起来的。据史载，早在公元前 400 年左右，春秋时郑庄公命郑邴筑城，取名为"开封"；战国魏惠王迁都建"大梁"城。当时的"大梁"大约在今开封的西北部。大梁城高 7 仞（约 17.8 米），有城门十二座，相当宏伟，居民有三十万之众。之后，唐代在此建"汴州"城；五代梁、晋、汉、周均在此建都，梁始称"开封府"。后周称"东京"。后周统一天下，都城人口增加，驻军增长。原城中街道狭窄、屋宇拥挤，于是公元 955 年，周世宗（柴荣）下诏开始扩建东京，公元 956 年，新城筑成。北宋赵匡胤一登基又改造东京，扩建皇城，规模达九里十三步，至公元 1012 年又将夯土城改为"砖垒"之城。外城从太祖直修到神宗、哲宗，加高、加厚、扩大城墙，加深外濠，大约在公元 1094 年最终完成。

2. 城市结构

东京城由皇城（大内）、宫城、内城、外城四重城垣组成。其外城"周五十里一百六十五步"。实测西墙 7590 米，北墙 6940 米，东墙 7660 米，南墙 6990 米。大体是不规则菱形。城基宽"五丈九尺"（约近 20 米），城高"4 丈"（约 13 米多）。城门和周王城（每边 3 门）、长安城（每边四门）不一样，城门数每边并不相等亦不等距布置。共有城门 19 座（其中水门 7 座）。其南面有 5 座：南薰门，陈州门（宣化门），蔡河下水门（蔡河出城水门），戴楼门（安子门），蔡河上水门（蔡河入城水门）；东面有 4 座：东水门（汴河出城水门），新宋门（朝阳门），新曹门（含辉门），东北水门（也叫善利水门，是五丈河出城水门）；北面有 5 座：陈桥门（永泰门），新封丘门（景阳门），新酸枣门（通天门），安肃门（卫州门），永顺水门（五丈河入城水门）；

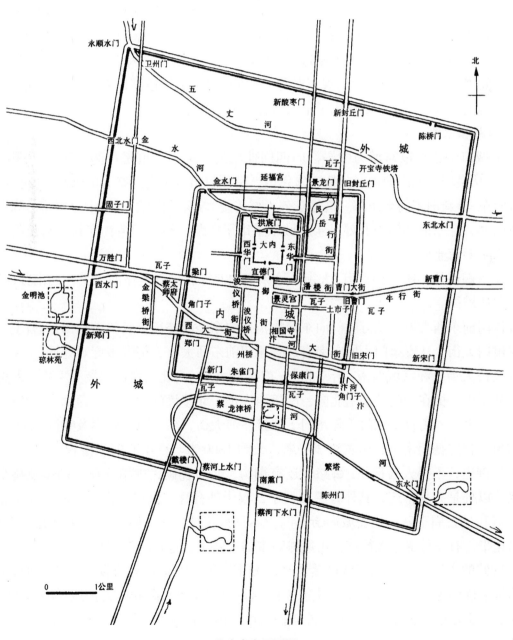

北宋东京平面图

西面有 5 座：新郑门（顺天门），西水门（汴河入城水门），万胜门（开远门），固子门（金罐门），咸丰水门（西北水门，金水河入城水门）。水门下有铁栅，或许可在战时放下，水门外一般有拐子城以加强防护，拐子城另有小门，以便人行。沿城外挖有外濠曰"护龙河"，濠之内外皆植扬柳，禁人往来。

东京的内城即唐代汴州城旧址，又称旧城、阙城、里城。城周 20 里 155 步。内城共十门。南三门：朱雀门、保康门、崇明门（新门）；东二门：旧宋门（丽景门），旧曹门（望春门）；西二门：郑门（宜秋门），梁门（阊阖门）；北三门：景龙门（旧酸枣门），旧封丘门（安远门），金水门（天波门）。另有 2 个角门，位于汴河南北岸。内城外保留有城濠，真宗时，经广济河（五丈河）将外城和内城的城濠联通。

东京的宫城与皇城。宫城又称"大内"，居中，外围以皇城（皇城外有城濠），这种以宫城居中的结构，体现了"以中为尊"的思想，强化了皇权至高无上、皇权为中心的都城规划理念，是符合周王城为代表的都城规划理念的。这主要是因为东京皇城是在原汴州城的基础上发展的，皇城、宫城特别规正对称，外面围合的内城道路体系便不那么规正对称了，到了北宋再围以外城，这外城便成了不那么方正的菱形了。

3. 道路和水路

东京城市干道是以宫城为中心，向四周伸展的，主要干道是可为皇帝出行用的御路，有四条：①从皇城宣德门向南经州桥、朱雀门、南薰门出城至南郊祭天的郊坛。②汴河大街。从州桥向东，穿新旧宋门至东郊。这是东郊入城传统大道，其内城一段，十分繁华。③西大街。从州桥向西，穿新旧郑门至西郊。④从城东土市子向北，经马行街，穿新旧封丘门至北郊，这是东京主要商业街。

除 4 条御道外，还有：保康门大街。这条街向北穿相国寺至汴河大街，向南穿保康门至街亭东，达横街。

宣德门前东西大街。从万胜门向东穿御街再向东经潘楼街、营门大街出新曹门。

安肃门大街。从安肃门入城向南直达宣德门前东西大街，街旁多寺观苑囿。

浚仪桥大街。在宫城西南，街南北向，南接西大街，西北接梁门大街，两旁多中央官署。

金县桥街。街在梁门外，南北向，南接西大街，北接梁门大街，是西部商业主街。

宣化门大街。街自宣化门（陈州门）北接汴河大街，街两边多仓库及寺院苑囿。

御街。自宣德门南去，街宽约 300 米，长约 1300 米。街中心安朱漆杈子，两行朱漆杈子之间是御道，不得人马行往；御路中还有御沟，砖石瓷砌，中植莲荷，两岸植桃李梨杏。朱漆杈子以外是人马行道，其外有黑漆杈子，杈子外有廊，供摊贩营业（后曾被禁止）。这样的街道和过去周王城、长安城御街不同，不只是仪仗广场，除中心御道外已经类似近现代有绿化带，有车行道、人行道、街边摊贩带的道路了，这是一个进步。

东京城的水路交通。东京城虽然是平原城市，陆上交通比较方便。但在当时，水上交通运输价格优势还是明显的。从后周至北宋，城内开成 4 条水路和两道护城环河的水运系统，即：汴河、五丈河、蔡河、金水河及外城护城河、内城护城河，形成水运网络。可说是北方的水城。

汴河。是南北大运河中的一段，它横穿城东西，是城市供应、商业经济主要交通线。史载："唯汴水横亘中国（"国"即是城），首承大河，漕引江、湖，利尽南海，半天下财赋，并山泽之百货，悉由此路而进。"宋代多年经汴河运输粮食每年达五、六百万担。为保证水运畅通，每年秋冬要组织民工清淤挖河。

五丈河。其上游本为汴河分流，自唐兴起漕运，也是水路繁忙者。

蔡河。原名"通惠河"，因通蔡州，故称蔡河。宋初（公元 960 年）之后 2 次疏浚蔡河，解决了东京城向南方的运输问题。

金水河。河源为荥阳黄堆山祝龙泉，为解决五丈河的水源而开凿的。金水河河水清且甜，是东京城最好的城市用水。公元 978 年，在宫城西郊引此水凿池贮之，曰金明池。

由于有 4 条大河 2 道环城河相通连，东京城内水路运输十分方便。又因此，东京桥梁有数十座，其中有木拱桥、石梁桥、平桥、城濠上的吊桥、浮桥等多种。

4. 商业网组织

后周、北宋对商业活动都是重视的，一改过去"重农抑商"的政策。从周世宗柴荣开始，鼓励沿河、沿街开设邸店，吸引外埠客商，官方还在市中心区兴建"廊房"，出租给商人使用。这样唐汴州原来的坊墙便逐步名存实亡了。到了北宋，新扩的外城本无坊墙，原内城居民又纷纷"破墙开店"。这样，开放繁荣的"商业街"便完全取代了严格监控的封闭的"坊市"。这是一个伟大的革命性的进步。从此北宋工商业经济便走上了繁荣繁盛的进程。据国外有专家估计，北宋经济的 GDP 约占全世界的一半，这"坊市"改为商业街无疑是重要因素。有不少专家认为：随着经济的发展，市坊制的消亡是一个必然的过程，也是个渐进的过程。唐中叶以后，扬州城内便有了繁荣的商业街，虽然还有坊和市，到北宋东京，坊市制才完全消亡。

① 商业街区大致分布在以下 8 条主要街巷上：

御街。这一公里多长、300 米宽的御街，其两旁是"千步廊"，商店、摊贩云集，人们在两旁购物、交易"直至三更"，十分热闹。直到北宋晚期才被禁止。御街南从州桥到朱雀门的大街亦是各式特色小吃热闹非凡。

御街东汴河大街向东直达新宋门。这一带多是大酒楼大客栈。

御街西西大街向西直达新郑门。有各种果子行、花果铺、妓馆、酒楼。

御街北潘楼街至土市子一段，有珍珠、匹帛、香药铺、金银行。潘楼大酒店，其下为集市，其南是最大的桑家瓦子。

马行街及其南北段。多妓馆，北去有马市、药行、医行。土市子南去有酒店、饮食店，夜市尤甚。

土市子以东至新曹门。尤以土市子至旧曹门一段，多有酒楼、饮食店，以东，多药铺、酒店。宫城东华门外南北大街。其中有三层酒楼名樊楼，成为"京师酒肆之甲，饮徒常千余人。"景灵宫东门大街和相国寺东门大街。

② 集市。

东京城除大量商业街外，还有各类集市。

早市和夜市。城门口、街口、桥头多有早市，有各种早餐点心，"洗面水"。夜市即"鬼市子"，是往往带有赌博性质的"博易"，因白天禁止交易（只有元旦、冬至、寒食之日开禁），所以夜间交易。

庙市。各寺院往往在佛的生日（四月初八）及每月朔望日和三个逢三、逢八的日子举行。以大相国寺最著名。

节日的集市。如端午有"鼓扇百索市"；七月初七有"乞巧市"，七月十五有"中元节市"。多在潘楼下。

北宋东京虹桥桥头交易发展

③瓦子。

所谓"瓦子"即大型游乐中心，大概相当于近代上海的"大世界"，是综合游乐场所。瓦子中有"勾栏"，即演艺场。东京的瓦子有六处，桑家瓦子；朱家桥瓦子，在内城曹门外；州西瓦子，在内城西门"梁门"外；州北瓦子在内城北门"封丘门"外；新门瓦子在内城西南门"新门"外；保康门瓦子在内城东南门"保康门"外。这六处瓦子均匀分布在东京城中。

最大的桑家瓦子在潘楼街之南，汴河以北的水陆路要冲。史载其中有"大小勾栏（演出大棚）五十余座"，"内中瓦子（的勾栏）有莲花棚、牡丹棚；里瓦子（的勾栏）有夜叉棚、象棚最大，可容数千人。"这数千座的剧场建筑也是很了不得的。瓦子的出现丰富了市民生活，人们在里面看演出、进酒楼、购买百货，它也对中国文学艺术的发展起到了很大的推动作用。勾栏里的表演有小说、讲史、散乐、舞旋、相扑、杂剧等，这些都给近世文化带来很大影响。瓦子中除勾栏演出，还有"货药、卖卦、喝故衣、探博、饮食、剃剪、纸画、令曲之类"，热闹非凡。

④手工业作坊。

东京城的作坊以官营作坊为盛、规模也大。私营作坊也不少。

武器制作业作坊：多在内城西南兴国坊一带。

印刷业作坊：宫城中的国子监、崇文院、秘书监、司天监刻书尤佳。

水磨步磨加工业：外城北部永顺坊和嘉庆坊以水磨著称，官磨茶坊先在城东后在通津门外，用汴河水置百盘。

冶铁业：官营在外城东部显仁坊有铸铁务，民间小铁铺遍布全城。

染织业：官办绫锦院在里城东北昭庆坊，"旧有锦绮机四百余"，有兵匠1034人。染院在京城西金城坊，用金川河水。

裁造、刺绣业：官办裁造院，先在里城西南利仁坊，后迁至里城东北延康坊。绣品多来自"闾巷市井妇人之手，或付之尼寺。"

造酒业：官办内酒坊在曲院街敦义坊，私营制酒遍布全城。各大酒楼皆有自己的名牌，

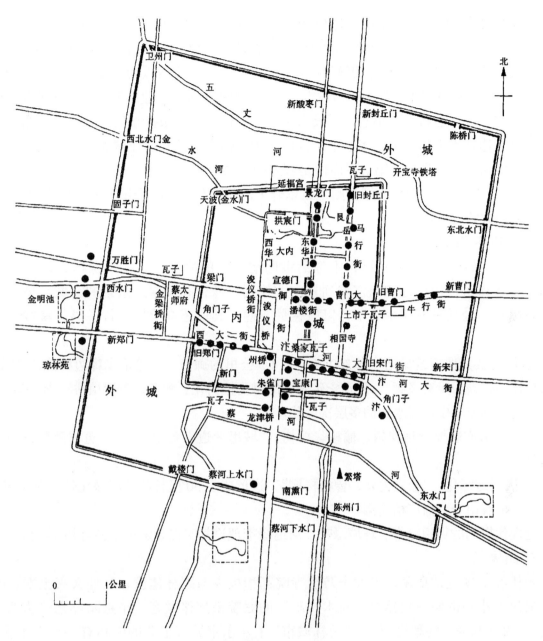

东京商业及行业分布图

如潘楼的"琼液"，会仙楼的"玉胥"，高阳殿的"流霞"，仁和楼的"琼浆"等。

制药业：官办有设在宫城的御药院，还有官药所七个。私营药铺林立。

文具制造业：多小作坊，大相国寺附近尤多。

造船业、陶瓷业：多设在城外。

5. 居住区

东京居住人口约10万户，按每户平均5口计，约50万人，加上驻军及家属，当在70万人左右，总数在120万人左右，人口比唐长安多1倍以上（唐长安户籍人口40万，兵将8万~10万，皇室数万，总人口不足60万）。内、外城共分十厢121坊。这个"厢、坊"只是行政概念，原来有"坊墙""坊门"实行宵禁的，唐代封闭式的"坊"已经不存在了，代之是开放的坊巷。坊的名称还在，但人们称呼地名已经更多地讲×× 街而不是×× 坊。朱熹曾这样对比唐宋之坊："唐……官街皆用墙，居民在墙内，在出入处皆有坊门，坊中甚安。……本朝宫殿街巷京城制度，皆五代因陋就简，所以不佳。"朱熹虽以为不佳，世代变了，也无可奈何了。从《东京梦华录》中的描述得知：东京的居住区、商业店铺、酒楼和手工业作坊已经混杂在一起，遍布大街小巷，形成市坊杂处的情况。从张择端的《清明上河图》也可见此景象。达官贵人的府第虽多集中于内城之中，但也已经和商业网点、手工作坊、贫民住宅毗邻而居，如郑皇后宅第的后面便是有名的酒楼"宋厨"；堂堂明节皇后宅第靠着小小张家油饼店。当朝蔡太师的府第旁则是鼓乐升天的州西瓦子（游乐场）。这也许是北宋市民阶层逐渐强大的表现。

6. 城市环境绿化

① 宫城绿化。东京的宫城，不像后世明清北京的故宫，难找一棵树，以至崇祯皇帝要上吊还得可怜巴巴地跑出宫城到景山才找到一株歪脖子树。东京的宫城、皇城中不仅后苑绿化，处处种有树木花草，以槐树最普遍，其他还有桧树、竹子等，宫城内一片苍翠。

② 御街及其他街道绿化。宽 300 米、长 1.3 公里的御街，街边千步廊边种槐，"夹道宫槐鼠耳长，碧檐千步对飞廊。"砖砌瓷砖贴面的御沟植荷花、睡莲，近岸植桃、李、梨、杏，杂花相间，形成空中地面水面的多层次绿化。

其他街道亦主要种植槐树、榆树、柳树。"城里牙道、各植榆柳""览夫康衢，……春槐夏荫。"

③ 诸河道绿化。"濠之内外，皆植杨柳"，这形成了 50 里长的环城绿化带。对于城区 4 条大河，早有诏令，命广植榆柳。

近现代提倡的街道绿带、环城绿带、河道绿带理论其实在北宋东京已有初步实践。

7. 园林

宋代经济发达，皇家、士大夫乃至寺院都积极参与园林建设，处处大兴土木、建造园林成风。小小的酒馆也搞个"花木扶疏"的庭院来招徕顾客。东京园林之多达到"百里之内，并无闲地"的程度，可谓"园林城市"了。东京城有记载的园林有一百五十多处，不见记载的当更多。园林之盛，不亚于明清时的苏州、扬州，其中规模较大的是皇家园林：

① 艮岳：艮岳是东京最花钱的园林，徽宗爱石不爱民，按他的要求各地搜求奇花异石，运送东京。其运输船队称"花石纲"。此"花石纲"一路"用千夫纤挽，凿河断桥，毁堰拆闸，数月方至京师。一花费数千贯，一石费数万。"如此巧取豪夺、殚费民力，因而激起民愤。北宋的灭亡，这也是重要原因。

艮岳有山（万岁山、万松岭、寿山），有水（凤池、大方沼、雁池；山上有亭（至少有19 座），有无数奇石、异花；水上有瀑布，水中有雁、有鸟；遍地有奇花异草（至少有 70 余种），也有禾、麻、菽、麦；建筑有亭、轩、馆、楼、台、榭、厅，甚至水村、野居、道观、庵庙、图书馆；放养有珍禽异兽，"动以亿计（？）"，仅大鹿就数千头，处处皇家气派。艮岳气派虽大，

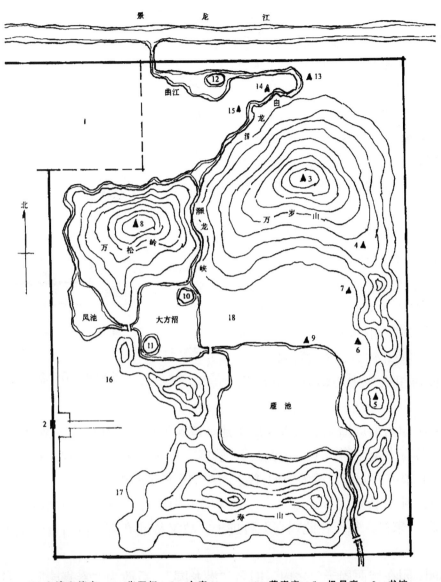

1—上清宝箓宫；2—华阳门；3—介亭；　　4—萧森亭；5—极目亭；6—书馆；
7—尊绿华堂；　8—巢云亭；9—绛霄楼；　10—芦渚；　11—梅渚；12—蓬壶；
13—消闲馆；　14—漱玉轩；15—高阳酒肆；16—西庄；17—药寮；18—射圃

艮岳平面设想图

但自然山水、诗情画意的东西不多，后人印象不深，印象深的仿佛只是花卉、奇石、博览馆、珍奇动物园而已。

②延福宫：延福宫位于宫城以北直达城墙。公元1113年，为修建此宫把宫门外的酒坊、裁造院、油醋库、柴炭库、鞍革峦库拆了，又迁走了两座佛寺、两座军营，出手不可谓不大。又由当时五大官宦——童贯、杨戬、贾祥、蓝以熙、何诉分区监修，工程不可谓不倚重。至于内容，无非山水奇石、异花奇草、林木畅茂、楼观参差，还只是皇家气派。

③后苑：后苑位于宫城西北。有亭、阁、楼、殿、小桥、龙舟。其水颇有特色：在香石泉山"山后挽水上山，水自流下至荆王涧，又流至湧翠峰，下有太山洞。水自洞门飞下，

复由本路出德和殿,迤逦至大庆门外,横从右升龙门出后朝门,榜曰启庆之宫。"水循环流动,但如何"挽水上山",是人力还是机械,还不清楚。

④ 琼林苑:琼林苑在外城新郑门外大道之南。苑之东南筑有"华觜山",山"高数十丈,上有横观层楼,金碧相射。"山下"锦石缠道,宝砌池塘,柳锁虹桥,花萦凤舸。"此苑一是以树木花草为盛,二是其射殿之南有足球场,三是每逢大比之年,皇帝照例在此园赐宴新科进士,谓之"琼林宴"。

⑤ 金明池:金明池位于新郑门外大道以北,原是教习水军之所。是个整齐的方形大湖。后来水军演练变成了龙舟竞赛,多年也定期开放任人参观。建筑有特点的是宴殿、宝津楼和湖心的水心殿。其中以"仙桥"相连,仙桥"南北约数百步,桥面如虹。"三栋建筑和仙桥组成一中心轴线,也是赐宴活动的中心。

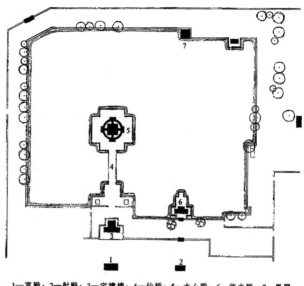

1—宴殿;2—射殿;3—宝津楼;4—仙桥;5—水心殿;6—临水殿;7—奥屋

金明池平面设想图

⑥ 玉津园:原为后周旧苑,宋人加以扩建。建筑较少,绿化较多,故称"青城"。苑东北是动物园,蓄有大象、麒麟(长颈鹿?)、驺虞、神羊、灵犀、狻猊、孔雀、白鸽、吴牛等珍禽异兽。北宋前期此园对游人定期开放,供市民踏春游赏。

⑦ 宜春苑:苑在新宋门外大道之南,原为秦王别墅。此园以花卉之盛闻名。大约应算是皇家"花圃"。宋初,每年在此赐宴新科进士,故又称迎春苑。以后逐渐荒废,改称"富国仓"。

⑧ 芳林园:园在城西固子门之内,旧名"潜龙园",后改为"秦真园"。园景朴素淡雅,于山水陂野之间点缀村居茅店。

⑨ 含芳园:园在封丘门外大道之东,此园以竹闻名。

除皇家园林外还有大量私家园林及寺观园林,"大抵都城左近,皆是园圃,百里之内,并无闲地。"可谓园林城市。

8. 城市供排水

东京城内流经4条河道:汴河、五丈河、蔡河和金水河。公元1075年,宋廷下诏"在京新城外四壁城濠,开阔五十步,下收四十步,深一丈五尺。"至1094年,挖了十五年,终于开挖了一条50里长、7.5米深、4.5米宽的外濠(护城河)。外濠把汴、蔡、五丈、金水等4条水道连通了起来,形成了京城水网,这水网既便于交通,又相互调节水流,排除水害,供应城市用水,成了东京城的供排水及运输大动脉。

汴河:汴河从西水门进,从东水门出,横穿东京中部。公元957年,后周世宗(柴荣)下诏:"浚汴口,导河流达于淮,于是江淮舟楫,皆达于大梁。"这汴河是大运河的一段,是东京粮食供应、工商业货物运输主要交通线，也是东京居民生活用水、手工业作坊工业用水的主要来源。《宋史》中说："唯汴水横亘中国，首承大河、漕运江湖，利尽南海，半天下财赋，并山泽百货，悉由此路而进。"有官员利用开放之机，首先在汴水沿岸建了三间大仓库，供商人存货，每年竟"岁入数万"。汴水不愧为东京第一财路。宋代每年有五、六百万担粮食要经汴河运来，故宋廷十分重视保持汴水的通畅，每年都要于秋末冬初组织大量民工开挖河道，清除淤泥。

五丈河：从永顺水门进城，从东北水门出城，其上游本为汴河分支，公元957年，周世宗"诏疏汴水北入五丈河，由是齐鲁舟楫皆达于大梁。"

蔡河：从南面蔡河上水门进，蔡河下水门出，是通向南郊的主要河道。蔡河亦名惠民河，因通蔡州，故称蔡河。宋初（960年）疏浚蔡河后，东京解决了向南方的运输问题。

金水河：河源为荥阳黄堆山之祝龙泉，开凿抵汴后东汇至五丈河，是为解决五丈河的水源而开凿的新河。金水河水质清甜，是京城内特别是宫城内主要供水水源。公元978年，城西郊凿池引金水河之水，名为金明池。

六、明清北京——古代城市之集大成者

明清北京城是在原来金中都、元大都的基础上发展而成的。它位于现在的海河流域，但远古还是黄河流域，它的土地还是黄河泛滥的泥沙沉积的，城市文化也是黄河文化一体的，算为黄河城市想是可以的。

1. 北京城的地理延革

风水家认为"山环水必有气"的位置是都城最佳位置。明、清北京西部为西山，是太行山北段余脉；北部为军都山，属燕山山脉。两山脉在南口（兵家重地）会合形成向东南展开的半圆形大山弯环抱的北京平原。北京平原从西北向东南微倾，其河流有桑干河、洋河汇合而成的永定河。在地理格局上，"东临辽碣，西依太行，北连朔漠，背扼军都，南控中原。"利于对北防御、对南发展控制，是建都的好位置。唐时，在这里建了幽州城；金将幽州城扩建，作为金中都；元灭金后对中都弃之不用，在其东北另建元大都；明灭元后，朱元璋对大都又弃之不用，先到自己的老家凤阳建都城，未建成，又到建业建南京城；燕王政变夺权后重新选定自己的老根据地建都城，对原有的元大都加以改造，建成北京城。清灭明基本上延续了北京城廊、宫殿的布置。

元朝时期的北京城。元朝建国，都城堪选在此，称大都。其规划由风水学家、水利专家、规划家刘秉忠、郭守敬二人会集风水名家规划。风水家选址讲究山、水，山势已佳，唯缺水。二人于是引地上、地下两条水脉入城。地上水引自号称"天下第一泉"的玉泉山泉水，人工引水渠经太平桥—水桥—周桥，直入通惠河，因水来自西方，处于八卦中的"金"位，故称"金水河"；地下水脉，也来自玉泉山，此井水甘甜、清洌，旱季水位也恒定，此水成了元、明、清皇家专用饮水，此地也成为皇宫祭祀"龙泉井神"的圣地。

元大都平面呈长方形，东西宽6650米，南北长7400米，辟11门，北面两门，其余3门。周长28.6公里，相当于唐长安的五分之三。元大都道路规划整齐，大体符合《考工记》

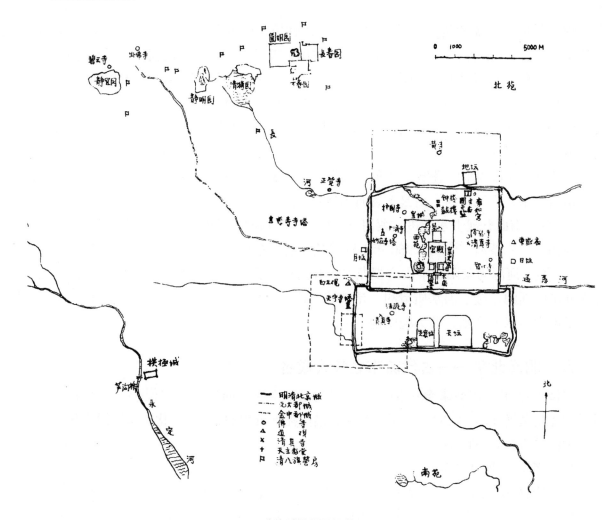

北京城位置及沿革

中的"九经九纬"。中轴线上的大街宽 28 米，其他主要街道宽 25 米。小街宽为大街一半，火巷（胡同）宽是小街的一半。城墙用土夯筑而成，外表覆以苇帘。城高 10-12 米，基宽 20-24 米，顶宽 10-15 米。元大都宫室以水面为中心环水布置，这可能和蒙古民族"逐水草而居"的传统有关。其东城区为衙署、贵族住宅集中地。商市较多，分布全城，尤以积水潭一带，因是大运河终点，水陆交汇，商业更是繁荣。元大都在市中心设鼓楼、钟楼，这是过去城市所没有的。元大都居住区分 50 坊，虽有坊门而无坊墙，也就是个行政区划而已。

2. 北京城的格局

燕王兴建北京城，对原来的元大都，他既要利用原有风水地气，又要去除旧朝残余的"王气"，于是将中轴线略为东移，使原中轴落西，处于"白虎"位，加以克煞。当然，中轴线东移，少受太液池海子的局限，轴线上的宫殿可以建得宏大一点，这恐怕是风水以外的真正原因。规划并且废掉周桥、建设人工景山。这样便又重新形成了主山（景山）——宫穴（紫禁城）——朝案山（永定门外的大台山"燕墩"）的新主轴。

对元大都的城廓，北京城规划将北城墙内缩 5 里，南城墙外扩 2 里，东西城墙基本保

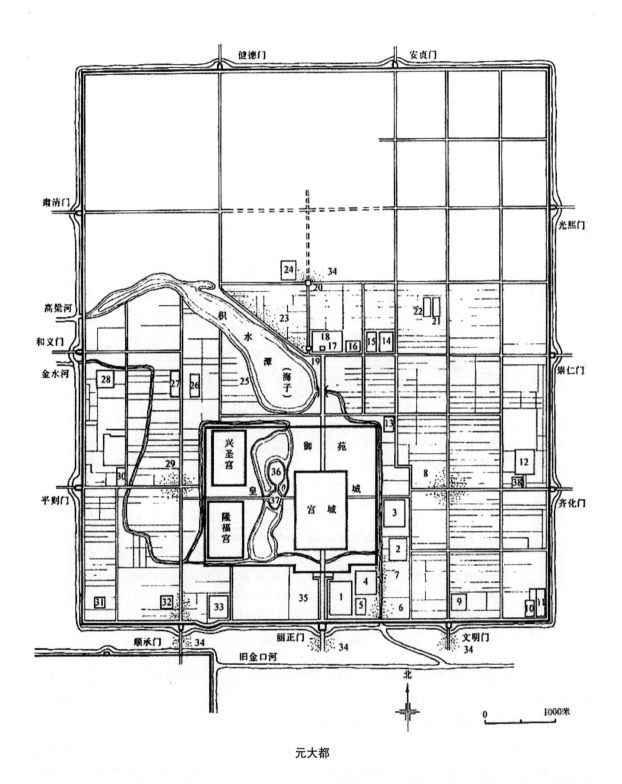

元大都

留。原来的城墙是夯土版筑外复苇帘的，现在改为外加砖瓷（砖包面）。正方形的城变成了东西略宽的长方形城廓，并重建了宫城和皇城。嘉靖三十二年（公元553年），又修筑外城，因后来经费不足，仅修筑城南一面，于是北京城成了凸形，至此北京城基本轮廓已经构成，即宫城、皇城、内城、外城（不全）的四道城套城的格局。

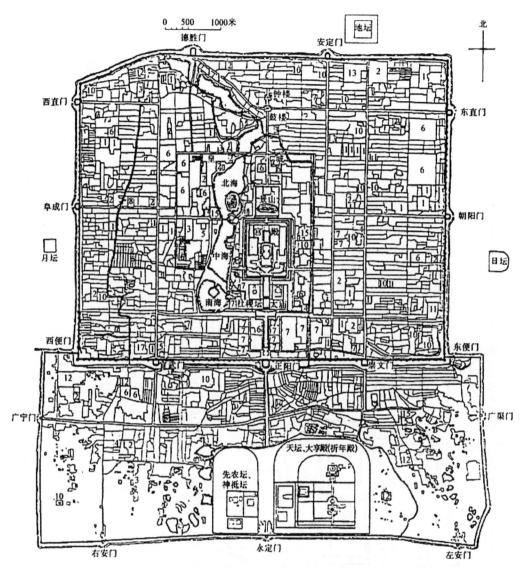

1. 亲王府；2. 佛寺；3. 道观；4. 清真寺；5. 天主教堂；6. 仓库；7. 衙署；8. 历代帝王庙；
9. 满州堂子；10. 官手工业局及作坊；11. 贡院；12. 八旗营房；13. 文庙、学校；
14. 皇史宬（档案库）；15. 马圈；16. 牛圈；17. 驯象所；18. 义地、养育堂

明、清北京城平面图

宫城：即今天的"故宫"部分，位于内城中部偏南，南北长960米，东西宽760米，面积0.72平方公里。宫城设八个门。南有五门：承天门（天安门）、端门、午门、左掖门、右掖门；东有东华门；西有西华门；北有神武门（玄武门）。宫城内处于中轴线上的7座主要建筑物，以乾清门为界，分为前朝后寝两部分。前朝有太和殿（奉天殿）、中和殿（华盖殿）、保和殿（谨身殿）；后三殿为寝宫，有乾清宫、交泰殿、坤宁宫。寝宫左右有东六宫、西六宫。清代宫城建筑多有重建（主要是因为火灾，上朝的太和殿就多次失火而重建），名称也有变迁，但基本上维持了明代的规模。宫城南面实际上有一个长长的嘴巴，一直伸到大清门，把北京城生生地分成两半，东西城的居民来往十分不便。解放后破墙打通东西长安街，虽受非议，也是无奈之举。

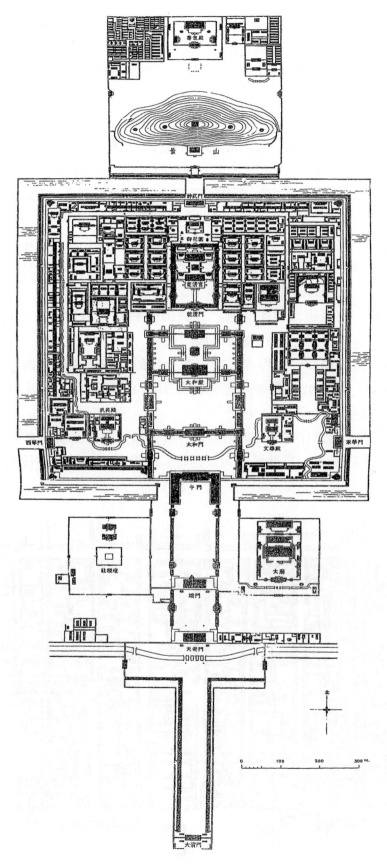

明、清宫城平面图

皇城：皇城在宫城之外，大体方形，唯缺西南角（西南角有前海，难建城墙，也不一定要城墙）。东西 2.5 公里，南北 2.75 公里，面积 6.87 平方公里。皇城有六门："正南曰大明，东曰东安，西曰西安，北曰北安，大明门东转曰长安左，西转曰长安右。"清代改大明门为大清门。

内城：即元大都缩小、南移改建而成。东西长 6.65 公里，南北宽 5.35 公里，面积 35.57 平方公里。正南面为正阳门（前门），左崇文门，右宣武门；东之南为朝阳门，东之北为东直门；西之南为阜成门，西之北为西直门；北之东为安定门，北之西为德胜门。

外城：明嘉靖拟建外城（重城），后因经济困难，只建了南面，并转抱东西角楼，外城东西长 7.95 公里，南北宽 3.1 公里，面积 24.49 平方公里。内外城合计为 60.06 公里，略大于明南京城而仅次于唐长安、洛阳，居全国第三位。外城南面正面为永定门，其左为左安门，其右为右安门；东面有广渠门，其北为东便门；西有广宁门，其北有西便门。

3. 北京城的街坊及居民区管辖

北京城的街道，内城道路横平竖直，外城因先有路而后建城，道路略有自然弯曲。街道以通向城门者为主干道，它们往往以城门命名，如崇文门大街、宣武门大街、阜成门大街、安定门大街、德胜门大街等。被大街分割的区域也有许多街巷，据《京师五城坊巷胡同集》介绍，内外城及附近郊区，共有街巷 1264 条左右，其中胡同 457 条，以皇城附近最为密集。

居民区以坊相称，居民住宅多是典型的四合院。居民区以北安门至正阳门为界，其西，西城属于宛平县管辖；其东，东城属于大兴县管。除设置二县外，还设置"五城兵马司"。

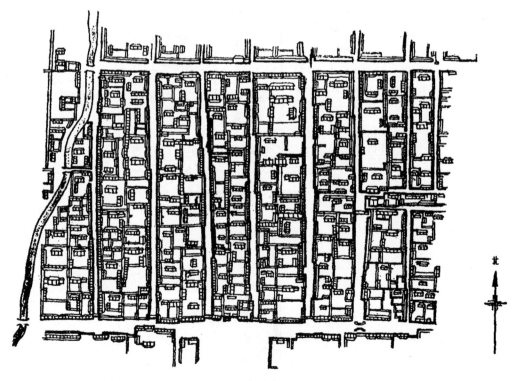

北京的街坊

中城兵马司在仁泰坊，辖东安门外东北；东城兵马司在思诚坊，辖东安门外东南；南城兵马司在正阳街；西城兵马司在咸宣坊，辖西安门外西南；北城兵马司在教忠坊，辖北安门外东北。

清代北京城的坊、巷、胡同多有变化易名，但大体沿袭明代规模。其管理除宛平、大兴两县外，则划归八旗驻防。正黄旗驻德胜门内；镶黄旗驻安定门内；正白旗驻东直门内；镶白旗驻正阳门内；正红旗驻崇文门内；镶蓝旗驻宣武门内，分为左右二翼。

4. 商业经济

（1）商业街。明朝初年，为了招商，在皇城四门、东西牌楼、钟鼓楼四处修建了"廊房"，于是这四处便成了最早的商业街。之后，随着城市经济的不断发展，商业街不断扩展，正阳门的棋盘街、城隍庙附近、崇文门一带商业十分繁荣，大清门前棋盘街"百货云集"，"天下士民工贾各以牒至，云集于斯，肩摩毂击，竞日喧喧"，一片热闹景象。至于东市、西市，虽说是"市"，并没有市坊坊墙，也还是商业街的形式，当然也是商业繁茂的地方。

（2）水陆码头：明、清运河进城唯崇文门一处，这里水陆交通交汇，大宗货物仓贮、转运、交易十分发达。清代在这里额征税银达 94483 两，居各地之首。

（3）灯市：明、清北京每年正月初八至初十八有灯市。明代灯市在东华门东王府街以东，崇文街以西，清代在东华门崇文街上，民国在琉璃厂。开市之日"货随队分，人不得顾，车不能旋，阗城溢郭，旁流百廛。"

（4）城隍庙市：市在内城西南隅口，今复兴门里以北。每月"朔望、念五日（即每月初五、十五、二十五三日）东弼教坊，西隶庙西墀芜，列肆三里，图籍之曰古今，彝鼎之曰商周，匜镜之曰唐汉，书画之曰唐宋，珠宝、象、玉、珍错、绫锦之曰滇、闽、楚、吴、越者集。"显然，这是北京城最大，也或许是全国最大的古玩市场。

（5）内市：市在东安门里，每月初四、十四、二十四三天开市。其市多为高档商品，有貂皮、狐皮、机布、棉花、酒、宝石、珍珠、金饰、药材、犀角、象牙等。

第二节　单体建筑

一、中国建筑特点——木构、院落、含蓄

中国黄河流域古代建筑的特点是什么？有说是木结构、斗拱挑檐，世博会中国馆便是仿木结构大斗拱大挑檐的形象。其实，中国不仅有木结构，也有规模宏大的砖石结构，如长逾万里的长城，高逾百尺的嵩岳寺塔，都是砖石结构。还有专家认为是各种坡屋面及其组合。不少建筑群中各色屋顶确实令人眼光燎乱，不过外国木结构住宅也多用坡屋面，泰国的王宫、庙宇的各种坡屋面组合也不错。再有专家认为是院落空间及各种院落空间的组合，不像外国大型建筑往往孤零零地站在广场之中。贝聿铭先生在北京设计的香山饭店便

用足了院落组合的手法。其实中国也有少数高塔兀立于山峰之上、城市之中，并无相当的围合。还有专家认为，中国建筑之美比较含蓄，不像外国建筑那么一览无余。大型建筑往往有空间的变换和节律。比如香客们要去寺庙礼拜大佛，往往得先虔诚的爬上数百甚至上千级台阶，过了几个山门才见到寺门，在凶巴巴的高大的四大天王的注视下，不由得自惭形秽、自感渺小。过护法韦陀，到一处不太大的院子，逼得香客仰首去看"大雄宝殿"，进得大雄宝殿，突兀见高达屋脊的佛祖塑像，更得仰视，更不由不心存敬仰，伏拜叩首，叩首毕，转入殿后，可以看到手把柳枝、普济天下的母性的观世音菩萨，于是心境复归安详。这是一个从序曲渐进到高潮再复归平和的过程。不像国外的大教堂，直接兀立在大广场对面，一下子便叫你惊叹、敬仰。当然，这种含蓄之美，这种空间的过渡变换并非所有建筑都能具备，大体还是大型宫殿、庙宇及园林中运用得比较多。那么，究竟什么才是中国建筑的特点呢？恕老朽不才，窃以为前述都是，也都不全是。或许还是"多元融合"之说比较说得通。

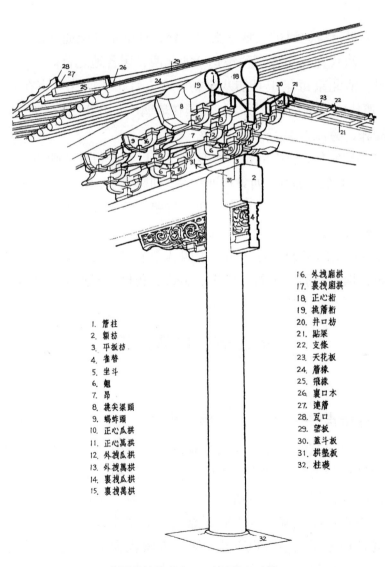

1. 檐柱
2. 额枋
3. 平板枋
4. 雀替
5. 坐斗
6. 翘
7. 昂
8. 挑尖梁头
9. 蚂蚱头
10. 正心瓜拱
11. 正心万拱
12. 外拽瓜拱
13. 外拽万拱
14. 裏拽瓜拱
15. 裏拽万拱
16. 外拽厢拱
17. 裏拽厢拱
18. 正心桁
19. 挑檐桁
20. 井口枋
21. 贴梁
22. 支條
23. 天花板
24. 檐椽
25. 飞椽
26. 裏口木
27. 连檐
28. 瓦口
29. 望板
30. 盖斗板
31. 拱垫板
32. 柱礎

中国建筑特点之一：木结构和斗拱

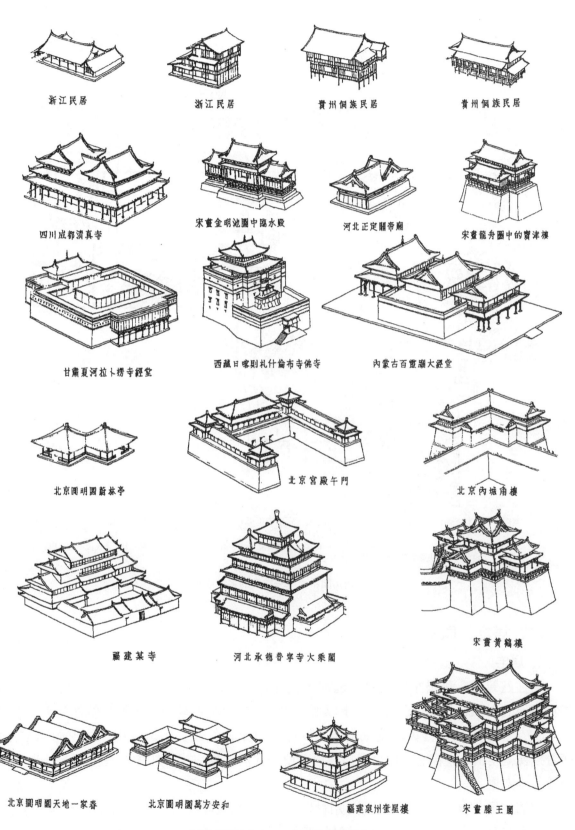

浙江民居　　　　浙江民居　　　　贵州侗族民居　　　　贵州侗族民居

四川成都清真寺　　宋画金明池图中临水殿　　河北正定关帝庙　　宋画龙舟图中的宝津楼

甘肃夏河拉卜楞寺经堂　　西藏日喀则札什伦布寺佛寺　　内蒙古百灵庙大经堂

北京圆明园蔚林亭　　北京宫殿午门　　北京内城角楼

闽建某寺　　河北承德普宁寺大乘阁　　宋画黄鹤楼

北京圆明园天地一家春　　北京圆明园万方安和　　闽建泉州奎星楼　　宋画滕王阁

中国建筑特点之一：各种坡屋面组合

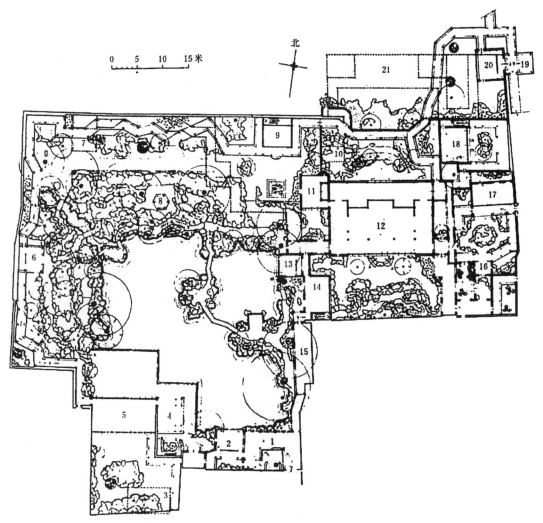

北

0 5 10 15米

1- 寻真阁（今古木交柯）　2- 绿荫　3- 听雨楼　4- 明瑟楼　5- 卷石山房（今涵碧山房）　6- 餐秀轩（今闻木樨香轩）　7- 半野堂
8- 个中亭（今可亭）　9- 定翠阁（今远翠阁）　10- 原为佳晴喜雨快雪之亭，今已迁建　11- 汲古得修绠　12- 传经堂（今五峰仙馆）
13- 垂阴池馆（今清风池馆）　14- 霞啸（今西楼）　15- 西奕（今曲溪楼）　16- 石林小层　17- 揖峰轩　18- 还我读书处　19- 冠云台
20- 亦吾庐，今为佳晴喜雨快雪之亭　21- 花好月圆人寿

苏州留园平面——空间的多种组合

二、居宅、园林

1. 居宅

居住建筑是人类最早的建筑。远古人类首先修建的便是居室，到今天，我国每年居住建筑新建的面积总占所有建筑的一半以上，比其他所有公共建筑、工业建筑加起来还要多。

① 穴居：原始社会黄河流域由于有厚厚的黄土，气候又干燥少雨，故挖洞非常方便。横着挖便是窑洞；竖着挖，加个简易的顶蓬便是穴居。挖一半，用木柱往上撑起一半再加个顶便是半穴居。

穴居住宅（含窑洞）冬暖夏凉，用材以土为主，就地取材，建设方便，受到不少专家追捧，以"生土建筑"为题的论文多见于报刊,赞颂之声络绎不绝。然窑洞居住者却纷纷走出窑洞，迁入地面建筑。这大概是窑洞通风较差、夏季潮湿、窑顶易塌的缘故吧。这是生土建筑专

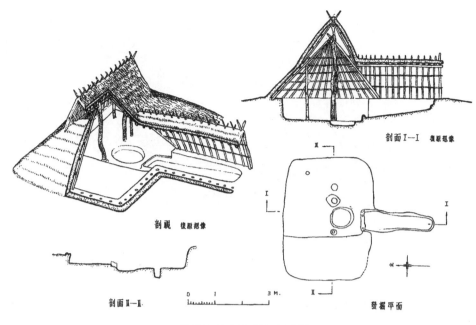

剖视　复原想像

剖面Ⅰ—Ⅰ　复原想像

剖面Ⅱ—Ⅱ

0　　1　　　　　3 M.

登搿平面

半坡遗址半穴居住房示例

家所不愿看到的，实践如此，这也没有办法。

②地面住宅建筑。半穴居建筑工程量比较小，也有点冬暖夏凉。直到今日，吉林省还有类似的住宅，往下挖了一半，外面看起来很低矮，屋面倒是蛮高的，冬季也抗风、节约采暖。当然通风、采光、防水要差一点，于是人们将它再往上抬，地面比外面略高，这便是后世常见的地面居住建筑了。开初，黄河流域大地上木材来源丰富，黄土自然也方便，于是通常是木构架撑起来，再做围护的黄土墙（夯土或土坯），到宋、明、清以后也有砖砌墙，但通常砖墙并不承重，屋顶还是压在木构架上面，因此砖墙常用空斗墙，砖本身也做得很薄。

至于形式，农村穷苦人家往往一间、二间、三间房，没有墙体的围合，至多用篱笆围个前后院，方便养鸡种菜。而富裕人家和城市居民则以三合院、

窑洞住宅示例

四合院居多。河南、陕西还多保有窑洞式居住建筑，青海藏族有石砌碉楼居住建筑，林区有完全用圆木作墙作顶的居住建筑。内蒙有仿帐篷的圆顶民居建筑。

在清代北京，处处是四合院为基本元素组合的街坊。典型的四合院正面朝南开角门，进门沿外墙一排附房（轿厅、管理），对面中间是正门，进门是院子，院子正对面是正房（三间或五间），其中间是厅堂，厅堂两边是主人卧室及书房。院子两旁是东厢房、西厢房，供子女居住。厅堂后有门，出门到后院，后院后面靠外墙是厨房、仓库及佣人住房。整个形

下沉窑洞式民居 藏族碉楼式民居

式对称、庄重，院墙基本封闭不开窗，居室均对院子开门开窗，这既是为了安全，也免得不谙世事的少男少女东张西望，引出麻烦来。四合院整个布局以主人的厅堂为中心，左右对称，其余房间四面围合，厅堂最高，其余递减。小小四合院也充分体现出等级礼制来。当然，也有变化和变体，如后面加个后花园，门前加个照壁（这样，门就可放在正中了）；主房加层做楼房（楼上可作书房或闺房），但大体万变不离其宗。以主人为中心的礼制思想不会变。

居住建筑到了汉代便开始有了楼屋，汉代冥器和画像石中多有表现，形式也有变化。至于南方（长江流域、珠江流域）形式变化更多，不属黄河文化范围不多说了，他也和黄河文化有千丝万缕的联系，比如所谓云南"一棵印"式的民居，其实也是北方三合院的变体。

2. 园林

① 园林释意。中国园林是世界上很独特的建筑形式。皇室成员住够了豪华封闭的宫室，又整日埋头于烦心的人事，为了摆脱且不忘摆阔而建阔气的皇家园林；一般台上台下的官员、暴发的商贾乃至靠卖画卖文攒了几个小钱的知识分子，也想往自然、清静无为的老庄境界，因而也倾力建园，这建的往往是"自然山水型"的园林。

何为园林？1988 年版《中国大百科全书》曰："在一地域运用工程技术和艺术手段，通过改造地形（或进一步筑山、叠石、理水），种植树木花草，营造建筑和布置园路等途径创作而成的美的自然环境和游憩境域。"1990 版《汉语大词典》曰："种植花木，兼有亭阁设施，以供游人游赏休息的场所。"两个定义虽有繁简之别，其实类同。可见，园林并非一般自然山林，而是要营造建筑，种植花木，改造自然山水，创造艺术之美。园林的基本功能不是圈养禽兽，不是苗圃生产，不是陈列奇珍异宝、怪石，而是游赏休息。

"园"字，繁体字为"園"。前人常将"園"字拆开，外面的"囗"为护栏、围墙，空间有一定限定，若无所限定，便只是外部大自然了；里面的"土"为土石山阜，高低错落有致的地势尤如园林曲线体肤；土下的"口"应为水塘、池沼，一汪清泉当是园林明亮的眼睛，反映了园林的灵魂。日本据说有"枯山水"的园子，那是外国的特例，中国园林一般少不了水；"口"下的""应为衣，大地之衣当为植被、花草树木，植被当是园林的美丽衣裙。这也是

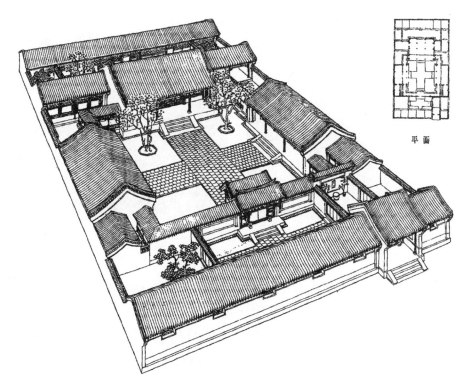

平面

北京典型四合院住宅

园林中少不了的，总不能光着身子，只见土石。

②园林古今。有人断言：园林"产生于夏、商、周时期"，理由是："传说'夏筑南单之台'，筑倾宫'饰瑶台'。而殷末纣王之沙丘苑台，周文王的灵囿，则有确切的史料可稽。"这个论断似有点勉强。其实，夏、商、周时建的高台，只是一种宫室建筑形式。高大的台基之上虽有"以酒为池，悬肉为林，男女倮（裸）相逐"的热闹场面，若说是中国版的"伊甸园"，或称为"游乐园"的雏形倒也罢了，若据此以为产生了"园林"，则还论据不足。至于周代的"灵囿"，也主要是圈养禽兽，以便周王行猎的猎场。该专家所引的"王在灵囿，鹿濯濯，白鸟翯翯"，也还脱不了猎场的意思。还有专家引《孟子》："文王之囿，方七十里，刍荛者往焉。"并以此为据。其实引文只是说有人去砍柴，形容灵囿之大，正说明"灵囿"是古代很大的狩猎场。狩猎是周族的传统生产活动，后来虽然引进了农业生产，农耕已是生产主流，然上层人物之狩猎活动仍然是重要的传统项目，一直延至前清。清代在承德以北便有一个"木兰围场"，每年秋冬组织大型狩猎活动。故"灵囿"只能算是"狩猎场"或"动物园"之源，而不是"园林"之源。自然，三代文史中，除了"囿"还有"园"。吾师童寯先生一针见血地指出："当时所谓'园'，如诗云：'园有桃'，易云：'贲于丘园'，亦不过为果蔬产地，非专作怡情养性之所。"故三代之"园"亦只能算作"花木果园"之源，而还不是园林。

符合定义的"园林"，当始于春秋之末。据《吴越春秋》所记：吴王建"吴娃馆"、"梧桐园"，为藏娇娃而建金屋；为引凤凰而植梧桐。其中并有浣花池、采香径等。此乃君王游憩之所，应是皇家园林之宗。赵王建"会景园"，"穿池凿地，构建亭桥、可植花木"。已有了后代园林的基本要素。至此，我国园林的基本雏形便已形成了。

东汉画像砖"狩猎图"

木兰围场

汉代长安皇家园林甚盛,汉武帝挖"昆明池",建"上林苑""甘泉苑"等。园林中广泛搜求全国乃至外国的珍奇树木花草、奇珍异兽,以夸富摆阔。园林面积巨大:池大可训练水军,野广可训练将士射猎。这和后世自然山水园林的意境似不完全一致。据记载说当时有茂陵商人袁广汉建的园林之中有土石山及水树动植物等,据说"颇精妙",这才像后世以表现自然山水为中心的"园林"。

隋、唐统一天下,风调雨顺,经济发展。官宦、大贾、大地主都有了钱,于是往往在城市之外,买地造园。最出名的有大诗人王维的"辋川别业"。他说:"余别业在辋川山谷,其游止有孟城坳、华子冈、文杏馆、斤竹岭、鹿砦、木兰砦、茱萸沜、宫槐陌、临湖亭、南境、欹湖、柳浪、栾家濑、金屑泉、白石滩、北垞、竹里馆、辛夷坞、漆园、椒园等。与裴迪闲暇各赋句云。"王维对这"辋川二十景"均作有诗。如《文杏馆》:"文杏裁为梁,香茅结为宇,不知栋里云,去作人间雨。"《鹿砦》:"空山不见人,但闻人语响。返景入深林,复照青苔上。"《柳浪》:"分行接绮树,倒影入清漪。不学御沟上,春风伤别离。"《竹里馆》:"独坐幽篁里,弹琴复长啸。深林人不知,明月来相照。"《辛夷坞》:"木末芙蓉花,山中发红萼。涧户寂无人,纷纷开且落。"对二十景,他不仅作诗且作画。后人美称王维"诗中有画,画中有诗"。这辋川别业便是诗情画意的园林的祖宗。后人纷纷仿效,以园林能表达"诗情画意"为最高目标。

北宋经济繁荣,社会安定,人趋享乐。皇家直到平民、和尚都参与到造园大军之中,不起眼的小酒馆也搞个"花木扶疏"的庭院来招徕顾客。东京城的园林有记载的便有一百五十多处,没有记载的当更多,达到了"百里之内,并无阒地"的程度,可谓"园林城市"了。皇家园林最出名的当数"艮岳"。艮岳大概是东京最花钱的园林,徽宗爱石不爱民,他派朱勔去江南搜求奇石名花,组成"花石纲"(皇家花石运输船队),一路"用千夫牵挽,凿河断桥,毁堰拆闸,数月方至京师,一花费数千贯,一石费数万"。如此巧取豪夺,殚费民力,因而激起民愤,加速了方腊的造反。

一提艮岳,后人往往只以为它的奇石、异花。其实它也还有山(万寿山、万松岭、寿山);有水(凤池、大方沼、雁池);有建筑(有亭轩楼台馆榭,其亭子至少有19座);有动物("动以亿?计");当然,皇家气派有余,诗情画意不足。

东京皇家园林有"延福宫"。出手很大，由当时五大达官童贯、杨戬、贾祥、蓝以熙、何诉分区监修。工程浩大；有"后苑"。讲究水的流动；有"琼林苑"，其中有足球场。是皇帝给录取进士设宴（琼林宴）、观看足球比赛之处；还有"金明池"，那是可训练水军、龙舟比赛的大池；还有玉津园，蓄有大象、长颈鹿、孔雀等珍禽异兽，大概应算作万国动物园；还有宜春苑、芳林园、含芳园等等。

明代中叶，经济恢复，园林又盛，计成的"园治"总结了造园的原理、精神及具体手法。从此，皇家气派逐渐不受重视，而"自然山水园林"成了造园的基本要求，而"诗情画意"则成了造园者的最高目标。

清代经济中心南移，园林以江南为盛。但黄河流域也还有不少佳作。皇家常将江南园林移植到皇家园林之中。如避暑山庄中的小金山是仿扬州的小金山的；颐和园中的园中园"谐趣园"原名"惠山园"，是仿无锡惠山"寄畅园"的。乾隆曾写《惠山园八景诗》，在诗序中曰："一亭一径，足谐奇趣"，于是后人嘉庆改名为"谐趣园"，曰："以物外之静趣，谐寸田之中和，故名谐趣，乃寄畅之意也。"中原的皇帝也讲究江南的园林的"诗情画意"了，虽然要宏丽一点，毕竟是皇家。

颐和园中的谐趣园

避暑山庄中的小金山

三、寺院

黄河流域的寺院古代大体有两类，一为石窟寺，二为寺庙。

① 石窟寺。中国的石窟大约开始于公元 3 世纪，盛行于八世纪。从规模与艺术成就而论，当数敦煌莫高窟、山西云冈石窟、洛阳龙门石窟和甘肃麦积山石窟。后人并称为四大石窟。

敦煌莫高窟：佛像原从印度传入，本是石雕，因莫高窟所在鸣沙山的石质不佳，于是改为泥塑、壁画为主。每个窟一般是洞口有一圆塑大佛，往后逐渐淡化为高塑、壁塑，形象也越来越小。最后以壁画为背景，塑像壁画融入为一体。盛唐时有石窟千余洞，现存石窟492 洞，壁画 45000 平方米。大画家张大千曾发现壁画不止一层，于是让学生揭开面层壁画，再看里层壁画。由此不少人大骂他是破坏文物的罪人。近代发现"藏经洞"，有文物五万多件。

莫高窟"九层楼"，其中有世界室内第一大佛　　　　　莫高窟壁画"飞天"

莫高窟是世界上规模最大、保存最完好的佛教艺术宝库。

山西大同云冈石窟：其始建于北魏（公元 450 年），位于山西大同西部武周山北崖，石窟东西绵延一公里左右。现存主要洞窟 53 个，大小窟龛 252 个，造像五万一千多尊。云冈石窟的石雕艺术风格在吸收和借鉴印度佛教艺术的同时，有机地融合了中国传统艺术风格，在世界雕塑艺术史上有着十分重要的地位。其第 20 窟大佛坐像，高 13.7 米，面容十分生动，是中外石雕艺术结合的精品。

洛阳龙门石窟：石窟位于洛阳城南 12 公里处伊水两岸山崖间，开凿于北魏（公元 477 年），有碑刻题记 2800 余处，佛塔 40 余座，造像 10 万多尊。最大造像卢舍那大佛高达 17.14 米，传为武则天出资按她自己的形象塑造的。

甘肃麦积山石窟，位于甘肃天水东南，始凿于五胡十六国时的后秦。共有洞窟 194 个。

云冈石窟（坐像）　　　　　　　　　　　　　卢舍那大佛

现存泥塑及石雕造像 7200 余件，壁画 1300 余平方米。麦积山石窟的最大特点是位置在悬崖峭壁上，全靠凌空楼道通达。其石质较差，不宜雕刻，塑像多泥塑。大的塑像高达 15 米，十分精美，体现了千余年来各个时期塑像的特点和演变过程。

麦积山精美的石像

唐代石窟寺十分兴盛。之后，便逐渐衰落了，虽然有较好的作品，如重庆大足石刻，其规模和四大石窟已经不能相比了。

②寺院。

寺院早先为浮图寺，即塔寺，寺中必有塔，以塔为中心。北魏至唐代有不少贵族大臣以自己的大宅施舍为寺，这类大宅常为四合院组合，于是以主人正厅供奉主佛，后进藏书，两厢作僧房。大寺常有十余院，有前山门、中山门，四周有围廊，廊内及室内殿堂多有壁画。此式样影响了后代寺院的定式。气势非凡的唐代大寺院几乎全毁，武则天花了上亿民脂民膏建的大明寺也被男宠薛怀义一把火烧了。现在只看到极少的单体建筑殿堂，如五台山佛光寺大殿、南禅寺大殿遗存。其结构梁柱宏大，斗拱雄奇，出檐深远，唐代建筑之雄大可见一斑。

后代寺院未必有塔，若有也不在中轴线上，或在寺后，或在寺侧另有塔院。

经宋元明清，佛教逐渐汉化。其经义往往融合了儒家思想，如它的"五戒"："不杀生"近于仁；"不偷盗"近于义；"不邪淫"近于礼；"不饮酒"头脑清醒近于智；"不妄语"近于信，和儒学五常"仁义礼智信"是相融的。其寺院也汉化并采用院落形式、汉式建筑而形成定式：定式寺院多建在山上高处，前有数百级上千级台阶。台阶中有一道道山门。至正门有四大金刚殿，供奉四大金刚及护法韦陀，再经正院仰视高台基上的大雄宝殿，供奉主佛释迦牟

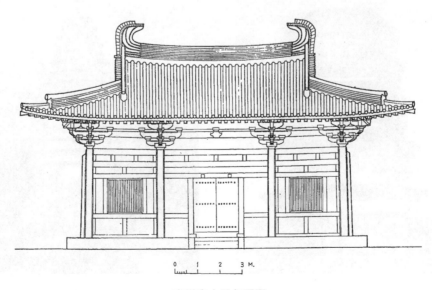

0 1 2 3 M.

南禅寺大殿复原图

尼，佛后常有观世音菩萨。正院两侧有偏殿，出后院有藏经楼，侧面有僧房、方丈室等附房。大寺院基本如此，后来又往往添置有罗汉堂、放生池等等。之后，佛寺越建越高，台阶越修越长，四大金刚越来越大越凶，大雄宝殿越修越大，释迦佛越塑越高。于是，香客信徒低头佝偻踏级而上，仰首观佛，更感觉众生渺小，吾佛伟大。

③塔。

塔高耸入云，是我国常见的高层建筑。开初，大概是印度传入的浮图（坟）演化发展而来的，北京北海的白塔、扬州白塔寺白塔大概是这一类。这类塔常称"喇嘛塔"。后来，佛教逐渐汉化，塔也吸收了中国木建筑、楼阁的元素，形成楼阁式塔（或称密檐式塔）。也

北京北海白塔

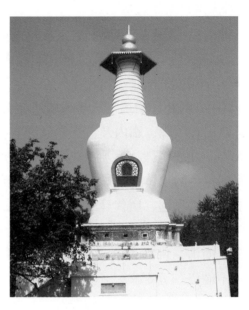

扬州白塔

山西应县木塔

河南登封嵩岳寺北魏砖塔

开封铁塔

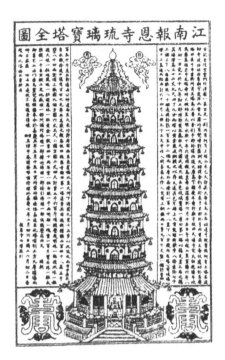

金陵报恩寺塔

云南大理寺三塔

有人认为这是印度供佛的楼阁加层加高而成的，但其构造形式也已经中国化了。到北魏，最大的永宁寺木塔据记载有九级，其塔基座方十四丈（约 40 米有余），高四十九丈有余（约近 150 米），可和现代的 50 层的超高层建筑比高。此可谓中国古代木结构高层建筑之最，也说不定是全世界木结构高层建筑之最，可惜已无遗迹可寻。近代遗存的高塔有应县木塔，5 级，高只有 30 多米。

隋代仍多木塔，盛唐武则天投资上亿建了白马寺，其中有三层明堂，据说："明堂成，高二百九十四尺（近百米）。凡三层，下层法四时，随方色；中层法十二属，上为圆盖，九龙捧之；上层法二十四气，亦为圆盖，上施铁风，高一丈，饰以黄金；中有木十围，上下黄色，杨栌木掌樜籍以为本。下施铁渠，为辟雍之象。号曰万象神宫。"可谓万分豪华，但被武氏的男宠薛怀义一不高兴便一把火烧得干干净净。除了盛行的木塔，北魏（公元520年）还建了一座砖塔，即著名的嵩嶽寺15层密檐式砖塔，砖塔的形式也仿木结构，也还是木构样式，这大概是后代密檐式砖塔的鼻祖。唐中叶以后，人们深感木结构塔不防火，不耐久，即便是天后赐建的大明寺，一旦失火，则千万奉献、亿万奉献均化为乌有，便转而注重砖塔，其用材也越来越讲究。宋代有开封祐国寺铁塔，8角13层全部用铁色铀砖砌成。明代南京有报恩寺塔，塔高78.2米，外部全部用彩色琉璃砖镶成，十分精美，可惜太平天国怕此塔可遥看城内动静，为守城安全，炸毁了。除了单塔，还有群塔，如云南大理寺三塔。

四、宫殿建筑

1. 宫殿延革

君王及皇帝议政及生活用的建筑统称宫殿。

中国古代第一代王国是在黄河流域的中原地区的夏国，第一代君王便是夏后（"后"即是后代的"王"）启。他是不是建筑了君王议政、生活用的专门的"宫"，说不清楚了。他的后人桀为了和美人儿琬和琰一齐享乐，建了"瑶台"。这瑶台据说用白玉砌成，金银镶嵌，十分豪华。这也许就是最早的宫殿了。殷商纣王在朝歌修建豪华的"鹿台"，这鹿台台基上大约有一组大建筑群，有宫室有大酒池，可让君臣在"酒池肉林"之中放肆地"男女倮（裸）相逐"。

古代的"宫室"究竟是什么样子的呢？我们知道它应该是建在高台基上的，"瑶台"、"鹿台"就是这样的高台。当时的统治者为了宫室干燥、通风，很时髦建高台建筑。人们先建一个夯土的高台基，再在上面建宫室。这种方法到春秋战国更盛，君王相互攀比要建更大更高的高台，在台上建越来越大的宫室。古代高台基上的"宫室"具体什么样？据文字介绍：主要建筑物一般朝南，堂前有台阶，所以古人升堂后方可入室。"由也升堂矣，未入于室也。"（《论语》）建筑内部空间"前堂后室"。堂是行礼、朝会的地方，室是住人的地方。室的东、西部分称东房、西房。堂的东西山墙称为"序"，堂中靠近序的两边称东序西序。上古堂前没有门，有东西两根楹柱，室东西窗称为"牖"，"伯牛有疾，子问之，自牖执其手"（《论语》）。北窗称为"向"。《诗经·七月》："塞向瑾户"就是说冬天把北窗（向）堵死，把篱笆门（户）涂上泥。古人席地而坐，堂上以牖之间朝南位置为尊，称"南面"。室内以朝东的位置为尊。《史记·项羽》："项王、项伯东向坐。"

2. 秦代宫殿

秦朝咸阳宫殿。秦始皇气吞六国，每灭一国，便令人仿该国的宫殿式样建于咸阳北阪。七国宫殿聚于此，状如七星，其群体定然不小。据说："离宫别馆，亭台楼阁，连绵复压三百余里"、"各宫之间又以复道、甬道相连接"。"三百余里"大概以讹传讹，难免夸张。现在发掘的咸阳秦代宫殿遗址位于上原谷道两侧。一号二号遗址分列渭河两岸，由阁道相连。

其一号宫殿遗址建在 6 米高台之上，东西长 60 米，南北宽 45 米，分有若干小室。其主宫室 13.4 米 ×12 米，地表涂以红色，古称"丹地"。门道有壁画痕迹。还另发现有嫔妃住的卧室。室中出土有丰富的壁画和陶纺轮（大概一般嫔妃还要参加纺纱之类的劳动）。还有浴室，室内有壁炉和陶质排水管道。还有数十米长的"阁道"，阁道两侧饰满壁画，内容是秦王的车马出行图。专家多认为，这一号、二号遗址便是秦咸阳宫殿的主要宫殿，当然也有人认为还证据不足。

阿房宫。比咸阳秦宫殿更出名的是阿房宫。宫在今咸阳三桥镇阿房村一带。其实，此宫的建设一直不大顺遂：史载秦惠文王在此修宫殿，宫未成，人已亡；之后秦始皇 35 年又

咸阳宫殿遗址复原图（局部）

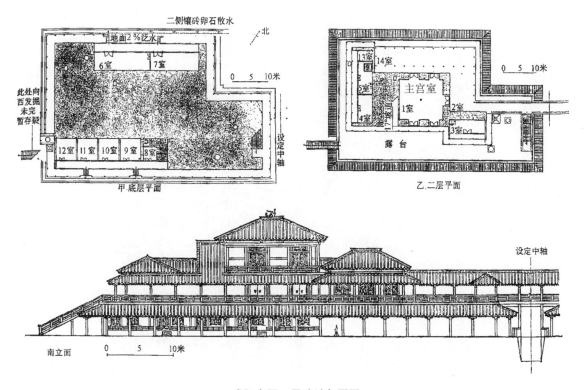

咸阳宫殿一号遗址复原图

再次在此修建宫殿，又宫未成，人已亡；秦二世胡亥六年又发七十万人继续修建，还是宫未成，人已亡。三代人的努力，七十万民众的血汗，究竟建了什么呢？杜牧《阿房宫赋》说："六王毕、四海一。蜀山兀，阿房出，覆压三百余里，隔离天日。骊山北构而西折，直走咸阳。二川溶溶，流入宫墙。五步一楼，十步一阁，廊腰漫回，檐牙高啄，各抢地势，钩心斗角。盘盘焉，囷囷焉，蜂房水涡，矗不知其几千万落。长桥卧波，未云何龙？复道行空，不霁何虹？高低冥迷，不知西东。歌台暖响，春光融融；舞殿冷袖，风雨凄凄。一日之内，一宫之间，气候不齐。"这怎么回事？既然你说阿房宫并未建成，这杜牧又说的这么有鼻子有眼的，是那儿来的？其实中国人作文作赋未必需要见到什么写什么，而是想到什么写什么，只要写得好便是美文。明太祖朱文璋大人要在南京狮子山上建个"阅江楼"，具体规划还没有，图纸更没有出来，便让大家写"记"。朱元璋带头，大家都来写《阅江楼记》，于是大家都说阅江楼地势如何高、如何抱长江而控南京，阅江楼如何伟大，如何华丽。"阅江楼"一砖一木未建，《阅江楼记》倒写了几十篇，其中皇上的和宰相宋濂的写得最精彩，流传至今。历近千年，近年，人民政府终于决定建楼，楼成后将宋濂写的"阅江楼记"刻了摆在楼前，也是趣事。古人文章讲究情景交融，这好文章的景是为情服务的，为了抒情，便可以想象出奇特的景来，王勃《滕王阁序》："渔舟唱晚，响穷彭蠡之滨；雁阵惊寒，声断衡阳之浦。"其实，这彭蠡在鄱阳湖西北安徽境内，这衡阳在衡山之南，在湖南省中部，离滕王阁何止千百里，王勃先生坐在江西小小的滕王阁上（当年的滕王阁不过小小两叁层楼），如何能看到彭泽之舟、衡阳之浦？这都是作者想到的，并不是作者真能看得到的。

滕王阁序（局部）

3. 明清宫殿

宫殿建筑经过数千年，历唐、宋、元、明、清，前堂后室的主体宫室建筑远远不够用了。前面六部官员要安排，后面三宫六院要安顿，小小的前堂后室于是发展壮大，成了前朝后宫。按明清体例：前面建一片朝宫（以太和殿为中心），后面建一片后宫（东六宫、西六宫），再加上一进进的门楼、一层层围绕的厢房、围廊、左祖、右社、御书房、戏楼、花园、洋洋洒洒九百九十九间半。

明、清皇宫正门之一——端门　　　　　　　　　　　　明、清故宫太和殿

五、陵墓建筑

人有生必有死。儒家主张适当注重葬制以表示对先人的敬意。而后统治者把葬礼搞的越来越复杂，陵墓建筑便越来越豪华。民间也往往不以孝敬老人为荣，而以葬礼铺张为荣。竞起祠堂陵墓。

1. 远古墓葬

早在十几万年前，我们祖先便有埋葬死者的习惯，但还没有陵墓建筑，到了万年前的新石器时代，便有石棺及石桌坟。而同时代墓中多有陶器的祭器。之后随葬品的增多和差别，说明私有制的出现和发展。

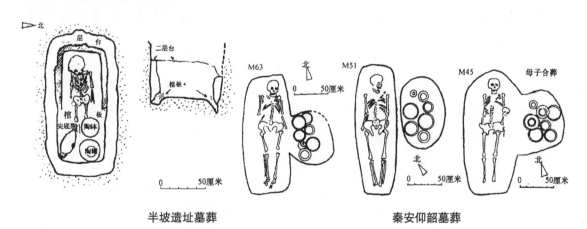

半坡遗址墓葬　　　　　　　　　　　　秦安仰韶墓葬

2. 三代陵墓

到了殷商，统治者墓里的随葬品越发增多。如安阳妇好墓（妇好是商王武丁的妻子，

经常率军出征,是很有权势的妇人),其中的随葬竟达 1928 件,其中青铜器 468 件,还有玉器、宝石器、骨器、蚌器,还有大量人殉。妇好墓封土上已有相当大的享堂建筑。

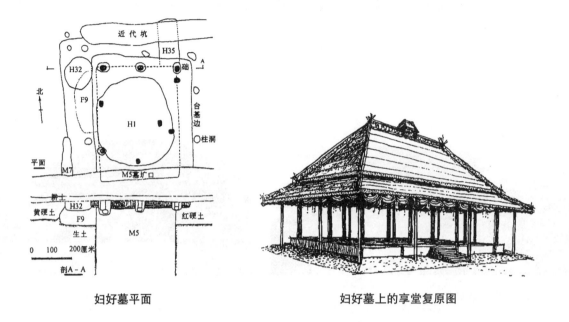

妇好墓平面　　　　　　　　　　　妇好墓上的享堂复原图

殷商王陵旁常有祭祀坑,殉以动物(马、牛、羊、猪),还有大量的人殉。河南安阳侯家庄——武官村遗址发现有人殉 1178 人。据卜辞介绍,祭祀所杀戮的牺牲,每次少则数人,多则 500 人。以晚商诸王而言,以有中兴著称的“英雄”武丁杀殉最多,而以残暴闻名的“罪人”纣王杀殉最少。“伟大”的武丁倒比“残暴”的纣辛更残暴。看来中国的历史评价以成败论英雄是古来有之的。

周代以后,墓室式样逐渐定式。大体中间挖有主墓室,棺外有椁,南、北有墓道,墓道上有封土层。墓室四周有陪葬坑、车马坑、杂殉坑。国君陪葬以车马为主,人殉已经很少了。但秦国例外,常有人殉,秦穆公更以身边的宠妃、阶前的勇士,甚至肱股之臣 177 人陪葬。已发掘的秦景公墓中亦有一百多殉葬者的骸骨。所以秦始皇陵要数千人殉葬是不意外的,是符合秦国传统的。封土堆上面常有享堂式建筑。

3. 秦始皇陵

秦始皇“雄才大略”,什么东西都要超越前人,陵墓当然也要前无古人的。秦王政十三岁便着意修自己的陵墓,丞相李斯设计、大将章邯监工,发工卒七十万人,修了三十八年。《史记》曰:“始皇初即位,穿治骊山。及并天下,天下徒送诣七十余万人。穿三泉,下铜致椁,宫观、百官、奇器、珍怪徒藏满之。令匠作机弩矢,有所穿近者辄射之。以水银为百川江河大海、机相灌输。上具天文、下具地理,以人鱼膏为烛,度不灭者久之。”《三辅旧事》则云:“秦始皇葬骊山,起陵高五十丈,下涸三泉,周回七十步。以明珠为日月,人鱼膏为脂烛,金银为凫雁,金蚕三十箔,四门施口,奢侈太过。”始皇陵之宏大奢侈史载固多,但具体尺度、详细内部结构却不见文献。

1962 年以来经多次空中地面科学实测,已确知该陵平面为南北长而东西短的长方形。

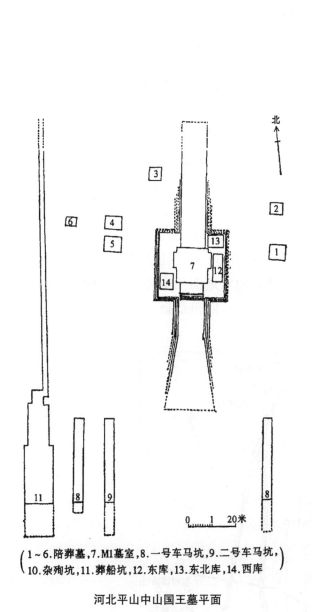

河北平山中山国王墓平面

（1~6.陪葬墓，7.M1墓室，8.一号车马坑，9.二号车马坑，
10.杂殉坑，11.葬船坑，12.东库，13.东北库，14.西库）

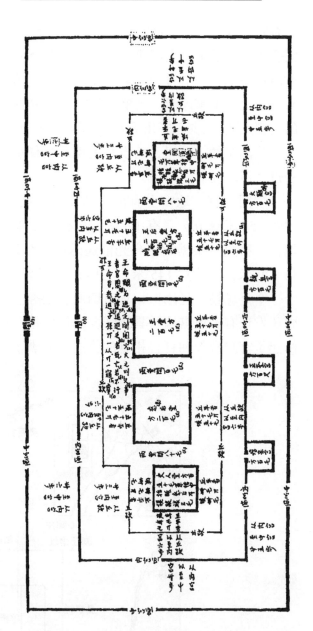

根据墓中出土的《兆域图》复原的中山国王陵地面建筑

围垣两重，外垣南北长 2165 米，宽 940 米，占地 2.035 平方公里；内垣南北长 1355 米，宽 580 米，占地 0.786 平方公里。有隔墙将东北另隔出一个陪葬区。四隅建有角楼，陵门各置门阙。陵墓主轴线东西向，东门为主陵门。内垣中建有寝殿、便殿等建筑；内、外垣之间有陵园官吏衙；外垣以外有王室陪葬墓，兵马俑坑、马坑、珍禽异兽坑，跽座俑坑、刑徒墓地等。

封土西北，发现大型建筑遗址，其基址南北长 62 米，东西宽 57 米，面积 3524 平方米。基址中部稍高，四周有回廊。封土之西有一大片建筑基址（250 米 ×670 米），应是一组便殿所在。

内垣西门以北，尚发现建筑基地三组，并在基址发现大量文物，估计这里是陵园官衙住处。称"丽（骊）山园"。

陵园之东上焦村西北有陪葬墓十七座，已发掘其中八座，均系贵族身份。另在内垣东北有陪葬区。这些很可能是被二世杀掉的大臣及兄弟姐妹的陪葬墓。《史记》：二世"杀大臣蒙毅等，公子十二人僇死于咸阳市，十公主石宅死于杜。"另依《史记》，始皇入葬时，"二世曰：'先帝后宫，非有子者，出焉不宜。'皆令从死，死者甚众。葬既已下，或言工匠为机藏皆知之，藏重即泄。大事毕已藏，闭中羡，下外羡门，尽闭工匠藏者，无复出者。"如此的殉葬人数，至少有好几千人，说不定有数万人。这当然也是前无古人的，更是后无来者的了。

陵园东约一公里，已发现大型兵马俑坑四处。现在已经成为旅游景点，大半中国人或去过，不多说了。

陵园地宫。地宫上有巨大的封土，底部方形，原有500米见方，占地25万平方米，现约350米见方，只有12万平方米。原高115米，现残高76米。封土堆呈四方覆斗形。地宫在哪里？根据近年高光谱遥感探测结果，地宫就在封土堆下，距地面35米深，东西长170米，南北宽145米，主体和墓室均呈矩形，墓室在地宫中央，高15米，大约相当于一个足球场。经勘探，墓室四周有细夯土"宫墙"，墙高30米，几达地平面。土筑宫墙内还发现有石质宫墙。具体情况尚待发掘。但据史载，地宫地面用铜计浇铸加固。地宫中修建了宫殿楼阁和百官相见的位次，放满了奇珍异宝。为了防范盗窃，墓室内设有一触即

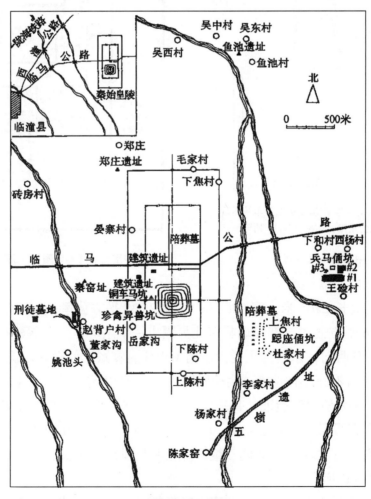

始皇陵总平面图

发的暗箭。墓室穹顶上饰有宝石明珠，象征天体星辰。地上是百川、五岳、九州的地理形势，用机械驱动水银，象征江河湖海川流不息。上面浮着金银制的野鸭、大雁。墓室内还点燃人鱼膏作油的长明灯。近年探测，封土堆下水银含量异常、特高，或可佐证地宫有水银江河大海之事。

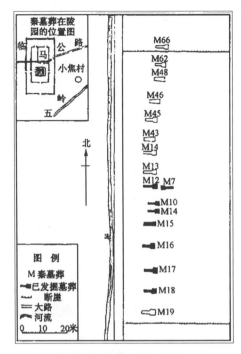

上焦村陪葬墓位置图

始皇陵和它的兵马俑坑都列为"世界遗产目录"。它有几个特点：一是规模宏大，可谓前无古人、后无来者，这对后世统治者往往起了样板作用。二是座西向东，和周代礼制不一，是秦人东向为尊的传统。后世坟墓建筑仍尊周礼，以南向为尊。三是"事死如事生"，在地宫中复原生前的朝廷生活。这个原则后代一直延用。四是大量的人殉，这是殷代的传统，只不过秦始皇和二世有所发展，有所发扬而已。汉以后便很少了。

始皇陵兵马俑

地宫假想图

4. 汉唐陵墓

到了西汉，国力强盛，帝王又开始起劲的造帝王陵墓。汉代帝王墓开始有了神道、石象生（即一般人所说的石人石马），墓室多深挖，木棺石椁，外面以巨木围之（称为"黄肠题凑"，往往要用14000余根上好黄芯柏木，耗材之巨，十分惊人），上面夯白膏泥防腐。

乾陵。到了唐代，帝陵更是像模像样的了。有唐高宗和武则天的合葬墓。陵在陕西乾县北。乾陵因梁山主峰为陵，在山腰开凿墓道、墓室。

黄肠题凑

乾陵有两重陵垣，内垣环在山峰四周，大致方形，东西宽 1450 米，南北长 1538 米。内垣夯土版筑，四角有砖包的阙，四面正中有门，都有礅台残迹可证。门阙内各有石狮一对，南门再加两石人，北门外加 6 石马。南面正门朱雀门内建有献殿，遗址尚存。朱雀门南为神道及入陵道。神道自南而北依次为石柱、翼马各一对，石马五对，石人十对，碑一对。碑北即朱雀门前土阙（包砖），阙北又有石人二十九身，西有石人三十一身。神道南端 2850 米又有一对土阙，是陵区的入口。墓道已发现，尽端用条石封闭，腰铁连固，铁汁灌注。

乾陵陪葬墓有 17 座，现已发掘有章怀太子墓、懿德太子墓、永泰公主墓。

唐代的帝陵多依山凿山为墓室，北依高山面向（南面）大原。讲究神道，有大量的石像生，讲究陪葬。这个陪葬不同于秦陵的人殉，而是子女、大臣死后可以葬在帝陵附近，以示恩宠。帝陵有功德碑，详记皇帝生前的"伟大功绩"，然武则天的碑却没有刻字。有说是武则天谦虚，认为她的功劳不必自己说，留给后人去说；也可能是后任皇帝认为自己的老妈武氏的功过是非不好说，起草好了又复有争议，碑上打好了格子，最终也还是没有把字刻上去。

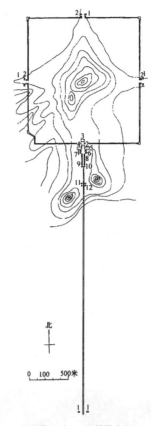

1. 阙；　　　2. 石狮一对；　　3. 献殿遗址；　　4. 石人一对；
5. 蕃酋像；　　6. 无字碑；　　　7. 述圣记碑；　　8. 石人十对；
9. 石马五对；　10. 朱雀一对；　11. 飞马一对；　12. 华表一对；

乾陵平面图

5. 明清帝陵

明清帝陵以乞丐皇帝朱元璋的明孝陵为典型。明初，国家经济穷困，连官员的工资都经常拖欠、减少。但为了皇上的陵寝，动用十万军民施工，修了二十五年，才将孝陵修成。之后又以精兵五千护陵，陵之东还有卫所（孝陵卫）。明、清帝陵以明孝陵为典型，之后明十三陵、清西陵东陵，乃至近代中山陵，其实都是和明孝陵一个模式的。孝陵背靠紫金山，坐北朝南。其主要内容有两部分。其第一部分从下马坊至御河桥。包括下马牌坊（"文武百官在此下马"）；神烈山碑（原有碑亭，已佚）；大金门（孝陵第一道正门，重檐建筑，宽26.66 米，进深 8.09 米，现只有残存墙体）；碑亭（一般称四方城，屋顶已塌，有一"功德碑"，为强调朱元璋的"伟大功绩"，曾以死亡万人的代价在东郊阳山开凿了三块碑材，碑材总高达 78 米，约 26 层楼高，可惜材体太重，三万多吨，"十万骆驼拉不起"，无法运达，只好重新刻了这块小的碑）；神道石刻（12 对巨大石兽，一个石象便有 80 吨，经石望柱，又有石翁仲，武将文臣各 2 对。）；棂星门（门已不存，有石柱 6 根）；御河桥（即金水桥，原有 5 孔，现存 3 孔）。第二部分是主体建筑，包括正门（文武方门，原 5 个门洞，已毁，现重建）；

碑殿（原为中门，清代康熙皇帝书有"治隆唐宋"碑，故改建为碑殿，由曹雪芹的祖父刻立康熙书写的碑）；享殿（殿基长75.56米，宽30.9米，殿已毁，尚留56个巨大柱础。）；升仙桥（大石桥跨过一宽大石砌濠沟，此沟疑是当年运送棺木的大通道）；方城（巨大实体建筑，建筑底部有圆拱大隧道，出隧道即见宝顶墙）；明楼（方城两侧步道可上方城之顶，可见明楼，原为重檐大屋顶建筑，祭祀之用，已毁，尚有残墙）；宝顶（明楼北望之圜丘即宝顶，其下即朱皇帝和马皇后的地宫）。这是一组严密而完整的供人瞻仰的建筑群，瞻仰之人众经下马坊下马，一路步行，经大金门，至碑亭，拜读功德碑上皇上功德；再前行，过云柱想象已入云中天界，两旁巨大石兽，石人，更显虚幻空间中仪仗之伟大，人众之渺小；过御河桥，入文武门，过中门仰首见雄大之享殿，更感皇上生前的伟大；过升仙桥，钻过巨大黑暗隧道，仿佛进入另一世界；从两侧又上明楼，遥望宝顶而祭，不免思绪万千，膜拜先皇、五体投地。这个过程以空间明暗的变换，建筑形象之变化压低了生者人众而抬高了死者的伟大形象，其精神效果是鲜明有效的。

明孝陵神道

明孝陵大隧道（前面便是宝顶墙）

六、楼、阁、台、榭、亭、廊

1. 楼

楼、阁常常连用，不易分开。倘若一定要咬文嚼字的话，那么楼便是"重屋"，即一般上下都住人的多层建筑。汉画像石常见有两层、三层乃至四层的高大楼房，楼上有人作宴会状。

后代楼阁常运用、连用。如"仙山楼阁"、"楼阁横空"等。清代各地建"奎星楼"便也称为"奎星阁"。有宋以来，人们常沿江、沿河湖建楼，以为观赏。如"黄鹤楼"、"岳阳楼"、"滕王阁"、"阅江楼"。这"四大名楼"，或古楼已毁，或古楼根本没建成，现在看到的都是近现代的仿古建筑。此外名楼还有"烟雨楼"（嘉兴南湖湖心岛上），"望江楼"（四川成都锦江南岸），"甲秀楼"（贵阳南明河江中），大观楼（昆明滇池北岸边），"鹳雀楼"（湖南岳阳洞庭湖畔），"蓬莱阁"（山东蓬莱市北海滨丹崖山上）等。

• 山东肥城东汉墓画象石之一（《文物参考资料》1958 年 4 期）

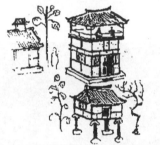

• 四川成都市曾家包东汉画象石墓中之建筑形象（《文物》1981 年 10 期）

• 江苏徐州市利国镇东汉墓画象石（《考古》1964 年 10 期）

汉画像石上的楼房

2. 阁

古代人们为了防蚁蛇、防潮、通风，将建筑架高，底层空着不用。这样的建筑称为"阁"。阁拉长了便是"阁道"。阁道没有屋顶的称为"栈道"。后来，底下不空着不用，也或者不一定是多层，是用来藏物、供物的，这也叫阁。如汉代天禄阁、石渠阁用来藏书；唐凌烟阁用来供奉功臣图像；明扬州文昌阁藏书；隋北京文渊阁藏书规模大，是国家图书馆；承德普宁寺，大乘阁供千手观音，是供佛的；清代颐和园的佛香阁是供奉"老佛爷"的。

"阁道"其实是双层的走廊，所谓"复道行空"的复道就是。张衡《西京赋》："辇路经营，修涂阁道，自未央而连桂宫，北弥明光而亘长乐。"可见这种双层的阁道把未央宫、桂宫、明光宫、长乐宫都连接了起来，也可见这些宫大概都在高台上，才需要阁道加以连接，从高处直通，以免爬下爬上。

3. 台榭

古人夯土筑高台，在高台上建屋宇（宫、榭）合称台榭。这样便可以免受蚁虫之害，淹没、潮湿之苦。当时木结构水平不高，很难建造高大的建筑，在高台上建宫殿便可以显得更伟大。自古君王筑台成风：夏桀有瑶台，商纣有鹿台。春秋、战国之君更是喜欢攀比筑台。魏筑文台，韩筑鸿台，楚筑章华台，"高台榭，美宫室，以鸣得意。"依据这个平台，统治者往往以此为核心，阶梯形地逐渐建筑浩大的宫室。

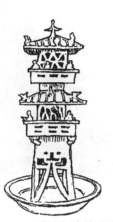

河南灵宝县张湾汉墓出土水阁
（《文物》1975 年 11 期）

汉代水阁陶楼明器
（《中国营造学社汇刊》）
（五卷二期）

M3

M8

M23

河南陕县刘家渠汉墓 M3 出土陶楼
（《考古学报》1965 年 1 期）

汉代居住建筑之水阁、楼屋

新建黄鹤楼

新建岳阳楼

新建滕王阁

新建阅江楼

清代颐和园佛香阁

高台建筑最浩大的莫过于秦阿房宫。三代统治者，七十万民工才刚刚建了一个4万平方米的高台，高台上的建筑还没影儿。中国古代高台建筑很多，不过遗存的高台建筑往往只见高台，不见上面的宫榭，上部建筑多已塌败了。

汉代以后，建筑技术提高了，人们不必要靠夯土版筑建那么大的高台，木结构本身就能建成楼房，便能高敞、通风。以后，高台建筑不那么时髦了，人们轻轻松松的建楼房，不必那么费劲地筑高台。高台建筑便越来越少了。不过，为了艺术造型，或为了追求气派，也还在城台、碶台上造屋，如北京的团城，安平圣姑庙等，可谓高台建筑的亚种。据《三国演义》，诸葛亮对周瑜说：曹操宣称要把乔家的大乔（已嫁给孙权）小乔（已嫁给周瑜）抢过来，以"金屋藏娇"，便预先筑了铜雀台及金虎台、冰井台三个台，也是风流之事。于是气得周瑜立马要和曹操拼命，最后赤壁一把火，曹孟德的美好愿望便落了空。这当然是罗贯中编的故事。杜牧诗："折戟沉沙铁未销，自将磨洗认前朝。东风不与周郎便，铜雀春深锁二乔。"（有人说是李商隐写的）就是讲的这个事。邺城西北至今空留三座残破的土碶，就是铜雀、金虎、冰井三台的遗址。统治者将高台一般建在都城的西北角，大概是影射西北方的昆仑山的意思。

明、清以后，园林中常有台、榭，此今台榭非古台榭。台未必上面要有建筑，往往只是平平的大基座，供人休息、眺望、娱乐，建在山顶的称天台，建于峭壁的称挑台，建在水上的称飘台。榭通常是建在水面上的游憩之所。用于休息、茶饮、观赏水景。

4. 亭廊

亭通常是一种开敞的小型建筑物。"亭者停也"，是供人走累了停下来休息的。一般有

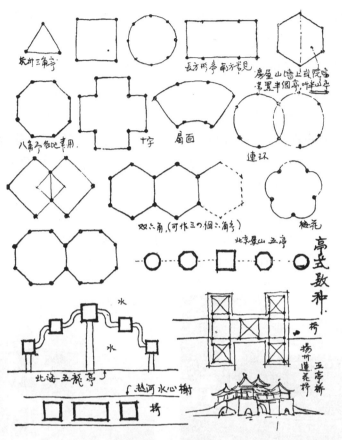

各种形式的亭平面

颐和园长廊

顶无墙,既可遮雨遮阳又可观赏风景。亭也是园林名胜中常用的景点,形式十分多样,有方亭、圆亭、六角亭、八角亭、半边亭、扇形亭、桥亭、山亭、水亭等。

廊。廊是屋檐下或独立有顶的狭长过道。一座建筑可能有前后廊,数座建筑之间可以用廊连接起来,称连廊;廊一般无墙,但有时在中间沿脊檩砌花墙,称里外廊;有时单面砌墙,对另一面开敞,到另一个院子另一面做墙,这一面开敞。人的视觉重心从一个空间游走到另一个空间。廊通长有点曲折,不太长,不太宽,但皇家也有超长、超宽的,以示皇家气派。如清代颐和园长廊有273间,728米长,便过于冗长,尽管上面有楣画14000多幅,游人走得弯来弯去,难免嫌烦,以至越栏而行。

5. 舫

舫又名“不系舟”。是仿造舟船之形而建的临水小建筑,供人设宴、休息、观赏水景之用。大小园林均有,如颐和园的“清宴舫”,苏州拙政园的“香洲”,南京天王府的“石舫”。

南京天王府煦园石舫

颐和园清宴舫

6. 其他

轩:有窗户的小房子称轩,常指茶馆、书房。或指以轩敞为特点的房子。

斋:屋舍,常指书房、学舍或和文化有关的房屋,如石竹斋、荣宝斋。

还有各种门洞、花墙、牌坊等。这些宫室、门阙、楼阁、台榭、亭廊、桥舫组合起来,加以交合围合,便千变万化。不像外国建筑,往往一座巨大宫殿,四周便广场、绿地,一览无余。有人认为外国建筑强调单体美,比较直捷了当;中国建筑强调群体美,比较含蓄委婉,是有道理的。

第七章　黄河文化（三）——长城与运河

在中国的全国大地图上，人们不难看出上面有一横一竖。一横者，自嘉峪关而山海关，万里长的一条突起的疤痕，这就是长城；一竖者，从北京而杭州，一条五千里长的凹下的伤口，这就是运河。

第一节　长城——令民哭泣令君傲

一、长城沿革

1. 长城是谁筑成的?

一般人多半知道"秦始皇筑长城"，怎么筑的? 有人说是秦始皇骑上了"登云马"，一路挥动着"赶山鞭"，这长城便一路赶出来了。这当然不是真的。

实际长城是历史上逐渐形成的，大体上有"先秦长城""秦长城""汉长城""明长城"等几个主要发展阶段。长城是中国千千万万劳动人民辛辛苦苦一土一砖历经 2200 多年造成的，不是秦朝一个朝代建成的，更不秦始皇一个人造出来的。其实八达岭长城没有一块砖一抔土是秦代的遗物，都是距今不过五六百年明代戚继光当蓟县总兵时新建的城关。

2. 先秦长城

（1）楚长城——中国最早的长城。长城的源头似应是周王朝的"列城"。公元前四世纪，周王朝为抵御北方游牧民族猃狁的袭击，曾筑连续排列的城堡"列城"以防御。"列城"连缀起来的长城最早应是春秋时楚国的"方城"。《左传》上记载了一个故事：公元前 656 年，齐侯率兵欲攻打楚国，大军到了陉这个地方，楚成王派屈完去迎敌。到了召陵，屈完对齐侯说："你若真要打仗，楚国有方城作城，有汉水作濠。"齐侯见方城果然坚固，只好收兵。可见，楚成王时，楚国已有方城。《水经注·汝水》中记载更为详细："楚盛周衰，控霸南土，欲争强中国，多筑城于北方，以逼华夏，故号此为万城，或作方字。"可见，楚国所筑的方城开初是一系列防御小城，和周王朝的"列城"是差不多的。之后，列城之间或有山河险阻，或用城墙相连。防御从多点防御发展成了线形防御，列城也就发展成为长城。说楚方城是最早的长城，大概是不会错的。

　　楚长城现有遗址墙体 30.51 公里，城址 3 个。历代破坏基本消失有 25.37 公里，山险 81.34 公里，共计 137.22 公里。楚长城的特点是小关城特多，仅南召县内就有 120 多座，因而《水经注》才说是"万城"，这可能是楚人继承了古代三苗人防御中原人所修的众多小古城堡。

楚长城遗址

楚长城位置图

　　当然也有不少专家以为楚长城开初只是"列城"，不能算是"长城"，只有到了战国后期，楚怀王才最终把这多点防御体系（列城）用城墙连接起来，成了线形防御体系，才成了真正意义上的长城。我们现在考古发现的"楚长城"不是公元前 7 世纪的产物，而是 300 年后公元前 4 世纪才完成的。

　　（2）齐长城。《左传》中说：灵公二十七年（公元前 555 年），"晋侯伐齐……齐侯御诸平阴，堑防门而守之。""防门"一向是后来齐长城的一道重要关口，这里说了防门，是否能说这时已有千里齐长城，还不好说。之后，《竹书纪年》中又记载了公元前 404 年，晋烈公派韩景子、赵烈子等攻打齐国、进入长城的事；《史记》中亦记有赵成侯 7 年攻齐至长城的话；《竹书纪年》还说："梁惠王二十年（公元前 330 年），齐筑防以为长城"；《史记》还说："齐宣王乘山岭之上，筑长城东至海、西至济州，千余里，以备楚。"可见，从春秋初年（齐恒公元年为公元前 685 年）到最迟齐宣王时（公元前 319 年—前 310 年在位），齐国为防备楚国，前后 360 多年，逐渐建成了一条长千余里的长城。有不少专家认为，如果说楚长城到楚怀王时才最终建成，那么，

齐长城遗迹——山东长清齐长城门洞

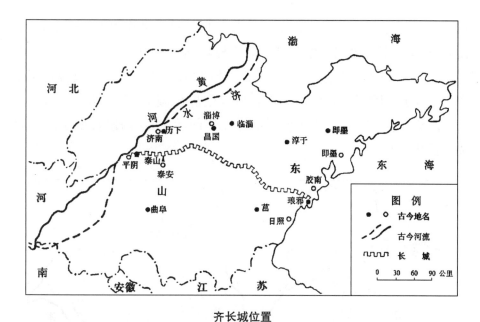

齐长城位置

齐长城才是中国最早的长城。

（3）魏长城。魏为战国七雄之一，位于山西、河南一带。其西、北与强秦、强赵相邻，特别是西南，秦国和山戎经常对魏袭击。防秦防戎，成了魏国大事。于是于魏惠王九年（公元前361年）在西北边境开始修筑防秦防戎的长城，即河西长城，长1000余里。另外，魏之西南于公元前355年起又修筑有河南长城，长约600余公里。

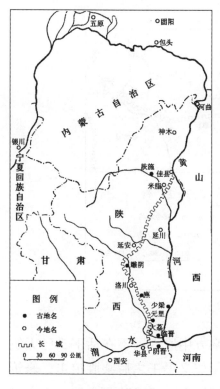

魏河西长城位置

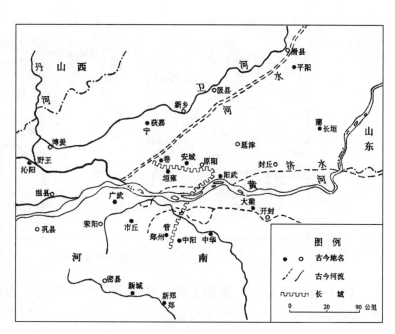

魏河南长城位置

（4）燕长城。燕国在今北京、河北北部一带，北有游牧民族胡人，西南有强大的赵国，秦灭赵以后便是强秦。据《史记》中记载：张仪曾对燕昭王说："秦下甲云中、九原，驱赵而攻燕，则易水长城，非大王之有也。"可见，燕国的易水长城当在张仪说燕昭王（公元前311年）之时已经有了。除了500里的易水长城（南界长城），燕国还修筑有北界长城（即燕东北长城），系燕将秦开所筑，约在公元前254年前后）。这两段长城是战国时期修筑的最后一段长城，长达2400余里。

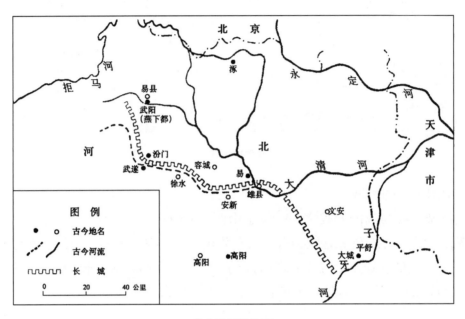

燕南界长城位置

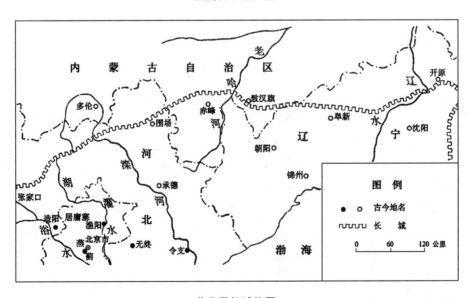

燕北界长城位置

（5）秦昭王长城。秦昭王时，秦国已经相当强大，东南方中原六国不在话下，已无筑城防御的必要，但它的西北与匈奴接界，于是在一次打败匈奴义渠王之后乘胜追击，修筑了长城以保卫胜利成果。《史记》中记："秦昭王时（公元前306年—前251年）……杀义渠戎王于甘泉。遂起兵伐残义渠，于是秦有陇西、北地、上郡，筑长城以备胡。"亦有专家考证，秦惠文王初年（公元前324年）已开始修筑长城，到秦昭王时完成。它西起今甘肃临洮，经宁夏、陕西（吴起、靖边、横山、榆阳、神木），东止于内蒙托克托旗黄河边。它是战国时期所筑长城最长的一段，长1250公里。其中东段上郡一带原是魏国领土，那一部分很可能是魏长城的一部分。秦昭王长城后来成为秦始皇时"万里长城"的西段。

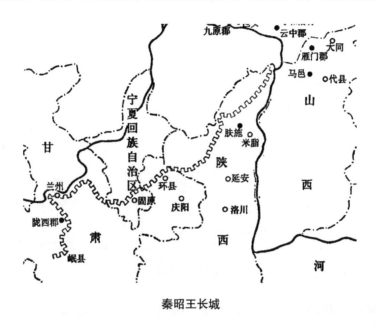

秦昭王长城

（6）赵长城。赵国北有胡人经常入侵，南有魏国来犯，秦国还可越魏境而来。故赵国修筑了南、北2道长城。据《史记》记载："肃侯十七年（公元前333年）筑长城。"赵武灵

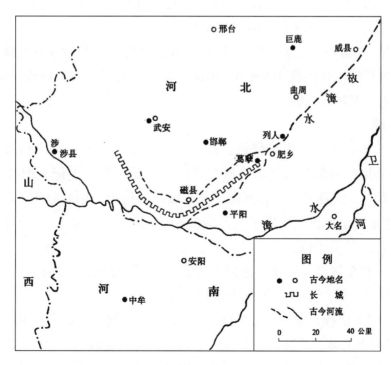

赵南长城位置

王二十年（公元前 306 年）打败了林胡、楼烦，二十六年开发了燕、代、云中、九原等地，并修筑了长城。这道北长城东起于代（今河北宣化），经云中、雁门，西北折入阴山，至高阙（今内蒙古、乌拉山、狼山之间），长约 650 公里。这段长城后来成了秦始皇修的"万里长城"北段的一部分。

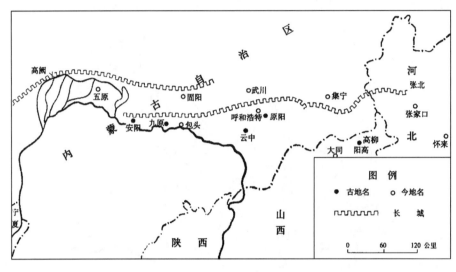

赵北长城位置

（7）中山长城。春秋时期在今河北正定、石家庄一带，居住一支北狄的鲜虞族人，建中山国。据《左传》记载，公元前 507 年，中山国曾大败晋军于平中，后又多次打败晋、赵，曾是很强大的诸侯国。《史记》载：公元前 369 年，"中山筑长城"，以防西南的晋、赵。其位置在今河北、山西交界地区，纵贯恒山，顺太行山南下经龙泉、倒马、井陉、娘子关、固关以至邢台黄泽关以南明水关的大岭口，全长约 500 余里。

（8）郑韩长城。这道长城先为郑国所筑，韩灭郑，续修沿用，故称郑韩长城。据"竹书纪年"所载：梁惠成王十五年（公元前 355 年），郑筑长城，自亥谷以南。这段长城与魏的东南长城相合，都是用来防秦国入侵的。

3. 秦万里长城

长城在春秋战国各诸侯国多有修筑，但其属境较小，一般小国之长城不过数百公里，大国不过一千多公里。万里长城之名自秦始皇时才开始。据《史记》记载："秦已并天下，乃使蒙恬将三十万众，北逐戎狄，收河南、筑长城。因地形，用险制塞，起临洮，至辽东，延袤万余里。"这是文字上首先出现了"万余里"的词句。另外，《淮南子》也有记载："秦发卒五十万，使蒙公杨翁子将，筑修城，西属流沙，北击辽水……秦时……丁壮丈夫，西至临洮、狄道……北至飞狐、阳泉，道路死者以沟量。"可见，上述的长城西段起于临洮，和秦昭王所修长城是一致的，或是在此基础上整修的。

同时，《史记》还记载，秦王三十三年："西北斥逐匈奴，自榆中并河以东、属之阴山，以为三十四县，城河上为塞。""又使蒙恬渡河取高阙、陶山、北假中、筑亭障以逐戎人。"看来，在整修秦昭王长城之外，又在河套以北、黄河以北、沿阴山又重修了一段长城。这段长城西起高阙、东达辽东。这便是万里长城的北段。北段长城的西端是蒙恬率数十万卒新筑的，东端是沿赵燕的长城改造的。或许是杨翁子主持修建的。

秦万里长城西起甘肃临洮，东达辽东，全长约 6650 公里，合 13300 华里，故称万里，它从秦始皇三十年开始，九年后秦二世赐蒙恬、扶苏死才停止。

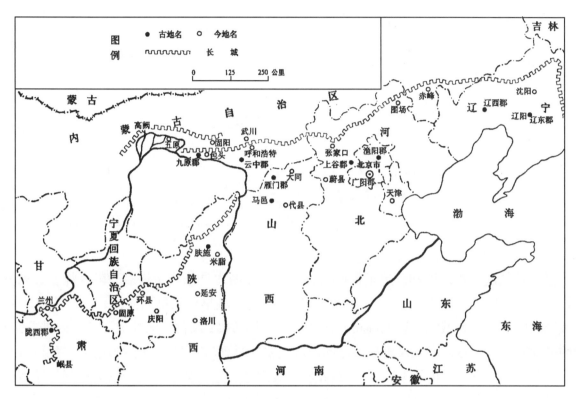

秦长城位置图

4. 汉长城

汉长城长达 2 万里，是历史上修筑的最长的长城。汉长城主要是为了防御匈奴。汉初匈奴王冒顿不断南下，甚至"引兵南逾句注、攻太原，东晋阳下"，已经攻入汉王朝的腹地了。汉朝初期主要采取和亲政策，送上公主美人，配上大量陪嫁。到了文景以后，国力渐强，和亲之外，开始修筑长城，积极防御。到了汉武帝中、后期，筑城之外，复采取主动进攻。文、景时主要修缮原有长城。武帝初"元朔二年，汉遂取河南地，筑朔方、复缮故秦时蒙恬所为塞，因河为固。"之后，武帝又筑河西走廊的

内蒙古固阳秦长城遗址

新长城,从甘肃的令居（今永登）筑到酒泉，至公元前 101 年，一直筑到玉门关外的"盐泽"（今罗布泊），"自敦煌至辽东，一万一千五百余里，乘塞列燧。"之后，汉昭帝时，又开始从敦

煌向西建列城、烽燧，还延修长城东段，"筑辽东玄菟城"。宣帝又继续扩建，汉代最终建成西起大宛贰师城、赤谷城，经龟兹、乌耆、车师、居然，沿着燕然山、胪朐河达于鸭绿江北岸，甚至有说达黑龙江边。构成一道绵延二万里的长城。

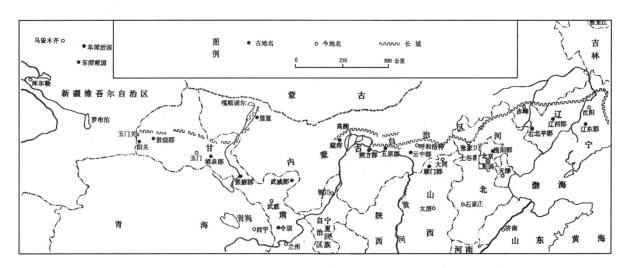

汉长城位置图

汉代长城进一步发展和改造了长城的布局。在长城内外修建了许多亭障、烽燧、列城，把长城内外的广大地区构成一个完整的防御体系。楚长城早期只是列城，是多点防御；春秋末战国初的长城将列城之间以城墙相连，便成了线形防御；汉代长城才成了长城内外一定程度的纵深防御。当然，离大汉腹地遥远的西段主要还是列城，只是一系列城堡、烽燧而已。

汉代长城二万里，屯兵百万以上，给养便是大问题。赶一架马车从长安运粮到长城西段，车上的粮食仅仅够马和马伕吃，若人挑肩扛便更不可能。据说倘若100石粮食靠陆路运到长城便只剩下半石。即使汉王朝有粮，运到万里外的长城下也是不得了的大工程。于是汉武、昭、宣帝时采用了桑弘羊、晁错、赵充国等人的建议，大力推行屯田、徙民实边的政策。首先，在边远的西域地区鄯善、车师、轮台、渠犁、乌孙、赤谷城（今俄罗斯伊塞克湖边），实行屯田制度，士兵平时种地、战时守城。这种办法明清一直沿用。

汉以后，魏晋南北朝，隋朝都曾大力修缮长城，至唐宋逐渐停止。唐代疆域北扩，版图远出大漠，设立北庭、西域都护府管理长城以北广大地区，广大突厥民族已成大唐子民，唐皇成了"天可汗"。长城已成国内之城，失去防御作用。宋代虽然"统一中国"，但国土不大，其北部疆域离长城还很远，原来的长城到了辽、金境内了。不久，宋朝又南迁长江以南，何谈修筑长城之事。何况，宋政权自以为富有，以为花几个小钱送给辽、金便能求得和平，可就是舍不得花钱搞战备，没有修缮长城。反倒是辽、金在它们的北境修过长城。倒是金代为防备蒙古人入侵，所修缮的北方长城也超过万里，工程也是相当浩大的。

5. 明长城

明太祖朱元璋是靠"高筑城、广积粮、缓称王"起家的，一向重视筑城。元朝失败后，它的残部逃回祖地，恢复以掠夺为生计的传统，经常南下掠夺。另外，后金女真族已兴起、强盛，为了防御蒙古族、女真族的入侵，明代开国伊始便开始了规模浩大的长城修筑工程。

两百多年差不多没有停止过，到公元 1600 年前后终于完成了西起嘉峪关、东达丹东鸭绿江边，全长 14600 多里的明长城。除此以外，明代在南方还修建了"南方长城"。明朝万历年间，为防备苗族而在湘西于"生苗"（今苗族）和"熟苗"（今土家族）之间修了一道长城，也称湘西边墙，长约 300 多公里。因秦始皇修长城轻民力，造成民众不满，以至全国民众纷起反抗导致秦朝灭亡，后人便说修长城不顺遂，所以明史都说修"边墙"，包括北方的居庸关、八达岭长城都称之为"边墙"，图个顺遂。

明长城的重要特点是异常坚固，大部分长城都用大青砖或整齐条石以糯米汁拌石灰砌筑。若要保留原有土筑长城也往往再以砖石包砌。长城的防御工事，有镇城、路城、卫所、关城、堡城、城墙、敌台、烟磴等。这些功能不同的建筑，它们相互联系、相互配合，组成了一个完整的纵深防御体系。在冷兵器时代，长城似乎是坚不可摧的。重点防守城段往往前后有多道城墙。如在蓟镇、太原镇，有的地段竟有二十多道城墙。

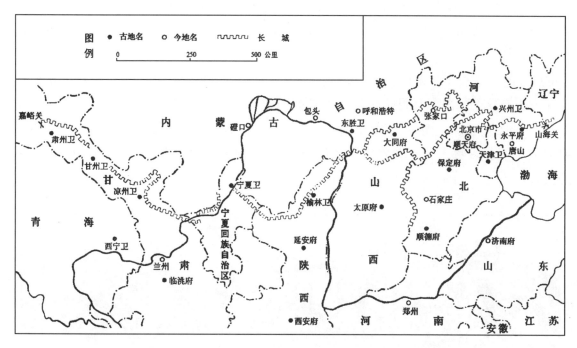

明长城位置

总的来说，明长城建筑达到长城历史的最高峰。到清代，统治者对长城的功效产生怀疑，对修长城失去了兴趣。到了民国，在现代火器面前，长城更是失去了以往的功能，只能无可奈何地成为旅游的历史胜迹了。

明长城防御实行"分段包干"的办法，设"九边十一镇"分段防守。它们是：辽东镇，从山海关至丹东鸭绿江边，长 970 多公里；蓟镇，从慕田峪到山海关，长 880 多公里，名将戚继

南方长城之城楼

光曾任蓟镇总兵,这一段长城修得十分雄伟,我们今天看到的八达岭长城便是其中居庸关的北口;昌镇,从紫荆头到慕田峪,长 230 公里;真保镇,从故关至紫荆关,长 390 公里;宣府镇,从居庸关至西洋河(今大同东北),长 511 公里;大同镇,从镇口台(今大同东北)至鸦角山(今山西偏关东北),长 235 公里;太原镇(山西镇),从河曲的黄河边至黄榆岭,此段亦称内长城,长 800 余公里;延绥镇(榆林镇),从黄甫川(今陕西府谷)至花马池(今宁夏盐池),长 885 公里;宁夏镇,从花

八达岭长城

马池至兰州,长约 1000 公里;固原镇,东起靖边至榆林镇长城相连,西至皋兰与甘肃镇长城相连;甘肃镇,东起兰州,西至祁连山下,长约 800 公里;以上九边十一镇总长 7300 多公里,防守官兵额定九十七万六千六百多名。当然,长度并不准确,还有一些段落如南方长城未计,重点处的多道长城亦未计,如北京地区长城原来只知 300 多公里,经实测竟达 628 公里,其他地方也有这个情况。兵员怕也还有编外的未计。

总之,长城起源于楚(方城),盛于秦(万里)、汉(二万里长城)、金(万里长城),最终完成于明。多数人今天看到的巨大砖石砌筑的防卫设施完整的八达岭长城,便是明长城的代表。

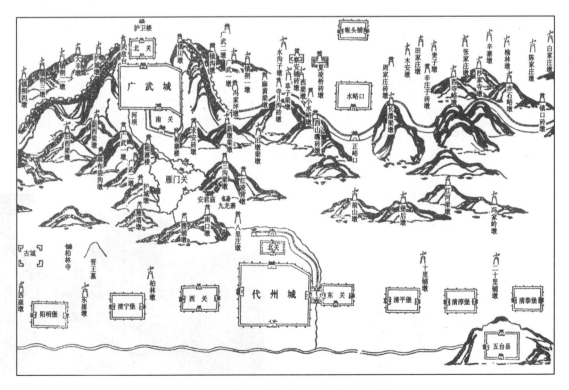

雁门关一带长城内外关、隘、城、堡形势

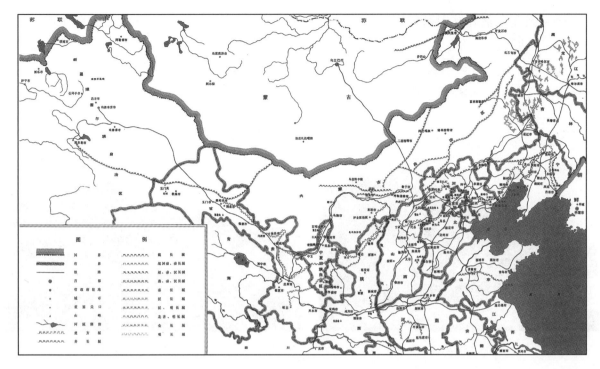

历代长城总图

二、长城的结构构造

最早的楚长城、齐长城结构比较简单，大多是土、石垒砌的，往往充分利用山河险阻以山河为堑，局部不修城墙。齐长城从莱芜、泰安等地遗址来看主要有土筑和石砌两种，平地多为土筑，山岭多用垒石砌，石块多为未加工的毛块石（城门等处用加工的方整石）。现存长城厚度约 4~5 米，残高 1~4 米不等。

战国时期的长城结构更为改进，土筑者往往先挖有基坑然后填细土分层夯实，出地面后两面夹木板分层填土反复夯实，以秦昭王长城为典型。石砌者常用加工后的条石。战国长城遗址虽然少见，主要在秦灭六国后或改造利用、或拆毁了，但仍有一些遗迹经历两千年而屹立不倒。

山东临潼齐长城（土筑）

山东长清齐长城门洞（石砌）

秦长城在今临洮发现有较完整的遗址。其城门处基部墙厚约3米,下层为黑土,高1.5米,上部为夯土城墙,残高2米,宽3.5米,夯土层每层6~10厘米。城墙部分基宽3.6米,上宽2米,残高2.8米,夯窝直径不大,约3~4厘米,夯窝布置不规则,夯土为黄色黏土,有的地方夹有碎石。这是早期的夯实方法,但也比较坚固了。

陕西魏长城

河北张北燕长城烽燧遗址

内蒙古包头赵长城

临洮秦长城遗址

汉长城的结构比较多样,特别是新建的河西走廊新长城,它通过大漠荒滩,离开了黄土高原,哪来上好的黄土,也没有上好的石材。守戍将士和当地工匠便利用当地沙滩中的沙粒和水泊中出产的芦苇及红柳枝条来修筑长城。从玉门关一带保存的汉长城遗址来看,人们在选择好有利地形之后,先挖一个不深的基础,铺上芦苇(或红柳枝),然后铺上一层沙粒小石子,在沙粒小石子上又铺芦苇,这样层层上铺。现有遗址残高达3.4米,厚4米多,仍然挺立在沙漠中。这种城常称为柳条城。

明长城在建筑结构上比较讲究。其西段,今天在青海发现不少明代修筑的长城。在塔尔寺东南十里有一处遗址,长城厚3米、残高6米,利用黄土夯土版筑而成,至今仍然十分壮观。

青海大通桥头镇山岭上亦有古长城及城堡遗址,墙厚5~6米,残高6~7米,夯土每层

玉门关长城烽燧

玉门关长城以红柳枝与砂砾碎石修筑

青海长城大通古城堡

长城西宁段遗址

厚20厘米，十分密实。

　　明长城在北京以北的部分，特别蓟镇段特别讲究，多为条石或大青砖砌筑或夯土版筑再用砖石包砌，是当年蓟镇总兵戚继光督修的。其居庸关北口即八达岭部分整修开放，已成为长城的骄傲。空中俯瞰只见条条巨龙蜿蜒于山岭之上，地上观之，重重敌楼高大雄伟。

　　在河北发现有明代大理石长城，隐于崇山之中。

三、万里长城在世界上的地位

　　长城"上下几千年，纵横五万里"。无疑是一个了不起的工程。在这之前，地中海四边的古代人也热衷于兴建巨大工程，他们普遍赞叹由公元前3世纪旅行家昂蒂帕克提出的"古代世界七大奇迹"。它们是：

　　（1）公元前26世纪的埃及金字塔，以其中胡夫金字塔为代表，它是一座几乎实心的巨石体，高146.6米，底边长230.35米见方。

　　（2）奥林匹亚宙斯神殿，神殿于公元前5世纪建成，石砌神殿是陶立克柱式的宏伟大理石建筑，宽41.1米，长107.75米。宙斯神像高13米，有象牙雕刻的肌肉、黄金饰面的衣服。

八达岭部分航拍图

整修后开放的八达岭长城层层敌楼

这段大理石长城有 4 个城堡

大理石长城的敌楼

其宝座也嵌着乌木、宝石和玻璃。公元 426 年，罗马皇帝破坏了神像，将神殿改为教堂。

　　（3）巴比伦的城墙和空中花园（应该称高台花园）。它建成于公元前 6 世纪，城墙长达 24 公里。"空中花园"是由巨大的石柱、石拱上铺着厚厚的石板组成，石板上铺有厚厚的芦苇和沥青，再铺上灰泥粘结的砖块，最后是防渗漏的铅皮。在这上面再复土种植花草树木。供水依靠高台上的抽水机，由奴隶们日夜驱动。

　　（4）罗德岛巨像。它在希腊罗德岛入海处，是太阳神的青铜铸像，高 33 米（与纽约自由女神像的高度差不多）。雕像两腿叉开，船只从中间驶过，十分壮观，公元前 282 年完工，56 年后一场大地震把神像推倒了。

　　（5）希腊爱菲索斯月亮女神神殿。公元前 550 年建成，是首座全部用大理石建成的当时最宏伟的建筑物，公元前 356 年毁于大火，其后重建，建得更高大，公元 401 年又被人为摧毁。

（6）摩索拉斯基王墓庙。公元前 353 年建成，毁于公元前 3 世纪一次大地震。时至今日，仍有不少雕塑件遗存。

（7）亚历山大灯塔。公元前 290 年建成，它建在埃及亚历山大港的一座人工岛上，有 122 米高，是当时最高的建筑物。它不带任何宗教色彩，是为人民实际生活需要而建的民生工程。它为船只指引航向 1500 年，十四世纪大地震被摧毁。

万里长城为什么没有列入"世界古代七大奇迹"？这主要是当时的欧洲的人们对中国并不了解。他们眼中的"世界"便是围绕地中海的欧洲、北非和西亚。巴比伦的城墙长 15 英里（24 公里）便以为了不起，他们决没有想到当时东方的中国已有数百公里长的楚长城、齐长城，不久还会崛起比它长 200 倍的一条万里长城。这"世界古代七大奇迹"似乎对中国不公，于是公元前 2 世纪拜占庭科学家菲伦提出：原来的"七大奇迹"是在远古的，大多已经毁灭，要再评出新的一个"世界中古七大奇迹"。它们是：意大利罗马斗兽场、利比亚亚历山大地下陵墓、中国万里长城、英国巨石阵、中国报恩寺琉璃宝塔、意大利比萨斜塔、土耳其索菲亚大教堂。其实，万里长城和"古代"七大奇迹中的大部分也差不同时的，非要分个"古代"和"中古"似乎勉强。于是 2001 年法国人贝尔纳·韦伯发起"新七大奇迹"基金会，2007 年 7 月初选出 77 个景点并组织全世界网名投票，结果中国万里长城最高票当选，其余还有：约旦佩特拉古城、巴西基督像、秘鲁印加马丘遗址、墨西哥奇琴伊查库库坎金字塔、意大利古罗马斗兽场、印度泰姬陵，后来又加上没有参加竞争的埃及金字塔。这样，最终 2007 年 7 月 8 日公开的是"新八大奇迹"。

长城 1987 年 12 月被选为"世界文化遗产"，世界文化遗产委员会评价为："约公元前 220 年，一统天下的秦始皇，将修建于早些时候的一些断续的防御工事连接成一个完整的防御系统，用以抵抗来自北方的侵略。在明代（公元 1388~1544 年），又继续加以修筑，使长城成为世界上最长的军事设施，它在文化艺术上的价值，足以与其在历史和战略上的重要性媲美。"

四、长城的功过

长城建了几千年，长城的功过也争论了几千年。争论主要围绕以下几个方面。

1. 长城有多大的防御作用？

有人认为："为什么几十个诸侯国和王朝两千年来费了极大的人力、物力、财力都要修建它，其主要原因就是它有用。"孙中山先生说：修长城"其道安在？曰：为需要所迫，不得不行而已。"《左传》上记载：楚成王 56 年（公元前 656 年）齐国进兵欲攻打楚国，当齐军进至"陉"这个地方时，楚成王派屈完去迎敌。屈完对齐侯说：您如果真要来攻打的话，楚国有方城（即楚长城）为城，汉水为濠，足以抵抗的。齐侯见楚国防御工事果然坚固，就只好撤兵了。像这样入侵楚国的诸侯到了楚长城被挡回去的事例还不止一次。"长城作为安定与和平的保障，赫赫丰功，永昭史册。"

基本无用论者如清康熙认为边防的巩固"在德不在险"，边将打报告要修缮长城，他就是不批。唐太宗也不修缮长城。他认为："昔人谓御戎无上策，今治安中国，而四夷自服，岂非上策乎。"他或以为长城南北皆吾大唐子民，我便是"天可汗"，修什么长城?! 雄关居庸关的确了不起，且有南、北两口加强防守（北口就是堂堂的八达岭）。李贽说："重关天险设居庸，百二山河势转雄。"至今八达岭山崖上还刻有"天险"二字。但如此雄关挡挡小毛贼、欺负老百姓可以，对入侵大军可一向挡不住。明末李自成率义军打下宣化，一举下怀来，没费劲便直入居庸关进入北京。辽代末年，金兵逼进，辽方调集精兵、镇守居庸，满以为雄关天险可守，但金兵进到关下时，辽兵躲藏的山崖崩塌，士兵被压死许多，竟一下子慌了神，不战而溃了。金末，元兵至居庸关外，金兵用铁水封固了关门，关外布满铁蒺藜，选了大批精兵防守，满以为元兵插翅也难飞过居庸关。不料元兵乘夜从山中小道绕过居庸关，第二天便到了南口，金鼓齐鸣，一路打到中原去了。元末，明军也是从居庸关顺利通过而北上。"天险"居庸关不过如此，其他"雄关"对于数万大军来说，便更不在话下了。这似乎验证了康熙所说的边防"在德不在险"。可以估计，100万大军守万里长城，平均每米不过2人，若日夜轮值，每米仅一人，只能对付欲入关抢劫的小毛贼，若上万敌军集中力量攻万里长城的一个点，是不难攻下的。而且，长城经过河流山堑不得不断开，尽管这里是天险之处，若敌军乘黑夜还是可以悄悄渗入的。元兵便是利用了这类天险处的羊肠小道绕到了金兵防守的长城背后的。防守一方的将领当然也懂得这点，于是一是在长城内外多设关城，以便改线型防御为纵深防御。二是不平均兵力在长城呆呆地固守，而是集中兵力，在长城之外寻机决战。明、清大军的决战便是在长城外的宁远、锦州、松山的多处大战，清军大战胜利，便顺利的越过长城诸口，长城并没有起到它应有的作用。

2. 长城是否有利于多民族的融合和发展?

有人强调"多民族国家的形成与多民族长城的修筑相伴"。他们说："中国这一多民族国家的形成和发展，曾经经历了漫长的岁月，其交融结合的形式是多方面的、复杂的，但突出形式的出现莫过于统治阶级王朝的更替的时期。两晋以后南北朝以来，北方民族相继入主中原，当时中原汉族和其他民族大量南迁，形成民族大交融大结合。自长城出现以后，各民族的诸侯都修长城，连秦始皇本人也非汉族，自称戎狄之人。自秦始皇以后，历代统治中国或中原地区的朝代为了保卫国家的安全，大多修筑长城，其中尤以各少数民族入主中原的朝代为多，计有北魏、东魏、北齐、北周、辽、金、元、清各朝，都大小不同地修筑长城。"于是"长城丰碑""铭刻了中华民族大融合、大结合的历史事实"。

说了半天，只说了北方少数民族入主中原，汉人南迁有利于多民族融合，但长城如何促进这个融合并没有说出个道理来。难道说，因为修了长城，长城南北的民族反倒加强了交流? 这显然是不符合历史史实的。长城虽然不能完全阻止北方民族的入侵，但也不至于反而促进北方少数民族的南下，说有利于融合是说不通的。

倒是长城关口往往对商旅进出关口有个限制性的管理而已，可以有序的收收关税，这也并不能因此促进商贸交流、民族融合。唐代是中国各民族大交流大融合的时代，唐代并没有修筑长城。

3. 长城是否有利于农牧业生产共同发展

不少专家考证出长城的位置，经济上是农耕区和游牧区的分界线；地理上是草原带

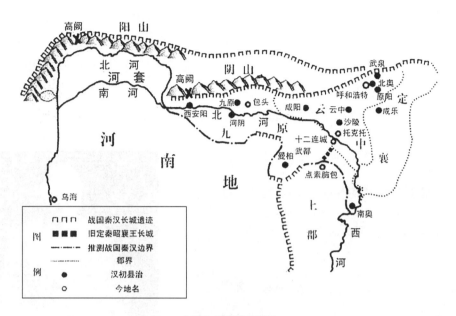

河套、河南形势图

和黄土带的分界线；气候上是寒带和北温带的分界线；年雨量是 400 毫米以上和以下的分界线。在这个分界线上修建长城使长城以南的农民和长城以北的牧民各安其份，各自安心从事各自的生产活动，这是有利于双方的经济发展的。这个说法大体是符合事实的，但不完全、不精确。长城在同一处往往有好几道，哪一道才是真正的"分界线"，而且有的地方本来是游牧区后来变成了农耕区，有的地方本来是农耕区后来又变成了游牧区。比如秦始皇令蒙恬率三十万卒打下了胡人固有的游牧区河套地区和"河南"，然后改成农耕区，并修建长城以"保卫胜利成果"；又如汉武帝令卫青、霍去病率数万骑打下祁连山，修了河西长城保护起来，于是河西走廊的游牧区成了农耕区。这样，汉人的农耕生产发展了，这里的胡人的牧业却毁灭了。于是胡人妇女哭诉："夺

长城内外植被明显不同

我祁连山，使我牛羊不繁殖。夺我胭脂山（焉支山），使我妇女无颜色。"反过来一样，五胡十六国越长城南下，把大片农耕区又变成了游牧区，同样造成那里的农耕生产遭遇毁灭性打击，如何"共同发展"？在某些长城段，由于长城的阻隔，北方少数民族不能入关取水，从而对生产、生活产生了负面的影响。

4. 长城是否有利于少数民族和汉族的交流、融合

有利论者认为：有了长城以后，长城南北的各民族通过长城关口进行正常的贸易往来，不再相互抢掠，促进了商贸往来和民族融合。比如：汉代筑了河西长城，保护了大批商贸队

伍通过河西走廊走向西域乃至欧洲，这个"丝绸之路"对中国经济发展起到很大作用，乃至对世界经济和文化交流作出了贡献。反者认为长城对于民族交流起隔断作用，影响了长城南北正常的人员往来和融合。唐代是没有修筑长城的，唐代却是中国历史上各民族文化大交流、民族大融合的时期。有西行求法者（玄奘去印度），也有东行传业者（鉴真去日本），这主要是靠唐代的经济发展和对外政策的开放，跟长城无关。

丝绸之路

鉴真真身塑像

5. 长城给广大人民带来痛苦还是安宁

主张安宁者说：未筑长城之前，北方的匈奴、东胡属奴隶社会早期，其俗"宽则随畜，因射猎禽畜为生，急则人司战攻以侵伐。"其俗视偷窃为可耻的罪行，盗马贼便处以极刑，而抢掠其他部落的牛、羊、马匹的人是英雄，能抢到妇女、甚至因抢掠而杀人的更是英雄，反而颇受人尊敬。其统治者往往鼓励这种入侵抢掠，"凡斩首虏获者，赐一卮酒，而所获因以予之，得人以为奴婢。故其战，人人自为趣（趋）利。其善为诱敌和奔袭，敢于冒敌冲击。其见敌则逐利如鸟之集，其困败则瓦解云散矣。"因为他们来如风，去如雨，所以汉族宽袍大袖、执戟援弓的步兵、战车兵对他们防不胜防。对此，春秋战国以来，中原汉人采取了筑城固守的办法，在此基础上发展出长城，使广大人民得到了安宁。

此说很简单：关外少数民族是侵略者，汉族统治者发动人民筑长城是保卫广大人民的最好手段。修筑长城，关内汉族人民得到了安宁。这个结论似乎不容怀疑，但一直有争议。其一，谁是侵略者，历史上就说不清楚。因为写历史的多是汉人写的，只说半边话，木匠的斧子半边砍。其实民族之间的矛盾是双方的，既有少数民族首领率众入侵汉人农耕区、抢掠财物、妇女、杀人越货，也有汉族统治者率兵攻打游牧部落，把人头挂在马鞍上，把俘虏拉到市场叫卖的。其二，筑长城并不能给汉族人民安宁、幸福，只能维护巩固统治者的权力。这种超时代的超大工程，给人民超负荷的承受。这以秦代为最突出。由于秦始皇好大喜功，完全不懂得爱惜民力（司马迁说："固轻民力矣。"）。有专家估计，秦朝修筑长城，工程用工"总在伍士兵及戍卒与罪谪计之，不下数百万人。"各专家估计不一，但仅仅河套北部长城便有蒙恬率三十万卒，其余地段更长，用士卒当不下此数。《淮南子》说：秦始皇修长城，用了五十万军队，由蒙公、杨翁子将筑城。那么，加上材料、粮食运输的后勤戍卒、苦役，总数在百万人以上是差不离的。陈胜说戍边者十之六七死在边地，近百万人修了9年，死亡士卒苦役何止百万人。这给当时人民带来了多大痛苦！《孟姜女》的传说之所以流传数千年不是没有原因的。

看来，修筑长城对于老百姓来说是个双刃剑，既有维护人民安宁的作用，更有破坏人民安宁幸福的恶果。孰重孰轻，各朝各代并不尽同。这要看统治者的政策手段：统治者本人是否好大喜功、固轻民力，是否工程超过了当时生产力水平；施工手段和组织是否科学合理；管理是否过于严酷。

那么，不筑长城，北部边疆如何安定、人民如何安宁？康熙皇帝自有高论。他批评秦始皇说："万里经营到海疆，纷纷调发逐浮夸。当时用尽生民力，天下何曾属你家。"他在古北口又说："形势固难凭，在德不在险。"整个清代不修长城，北方威胁也基本没有。整个唐代不修长城，北疆也大体安宁。似乎修筑长城并不是北疆安宁的必要条件。

五、长城的保护

1. 正在一段段消失的长龙

"万里长城永不倒"。那只是人们良好的愿望。任何伟大的事物都有消亡的时候，不论伟人、党派、国家乃至地球、人类，何况区区长城。我们看到的雄伟的八达岭长城给人们一个误解，人们以此会以为中国的长城如此雄壮、如此健康。其实，这只是花了大力气重点修缮的一个给人看的一段面子工程，而绝大部分地段的长城并没有得到应有的保护。长城正在迅速变短，这"万里长城"正在一段一段地消失。长城专家董耀会说："90%的长城缺乏保护。"他用508天的时间徒步走长城。他认为：万里明长城的墙体遗址总长已不超过2500公里。实际的破坏十分严重，其中有较好墙体的部分不足1/3，有明显可见遗址的可能已不足1/3。有一些自然条件恶劣或政府管理松散的地方，长城实际上已消失殆尽了。而采取了保护措施的不过几十公里，还不到1/10，90%的长城都缺乏保护。

甘肃山丹县的汉、明长城曾被认为是国内保存最完整的古长城。现经科学测量：2006年与1987年相比，明长城由以前的85.85公里缩短为53.45公里，20年消失了1/3。汉长城的壕堑由以前的47.74公里缩短到30公里，缩短了18公里，汉城墙由原来的5860米缩短为仅存816米，仅剩下1/7。

2. 长城消失的原因

（1）大自然的破坏。2500年的风沙雨雪对长城特别是以夯土版筑为主的长城的破坏

山丹长城遗址

无疑是很大的。在长城的西段，很多长城已经被风沙掩埋了。甘肃西北民勤县境内的长城曾经长达120多公里，但如今，已经被沙漠所吞没而被人们遗忘，高高的汉塞、烽火台也已经被沙漠包围，不久将被吞没。

雨水冲刷也是长城受破坏的重要原因。虽然长城大部分处于少雨的干旱地段，但西北雨量往往十分集中，暴雨的冲刷对长城也是很致命的。长城遗址还常有动物建设自己的家园，最常见的是蚂蚁洞。

即将被沙漠吞没的汉塞

银川三关口长城因雨水冲刷而破坏

麦田水蚀长城

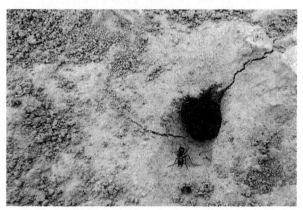

民勤附近长城遗址上巨大的蚂蚁洞

2. 当地民众的无知破坏

这往往比大自然的破坏更为严重。利用长城建屋。在甘肃永昌县城关镇金川西村，长城残壁成了民房的屋墙。据载，这个村子每户都有这样的屋墙。长城在这里充分实现了作为"墙"的用途：院墙、屋墙、牲口棚墙。有的村民建房缺土便挖长城的土运回来用。在盐池地区，许多人利用长城挖窑洞居住，很多人还在窑洞搭了猪圈、鸡棚。有人直接在长城上挖窑洞养羊。

若长城包砌有砖，附近居民常常拆其砖运回家建屋。

即便长城只是夯土筑成，这土也是宝，农民挖土运回去造田。不少农民平城墙、挖城墙土造田，据说这种土比较黏，可以改良土壤。

长城的地基也有用。有当地医生挖长城城基的白土回去,说那里面富含石灰。可真是"物尽其用"了。

挖断长城修路也比比皆是。其实修路挖断城墙者倒未必是国道、省道。国道、省道倒往往会绕道或跨越长城。地方政府和当地人士修路往往不顾长城,随意腰斩。在山西大同,为了开辟煤车逃费通道而挖断了多处长城。2007 年,在新荣区,将煤厂开在长城脚下,将上千米的明长城完全毁掉了。

"大刀向鬼子们的头上砍去! ……"这喜峰口抗战的歌曲,曾震动过多少抗日战士的心。1933 年 29 军的抗日战士在喜峰口夜袭敌阵,在长城脚下用大刀砍下五千鬼子的头颅,也鼓舞了作家麦新的心,从而诞生了"大刀进行曲"。然而,今天这喜峰口长城现在在哪里呢?已经被当地政府建的潘家口水库的水淹没了。或许,将来人们可以潜水参观"水下喜峰口长城"。

潘家口水库中露出的喜峰口长城

3. 长城的保护

对长城的保护,人民和政府也越来越重视了。政府每年拨巨资维修长城,还出台了《长城保护条例》。也的确修缮了许多地方的长城,制止了一些严重破坏长城的事件。许多专家对保护长城还提出了不少有益的建议:

（1）要建立一个长城保护的专门机构。有人说:现在是"世界上最大的露天博物馆设有馆长"。民间虽有"长城保护协会",也很积极,但无职无权。据说国家文物局牵头,和国家林业局、旅游局、文化部、公安部等几个部门签了协议,联合保护长城,总算开了个好头。

（2）要尽快立法,对破坏长城者进行严厉的制裁。文物部门、公安部门、法院苦于没有具体的法律条文可依,仅仅靠《文物保护法》还不够具体,难于实施。应尽快立法。

（3）要政府和民众共同开发。要开发和保护双赢。长城太长了,单靠政府拨款维修保护是远远不够的。万里长城长万里,一个亿摊到万里,每 500 米（一里）才不到 1 万,能做什么事? 必须要民众和政府都有积极性才行。要民众有积极性除了教育以外,必须让民众尝到好处。比较现实可靠的方法是利用长城这个宝贵资源搞旅游开发。一旦开发了,民众看到这一草一木一砖都能挣钱了,就自觉保护了。

六、长城文化

长城毕竟是一个超大型的伟大工程,以长城为平台的传说故事、诗歌、文学、政论络绎不绝。就拿诗歌来说,便为数众多,不论歌颂还是批判都十分动人。

《秦时民歌》
生男慎勿举,
生女哺用脯。

不见长城下，

尸骸相支柱。

秦代人民亲身感受筑城之苦，"不见长城下，尸骸相支柱。"正是对秦始皇筑长城给民众无尽灾难的控诉。

《饮马长城窟》

饮马长城窟，水寒伤马骨。

往谓长城吏，"慎莫稽留太原卒。"

"官作自有程，举筑谐汝声。"

"男儿宁当格斗死，何能怫郁筑长城。"

长城何连连，连连三千里。

边城多健少，内舍多寡妇。

作书与内舍："便嫁莫留住。"

"善待新姑嫜，时时念我故夫子。"

报书往边地："君今出言一何鄙？"

"身在祸难中，何为稽留他家子？

生男慎莫举，生女哺用脯。

君独不见长城下，死人骸骨相撑柱。"

"结发行事君，慊慊心意关。

明知边地苦，贱妾何能久自全。"

陈琳是魏晋时"建安七子"之一，《饮马长城窟》以"太原戍卒"的身份描写修筑长城给人民带来的苦难，也歌颂了贫贱夫妻的忠贞爱情。

乐府·《饮马长城窟·示从征群臣》·杨广

肃肃秋风起，悠悠行万里。

万里何所行，横漠筑长城。

岂台小子智，先圣之所营。

树兹万世策，安此亿兆生。

讵敢惮焦思，高枕于上京。

北河秉武节，千里卷戎旌。

山川互出没，原野穷超忽。

拟金止行阵，鸣鼓兴士卒。

千乘万骑动，饮马长城窟。

秋昏塞外云，雾暗关山月。

缘岩驿马上，乘空烽火发。

借问长城候，单于八朝谒。

浊气静天山，晨光照高关。

释兵仍振旅，要荒事方举。

　　饮至告言旋，功归清庙前。

　　杨广（隋炀帝）和陈琳一样写了《饮马长城窟》，但观点完全不一样。他说筑长城是可以"安此亿兆生"的先贤"万世策"，写得颇为豪迈。

《修边谣》·尹耕

去年修边君莫喜，血作边墙墙下水。

今年修边君莫忧，石作边墙墙上头。

边墙上头多冻雀，侵晓霜明星渐落。

人生谁不念妻孥，畏此营门双画角。

　　尹耕，明代诗人，《修边谣》反映了劳动人民修边墙（长城）之苦，表现了对统治者的控诉。

《古北口》·爱新觉罗·玄烨

断山踰古北，石壁开峻远。

形胜固难凭，在德不在险。

　　玄烨（康熙帝）这首诗以古北口的险峻而写到他对边防"在德不在险"的主张。

清平乐·《六盘山》·毛泽东

天高云淡，望断南飞雁。

不到长城非好汉，屈指行程二万。

六盘山上高峰，红旗漫卷西风。

今日长缨在手，何时缚住苍龙。

　　《清平乐》是词牌，毛泽东在这首词中，在长征的艰难行程中抒发出了胜利的豪情。"不到长城非好汉"成了激发战士斗志的名句。

第二节　运河——输血的大动脉

一、运河的延革

　　运河是怎么来的？传说隋炀帝听说扬州盛开了大大的琼花，为了到扬州去看琼花，便下令百万兵卒工匠赶修了这条大运河，于是乘着龙舟浩浩荡荡下江南到扬州去看花，琼花仙子看这昏君如此残害民众，一夜全都落了。让隋炀帝空忙了一场。当然这只是传说，事实并没有如此简单。

　　其实早在2500年前的春秋时代，人们便开始开凿运河。历代加以完善，经邗沟—山阳渎—通济渠—永济渠形成南北大运河，元代再开凿济州河—广济渠—会通河—通惠河，终成了今天的京杭大运河。

隋炀帝乘龙舟下扬州

运河之长度，开初邗沟不过 190 公里；到隋唐时已达 2700 多公里；到元代裁弯取直，最终成 1780 公里。

1. 先秦运河

（1）"禹河"。据说大禹开新河把暴怒的黄河水引走，所开之新河称为"禹河"。此事记于古籍传说，不少专家论证其无中生有，理由是在当时的生产力水平下，如此大的工程是不可能的，甚至不少人认为大禹也不过是根本不存在的虚构人物。但是，也有专家认为：传说也有其合理的成分、历史真实的内核。有人经勘探，传说中禹河的位置原本是远古一串湖泊及低凹处（古大陆泽、古白洋淀等），若大禹在黄河枯水期在北岸（孟津一带）开个小口子，这是可能做到的，到汛期黄河水暴涨便可能由这里冲决而沿古湖泊凹地形成入海新河——禹河。若如此，这 4000 年前的"禹河"便可能是中国最早的人工河，虽然主要功能是为了排洪而不是运输。

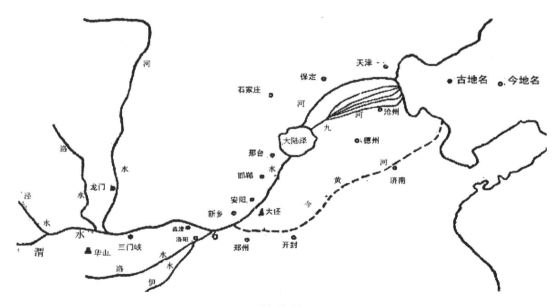

禹河位置

（2）春秋吴国新开运河，邗沟。公元前11世纪，泰伯从周原逃到江南"荆蛮之地"（今太湖流域），建吴国于沼泽水网之中，吴国从建国伊始便十分重视河湖的整治，也很有治水的传统。（被大禹在茅山会议上借故杀掉的"防风氏"，其实是江南善于治水的首领）。吴国开凿了"泰伯渎"以泄洪、灌溉。它全长40余公里，沟通了今苏州至无锡。它后来是江南运河的一段；吴王阖闾为了伐楚，在公元前506年命伍子胥开凿了胥溪（堰溪），它从苏州通太湖再达今宜兴，再经固城湖、石臼湖，到达芜湖直通长江。后来吴国利用这条河大举伐楚并取得胜利；公元前495年，吴王又命伍子胥开挖了胥浦，它从太湖向东，经淀山湖东流出海；春秋末年，吴国灭越之后又开挖了山阴故道（浙东运河），即今天大运河绍兴至上虞的一段；此外还有"常州府运河"，它从苏州出发，经浒墅关，经常州西连孟河入长江，长170里。这是后来大运河江南段的始基；还有"通江水道"，它从苏州出漕湖，通泰伯渎，从今江阴利港入长江，这是通向江北扬州的捷径；还有练渎，是吴王为训练水军而开凿的。

吴国开凿的运河，最著名的是邗沟。吴国国力增强后，为了北上与中原诸侯争霸，必须沟通长江、淮河两大水系，于是在公元前486年，开挖了邗沟（韩江，有人认为鸿沟也是邗沟一段）。邗沟从今扬州向东北通射阳湖，再向北再到末口通淮河，公元前482年，吴王夫差又继续开挖，通过淮水、泗水、济水直达徐州。于是"北属之沂，西属之济，以会晋公于黄池。"公元前482年，吴军沿邗沟北上争霸，吴军兵马依靠邗沟直达今河南黄池，2次大败齐军，于是在黄池大会中原诸侯，当上了春秋霸主。可霸

古邗沟遗址

主没当上几天，宿敌越国乘吴国大军北上之机，起兵攻入吴都，吴大军回兵途中兵败国亡。越国灭吴后亦步其后尘，率大军顺邗沟北上，与齐、鲁等诸侯大会于徐（今山东滕州），致贡周王，周王封侯，一时也称霸中原。

（3）越国开挖的运河。春秋越国开凿的运河有"蠡渎"（蠡河），它是越国为了伐吴由大臣范蠡所开。它自今江苏锡山分支东行，出坊桥会合伯渎，东达漕湖（蠡湖）。此外，在常州还开了一条西蠡河，通向溔湖。越国开挖的运河还有"通江陵道"，也是为了伐吴作准备的。之前，越伐吴，须从海上经杭州湾，经百尺渎进入太湖再转至吴都（今苏州）。其水路迂回曲折，道长途险，费力费时。越灭吴后，为加强对吴国的控制，随时进攻吴地，于是从吴淞江至苏州开了一条水陆并行的通道，全长约60余里，以便若吴地有事可大军水陆并进。这条陵道是后来江南运河平望至苏州段的基础。

（4）楚运河。楚灭越、占有吴越、统一东南后，对吴越境内的运河作了全面整治。公元前248年楚春申君黄歇封于吴，他对原江南运河大力改造，修治了无锡至苏州的水道（即今江南运河苏州至无锡段），还疏浚了笠泽，从太湖东岸，经嘉兴、松江、金山直达今上海西部入海。（今天上海的大部分当时还在东海之中）这条水道后发展成为"黄浦江"。黄歇还开了"申港"，从今天的无锡西经武进东，由江阴入长江，全长40余里。此外，楚庄王

时还开挖了"扬水"，南通长江、北接汉水；还疏浚了泜水。

（5）徐偃王渠。今安徽泗县一带春秋有徐国。它为了与大国交通，开挖了一条运河，从徐国连接陈国（今安徽淮阳）、蔡国（今河南上蔡）。它与后来的大运河不远，或有水道相通。

（6）鸿沟。战国中期，魏惠王开凿了鸿沟。鸿沟很有名气，传说最早为大禹所开。大禹疏九河，并"乃"、"斯"二渠，"以引其河。……同为逆河，逆河即鸿沟。"专家多认为魏惠王对之进行了疏浚、整理。鸿沟从今河南省紫阳县开挖，引黄河水至圃田泽，称大沟，再向东经今中牟、开封北，折而向南，经许昌东、至淮阳，通颍河、淮河。它的某些段落可能是后代大运河通济渠时一部分。鸿沟连接济、淮、睢、颍、汝、泗、荷等水系，为历代军事要地，也是南北交通要冲。楚、汉相争时也曾在鸿沟两岸大战，又曾以鸿沟为界议和。

2. 秦汉运河

（1）秦运河。秦淮河、北河与灵渠。秦国统一前后，曾积极开发运河。秦始皇曾令三千囚徒凿"丹徒曲阿"，是江南运河今镇江段的一部分。南巡时，为了破金陵王气，下令开秦淮河，这客观上反倒对金陵地区的经济发展起了促进作用。最重要的是派史禄兴修灵渠，把长江流域和珠江流域在上游连通了起来。当时主要为了南征的军事目地，这客观上也对南方交通运输经济发展起了促进作用。

灵渠

（2）汉运河。汉初吴王刘濞在江南铸钱、煮盐，始终以经济建设为中心。为了盐运，他开挖了"茱萸沟"，从扬州沿邗沟通海陵仓（泰州)，使江淮水道和产盐区连结了起来，这是今天通扬运河的前身。刘濞还开挖了"盐塘"，从今张家港通往吴淞江，全长190里。开运河不仅解决了盐、铁、粮食的运输问题，还发展了农业灌溉，促进了商贸，形成沿运河一串明珠似的集镇。刘濞开运河、煮盐、铸铁、造船，使吴地经济发展，"富甲诸侯"，甚至吴王"富过皇室"，这引起汉皇的不满；而他又开仓放粮，甚至全境免除农业税，得到广大人民的拥护，有与皇上争民心，有篡权夺位之嫌，这更使汉皇室绝不能容忍。这或许才是吴国被"削藩"以至被剿灭的根本原因。历代皇上，公开场合总要求各级官员要执政为民，要安定民心，要为人民服务。但倘若谁要真的服务好了，民众安居乐业、民心归附，私下里就反成了与皇上争夺民众的叛逆大罪，是皇上决不能容忍的。

漕渠。汉武帝于公元前129年令水利专家徐伯主持修建了"漕渠"。它与谓河平行，引昆明池水从长安经临潼、华阴直通黄河。这样，原来走渭河的漕粮改由漕渠运长安，缩短了时间还安全，又灌溉了两岸两万顷良田。它是后来南北大运河赴长安延长线广通渠的前身。汉哀帝在公元前5年又开通了荥阳的漕渠，它从荥阳接黄河而分出，分两道通淮，使洛阳等大城市通过漕渠达邗沟而和富庶的江南相通。东汉初年，公元 57 年，又引洛水为漕，从洛阳东通黄河、济水，南接江淮。东汉末年，又对邗沟进行大规模疏浚、整治，拉直了航道，便利航行。这些"漕渠"，当是隋大运河通济渠的前身。同时，汉代还疏通了"白沟"，它即卫河，是隋大运河永济渠西段的前身。这样，隋大运河的基本雏形已经出来了。

3. 三国、南北朝时期的运河

（1）曹魏运河。曹魏时开凿了"平虏渠"。这是以后京杭大运河的北段。曹魏时还开挖了"利漕渠"，使漳河与白沟（后来的永济渠西段，今卫河）相连接，还开凿了"东箱渠"，引永定河水从今北京东达渔阳潞县，灌田万余顷。它是元大运河的上源之一。曹魏还对邗沟进行过疏浚改造。公元 224-225 年，曹丕两次率军渡淮，由末口转邗沟进广陵（扬州），时"水位降低，河道淤浅"，数千战船"皆滞不得行"，于是开凿渠道，壅遏湖水，增高水位，舰船终得通行。

（2）东吴运河。孙权于公元 245 年修了"破岗渎"，把秦淮河与江南运河连接了起来，还整修了青渠，解决了秦淮河的水源问题。他还开挖了"运渎"使秦淮河直通京城，开了"直渎"从建业东达长江。

（3）两晋南北朝运河。两晋时，对"徒阳运河"（丹徒至云阳）进行了改造，修筑埭、堰，保证了通航的水位。南朝开挖了"上容渎"，从句容连接秦淮河，有 21 个埭堰。南朝还开通了"仪征运河"，修筑埭堰维持水位，以解决邗沟的供水。原先，船只航行在邗沟有不少路段在天然湖泊之中，风大浪高，很不安全，这时改为在一侧另开运河，"行者不复由湖"。此外，邗沟北低南高，为节制水流、防止江水流失，设立了许多埭、堰。东晋还在彭城（今徐州）之北开人工渠，使邗沟与汶水、济水相通，之后又经桓温、刘裕的整理，使淮、黄两大水系的网络更加完善。东晋对浙东运河亦多修埭、堰保持水位，保证低水位时的通航。

4. 隋唐大运河

南北朝时期，北方"五胡十六国"动乱不已，中原汉人大量流徙南方，带去了先进的生产力，地广人稀的南方迅速发展了起来。由于南方社会相对安定，南方政权的都城建康已经发展成为世界少见、中国第一的 140 万人口的特大城市，经济发展以及粮食产量都超过了北方。而北方都城洛阳军民的粮食供给在一定程度上要依靠来自南方的漕运。隋统一以后，南北交通大动脉——南北大运河的修建已然势在必行。客观条件由于多年来不断地开挖，大运河已有基础，江南运河已有破岗渎、秦淮河等运河，扬州到徐州的邗沟及延长线也已多年运行、反复疏浚改善；徐州以北至洛阳段经东汉至东晋几代修整亦基本成形；洛阳至长安汉代就有了漕渠，至于向涿郡方向，多年的白沟、卫河亦多有整理。这样，南北大运河的基本雏形已经形成，只等适时破壳而出了。

隋朝统一天下，先建都大兴（今西安附近），由于都城人口迅速增加，粮食供应越来越困难，陆路"关山险胜"，水路"渭川水力、大小无常、流浅沙深"。为此，隋文帝于公元 580 年令宇文恺在"漕河"基础上开凿了连通都城至黄河的"广通渠"（后称"永

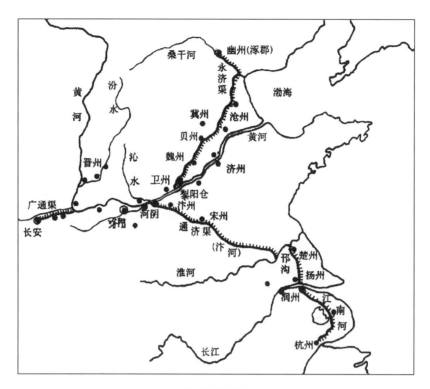

隋运河示意图

通济渠");公元587年,开挖了"山阳渎"（邗沟北延长线）;隋炀帝即位后,由于大兴粮食供应仍不理想,于是"役二百万人"营建东都洛阳。公元605年,炀帝下令开凿通济渠（洛阳至山阳渎）,同时发六十万人疏通邗沟,裁弯取直、加宽加深。这样,江南每年数十万、百万担的粮食便沿运河源源不断地运往东京（洛阳）。大运河沿岸筑御道,道旁植柳,气势非凡。白居易赞道:"大业年中炀天子,种柳成行夹流水。西自黄河东接淮,绿影一千三百里。大业末年春暮月,柳色如烟絮如雪。南幸江都恣佚游,应将此柳系龙舟。"自此"公家运漕,私行商旅,舳舻相继",在漕运解决都城粮食的同时也发展了民间商贸经济。

公元608年,隋炀帝又下令开挖江南运河,自京口（润州,今镇江）直至杭州。江南运河在南朝已初具规模,此次又加宽加深,疏通改善。

公元608年,隋炀帝又发百万人开凿"永济渠"。永济渠东北接涿郡（今北京）,西南接黄河,多利用原有河渠（沁水、白沟、卫水、淇水等）拓宽改建。2000余里的永济渠开通后,洛阳和辽东的联系便利了,隋炀帝三次征高丽便是通过永济渠运送兵马、粮草的。

这样,隋代便完成了中国南北大运河的巨大工程。大运河以洛阳为中心,分北段、中段和南段。北段永济渠从洛阳到涿郡（今北京南）;中段通济渠、山阳渎、邗沟,从洛阳经末口到扬州入长江;南段江南运河从扬州长江对面的镇江（润州,京口）到杭州。总长2780多公里,是中国古代的南北交通大动脉。

唐代有了隋代兴建的现成的大运河,对大运河主要是维修,改善运输效益。其一,汴口是引黄河水进永济渠的渠口。这黄河水含泥沙特重,渠口极易淤塞。于是,在玄宗、肃宗时 40 年内 4 次对汴口进行大规模整治,这才暂时"舟车既通"。其二,由于长江东延,扬州的长江江面变窄,邗沟渠口被泥沙淤塞,于是公元 738 年,又在城外另开入江水道,经瓜洲入江,曰"伊娄河",并疏浚邗沟流经扬州城内的部分。之后又淤阻,公元 826 年,又在城外开新河。其三,江南运河某些地段处于丘陵,比降大,存不住水。为此,唐代沿途多增建埭、堰、闸,以节水济运,主要有京口埭（今镇江）,庱亭埭（今丹阳东）,望亭堰闸（今无锡望亭）,长安闸（今崇德长安）,除长江水外又从太湖、练湖、钱塘江引水,以保证运河水位。其四,漕粮运到洛阳,距长安还有 800 里,走水路经黄河走广通渠或渭水,有三门、砥柱之险,很不安全;走陆路,由 800 乘牛车分 4 段转运亦艰难异常,运费更昂。到荒年,唐皇不得不做"逐粮天子",率百官到洛阳"就食"。唐王朝就此采用了"分段运输"的方法。对三门、砥柱一处,于三门山旁凿 18 里山路以陆运,避开砥柱之险。这虽然麻烦一点,却解决了问题,船只不滞留,时间也节省。也没有去干开凿中流砥柱的浩大工程。从而,每年数百万担漕粮便顺利进入长安,"天子率百官就食洛阳"便成了历史。安史之乱以后,藩镇割据,运河受破坏,漕运逐渐衰落,至五代几乎全废。周政权虽对邗沟、永济渠作过维修,但并没有多大效果。两宋时,政权重在社会安定,对运河多作小规模的实用性维修,而充分利用运河的现有运输价值。开了汴河（东京和永济渠的通道）;修了楚扬运河（邗沟的第二通道）;完善江南运河浙东运河的埭、堰、闸,以利通航,唐代开始出现的二斗门闸（近似于现代船闸）在宋代已多有实际运用。

江南运河示意图

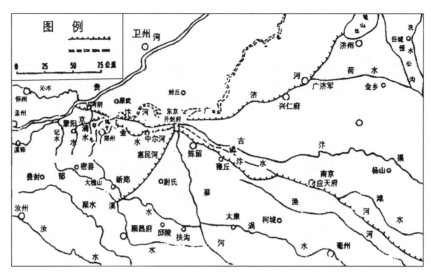

北宋漕运

5. 元代京杭大运河

元朝建立了中国第一个少数民族统治的政权。其统治十分残暴，公开把人民分成四个等级，人数最多的南人（南方汉人）被压在最低层。经济发展水平特别是北方从两宋的繁荣跌落了下来。但由于统一的广大疆域，使元朝能对大运河进行全面的而不是局部的改造。统一以后，元朝的都城从大草原迁到了大都（今北京），但由于多年辽宋、金宋、元金在中原的拉锯战，北方经济破坏比较严重。而同时，南方由于南宋的偏安经营，又由于北方人的南迁、先进生产力的引入，南方的经济得到相当地发展，其生产总能力已经超过北方。于是中国出现了政治中心在北、经济中心在南的南北脱节现象。这使元朝统治者要认真考虑江南的粮食、财富怎样运到北方的问题。原来的隋大运河，政治中心在洛阳、江南漕运通过邗沟——通济渠到东都洛阳是很畅通的，但现在要运到大都，便还要从洛阳再调头经永济渠到大都，走了一个之字形。这就太不顺了。于是，元朝开始便对大运河进行了大规模改造，主要是在永济渠北段的临清另开新河"会通河"，向南直达末口接邗沟，公元1289年"会通河"完成，这样就完成了今天京杭大运河的基本走向:由北京（大都）直接南下经扬州穿长江直达杭州。这就是尽人所知的"京杭大运河"。

明清时期，大运河基本走向不变，着重于疏浚、整治、调整。元代的漕运走运河和海运两路，而明、清由于防倭，沿海筑海塘（沿海长城），采取自我封闭的"片板不得入海"的政策，于是海路断了，一门心思走运河，所以对运河的整修十分重视。据《京杭运河史》所记，明代从公元1414年至公元1631年的189年中，堵决疏浚25次，从1428年至1628年的200年中，挑浚19次，不可谓不勤。清代亦大致沿袭旧制，定期疏浚。但黄河屡决，运河屡淤，决则堵口，淤则挖淤，疏不胜疏，于是从道光初开始恢复海上漕运。咸丰以后，海运遂以为常，到同治时，漕粮改为海运为主，只有十分之一走运河。到光绪时全部改折，停止漕运。为漕运服务的漕河也就没有多少人过问了。北段逐渐淤成平地。民国以后，由于铁路、公路运输及海运的发展，运河已经几乎走向了末路。

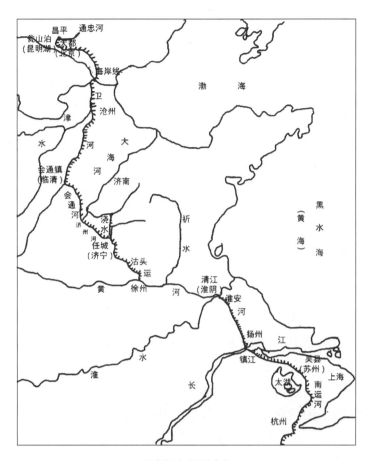

元京杭大运河走向

新中国成立后，首先对大运河进行了恢复性整治。1958 年整治苏北段，3 年挖土方 1.4 亿立方米，耗人工 1.4 亿工日，修建现代化船闸 7 座、节制闸 4 座，运河尺寸统一为底宽不小于 70 米，水深不小于 4 米。以后 1969 年至 1976 年又增建 4 座大型船闸，运河通航能力大大增加。

60 年代末，国家又对江南段进行大规模整治，加宽、加深、疏浚整理，改革开放以后，经多次整治，从杭州至苏北，运河已经全线符合标准航道。山东段也开始进行了全面治理。运河运输呈现了新的面貌。

京杭大运河今貌（湖州段）

京杭大运河无锡段今貌

二、运河的作用

1. 运送漕粮、保障京师

隋大运河的开凿主要目的就是漕运。隋文帝建大兴城，都城数十万军民要吃粮，仅靠关中供应是不够的，于是要把关东及江淮的漕粮调运长安。陆路运输有关山险阻，且牛车转输，人牛要吃粮，一车运到大兴已所剩无几，成本极高。而水路一船之粮有百石以上，但"渭川水力、大小无常"，浩大时则倾复船只，浅小时则流浅船阻。隋文帝这才令宇文恺监修广通渠，开始了开挖南北大运河的序幕。隋炀帝修大运河（通济渠、邗沟）主要也是为了把江淮粮食运到东都（洛阳）来，解决吃粮问题。

漕粮，每年少则数十万石，多则数百万担，唐代最多时达到900万担，这大运河运粮之力，功不可没。没有大运河，长安的阔大、洛阳的繁华、北京的盛世全是一句空话。一旦运河淤浅、漕粮不能及时运到，都城便惨了。

漕粮问题，关乎都城甚至朝廷的存亡，运输漕粮的大运河便成了生命线。大运河由于水源多来自黄土高原，河水含沙量极重，如黄河之水号称一斗水有六升沙，沙占了百分之六十，没有水船不能行，而让这类（黄河、渭河）水流入运河可真不好办，无异于饮鸩止渴，很快就淤塞了。唐王朝便三年两头地组织清淤，漕粮也就勉勉强强地送来，实在送不上了，唐皇便只好"率百官诣洛阳就食"成了"逐食天子"。隋炀帝拟迁都扬州，他后来长年住在扬州，明里说是贪恋扬州风光，实际上大概也是为了数十万军民的"就食"，当了"逐食天子"。唐末朱温强迫唐皇迁都洛阳，其主要原因怕也是吃饭问题。

2. 南征北伐、运兵运粮

吴国开挖邗沟，主要目的便是运兵运粮草，北上与齐晋争霸。古代地广人稀，若靠士兵背着粮袋上前线，沿途没有可靠补充，没多久就吃光了。长途征战是不可能的，只有靠开河运粮。邗沟开成，吴王两次顺邗沟北伐，到达千里外的中原，多次打败强齐，与晋国在黄池会盟，当上盟主。越灭吴后也利用邗沟北上，与齐、晋大会于徐，致贡周王、获周王封侯，一时也称霸主。春秋各国开挖的胥溪、胥浦、练渎、百尺渎、蠡渎、通江陵道、施泖运河等均为相互征伐为主要目的。也实际上起到了应有的作用，如楚平王开挖施泖运河便是为了率领水师"以略吴疆"。又如伍子胥、孙武伐楚便是沿胥溪，从吴都（今苏州）出发经溧阳到芜湖长江再西征。越国灭吴前，水上进攻吴国，须经杭州湾经百尺渎入太湖再转过来进攻吴都（苏州）。越国于是修了一条从吴淞江直达吴都的水陆并行陵道，加强了对吴国的控制。

战国时秦国开挖的灵渠，主要目的也是为了南征，控制南方。

隋并不需要燕地的粮食，2000里永济渠的开挖，主要是为了东征。隋炀帝三次东征，军士多次均百万左右，便是靠永济渠浩浩荡荡东征的；否则，这百万人马吃的用的怎么解决？唐太宗一再东征高丽，也是顺永济渠前行的，没有大运河永济渠，东征只是一句空话。

3. 商贸运输，发展经济

春秋齐国开挖了淄济运河，把淄水、时水、济水连接了起来，从而齐国临淄和中原其他国家有了便捷的交通。后来，并连接了鸿沟、邗沟等运河，从此江、淮、河、济、海四方通达。齐国利用这些运河发展盐铁，把齐国的盐、铁运到中原各国，促进了齐国的工商业的繁荣，齐都临淄这才成了三十万人口的古代"国际"大都市。"张袂成荫、挥汗成雨"，热闹的不得了。

淄济运河位置图

春秋战国之交，越国范蠡弃官下海经商，沿邗沟北上到了山东"陶"这个水陆码头，"收四海难得之货"，靠长途"国际"贩运，以致"日致千金"，成了千万富翁，靠的也是运河。

唐代，运河上的扬州（处于运河与长江的交叉口）、杭州（大运河的终点），商业十分发达，"商贾如织""九里三十步街中，珠翠阗咽，邈如仙境"，难怪文人要"腰缠十万贯，骑鹤下扬州"了。究其原因，是和它在运河的位置和"舟楫辐凑、望之不见首尾"的运河运输的繁忙分不开的。扬州一直到明清仍依靠运河转运盐、粮大宗物质及盐粮贸易而繁荣。

运河的运输还促进了相关产业的发展，如船舶制造业。江苏常州淹城曾发现商周时的独木舟，舟长有达11米的。之后，在宜兴芳桥又发现一艘独木舟，其中隔成船舱，舱板以木钉固定。到春秋，吴国已有"船室"、"舟室"的造船工坊，生产出不同规格的舟船，有所谓"大翼、中翼、小翼、钩船、桥船、楼船"等名目。其大舰"艅皇"是水军指挥舰，多层结构，使用4角帆，侧弦弯曲，横梁宽大，结构技术在当时世界处领先地位。

春秋战船模型

隋时，江都船厂所造龙舟为四层，高四十五尺，长五十尺，长二百尺，还造了大小楼船四百余艘，其他船只二千四百艘。其造船厂的规模、产量都是十分惊人的。到明、清至民国，运河出现了轮船。解放后运河国产机船千舟竞发，欣欣向荣。

运河的开挖还促进了两岸农业的发展。在春秋时代，运河两岸的不少农田改造成了便于灌溉的"浦塘田"。到宋代运河两岸多有"圩田"。"旱改水"的结果使农业单产迅速提高。两宋时，北方粮食单产2石左右，而江浙地区的浦塘田达到6-7石。这和江浙地区江南运河及其周围水渠密布、运河纵横是分不开的。

农业、造船业的发展还促进了运河两岸铜铁冶铸等大型手工业、工业的发展。春秋时吴城匠门（今苏州）、江南冶山（今南京）已经有铜铁制造的集中工坊。北宋东京沿运河有大量造纸厂和染厂，为的是方便大量用水。近代，需大量用水用煤的电厂也往往依运河而建。运河还促进了沿岸纺织业、养蚕业、养殖业的发展。

南北相通，当然也促进了南北文化交流，这不须多说了。

四、运河诸事

1. 运河与黄河——成也黄河败也河

运河与黄河除了有一点交汇外，一个东西、一个南北，似乎并不搭界。但运河少不了水，没有水就是干沟，怎么行船？所以运河沿途便要引用周围的河水。在北段，主要便是黄河及其支流的水。其实，在隋开大运河通济渠以前，济宁到洛阳、长安段便是直接利用黄河漕运的。到隋代开挖了通济渠以后，从洛阳到长安还有一段走黄河。所以没有黄河及黄河水，运河是玩不转的。若说这运河是大动脉，这黄河、渭河等河水便是它里面的血液。

但黄河是不安分的河流，时常决口、改造，它越长越高，黄河之水犹如"天上来"。一旦冲决河堤，运河必受其害，轻则无水断流；重则淤塞至地平。至于平时，由于黄河水含泥沙至重，有一斗水六升沙之说，用了它难免于低平之处沉积下来，某一段淤塞不通是常有的事，于是粮秣不能进京，都城军士百姓乃至大臣皇上都不免有饿饭之虑。这可是关系社稷的头等大事，于是对运河淤塞历代十分重视，大体上是即决即堵、随淤随挖，又往往越挖越深，越深越淤，越淤越挖，挖不胜挖，淤不胜淤。唐代对都城附近的御河是十年左右大挖一次，后来越来越勤，以至每年冬天都要组织军民挖淤。运河邗沟段，原来南高北低，引长江水为主，便近通畅。后来，黄河多次决口，泛滥，淮黄一带地势涨高，邗沟反而北高南低，长江水用不起来，黄河水又善淤，遗患无穷。直到清朝咸丰五年（公元 1855 年），黄河决口北徙，运河北方航道全面淤塞，再也挖不起了，干脆海运漕粮了事，运河的北方段便被黄河彻底截断了。

2. 运河水流的控制

运河 2000 里，流经数省，地势有高有低，有平有陡。太平坦则流速过慢，水中泥沙易淤；太陡则水流过快不能存水，水浅则船不能行。

平坦之处易淤，每年发动沿岸军民利用冬闲之时挖淤，一般也能解决。另外，还可以引含泥沙较少的河水代替黄河、渭河之水。比如济宁段就引汶（水）济运（河）代替黄河水。

陡峭之处水流急易失水，水流急尚好办，早先人们便背纤拉船上行。也有聪明的设计者往往对运河裁直取弯，如济宁段南北高差大，水流急，郭守敬有意让运河河道多弯，有 18 里 18 弯之说，这一方面是为了避免开山填谷，另一方面也可减弱水势。但运河失水，水浅则行船难。为了提高水位，运河工程多采取埭、堰、闸等设施。

所谓埭、堰就是在航道中建一个平于水的土石堤。堤面向低水位较平缓以利拉船过堰。这样，依靠这种暗坝便能提高上游的水位，便于行船。为了减低摩擦力以便拉船，坝面涂满淤泥。为了拉动还利用畜力或绞盘。

这样的埭、堰，上游的水日夜向下游流淌，耗水依然很大。另外，过埭拉船，小船虽不困难，而大船即便用绞盘也往往拉不动，甚至拉坏船身。为此，一般在过埭之前，大船要卸下一部分货物，过埭后再装上，这人力耗费也大。于是人们建了闸，闸可以把运河水完全闸断，保持上下游相当的水位和水量，并按规定时间开闸放水，两边船只乘此时上下，这样做既可以省水，又可以解决大船经过时不需卸驳。

拉纤过堰
满涂淤泥

塅、堰示意图

这样的闸放水时水流湍急，船只一齐喧呼上下，难免拥挤，且船只上行时水急浪高亦十分费力。到了唐代开始出现"二斗闸"，到宋代已成熟的广为应用。"二斗闸"即在运河上建两个相距 50 米左右的两个闸。下闸关闭、上闸开启，两闸间水位升与上游平，上游船只进闸，闸内船只平水进上游；关闭上闸、开启下闸，两闸间水位降与下游平，闸内船只平水进下游，下游船只进闸。这样做，上下游船只均可平水顺利进出。其原理和现代化的船闸完全一致。解放初学苏联，说苏联伏尔加运河为解决河流高差兴建了许多先进船闸，其实，这个船闸原理在中国宋代就已经有了，并有了实践。自然，宥于当年技术水平，还不如今天完善，闸门开启不够灵活，结构不够牢固，水位落差大了还不大行。今天长江上的葛洲坝船闸、三峡船闸已进入世界先进水平。运河上也有了许多现代船闸。2011 年底，京杭大运河上最大的船闸扬州施桥船闸通航，通过能力 2 亿吨，最大通过 2000 吨大船。

古二头闸（淮阴）

扬州施桥运河船闸通航

3. 运河与农业

运河沟通了沿途的水渠、河流，形成了灌溉水网，这对沿岸农业的发展所起的促进作用是没得话说的。许多地区因此"旱改水"，产量成倍提高。但事情总有两面，运河运输业和农业都是用水大户，也都是离了水就活不下去的角色，这在地广人稀、水浇地不发达时，争水问题并不突出。到了后来，黄河、渭河等河水含沙量越来越大，水量越来越少。为了保证运河畅通，运河官员往往把运河沿途附近的河水、湖水都引入运河，比如明成化年，为了保证会通河的水源，把会通河（运河中段）附近的大小河流一股脑儿都筑坝蓄水，将其引入运河，甚至"引泉六百余"，把附近水源一扫而空。这样做虽然达到了"黄运分立"的目标，减少黄河水淤塞甚至冲决运河的危险，但随之而来的便是农业用水的缺失。这样的做法，许多地方都如法炮制，造成农民的极大不满，农、运争水事屡见于史籍。

4. 运河漕运和陆运、海运

中国的江河大都是东西向的，相互不通。运河是南北向的，它连通了黄河、海河、淮河、济水、长江、钱塘江六大水系，使之成了遍布全国的水上运输网，而运河便是其中的南北大动脉。船运成本低、效率高，运河船只普遍可载数百石粮食，大船千担以上。而古代陆上之车，一般只能载数石，除去沿途人畜吃粮，到达目的地便所剩无几了。至于海运，绕道且不说，古代海船尚不够坚固，沿途惊涛骇浪，危险万分，一旦遇上风暴，船翻人亡，一切都完了。在古代，运河漕运优势是明显的。

但到了近代，首先是运河淤塞情况越来越严重，不能切实按时保证京师粮食供应，于是元代采用运河漕运和海运并用的办法。到了明代，朝廷为防倭寇，"片板不得下海"，摒弃海运，独用运河。但黄河屡屡决口，河道淤塞至地平，挖不胜挖，至清道光年不得不重开海运，发现海运运输成本比河运便宜，随着技术的提高，海船抗风暴能力也提高了。于是到了咸丰年间则漕粮完全依靠海运，作为漕粮运输职能的运河便无可奈何的衰落了。当然，运河作为运输煤、铁、盐、百货的功能继续存在，一是水运毕竟经济，二是通过水网到目的地毕竟方便，何况江苏、浙江的运河段淤塞情况并不严重。

到了清末，1908年，沪宁铁路竣工；1911年津浦铁路通车，1937年沪杭甬铁路通车。至此，中国大地上出现了一条和大运河平行的南北铁路大动脉。由于铁路运输快速便捷，运费亦不算高，除大宗商品外，成本和水运也差不多，形成和运河运输竞争的场面。加上附近公路运输的发展，运河便进一步衰落了。

5. 运河和"南水北调"

运河自明清以来不断衰落，虽经各代人的极力挽救，已经北段全淤、南段几成污沟，运河已犹如半身不遂、将死之身。北段淤塞的根本原因是什么，便是没有足够的清水。而救治运河新的希望便是"南水北调"东线。

北方缺水，为解决此危机，人们提出了"南水北调"方案，这是一个战略性的工程。它分东线、中线、西线三条调水线。西线工程，在长江上游通天河、雅砻江和大渡河上筑坝建库，开凿巴颜喀拉山隧道，调水入黄河上游，可调水170亿立方米。此案工程量浩大，尚未开工；中线工程，加高丹江口大坝扩容丹江口水库，引水自流穿过黄河入北京，可调水130亿立方米；东线从扬州引长江水经运河并恢复北段运河以输水京津，可调水140亿立方米。东线工程和运河的命运息息相关。东线方案若实现，北方运河则全面恢复，源源不断的长江水将给运河以新生。许多专家都力主东线方案，于是东线方案于2002年最早

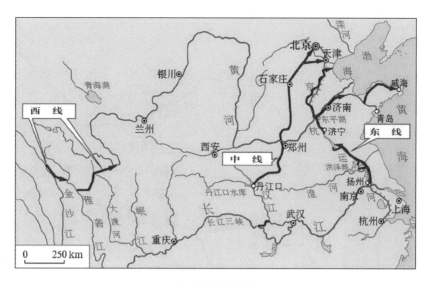

南水北调线路图

开工。经过多年建设，发现有两个新的问题，一是沿途用水需求很大，原打算调水600平方/秒，算下来到了京、津便成了涓滴之水，于是提高到800平方米/秒，这样，沿途也要用掉2/3。二是沿途污染严重，治理工程量比以往想象的大得多，搞不好到了京、津成了污水沟。比如济宁段，要迁走351家污染严重的工厂企业，三、五年是完不成的；还有徐州截污导流工程也十分巨大。现在看来，虽然中线有数十万移民问题，有穿黄隧道及新开挖上千公里的水渠问题，倒已经基本解决，比东线可能要早完成通水。东线工程虽然出现了困难，但只要全国人民努力，是不难克服的。相信不久的将来完全新型的现代化的京杭大运河将呈现在世人面前。

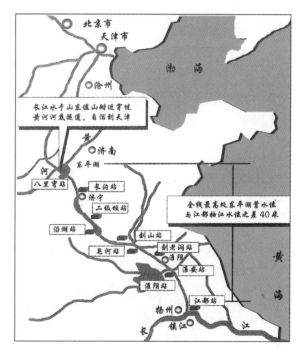

"南水北调"东线示意图

三、运河城市，明珠灿烂

随着运河经济带的发展，出现了一连串明珠般的城市，著名的有北京（大都、中都）、沧州、临淄、临清、济宁、西安（大兴、长安）、洛阳（东京）、开封（东京、大梁）、徐州、淮阴、扬州（广陵）、镇江（润州、京口）、苏州（吴大城）、无锡、杭州（临安）等。全国所谓"四大古都"（西安、北京、洛阳、南京）或"六大古都"（加上开封、杭州）除了南京均在其运河边。就是南京，也和运河有千丝万缕的联系，它的古代漕粮生命线秦淮河便和江南运河相通。这些城市经济发达，据1999年沿运河17个城市（含郊区、县）统计，他们人口占

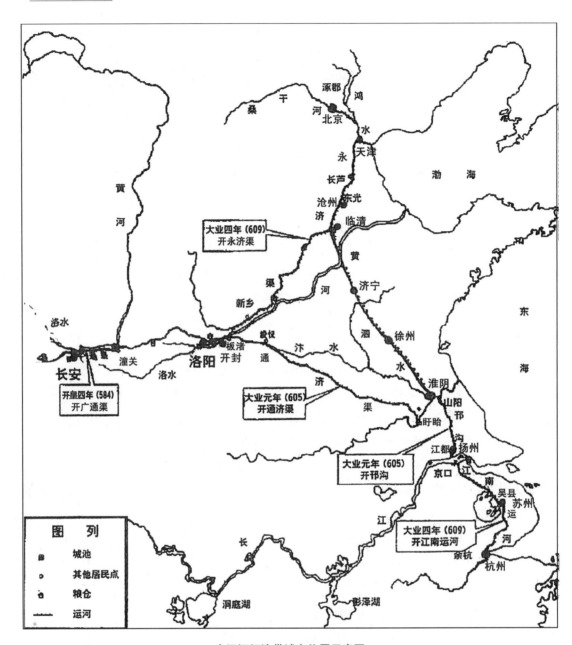

大运河经济带城市位置示意图

全国 7.49%，土地只占 1.59%，而国民经济生产总值（GDP）却占了全国的 14.75%。

1999 年大运河沿线城市经济情况统计表

	土地面积（平方公里）	大市人口（万人）	国内生产总值（亿元）	财政收入（亿元）	实际利用外资（亿美元）	居民人均可支配收入（元）
北京	16808	1099.80	2174.50	279.10	17.80	9183
天津	11920	910.17	1450.06	293.67	25.32	7650
沧州	14053	640.00	459.40	24.20	1.08	5490
德州	10356	531.24	312.00	24.27	0.34	5009
济宁	10685	784.56	528.71	13.65	0.22	5386

（续）

	土地面积 （平方公里）	大市人口 （万人）	国内生产总值 （亿元）	财政收入 （亿元）	实际利用外资 （亿美元）	居民人均可支配 收入（元）
枣庄	4550	355.80	227.13	10.34	0.35	5009
徐州	11258	877.53	600.03	43.61	2.02	6499
淮阴	10072	502.48	252.72	21.96	1.21	5704
宿迁	8555	499.73	182.00	10.16	0.20	4301
扬州	6638	447.39	426.97	27.50	0.81	6389
镇江	3843	266.17	416.51	25.27	5.08	6570
常州	4375	339.71	538.72	49.21	6.26	7874
无锡	4650	433.40	1138.01	87.84	10.01	7920
苏州	8488	576.23	1358.53	109.38	28.56	8406
湖州	5817	225.07	342.62	15.80	0.60	7862
嘉兴	3915	330.19	471.46	29.38	1.23	8302
杭州	16596	616.05	1225.28	102.66	4.20	9085

（1）临淄——古代的"国际"商贸中心。春秋齐国开凿了淄济运河，把江淮河济"四渎"连了起来，从而齐国的盐铁等大宗货物可贩卖到中原各国。齐国通过跨"国"贸易迅速发达起来。齐都临淄也就成了繁华的三十万人口的"国际大都会"。临淄遗址尚存，有大城和小城。大城南北长4.5公里，东西宽3.5公里，战国时又在大城西南扩建小城，将宫城迁到小城，大城中心成为市场。临淄城道路和水渠并行，货物水陆转运十分方便。城中地区遍布各种手工业作坊。临淄虽是都城，更是古代"国际"商贸中心。

（2）苏州——水网中的"人间天堂"。苏州(吴大城、阖闾城、吴州、吴郡、平江)是中国历史文化名城。公元前514年，吴国阖闾在今苏州附近建了"吴大城"（阖闾城），成为吴国的政治经济中心。这里是先秦运河的重要中心，向北可依"常州府运河"入江；亦可经"通江水道"到扬州邗城，再经邗沟北上齐鲁；东可依"胥浦"而通大海，或依"山阴故道"、"浙东运河"而东征越国。

齐景公墓葬殉马坑，殉马600多头，可见齐之强大

吴大城的城池"南垣十里四十二步五尺，北垣八里二百二十六步三尺，东垣十一里七十九步一尺，西垣七里一十二步三尺"，有"陆门八、水门八"。大城内有宫城，河流道路并行，有利于水陆货物转输，城内遍布制酒、丝织、制玉、陶瓷作坊。吴大城也称"阖闾大城"，系"双棋盘格局"，是伍子胥规划并主持修建的，以往多认为此大城在今苏州市区中部，近年在苏州近郊木渎考古发现一座"大城"遗址，其规格和历史记载相近，大城中有若干越人遗留

的小城，看来是"吴大城"遗址不差。

春秋时，吴王夫差除邗沟外还开通了吴大城向西通长江的运河，长170余里，又开凿了向东通向嘉兴的运道，加上它紧靠太湖，于是成了太湖流域的交通中心。三国时期，孙权开凿了破岗渎，沟通了长江和钱塘江水系，这就是江南运河前身，位于其中心的苏州依靠水运而得到迅速发展。到南朝陈朝称吴州，隋朝称苏州，之后多称苏州及平江府。苏州在春秋曾先后为吴、越之国都，三国孙吴早先也曾以此为都。苏州的繁盛得益于运河水网，全市遍布水道，城中河道与陆路并行，家家前临路后枕河，交通十分便利。紧靠运河的阊门地区便十分繁荣，比市中心还热闹，有"金阊门"之说。苏州古城现有河道35公里，有桥1153座，不愧为"千桥之城""东方的威尼斯""人间天堂"。

苏州市区水景

苏州和扬州不一样，并没有随着运河的衰落而衰败。其一，运河淤塞主要在长江以北特别是江苏以北地段，江南运河由于取自太湖水系，泥沙不重，淤塞亦不严重，运河航运依然兴旺，江南运河之中心的苏州自然未受影响；其二，铁路、公路的出现，影响了运河的营运，但苏州又处在沪宁铁路线上，倒成了铁路、水运交汇点，成了水陆码头。其三，在清末以后，随着外商进入，海运中心上海飞速发展成东南亚第一大都市，由于上海辐射影响，西线的苏、锡、常，南线的杭、甬都跟着发展起来了。苏州作为离上海最近的城市，自然得到更快的发展。

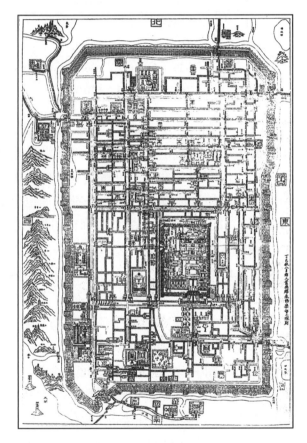

苏州平江府图

园林是苏州一绝。"江南园林甲天下，苏州园林甲江南"。苏州现有园林200多座，其中有八座园林列入"世界遗产名录"。宋元明清都有名园，宋代有沧浪亭；元代有狮子林；明代有拙政园；清代有留园。

（3）开封——繁华的七朝古都。开封（汴梁、汴京、东京）是中国文化历史名城，也是"八大古都"之一。相传夏代第七世迁都于此，称老丘，历六世，建都距今已有3000年；春秋郑庄公筑城，称启封，汉代为避汉景帝（刘启）之讳，改称开封。战国时为魏国国都，称大梁；之后又称梁州，北周时改称汴州；后梁朱温称帝，以此为都，为开封府，称东都；再之后，后晋、后汉、后周相继在此建都；北宋改称东京，在此建都历 167 年，是开封最繁盛的时期，人口曾达 150 余万人。因为夏、后梁、后晋、后汉、后周、北宋、金（称南京）等 7 个政权曾在此建都，故称七朝古都。

北宋东京由皇城（大内）、宫城、内城、外城四主城组成。其外城实测西垣 7590 米，北垣 6940 米，东垣 7660 米，南垣 6990 米，大体是不规则菱形。城基宽 20 米，城高 13 米多，共有城门 19 座（其中水门 7 座）。

东京城水陆交通便利，水路有汴河、五丈河、蔡河、金水河贯穿全城。特别是汴河，是大运河的一段，"漕引江、淮，利尽南海，半天下财赋，并山泽之百货，悉由此路而进。"北宋 167 年，每年由汴河从江、淮运来 500 万~700 万担粮食，保证了东京 150 万军民的用粮。北宋是中国古代最繁华的朝代，东京是中国最繁华的城市，而运河的一段汴河便是东京的输血大动脉。为此，北宋政权每年都要动员

苏州拙政园一角

开封古城门

军民疏浚汴河。到了后来，金灭北宋，汴河无人修理，加上黄河决口，黄沙淤塞了这段运河。南宋时，有人北上看到汴河已经完全淤平和周围相齐了。没有了运河的供血，开封便进一步衰落了。

（4）洛阳——二十三朝故都。以洛阳为中心的河洛地区是华夏文明重要的核心发祥地。众多王朝在此建都。乾隆皇帝题字曰："九朝都会"。算算似乎还不止九朝。有：夏（斟鄩），商（西亳），西周（王城、成周），东周（王城），西汉（雒阳），东汉（雒阳），曹魏（洛阳），西晋（西京），北魏（洛阳），隋（东京），唐（东都），武周（神都），后梁（西京），后唐（东都），后晋（西京），计有 15 个朝代或政权在这里建都。再仔细算算还不止，新、后赵、东魏、北周、后汉、后周、北宋还以此作为陪都。淞沪抗战后，林森率中华民国政府迁于此，洛阳还当过一年左右的"行都"。这样七七八八算下来，洛阳便可以算是"二十三朝故都"了。3000 余年的都城史，洛阳占了 1500 年，是中国都城之最，不愧为中国文化历史名城"四大古都"之一。

洛阳繁华离不开运河。隋炀帝为了解决都城漕粮开凿运河，主要开了永济渠和通济渠。这两条运河都是以洛阳为起始点的，在中国大地上从洛阳大笔往上一挑是永济渠，通涿郡北京，往下一捺是通济渠，通江淮。通济渠连通江南，把江南的漕粮、财赋源源不断运到洛阳。永济渠连通北燕，隋唐征东军马秣便靠沿运河而上，没有运河便没有洛阳都城的地位和繁华，没有洛阳都城也就没有开凿运河的必要。隋洛阳和隋大运河是密不可分的双生子。

洛阳牡丹极盛，传说唐后武则天在一个大雪纷飞的日子饮酒作诗，她乘酒兴醉笔写下诏书："明朝游上苑，火速报春知，花须连夜发，莫待晓风吹。"百花摄于此命，一夜之间均绽放，惟牡丹抗旨不开。武则天大怒，遂将牡丹贬至洛阳。牡丹一到洛阳就昂首怒放，武则天便下令火烧牡丹。牡丹枝干虽被烧焦，但到第二年春，枯枝牡丹反而开的更盛。这给富贵大度粉饰太平的牡丹花增加了刚烈不阿的另一形象。

（5）长安——盛也运河衰也河。长安（大兴、西安）是中国历史上一座著名都城。大致在今咸阳、西安附近。先后计有西周（沣镐），秦（咸阳），西汉（长安），新莽（常安），东汉（长安），隋（大兴），唐（长安），武周（长安），及后梁、后唐、西晋、前赵、前秦、后秦、西魏、北周、大顺（李自成政权）等 17 个朝代或政权在此地建都,长安于是列中国"四大古都"之首,是中国历史文化名城。汉长安人口还不多,粮食及生活用品的供给主要靠关中地区,运输靠渭河及其支流。到了隋、唐,随着整个经济的发展,人口迅速增加,于是渭河的漕粮运输量越来越大,渭河之水"大小无常,流浅沙深",不能保证四季通航,于是隋文帝下令开凿了与渭水并行的"广通渠"（隋大运河西延长线）;并开挖了"山阳渎",(邗沟北段延长线)。这样,江淮漕粮便能运到都城长安。隋炀帝更开凿了通济渠、永济渠,从而长安可直指江南、燕北,以每年数百万担的漕粮为依托更迅速发展成国际大都市,西域的商人、日本的遣唐使、高丽、韩国的学生、越南、占城的使臣齐聚长安,常住人口百万之多。

广通渠之水源依靠渭河,常有不足,须要黄河水接济,但黄河水也不是好用的,水缓泥沙沉积,水急决口水缓淤塞。为了保证漕粮,唐政府三年两头组织大规模的疏浚工程,就这样,到了干旱水浅或淤塞不通之时,皇帝老儿也不得不"率百官诣洛阳就食",成了"逐粮天子",武则天把都城迁至洛阳,也或许是运河广通渠段淤浅或三门砥柱段险峻难通,也或是各地藩镇割据,南粮不能北运的结果,不得不为的。至此,长安的衰败便成了定局。到

西域商人

遣唐使

了叛将朱温逼唐王朝迁都洛阳、拆了长安的房屋屋材,沿渭川放流去洛阳,长安便彻底败落了。

（6）济宁——大运河的管理中心（运河中都）。济宁（任城）是典型的依靠运河而兴起的城市。它既不是国都,也不是州府,原本是个小小的任城县。任城在西晋不过1700户,充其量人口不过七、八千人,而由于元代修筑京杭大运河,济宁位居运河南北之中,是漕粮转运的中心,于是济宁便迅速崛起了。到明代,常住人口数万户,商贾等非常住人口亦数万户,总人口总在数十万口,是个相当繁荣的商贸大城市了。清代有《竹枝词》说济宁:"济宁人号小苏州,城面青山州枕流。宣阜门前争眺望,云帆无数傍人舟……城中圜圚杂嚣尘,城外人家接水滨。红日一竿晨起候,通衢多是卖鱼人。"元代全国21路,只有7路商税总额超过1万锭白银,济宁位居全国第4,商税额1.24万锭白银。

济宁地处运河之咽喉,大运河济宁段称济州河,俗称"运粮河"。元、明、清三代均以此段为漕运重点,主管治理运河的衙门——河道总督署均设在济宁。并附有省、道、府、州、县各级治运衙门,因而济宁有"七十二衙门"之说,这是绝大多数沿运城市不可企及的。元代在济宁一地就设置漕舟3000多艘,役夫、运军1.4万多人。济宁不愧为"中国运河之都"。

济宁古运河段,地势起伏大,流速快则行船难、耗水多。为此,其一:设计河道时不求直而求弯,如济宁任城赵庄至小口子门的河段,18里有18弯,以降坡减速;其二,解决水源,搞"四水济运",即引济宁周边的汶水、泗水、洸水、府水汇集至济宁,接济运河以保证运河水源。明代又"导泉补运",开挖泉水300眼,补充运河水;其三,建闸保水、调节水流;其四,时淤时疏,保障漕运通畅。

（a）枢纽示意图;（b）分水示意图
济宁枢纽分水示意图

（7）扬州——南北大运河的第一锹。扬州（广陵、江都、邗国）,大概夏代就有扬州之说。虽然,当时说的扬州是不是在今天扬州这个地方,也或许还有异说,但春秋时,扬州确已存在,当时称为"邗国",后来相继称为江都、广陵、吴州,直到隋文帝时（公元589年）改称扬州。

万里长城的建造,它的第一锹在哪里挖的,恐怕很难考证,而大运河的第一锹,无疑在扬州。公元前486年,吴国吞并了邗国,志在逐鹿中原的吴国君王,他们先筑城于扬州蜀岗,接着吴王夫差开挖了从扬州向南沟通长江,向北沟通淮河的"邗沟",挖了大运河的第一锹。这邗沟也就成了大运河的最早一段。不论是隋南北大运河还是元京杭大运河,邗沟都是运河的重要一段,扬州都是大运河和长江纵横交叉的枢纽位置。在古代,扬州还是入

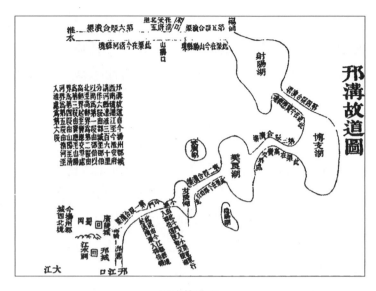

邗沟故道图

海口。汉代刘濞被封为吴王，以广陵为都城，他开挖了通向产盐重地海陵仓（今泰州）的"运盐河"，煮盐、冶铁、铸钱。海陵仓的盐通过"运盐河"抵达扬州，再分别邗沟北运齐、鲁，通过长江西运两湘，于是扬州当然也成了富庶的盐业中心城市。

由于吴国因此"富比天子"，又取消农业税，人心归附，这使汉皇不能容忍，最终吴王刘濞被杀。夫差和刘濞的历史功过自有后人去争论，但扬州人没有忘记他们对扬州的贡献。运河边黄金坝大王庙供着两位财神，便是刘濞和夫差，岁岁祭祀，香火不断，可谓不朽。

到隋、唐，随着大运河的完成，扬州到了第二个繁盛期。司马光说："扬州富庶甲天下，时人称扬一益二。"又有诗曰："腰缠十万贯，骑鹤下扬州。""天下三分明月夜，二分无赖是扬州"。扬州有了钱，于是连月亮也是扬州的最圆最亮。这无非是因为唐代盐铁转运使设在扬州，扬州因运河转输大宗物品、商贸发达而富了起来。扬州的盐业是扬州富庶的条件，扬州的盐商则是扬州富人的带头人。

公元 1753 年，清乾隆南巡，扬州盐商捐银二十万两，修建行宫。传说乾隆游大虹园，说："这儿真像是北京的琼岛春阴。只可惜少了座白塔。"大盐商江春得知，竟以万两银子的代价，从近侍那里得到北京白塔的图样，连夜鸠工庀材，耗费巨资，修成一座白塔，让乾隆亦感慨不已。

扬州也曾遇到多次劫难。唐末战乱，藩镇割据、运河不通，扬州亦"千孔百疮、面目全非"。明末清初，清兵屠城十日，全城仅余数十人。但只要运河恢复，扬州盐铁转输地位不变，扬州便迅速再生，到清代中业，扬州便又空前繁荣起来。园林、戏曲、曲艺、绘画等文化艺术都得到迅猛发展，扬州园林和苏州齐名，扬州八怪之书画名冠天下，扬州评话堪称一绝。

到清末，运河淤浅严重，铁路公路发达，津浦铁路又没从扬州经过，扬州的交通枢纽地位大不如前。加上盐业专卖取消，扬州盐商的国营垄断地位玩完了，且随着长江东移，

扬州盐商门楼

扬州盐商园林"休园"图局部

入海口东移，盐业中心亦东移。这样，扬州作为盐运中心、盐业营销中心及出海口的地位不复存在，扬州便无可奈何的衰落了。一直到改革开放的今天，扬州才以"人居最佳城市"的面貌新生。

（8）杭州——人间天堂数钱塘。杭州（钱塘、余杭、临安、临江、武林）位于大运河的终点。它又是钱塘江入江口。杭州拱宸桥便是大运河终点的标志性建筑。该桥为3孔薄礅石拱桥，全长92米。大运河纪念邮票有一张便是拱宸桥。现在桥旁有"大运河博物馆"。夏禹时，杭州地属扬州，当时今天的杭州大概还在海中；秦时称钱塘，现在的市区还是随江潮出没的海滩；汉代称钱塘县，因修了海塘，西湖开始和大海隔开；梁武帝时称临江郡；陈后主设钱塘郡；隋文帝时正式定名杭州，旋改为余杭郡；唐初设杭州郡，又改为余杭郡，治所在钱唐；唐代又避讳改为钱塘，后又改回杭州，治所仍在钱唐；五代十国，吴越偏安江左，建都杭州；南

京杭大运河南端终点拱宸桥

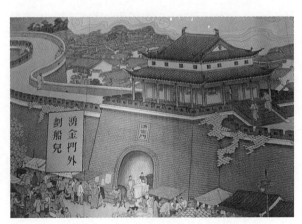

古代杭州

宋建都杭州，称为行在（临时首都），都城称临安府，治所在钱塘；古临安城有城门13座，城外有护城河，是由里坊式封闭型城市转为街巷布局的典型城市。

南宋政权偏安江左，但依靠京口到杭州的八百里江南运河，和钱塘江口的海外交通之便，经济发展相当迅速。特别是商贸，商业有440行，对外和日本、高丽、波斯、大食等50多个国家有贸易关系，南宋政权专门设立"市舶司"主持其事。商贸发展又促进了南宋手工业的发展。临安的丝织业、制玉业、造纸业、制笔、金银器、造船、刺绣等行业都得到长足的发展，随着经济的发展，加上北方人口的南迁，杭州发展成为120余万人口的国际都市。

杭州是一座风景城市，处处美景。清康熙、乾隆多次来游而不倦。西湖早就有"十景"之说，即："苏堤春晓""柳浪闻莺""花港观鱼""双峰插云""三潭印月""曲院荷风""平湖秋月""南屏晚钟""雷峰夕照""断桥残雪"，康熙题字嫌"晚、夕"不顺遂，改为"晓、西"，似乎后人还是以为"晚、夕"好。当然，杭州之美决不止这"十景"。白居易说："江南忆，最忆是杭州"。马可·波罗说杭州是"世界上最美丽最华贵的城市"。范成大说"天上天堂，地上苏杭"。今天的杭州森林覆盖率达63.7%，为全国大中城市之佼佼者。它拥有两个国家级风景名胜区——西湖风景名胜区和两江（富春江、新安江）、两湖（千岛湖、湘湖）风景名胜区；有两个国家级自然保护区（天目山、清凉峰）；有7个国家级森林公园（千岛湖、大奇山、午潮山、富春江、青山湖、半山、桐庐瑶琳）；一个国家级旅游度假区（之江）；全国首个国家级湿地公园（西溪）；还有全国重点文物单位25个，国家级博物馆9个。杭州还拥有"全国绿化先进城市""全国园林城市""中国人居环境奖""国家环境保护模范城市""国家卫生城市""中国优秀旅游城市"等荣誉称号。杭州果然是"人间天堂"。

六和塔

灵隐

西溪

（9）北京——京杭大运河的第一锹。北京（中都、大都）春秋、战国时属燕，隋时为涿郡，金代为称中都，元代称大都，明清始称北京。北京城位于隋南北大运河和元京杭大运河的北端终点。开初，隋炀帝开凿永济渠（大运河北线）本意是为了运送兵、粮而伐辽东、高丽的，但客观上沟通了燕涿地区和中原的联系。而到了金代，便利用这个运河终点的有利条件在这里建造了国都，称中都。到了元代，北方经过多年战乱，经济受到严重破坏，恢复较慢；而南方，不论农业、商业还是手工业，经过数百年相对的稳定，都得到了较快的发展。加上人口大迁徙，迁入南方的北人带来了先进的生产力，结果南方反比北方繁盛得多。这时的北京作为都城（大都），近百万的军民的粮食和生活用品的供给便主要依靠富庶的南方来解决。政治上南轻北重，经济上南重北轻，这个不平衡幸亏有个运河。

北京是京杭大运河的北端终点。元代京杭大运河解决北京（中都、大都）的漕粮问题早在金朝之初便已经谋划实施，金世宗决心通渠，并在公元1165年以白莲潭（今积水潭、海子）为中心开凿了"漕河"，1171年仅用50天就大力开凿"金口河"，此河以"漕河"为北段东接通州，连潞水，从此山东、河北的岁粟可直入京师。但这只是美好的想象。它引的卢沟水混浊，而金口河沿途陡峻，"及渠成，以地势高峻，水性浑浊。峻则奔流漩洄，啮岸善崩；浊则泥淖淤塞，积滓成浅，不能胜舟。"（《金史·河渠志》）基本上是失败了，但毕竟开挖了京杭大运河的第一锹。公元1205年，金章宗又重开漕渠，役夫六千人，改卢沟浑水为白莲潭的清水，终于成功，这漕河称为"闸河"。到元代，从这条小小河道中孕育出举世闻名的京杭大运河。

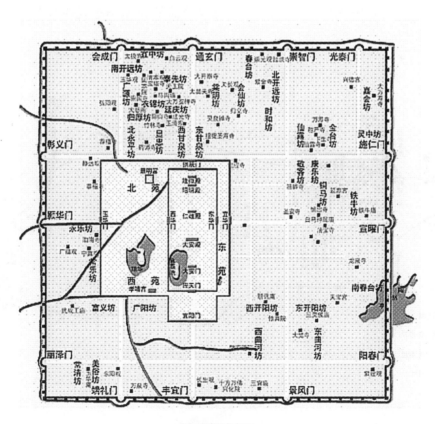

金中都城市图

到元代，为解决漕粮，从公元1281年至1291年，在水利学家郭守敬的提议和主持下，基本开通了京杭大运河。漕粮浩浩荡荡运到了通州，离大都还有一小段距离。于是，在1293年用了不到一年时间，在"闸河"的基础上挖通了"通惠河"，引水总长164.5里，修闸十个（后增至24个），人类奇迹的京杭大运河终于最终完成。

京杭大运河和万里长城一样不愧是人类奇迹，在中国历史上作出了伟大贡献。这里还应该搞清楚的是，其一：躺在功劳簿上的是统治者，辛辛苦苦的建造者是千千万万老百姓。天寒地冻之时在冰水中挖河的是老百姓，骄阳酷暑之日在水中造船，"半身尽溃"的是老百姓，凭什么把功劳全算到隋炀帝、元世祖的头上！其二：当初统治者开运河的目的不论是优哉游哉

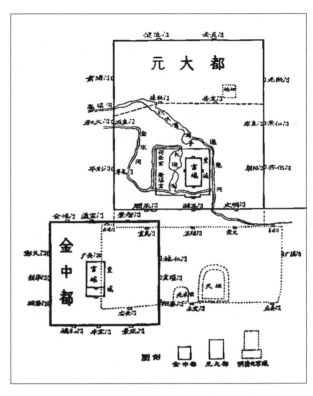

金中都、元大都和北京城的位置关系

到扬州看琼花也罢；把天下财富、糟粮运到京城也罢；调兵遣将控制南北也罢；反正不是为了老百姓。至于对经济民生、国家统一、民族交流的作用不过是副作用，是固有目标以

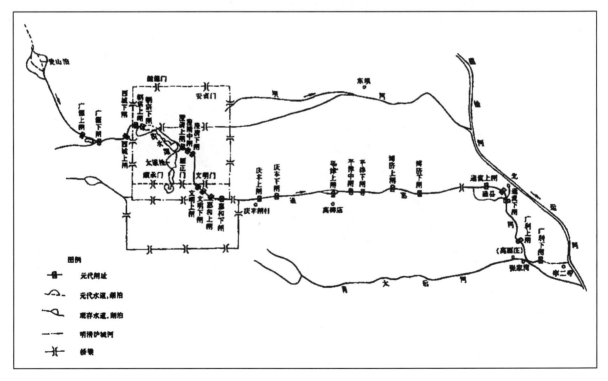

通惠河二十四闸位置示意

外的副产品。历代统治者总是在讲"为民""为民作主"，讲"民为贵"，无非是因为"得人心者得天下"，显见"得人心"不是目的，是手段，是"得天下"的手段，"得其民，斯得天下矣！"他们嘴上讲的"为民""为百姓的利益"，乃至"为百姓的根本利益"，其实只是为了自己夺取权力、巩固权力的根本利益。之所以"为民"的口号讲了几千年，要年年讲、月月讲，正是因为几千年从没有打算兑现过。我们的年青人看历史，如果这点还不看破，就白看了。

第八章　黄河利害——既是慈母又是暴君

第一节　无私奉献的慈母

一、奉献土地

我们黄河人生活、生产、繁衍发展的黄淮海平原哪儿来的？就是黄河奉献的。黄河及其支流冲刷、切割黄土高原，裹挟了大量的泥沙，不遗余力地搬运到数千里外的中下游，泛漫两岸，把大量肥沃的泥沙用以填谷造田，还不时左右摇摆，把泥沙搬到远处，每年辛辛苦苦搬运 10 亿吨、20 亿吨，终于造出了今天这 25 万平方公里的黄淮海大平原。直到今天，黄河母亲仍在辛勤地造田，在河口东营，平均每年要造地 38 万平方公里（约 5.7 亿亩）。这还不够，沿途还有不少民众给黄河母亲放血，利用她的肥沃的黄河泥沙水淤田造地，说是"且灌且粪""且淤且粪"。加上挖渠排碱，据说这样可以改善土壤，特别是盐碱地，在上面压上一层肥沃的黄土，这些不毛之地便可以种上了庄稼。

黄河造田之功是中国所有河流乃至世界大河都比不上的。长江千万年也造出了长江三角洲平原，但它比黄淮海大平原就小多了。土层也比较薄，一旦受到大自然或人为的破坏，重新种树也难以成活，生态难以恢复。而黄河造的大平原，土层肥厚，虽然几千年来一次次大破坏，只要"封山育林"、重新播种，没几年便又郁郁葱葱成了绿地。古代四大文明发

黄河入海口东营湿地

东营落日美景

源地：两河流域、尼罗河流域、恒河流域、黄河流域。除了黄河流域，现在大多成了荒地、沙漠，惟有我们黄河流域还是富饶之区，这自然拜赐黄河母亲给我们留下的这么丰厚的土地所赐。

金字塔被沙漠所围绕

二、奉献水

人类要生存，少不了阳光、空气和水。阳光、空气，大自然几乎是无偿的处处提供的，而水不是处处都有的。有了水，人类有水喝才能活下去；有水浇地才能开始最起码的农业，人类才有饭吃；有河流运输，人类才能发展物质、文化的交流。人类文明的发源地总是依靠着大河的哺育。埃及文明靠的是尼罗河，美索尔文明靠的是底格尼斯河与幼发拉底河，印度文明靠的是恒河，中华文明首先靠的是黄河。

黄河像一条弯曲的金色巨龙，蜿蜒游动在中国北方九省的大地上。它沿途汇集有千百条支流，年径流量达574亿立方米。这些水保证了黄河流域人们的生活用水（人、畜饮用水）和生产用水（农业灌溉、工业冷却、冲洗等）。战国时魏国西门豹守邺城（今河南临漳县西），除"河泊娶妇"之弊，兴漳河（黄河支流）十二渠，这个故事世人皆知，不多说了。河套平原自古以来便是黄河流域出名的灌溉农业区。秦代蒙恬率大军攻下"河南"，将河套纳入秦版图，便建成了渠网的灌溉农业体系。于是人们常说："黄河百害，惟富一套"。

战国时很重要的有"郑国渠"的工程。郑国是韩国人，被秦相吕不韦任命为建渠的工程负责人，该渠引泾水、冶水、清水、浊水、沮水、漆水，直接洛水。后来工程快完时，

河套平原——黄河灌区

黄河灌溉用水车

吕不韦失势，有人诬告郑国是韩国派来的间谍，修渠的目的是"疲秦"，以延韩国之亡，欲杀郑国。郑国百口莫辩，于是说："始臣为间，然渠成亦秦之利也。臣为韩延数岁之命，而为秦建万世之功。"这才保了命。渠成，"于是关中为沃野，无凶年，秦以富强，卒并诸侯，因命曰'郑国渠'。"

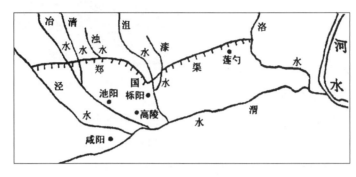

郑国渠干渠位置图

三、奉献能量

黄河中上游于崇山峻岭之中，巨大的落差产生巨大的能量，为沿岸人民无偿地提供了无尽的水力资源。古人便常利用河水水力修建水磨房。到北宋时，治汴水，修建了许多水磨坊，成了一个手工业生产区。

现代，于黄河流域修建了数十座水电枢纽，干流上重要的有：①三门峡水电站，位于山西平陆，1960年建成，坝高106米，总装机容量25万千瓦，年发电量13.1亿度，是当年第一座大型水电站。②三盛门水电站，位于黄河内蒙古段，2009年11月发电，总装机容量1.6万千瓦，年发电量5720万度，系利用总干渠季节性灌溉水跌落差

兰州黄河边的水磨

发电。③天桥电站，位于内蒙河口镇下游，1977年2月发电，装机容量12.8万千瓦，年发电6070万度。④青铜峡水电站，位于宁夏青铜峡口谷口，1968年建成。装机容量27.2万千瓦，年发电量10.4亿度。⑤刘家峡水电站，位于甘肃永清县，1974年建成。坝高147米，总装机容量122.5万千瓦，年发电量57亿度，是我国首座百万千瓦级水电站。⑥盐锅峡水电站，位于甘肃永清县，61年11月发电，总装机容量44万千瓦，年发电量4亿度。⑦八盘峡水电站，位于甘肃兰州境内，1980年发电，总装机容量18万千瓦，年发电11亿度。⑧龙羊峡水电站，位于青海省共和县和贵德县之间，1987年开始发电，1990年全面竣工。坝高178米，为当时亚洲第一大坝，水库容量240亿立方，为当时中国最大水库，总装机容量128万千瓦，年发电23.6亿度。⑨大峡电站，位于甘肃兰州市与榆中县之间。

1998 年发电，总装机容量 30 万千瓦，年发电量 14.65 亿度。⑩李家峡电站，位于青海省化隆，1999 年发电，总装机容量 200 千瓦，年发电 59 亿度，是当时国内最大的水电站。⑪万家寨水电站，位于山西偏关和内蒙交界处，2001 年发电，总装机容量 10.8 千瓦，年发电量 27.5 亿度。⑫小浪底水电站，位于河南孟津，2001 年发电，总装机容量 156 万千瓦，年发电量 51 亿度，坝高 154 米。⑬积石峡水电站，位于青海循化，2010 年发电，总装机容量 102 千瓦，年发电量 33.6 亿度。⑭公伯峡水电站，青海循化县与化隆县交界处，2006 年竣工，坝高 139 米，总装机容量 150 万千瓦，年发电量 51.4 亿度。⑮苏只水电站，位于青海循化县、化隆县交界处，2005 年发电，总装机容量 22.5 万千瓦，年发电量 9 亿度。⑯直岗拉卡水电站，位于青海李家峡下游 7 公里处，2005 年发电，总装机容量 19 万千瓦，年发电 7.62 亿度。

青铜峡水电站

刘家峡电站

龙羊峡电站

李家峡水电站

小浪底水电站调水调沙

积石峡水电站

拉西瓦水电站

⑰尼娜水电站，位于青海贵德县，2008年发电，总装机容量16万千瓦，年发电7.6亿度。在建的大电站还有拉西瓦水电站，位于青海省贵德县与贵南县交界处，是黄河上"五最大"电站——规模最大、大坝最高、单机容量最大、总装机容量最大、年发电量最多。坝高250米，总装机容量420万千瓦，年发电102.3亿度。2011年主坝完工。

这些工程不仅为中国北方输送了大量的电力，还起到了灌溉、防洪、调水、调沙等作用，这首先要拜黄河母亲所赐。

四、承载水上运输

古代，陆上交通要穿过崇山密林是相当危险的。密林中毒蛇虎豹、蚊蚁蛇蝎，加上各种急性传染病毒细菌，闻之令人丧胆。直到近代，第二次世界大战有日军进入丛林整团士兵无一生返之记载。中国远征军第200师穿越野人山归国，包括师长戴安澜将军在内数千人葬身丛林，仅300余人生还。所以在古代，运输主要依靠水路。黄河及其支流便是水路运输的动脉。上古黄帝、炎帝从陕西到中原便是主要沿黄河迁徙的。秦咸阳、汉长安的都城物资运送主要是依靠黄河及其支流渭河。即便到了隋唐开凿了运河，这运河的某一段还是黄河，运河的水源也主要依靠黄河。一旦运河的黄河引水口（汴口）淤塞，漕粮运不进城，

黄河上的羊皮筏

黄河上的浅底汽垫船

都城军民就得挨饿。统治者是十分看重这事的。每年 600 万 ~700 万担的漕粮运输，黄河母亲也尽了全身的力量。

黄河冬季结冰，夏季水流不稳定，枯水期断流，洪水不能下船，于是人们发明了羊皮筏和浅底船以在水浅沙多的黄河上行船。黄河上运输是十分艰苦的。搬船的艄公唱着艰辛："说了个难，道了个难，十冬腊月搬水船。水船不是个人搬的，把我的脚片子冻稀烂。"光未然、冼星海的《黄河船夫曲》则生动表达了黄河船夫在黄河上博斗的豪迈。

黄河航运如此艰辛，运输量远不如运河。更不能和长江相提并论。今天，人们对黄河航运作了规划，2020 年区段能通行 300~500 吨级船舶；2030 年兰州以下直达大海通行 300~500 吨级船舶。这还要解决几个问题。航运虽不消耗水，但水浅了可不行，断流更不行。现在水少沙多，要解决数十座水库水量及冲沙调水的调度、沿岸生活生产用水的浪费和污染，许多水库的增建船闸问题，高水位差的码头建设问题，这当然是一项巨大工程。这项工程一旦完成，那么"千条船哪、万条船！千条万条来往像梭穿。"的繁忙兴旺的景象将真正展现在世人的眼前，而不单纯是歌颂。

五、奉献水产品

黄河水系养育了数百种鱼类。仅干流就有 121 种，其中黄河大鲤鱼一向是古今出名的美味。近现代，黄河泥沙越来越重，污染越来越重，加上不加限制的捕捞，黄河的野生鱼类越来越少了。但西方不亮东方亮？水库的水产养殖业大大发展了起来。黄河沿岸的群众利用黄河水，大搞人工的水产养殖业，正方兴未艾。化隆县人民利用苏只水电站和公伯峡水电站的 11 万亩的水库区域。这里的水清澈无污染，终年水温在 20℃ 以下。这里的世代农民便改行做起了渔民。全县共建成网箱 256 个，近万平方米，年产鱼 17.4 万公斤。尖扎县境内有李家峡、直岗拉卡、康扬、公伯峡等 4 座大中型水库，尖扎县把水产养殖业作为带动全县经济发展的重点产业来抓，坎布拉镇成立了"黄河谷农民养殖专业合作社"和"黄河魂大闸蟹农民养殖合作社"，开展大闸蟹、黄河大鲤鱼、草鱼、鳟鱼、鲫鱼等水产养殖项目。第一年他们生产的虹鳟鱼每尾净重达 1.8 公斤、金鳟鱼每尾也达 1.5 公斤，大闸蟹平均重 120 克以上，深受市场欢迎。农民、牧民成了熟练的渔民。

黄河流域数十座水库，特别是中上游的水库，水清澈无污染，水温不高，是发展冷水鱼养殖的极好场所。悄然兴起的水产养殖业正方兴未艾，前途不可限量。当然，网箱养殖也要科学规划、科学管理，不要密度过高，影响水质。

第二节　反复无常的暴君

一、泛滥成灾、毁灭生灵

青海黄河边"喇家村"发现过一处 4000 年前的遗址，人们发现了和仰韶文化差不多的文明遗址。发现有大量的玉璧、陶器、石器。同时，人们也看到了一场类似"庞贝"的灾难性场景，在多处房屋遗址中，人们都发现有可能是意外死亡的遗骸！在"4号房址"内，14具人骨一组组地呈不规则姿态分布在居住面上，西南部有5人集中死在一处，他们多为年少的孩童，有一年长者似用双手护卫着身下的4个孩子。5人或坐或倚或侧或仆，头颅聚拢在一起。更让人心揪的是东墙下的一对母子，母亲倚墙跪坐在地上，右手撑地，左手将一婴儿搂抱在怀中，脸颊紧贴在婴儿头顶上，婴儿双手紧搂着母亲的腰部。这场景真是惨不忍睹，制造这场惨案的元凶是谁？就是泛滥的黄河。

遗址中出土的陶器和玉璧　　　　　　　　　　4号房址全景

　　黄河泛滥成灾在之后一直不断，尧、舜、禹时代还有一次洪水滔天的时期，主要地点便是黄河下游。当时死的人大约不会少，挣扎活下来的便在共工、鲧和禹的先后带领下和洪水搏斗，最后把洪水引导到"禹贡河"去，这才让黄河安生了一段时候。不久的黄河段支流又不断泛滥，以至商族人的都城也不得不为避让洪水而迁徙。据说商王朝灭夏前迁过八次，灭夏后迁过五次。商族人对黄河及其支流真是又爱又恨，建城要挨着河流，洪水为害又得迁走，水退了又迁回河边。就像小孩子总要挨着母亲，挨了打跑开了，过一阵还要回来赖在母亲身边。当然，也有专家（如岑仲勉先生）以为商朝因河患迁都之说不可靠，他认为商族人迁来迁去本是游牧民族"逐水草而居"的习惯，未必是河患造成的。冤枉了黄河。虽然他也不否定河患的影响。

　　战国以前的人们不大筑堤防，黄河下游大体上是漫流的，即所谓"大河九派"，"九"是众多的意思，就是说黄河到下游呈多支漫流的状态。

　　汉以前，黄河的河道记载有三条，为《禹贡》《山海经》《汉书地理志》所载，人们常称之为"禹贡河""山经河""汉志河"。在战国以前，这三条河道或为主次，或并存，或有枯有荣，以"汉志河"一线为最常见。至于某次河决而改道的临时河道更多，决不止"九派"。至于下游河口附近更是漫流无定形，更不止"九派"了。

　　战国中期，黄河下游人口稀少，初筑堤防时，堤距50里（约21公里），大溜得以在其中自由游荡，河道蓄洪能力极强，不易发生决口、改徙。之后，生齿日繁，人们在大堤的淤地中垦殖并筑堤自卫，致河床迫束，河床淤高。到西汉末年，已有"河床高于平地"的现象，这以后黄河决口、改徙的记载便多了起来。

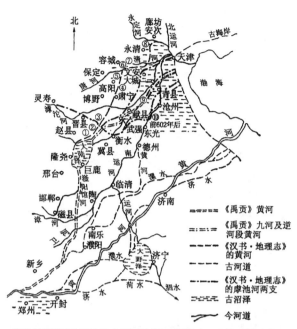

①沮水至堂阳(今新河北)入黄河(广阿);②清漳水至邑城(昌城今冀县西北)入河;③斯洨水至郳县(今束鹿东南)入河;④卢水至高阳(今高阳东)入河;⑤博水至高阳(今高阳东)入河;⑥涞水至容城(今县西)入河;⑦滱水至文安(今县东北)入河;⑧桃水至安次(今县西北)入河;⑨、⑩《汉书·地理志》的滹沱别河

禹贡河、汉志河位置

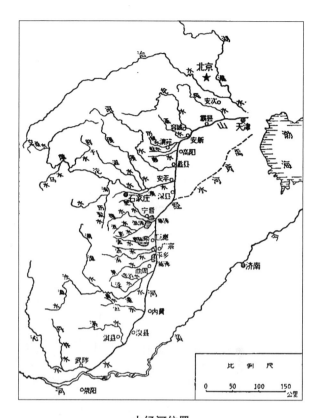

山经河位置

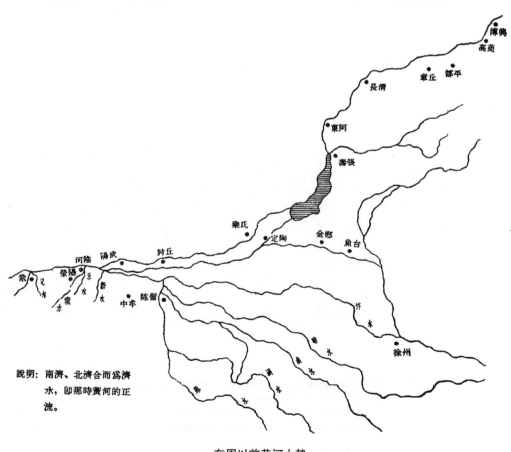

說明:南济、北济合而為濟水,即那時黄河的正流。

东周以前黄河大势

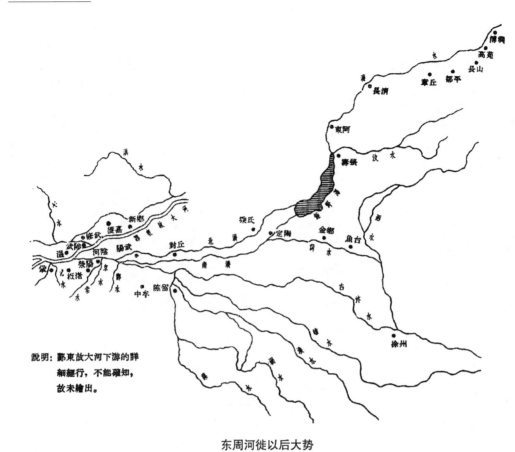

說明: 鄴東故大河下游的詳
    細趨行, 不能確知,
    故未繪出。

东周河徙以后大势

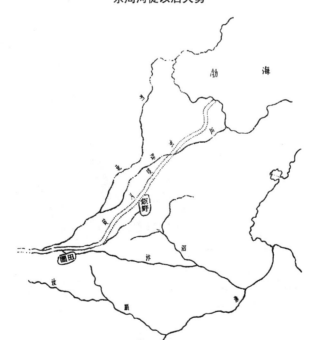

說明: 舊日所稱鄴東故大河, 戰國時早已斷流, 漢武元光三年 (前一
    三二) 以前, 黃河在北方專行漯川。元光三年河決頓丘, 衝開
    另一條北瀆, 也叫做王莽河, 正流走北瀆, 餘波仍入漯川。王
    莽始建國三年 (公元一一) 北瀆斷絕, 河復行漯川。

西汉的黄河

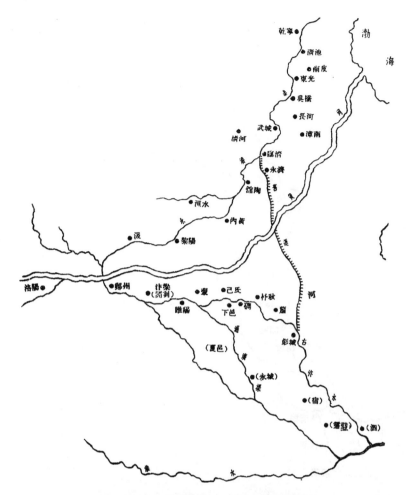

說明：圖中所註，除通濟渠所經外，皆隋、唐、宋之縣名或地名。

隋唐黄河与运河

說明：唐時黄河河道用實綫，現在河道用虛綫。

唐代黄河下游

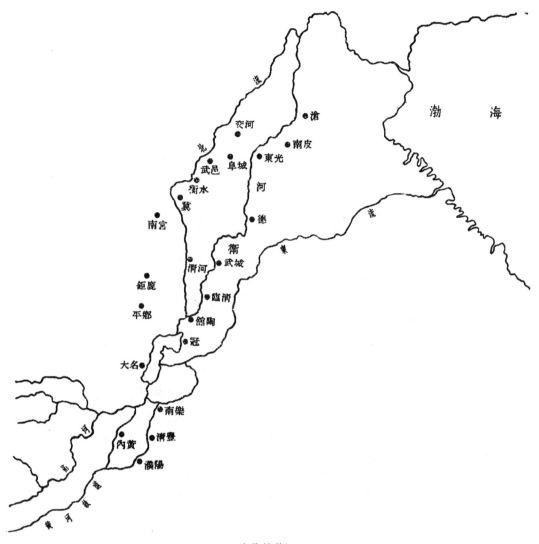

宋代的黄河

越往后，记载的黄河决口、改道越发频繁。大决口有七次。①第一次，西汉武帝元光三年（公元前132年），河决瓠子（今河南濮阳西南），东南注入钜野（今山东巨野泽），通于淮、泗，这是夺淮第一次。②第二次，新莽始建三年（公元11年），黄河在魏地元城（今河北大名东）决口，洪水泛于黄河、济水之间，王莽不予堵口，河东受灾60年；经东汉王景治河、固定新河道，由利津入海，之后相对稳定800年。③北宋庆历八年（公元1048年），黄河在澶州商胡埽（今濮阳东昌湖集）决口，洪水北流经海河，由天津附近入海。④南宋建炎二年，东京留守杜充为阻金兵，于河南滑县扒开大堤，黄河东决，汇泗入淮，之后700年黄河南决夺淮习以为常。⑤明嘉靖二十五年（公元1546年），黄河在开封至曹县一带不断决口，南流至徐州夺泗入淮。之后，潘季驯大筑运河堤防，大河由涟水入海。⑥清咸丰五年（公元1855年），黄河铜瓦厢（河南兰考西）决口改道大清河，从淮安夺淮入海。⑦1938年6月9日，蒋介石命令部队扒开黄河花园口大堤，洪水沿颍河、涡河夺淮泛滥下入洪泽湖，后东流入海。

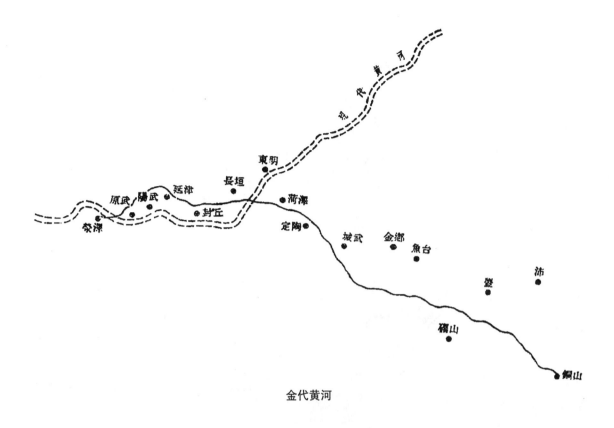

金代黄河

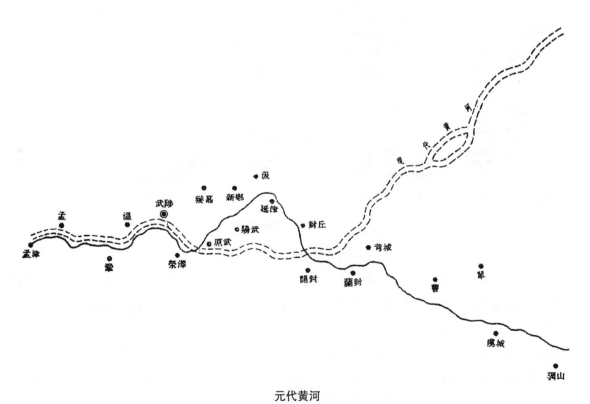

元代黄河

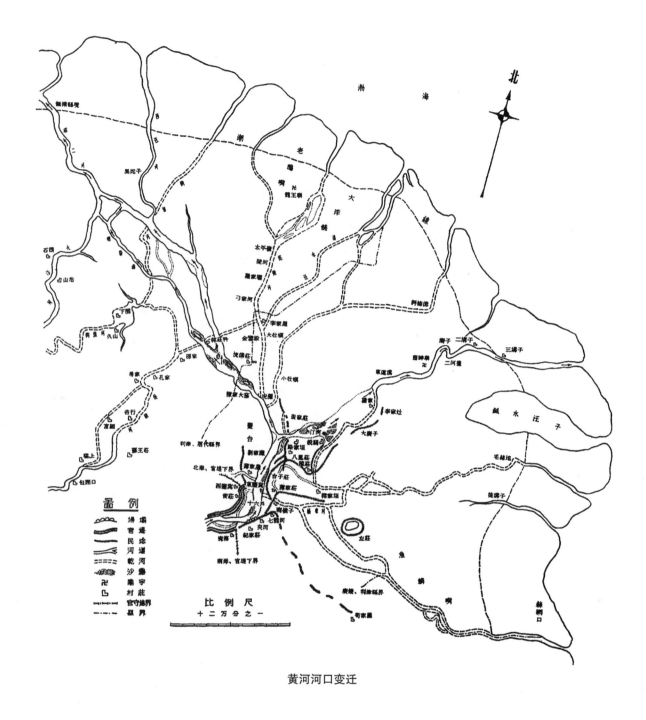

黄河河口变迁

　　至于中小决口，更是多如牛毛，越来越频繁。元明之际十年一决，到清代三百年间，黄河为害 126 次之多，平均两年为一次。可见黄河并不乐意受人们所筑堤防的约束，总在左冲右突。

　　黄河决堤造成洪灾，其实也不全怪黄河暴君。许多时候也是我们黄河人自己造成的"人祸"。筑堤不科学且不说它。有意为之的便层出不穷。老祖宗共工氏就曾筑堤冲决对岸部落。之后，人工决堤作为军事手段便习以为常。决堤放水淹没敌军的事，战国白起干过，汉初韩信干过，洪秀全干过，《三国志》中就不止一起，益州刘璋欲水淹刘备，被彭羕看破，没有成功,而关羽"水淹七军"倒讲得津津有味的。不单是"官军",《水浒传》里也有"混江龙水淹太原府"的"精彩片段"。"农民起义军"李自成隔河与官军对峙,便相互挖对岸的大堤,更是起劲得很。当然,这都是小打小闹的,最轰轰烈烈的是蒋介石先生决花园口黄河大堤。当下淹死民众 89 万人,之后黄泛区受饥饿、瘟疫死亡 300 万人,是人类有史单次死亡最高的记录,而日军淹死者仅 4 人。军事家、政治家看问题着重看战果而不问手段,"政治斗争是不择手段的",只求胜利。好在"胜利者是不受谴责的"。于是胜利者终究伟大,至于数百万民众在洪水中痛苦挣扎、灭亡,那只不过是为了大局所作的一点点小小的牺牲。为了伟大人物的"大局"、"大业",便顾不得了。

二、毁地、冲城

前面讲过黄河有造地之功,现在还得讲讲黄河毁地之害。黄河造地,土从何来? 都是其在中游切割黄土高原所致。黄河及支流每年从黄土高原切割搬走 16 亿吨土壤,侵蚀了 550 万亩田地,对山体的破坏更远远不止这些。古代的黄土高原,有许多大大的"原",又大又平又细,犹如年轻少艾。经千万年黄河及其支流的切割,则沟谷满面,犹如苍桑的老妪。比如"周原",当年周原地势平缓、土壤肥沃、气候温和,是周族的发祥地。其原有东西有 70 里长,南北有 20 余里宽。而今天,完全被黄河支流冲刷切割得破碎不堪。分出为石鼓原(五畤原)、七里原、饴原、三畤原、积石原、西原(雍原)、彭祖原等若干个小原了。除了沟壑,平坦的土地已经剩下不多了。又如彭原,本是很广大的,到唐代还有南北 85 里、东西 60 里。是彭氏族的发祥地。此地北魏设彭阳县,唐代设彭原县,宋以后设董志县。遥想当年,一

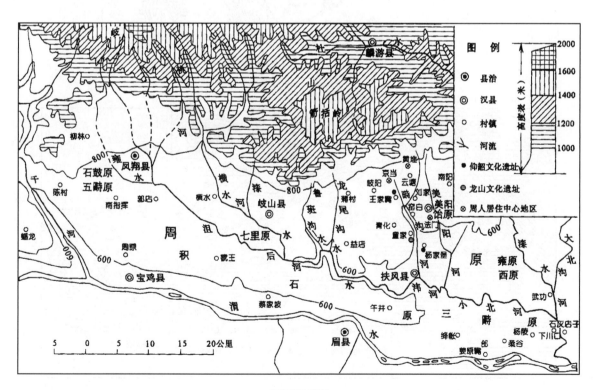

周原现状图

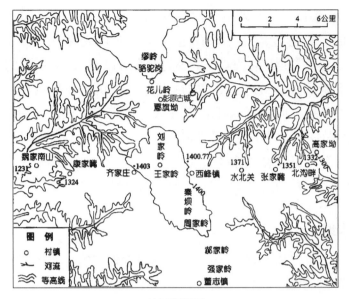

彭原现状图

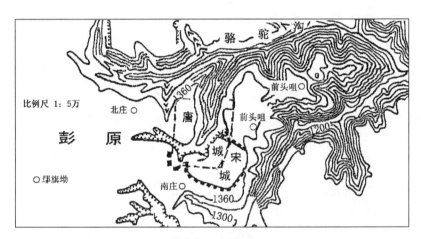

唐宋彭原古城图

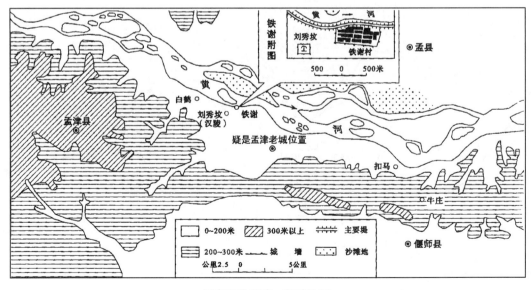

河南孟津老城、新城位置

派广阔原野，何等壮阔，到今天，沟壑已经伸到彭原古城边，古城三面临深沟，一部分城墙已被切割掉。当年建城选址，一定选"四达通衢"之地的，决不会出城门便掉落深沟的。这些沟壑都是唐代以后切割的。

黄河即便不决口，它左右小摆动，也会产生侧蚀，两岸的土地城市便得迁址，否则就被切掉。迁徙后留下废弃的老城。如河南孟津原是唐宋的孟州，州城在当时黄河岸边，金时，孟州为黄河所毁，于是在原城北15里建新城，称上孟州，原城称下孟州。这上孟州即今孟县，下孟州已为泥沙湮没，无迹可寻了。同样，温县故城据说在今温县西南30里，但也已是一片沙滩，也无迹可寻了。郑州荥阳县广武山下原有商代的都城嚣（隞），是殷代仲丁的都城。已经崩坍在黄河里面了。战国时楚汉两军在鸿沟两边对峙，分别在广武山下筑有汉王城和楚王城。现在汉王城、楚王城也都被黄河削去了一大半。同时，广武山下的隞山被削掉了，广武山也被削掉一长条。今天，我们看到沿黄河的城镇，常有"老城""新城"，"老镇""新镇"之说，之所以要建新城、新镇，时常是"老城"为黄河侧蚀所毁败的缘故。

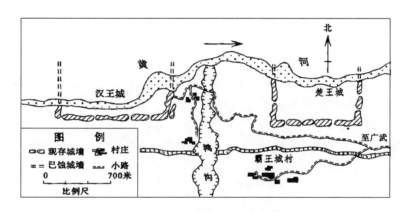

黄河侧蚀切割汉王城和楚王城

比较典型的是开封城。作为北宋的都城，9个帝王165年的历史，开封有3道墙，4条穿城运河，4条御街，有多少繁华的商业街和瓦子（综合游艺场所，相当于近代的"大世界"），一幅《清明上河图》说尽东京的繁华。北宋南迁，黄河决口南徙，便淹进开封城内，从公元1194年至1949年的750年间，黄河在开封境内决溢达338次，平均每两年多决口一次，使开封15次遭洪水围困，且多次被完全淹没。就这样，北宋开封被淹没、淤埋了，金人、明人在淤泥干尽后又在上面建新开封城。待到金、明开封被淹没、淤干后，现代人又在它上面建新城。这样，考古的结果就发现了特别的"摞城"的奇迹：在现代开封城的地下埋着金、明开封城；在金、明开封城下埋着北宋开封城；在北宋开封城下面还埋着唐代汴州城；在唐代汴州城下面还埋着战国大梁城。除战国时的大梁城略偏西北外，其余几座城市，其城墙、中轴线几乎没有变化。

这黄河一次次淹没开封，给开封历代人民带来无尽的痛苦。但黄河人真是坚强、真是伟大，城埋没了在原址上再重建，再埋没了，又再重建，反而越建越好。今天的开封的繁华更比当年北宋不知好过多少。

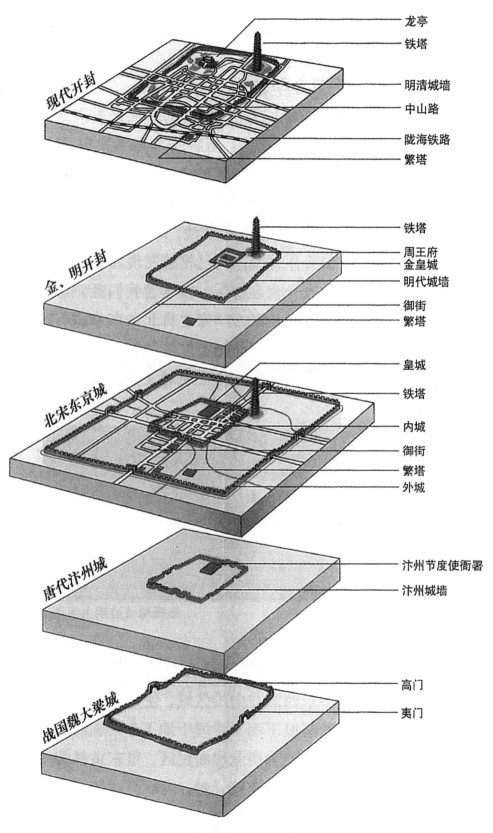

开封"城摞城"示意图

三、淤塞河湖

黄河为害的根本原因是水少沙多。最大年输沙量 39.1 亿吨（1933 年），最高含沙量 920 公斤 / 立方米，差不多要一斤水一斤沙了。但黄河的水（径流量）却不大，在中国大概连第五也排不上，比长江、珠江、雅鲁藏布江自然比不上，比淮河、甚至比长江的支流汉水也比不上。年径流量说起来有 560 亿立方米，是过去多少年的平均值，近几年干旱，水量就更小了。所以水少泥沙多，特别是在黄土高原上的支流。我曾到延安延河旁，看那河水简直是慢慢蠕动的泥沙流，哪像我们南方人所看到过的河流。这样的泥沙流在黄河干流下游，便把河床越淤越厚，带动河堤越加越高，河水水位越涨越高，以至三年两头决口，泛滥成灾。这样的泥沙流淤在运河口（汴口），就闹得漕粮不能进京，长安城百万军民要没饭吃，皇上也只得率军民"诣洛阳就食"；这样的泥沙流要淤在运河，就淤得整个北方运河彻底淤平报废；这样的泥沙流，淤到洪泽湖湖口一塞，湖水加高，于是"水漫泗州城"的惨剧就发生了。

说到"水漫泗州"，其实并不真的是戏曲里说的一夜间的事。泗州城本靠泗水，到隋建大运河，修通济渠（即汴水）后，泗州南迁跨汴水而建，是运河上唯一跨运河城市。它依靠汴水漕运而发达了起来。泗州城是一座椭圆形地池，1.9 公里 ×1 公里，有 5 个城门，东、西、南、北各一门，西南另有香花门。每个城门外有瓮城，整个城形似乌龟。城墙砖包土，底厚 20 米，顶宽 20 米，高 2.5 米，如堤防，十分坚固。洪水来时，行人从瓮城（月城）上进出。明代，黄河时常南决，一路把淮河下游大小河湖淤了个遍。洪泽湖湖口淤塞，以至淮水及洪泽湖水上涨，湖水水位超过泗州城，城墙危在旦夕。

洪泽湖

有人建议泄淮水入江以降低水位，这时主持水利的潘季驯为保明祖陵，说什么："浊流必不可分，霖淫水涨，久当自消。"以"祖陵王气不可分"为由拒绝分洪降水救城的建议，一味加高洪泽湖大堤，以至水位更高。清康熙十九年，连降 70 天暴雨，泗州石门附近城墙首先垮塌，城内进水，县太爷搬到城门楼上继续办公，人民还坚持在城墙上堵口。到康熙 25 年（公元 1686 年）黄河再度决口夺淮，淮河、洪泽湖暴涨，这 900 年历史的泗州城终于彻底沉入水下，成了世界唯一沉入水底的灾难城市，人称"水下庞贝"。潘要保的明祖陵也未能幸免。近年经详细勘查，泗州城只小部分沉入水下，大部分埋入淮河边的淤滩之下。这大概是：泗州城沉入水下为淤泥掩埋，若干年后，洪水渐退，于是形成了滩地，部分城池到了滩地下面了。

四、断流

1. 断流现状

黄河从 1972 年开始发生断流现象，主要在下游山东河段。从 1922~1996 年，25 年有 19 次断流，平均 4 年断流 3 次，到了 1987 年以后，几乎年年断流。断流次数越来越经常；断流时间越来越长；断流河段也越来越长。1995 年河口利津水文站，断流历时 122 天，断流从河口上溯至开封，长达 683 公里。

黄河利津水文站实测断流天数统计：

70 年代断流 9 天，80 年代断流 11 天，1991 年断流 82 天，1992 年断流 61 天，1993 年断流 75 天，1996 年断流 136 天，1997 年断流 226 天，1998 年断流 142 天，1999 年断流 42 天。

2000 年以后，断流情况有所改变，可能归功于媒体呼吁，中央政府采取了水库调水等措施。

断流的黄河

2. 断流原因

从自然界找原因，一是气候变化，地球气候变暖，黄河流域降水减少，而气温升高、蒸发量增加；二是地球气候间冰期，黄河流域出现干旱气候，1990~1995 年，河南花园口以上黄河流域降水量比年平均减少 12% 左右。三是由于火山活动对大气的影响。20 世纪 90 年代，火山活动较少，大气透明度增加，地球接受更多的太阳辐射，从而气温升高，干旱严重。

人为原因，这是主要的原因。

（1）森林植被的破坏。黄河流域从唐、宋以后，随着经济发展，人口迅速增加，砍伐森林建房、开荒更造成森林的大面积毁灭。解放后，虽提倡植树造林，却抵不上"大跃进"和文革的两次大破坏，直到改革开放的今天，森林覆盖率才有所恢复，但仍然大大低于全国平均值。流域土地保不住水，水土流失情况十分令人吃惊。结果是一有暴雨则洪灾，几个晴天则旱灾。

（2）流域生活、生产用水量剧增。20 世纪 50 年代以来，流域生产和生活无节制用水，耗水量急剧上升。50 年代初黄河下游有 140 万公顷水浇地，到了 90 年代初达到 500 万公顷；工业用水也十分惊人，耗水量增加了 81.5 亿立方米；而同时期流域降水量却减少了 24.5 亿立方米。这一增一减，黄河水资源供远小于求，断流在所难免。

（3）用水浪费。用水浪费的一个重要诱因便是用水水费很低，引黄灌渠每立方米水常年只收 3.6 厘人民币，等于白送，人们抱着不花白不花的心理，拼命耗水。目前，农业用水占到用水总量的 90%，但农业灌溉仍然采取传统的大畦漫灌、串灌等原始手法，每公顷毛用水高达 60 立方米。这样的粗放经营方式使黄河水的利用率不到 40%，浪费严重。

工业用水也没有节约用水，电厂用冷却水大量损耗却不知回收再用。

除此之外，各地用水缺乏统一管理，相互争水现象十分严重，大家都拼命引水、蓄水、争水，反正现代科学发达，手段多，流水可引可蓄。水渗到地下还可打井，深井越打越深，反正有的是高压泵。黄河焉能不断流！水荒矛盾更显突出。

（4）污染严重。随着经济发展，排入黄河的污水量大大增加，人们似乎把河流当污水沟，毫无顾忌地把垃圾、污水往黄河里倒。据介绍仅仅山东一省每年就向黄河排入2000万吨污水。这不仅影响人类自身的健康，也降低了黄河水资源的利用率。

黄河流域的水污染，只要到过黄河的人都能很容易感受到。就在兰州《黄河母亲》雕像前，就在漂流在滚滚泥沙流的羊皮筏上，你就可以闻到河水的臭味；当你站在延河大桥上，看着蠕动的泥沙流，闻着阵阵腥臭味时，这心里确实不好受，但这正是我们自己造成的。

第三节　黄河的治理

一、古代治河

上古的时候，中国出了三位治水专家。一曰共工，擅长筑堤；一为鲧，擅长"水来土掩"；一是禹，擅长疏浚。前两者重堵，后者重疏。数千年来治水方针，无非是堵与疏之争。

对于黄河决徙，西汉早期，很少筑黄河大堤，即便有堤亦相距甚远（据说有50里），大率放任自流，哪儿低往哪儿去，汉王懒得去管它。之后又口齿日繁，人们在黄河滩垦荒种地，自发地筑土堤护田，慢慢连辍，形成较窄的黄河大堤，约束黄河。这样一来，黄河从峡谷

鲧治水图

古人修筑堤坝

中急流而下，一到平原，流速突降、水位突涨，哪禁得住这大堤的约束，决口在所难免。这时两岸人口已繁，城镇已多，哪禁得住洪水四处肆虐，不能像商都那样"八迁""五迁"。好在有千万免费河工，统治者便下令加高河堤，叫大河乖乖地在大堤中流淌，可大河不乖，沙沉河床，逼得人们将河堤越筑越高，成了悬河。这悬河一旦决口，由高及下，更势不可挡。于是，人们更百般心思用材用财用力加固加高大堤，但大堤加固不止，黄河淤

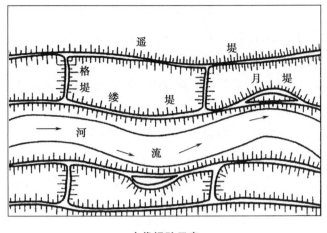

古代堤防示意

积不止，决溢不止，且决口之事日增。从古代数百年一次到数十年一次，到十数年乃至到明清平均两年多一次。直到今天，加固河堤仍是治黄的重头戏。

同时，又有不少人反对堵，主张疏。他们引经据典说：鲧、共工之所以治水失败，便是"堵"的失败，大禹治水之所以成功，便是"疏"的成功。于是出现了"分河""分洪"、"以杀水势"之说，但如此洪水分到哪条河去却颇费周章，洪水哪条河都受不了。于是分到湖泊去，不久沿河的大湖淤高了，小湖淤没了，以至大小湖泊失去了调节的作用。慢慢地，人们知道这都是泥沙惹的祸，便想办法不让泥沙沉下来，于是什么浚船、混江龙的办法都出来了，最有效的是"束水攻沙"。在黄河大溜旁筑堤，约束河宽，加大平时河水流速，把河底、淤沙冲走，这可是好办法，但沙带到下游山东大平原，淤积更甚，"冲了河南，淤了山东"。下游至河口的淤害更加严重。

于是堵也好，疏也好，黄河之害终归不能根治，因为堵、疏都没有除根。黄河为害的主要根源是它的"水少沙多"。黄河的长度世界第五、中国第二，但它的水量连中国第五大概都勉强。长江、珠江、雅鲁藏布江、淮河都可能比它水量大。甚至连长江的支流汉水湘江也比它水量大。由于黄河流域人口众多，人均占有水量就更低了。而若说它的含沙量，每年输沙 16 亿吨，居世界第一，单位含沙量是长江、密西西比河的 60 倍，珠江的 120 倍，更是遥遥领先于世界大河。近年有实测说黄河最高含沙量达到 920 公斤／立方米，支流窟野河最高竟达 1200~1700 公斤／立方米。差不多一斤水一斤半沙，则更是惊人。这样的泥沙流，洪水期犹如一条黄龙，难免冲决一切土堤；平坦之地，缓慢之时，则难免留下亿吨黄沙；这样的泥沙流，尚行在干流，就淤在干流、淤高河床，让黄河成为高高悬在头顶上的"达摩斯克剑"。若用这样的泥沙流去"引黄济运"，就可把运河从河口逐渐淤至沿岸，让半段运河彻底报废。

二、古代治河思想论争及名人

上古时的共工、鲧、禹之说太遥远了，多是传说，史载不具体，可靠性亦多有争议，不去多说了。

黄河及世界各大河的径流量及含沙量

河流	所在国家	年来水量（亿立方米）	年输沙量（亿吨）	年平均含沙量（公斤/立方米）
黄河	中国	575	16	37.6
长江	中国	9600	5.14	0.54
海河	中国	284	1.6	5.63
珠江	中国	3465	0.834	0.24
淮河	中国	645	0.14	0.46
恒河	印度、孟加拉	3710	14.51	3.92
布拉马普特拉河	孟加拉、印度	3840	7.26	1.89
印度河	巴基斯坦	1750	4.35	2.49
伊洛瓦底江	缅甸	4270	2.99	0.70
湄公河	柬埔寨	3500	1.70	0.49
红河	越南	1230	1.30	1.06
密西西比河	美国	5645	3.12	0.55
密苏里河	美国	616	2.18	3.54
科罗拉多河	美国	49	1.35	27.5
亚马孙河	巴西	57396	3.63	0.063
尼罗河	埃及、苏丹	892	1.11	1.25

　　春秋战国之时，开发治理黄河多有成绩。比较突出的是公元前246年吕不韦当政之时任命郑国引黄河支流泾水而修建的"郑国渠"，渠长300里，灌田4万顷。泾水含泥沙量大，引用灌溉，既供给作物水分，淤泥又可供给作物所需肥分，可以改良盐碱地。当时产量号称每亩"一钟"，约合今亩产二百五十斤。

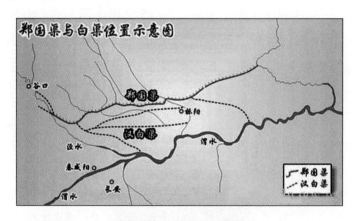

郑国渠与白渠位置示意图

　　郑国渠快完工之时，吕不韦倒台，吕不韦任命的工程总负责人郑国受牵连，被诬为韩国派来的间谍，试图让秦国疲于大型工程。郑国百口难辩，于是说："就算我是间谍，疲秦之计不过为韩国延长几年不被灭，但渠成可为秦国建立万世的功绩。"才脱了身。最终渠成，"秦以富强，卒并诸侯。"

汉代中期，特别是自成帝到王莽时代的三、四十年间，由于河患加重及统治者的重视，治河思想空前活跃。以冯逡为代表借鉴"禹疏九河"说，提出分流治河方略；孙禁、王横等人对黄河下游提出人工改道及滞洪蓄洪方略；王莽时大司马张戎则提出："水性就下，行疾则自刮除成空而稍深。河水重浊，号为一石水而六斗泥。今西方诸郡以至京师车行，民皆引河、渭、山川水溉田。春、夏干燥水少时也，故使河流迟，贮淤而稍浅；雨多，水暴至，则

郑国渠遗址

溢决。而国家救堤塞之，稍益高于平地，犹筑垣而居水也。可各顺从其性，毋复灌溉，则百川流行，水道自利，无溢决之害矣。"此论似是清代"束水攻沙"论的最早版本。也较早认识到河水含泥量大的危害；更值得一提的是贾让提出的"三策"，即上策人工改河，中策分流洪水，下策巩固堤防。原则是不与河水争地。应该说，这是我国治黄史上较早的除害兴利的规划。

到了东汉，由于河、济、汴交相溢决，治河之争亦日趋激烈。汉明帝也说："……议者不一，南北异论，朕不知所从，久而不决。"王莽始建二年，黄河大决口，拖了60年没有堵口。直到永平十二年（公元69年），终于决定采纳王景的意见。发卒数十万，在王景的指导下，大规模治理黄河。王景治河是治黄史上少见的成功的工程，可惜记载太少。无非《后汉书》上的几十个字："景乃高度地势，凿山阜，破砥碛，直截沟涧，疏决壅积。十里立一水门。令更相洄注，无复溃漏之患。景虽简省役费，然犹以百亿计。"当时，旧的黄河河道已到晚期，王景果断废弃老河另开新河，按照自然地势，顺势而下（大概当时已有简便的水平测量仪器），裁弯取直，开辟了一条从河南荥阳（今郑州西15公里）到千乘（山东青阳北）的新河道。新河道完成后，在近千年内，没有大的黄河决溢之事。如果是今天，黄河下游人口、城市

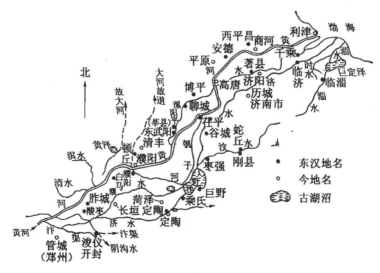

王景治河后黄河下游图

如此密集,开新河道就难实现了。

东汉末经营北方,开凿了一系列运渠:①白沟和枋堰。公元204年曹操北征袁尚,在淇水入黄河处,用大木枋筑堰,逼洪水北流,形成白沟。②利漕渠。北沟西开利漕渠连通漳水,是为邺城（都城）的漕运。③平虏渠、泉州渠。开白沟后二年,曹操为消灭袁氏残余,北征乌桓,又开平虏渠和泉州渠,串通了清、淇、漳、洹、溶、易、涞、濡、沽、滹、沱等河。

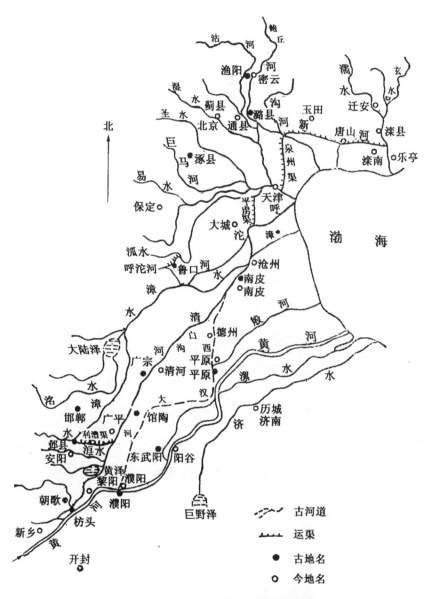

白沟、利漕渠、平虏渠、泉州渠位置图

北宋。由于京都开封也在黄河边,河道变迁又十分激烈,因此从皇帝到重臣,都卷入治河思想的争论。当时,著作郎李垂上《导河形胜书》三篇,主张开河分流。皇上很重视,召集百余人大讨论,结果大多数反对而告终。公元1048年黄河商胡埽大改道,形成"北流",之后,北流亦多次决口,引发了维持"北流"和恢复"东流"故道的大争论。三次回河"东流"又失败,以至多名治河官员被罢免。

元代最出名的治河专家是贾鲁。他提出"疏"、"塞"并重的原则，然而他的运气太不好。元末黄河泛滥，他受命征发 15 万民工挑河治黄，民工苦不堪言，于是河南河北童谣曰："石人一只眼，挑动黄河天下反"。治河成了元末民众造反的导火索。当时河工风餐露宿、挨打受骂、苦不堪言，多有反抗思想。元至正 11 年，樵夫出身的彭大与李二（芝麻李）、赵均用等 8 人，以红巾为记，率众攻破徐州，竖起反元大旗，愿从者十余万人。之后，郭子兴（其干女婿为朱元璋）等拥彭大为元帅，这河工为主力的红巾军成了反元义军的主力。

明代的治河论争，主要发生在分流与合流之争。明初到嘉靖年间，治河者多主张分流"以杀水势"宋濂、徐有贞、白昂、刘大夏、刘天和等一大批治河名家都持有这一观点并得以进行实践。他们认为"利不当于水争，智不当于水斗"。他们只知"分则势小，合则势大"。但他们忽视了黄河"水少沙多"的特点，分水则水势弱，水势弱则淤沙重，淤沙重则河患重，治河效果不佳。于是，万历年间，以潘季驯为首的合流论出来了。他们主张"筑堤束水，以水攻沙"。潘季驯曾四任河道总管，他所著《河防一览》，在一定意义上对明以前治河思想作了总结。但实际上"束水攻沙"往往"冲了河南、淤了山东"，河口、下游淤塞更甚，黄河只是决口点往下游移而已。

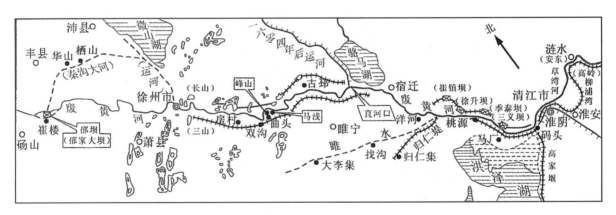

明潘季驯治河工程示意图

清代治河理论大体沿袭明代。

三、今人治河

现今人们逐渐科学的认识黄沙，特别是黄河"水少沙多"的根源。从解放初期的"宽河固堤"到 70 年代的"上拦下排、两岸分滞"。随着对环境生态的重视，提出了种种切合实际的根本措施并付诸实施。特别是全国范围的"绿化"，是治黄的根本措施。终取得 60 余年黄河基本平平安安的伟大成绩。

1. 绿化黄土高原

治河要治根，这个根就是沙。所以治河先治沙。古今之人都盼"黄河清"，其实上古周代以前的黄河并不浑浊。《诗经》里说"河水清且涟猗""河水清且直猗""河水清且沦猗"，古人称黄河就是"河"，这里说的河是清的。一直到孔夫子的时候大概也不怎么浑浊，所以孔子并不以为"河水清"有什么错，便原文编到教科书里去了。当时，周族生活的周原也还是浩大完整、植被茂密、生态良好、獐鹿遍地的大原，小伙子泡妞还常常要用白茅草包上个鹿做礼品。之后，黄河流域人们对土地开发的力度越来越大，农田越来越多，植被树木越来越少。没了植被的保护，土地被冲成沟沟壑壑，黄河的水的沙就一年更比一年多了。所以治沙之关键便是绿化。黄沙的来源主要是黄土高原，

黄土高原的沟沟壑壑

绿化的重点也就是黄土高原，广泛植树造林、种草（不要瞧不起种草，草对土地的覆盖比较完整，处处黄土不见天，保持水土能力不亚于植树，且适应力强）。2005 年，我国政府和世界银行合作，在黄土高原建立流域修复工程项目，投资 500 万美元，主要项目内容便是恢复植被。当然，500 万美元去绿化 35000 平方公里是远远不够的，但做一批样板工程是可能的。

2. 水土保持工程

修建水库。现干流已建数十座大中型水库，有了相当的调水调沙作用，同时广泛推广打坝淤地。人们在黄土高原冲沟建坝拦沙，把冲沟的泥沙淤成"坝地"，防止泥沙流入河流中。淤成的"坝地"，土层深厚、土质良好，可种草种树，也可种杂粮。这处处都建拦沙坝，就成了梯田。当地有谚语："宁种一亩沟，不种十亩坡，打坝如修仓，拦泥如积粮。村有百亩坝，再旱也不怕。沟里筑道墙，拦泥又收粮。"

这类工程和以往"大寨"梯田是不一样的。"大寨"式梯田建在黄土高原的"原"和"梁"上面。这新的梯田建在沟里，是筑拦沟拦水拦沙的拦沙坝淤成的。目标是把跑水、跑土、跑肥的"三跑田"变成保水、保土、保肥的"三保田"。再则，以往造"大寨田"大挖土梁、土原，破坏原有地貌，今天则重在保持水土。据称至 2010 年建成淤地坝 16 万座，减少入黄泥沙 3 亿吨，黄河流域水土流失面积的 2/5 得到初步治理，建有梯田 4600 多万亩，坝地 500 多万亩，造林 1.5 亿亩。

宁县地处陇东黄土高原沟壑区，生态环境极差，全县总耕地 103.82 万亩，水土流失面积达 87%，"春种一斗籽，秋收一帽子"。人民追求从根本上改变面貌，坚持梯田化，从 1951 年起经过 50 多年的不停歇的努力，2004 年为甘肃省政府授予"梯田达标县"，2009 年为水利部授予"全国梯田模范县"。初步改变了家乡面貌。2009 年以后，更使梯田建设向制度化、标准化、规模化发展。

黄土高原的梯田（青海贵德）

宁县现状，一片郁郁葱葱　　　　　　　　　高原梯田

3. 加强黄土高原管理

过渡放牧和过渡农业是黄土高原上植被消失和水土流失的极重要的原因。

放牧，牛羊吃草把草地吃光而很难恢复，特别是过渡放牧之后，有些本地羊的品种可以把草根也扒出来吃掉了，造成草场的毁灭性破坏。

种植农业，特别是在坡地种植，对土地损害也很大。本来坡地在暴雨时便容易水土流失，结果种植时把原来的植被（灌木、原地草）垦荒时彻底挖掉了，暴雨一来坡上的土没有支撑，很快冲成沟壑。其实坡地本来不保水、不保肥，种庄稼产量是很低的，实属得不偿失。结果往往是越穷越垦，越垦越穷。

所以要大力限制黄土高原的过渡牧业和过渡农业。把不适合农业的坡度大于30°的坡地全部改为植树造林。把无限制的放牧改为有限制的定居牧业。在这类地方切实做好退耕还林、退牧还草。

4. 其他综合措施

加固大堤。黄河大堤还是要继续确保的。毕竟黄河大堤外还有千百万人民和他们居住的城市、他们生产的工厂、农庄。当然，不是古代那种滥用民力的河工工程，而是现代化的科学的河防工程。黄河下游1300公里的大堤已经普遍加高加固了三次。

建立干流一系列水库，这些水库不是早期三门峡那样单纯的水电站。三门峡如此淤沙严重，这是当年苏联专家没有预见，也是我们专家预见不足的。结果，虽经花大力气来改建，排沙问题虽有改善，但发电量也只有原来的十分之一。后来建的数十个水库，接受了经验教训，是集发电、抗旱、防洪、调水、调沙为一体的综合水利枢纽。

黄河支流径流量大于10亿立方米，输沙量大于1亿吨的河流有14条，年径流量占全

三门峡电站

河 60% 以上，年输沙量占全河 70% 以上。所以，仅有干流水库是不够的，要有大量的支流水库来防洪、调节水流、控制水土流失。支流多年虽建设了许多水库，但这些水库大多建于 20 世纪 70 年代，目前这些水库普遍存在淤积量大、防洪库容不足、缺乏排沙设施等问题，还须大力改造。在改造旧水利设施的同时，要建设一批新的支流水利设施，这些设施和干流一样要成为防洪、调水调沙的重要设施，而不仅仅是发电。根据黄河水利委员会的规划："三门峡以下的洛河、沁河的控制性水库工程，需要适当分担黄河下游的防洪任务，粗泥沙主要来源地区的黄甫川、窟野河、天定河等多沙支流，需要承担减少粗泥沙入黄的任务；此外，各支流治理开发均可按照本流域自然特点和社会经济发展要求独立进行研究和安排。"如在建的支流量大电站——莫多水电站，总装机容量 4.8 万千瓦，年发电 2.12 亿度。2009 年度已首台机组发电。

提高水费，改变无偿用水。目前黄灌区的农田用水每立方只收 3.6 厘人民币，等于白送。于是大家抢着用水。黄河水是国家资源，是有限的资源。适当收费，利用经济杠杆来制止用水浪费现象刻不容缓。

加强管理，若大的黄河，用水要有一个跨省市的统一的用水管理机构。彻底改变沿途大家抢用水的现象。

近期拟建主要支流水库工程指标表

水库名称	黑泉	九甸峡	玄泉寺	金盆	东庄	马连圪塔	河口村	转龙湾
所在支流	湟水	洮河	汾河	黑河	泾河	沁河	沁河	窟野河
控制流域面积（平方公里）	1044	17176	7616	1481	43216	2727	9223	1937
天然径流量（亿立方米）	3.18	42.04	5.37	6.67	19.59	2.67	13.87	0.81
年输沙量（亿吨）	/	0.05	0.17	0.01	2.89	0.02	0.07	0.13
正常高水位（米）	2887.8	2200	905.7	594.0	760.0	907.5	267.0	1238.0
总库容（亿立方米）	1.82	9.1	1.3	2.0	12.6	4.2	3.3	4.6
兴利库容（亿立方米）	1.49	5.4	0.6	1.77	4.78	3.1	1.8	1.10
坝型	砂砾石坝	混凝土坝	混凝土坝	砾石坝	堆石坝	土坝	堆石坝	砂石坝
最大坝高（米）	123.5	159	83	130	151	58	117	57
电站装机（万千瓦）	1.2	24	1.0	1.5	6.0	0.3	1.2	0.05
年发电量（亿千瓦·时）	0.54	9.72	0.24	0.66	0.85	0.07	0.43	0.03
灌溉面积（万亩）	33.0	116.5		37.0	254.0	50.0	85.0	0.6
城乡生活、工业供水量	1.35	5.05	1.48	3.05	1.70	0.47	0.31	0.43
土石方开挖（万立方米）	127.7	201	105	330	878	609	253	227
土石方填筑（万立方米）	592	/	55	776	964	711	800	490
混凝土及钢筋混凝土（万立方米）	12.41	111.9	47.6	31.0	91.0	7.9	30.0	10.4

5. 扩大水源

扩大水源，现在比较可靠的是"南水北调"的西线工程，把长江上游通天河、雅砻江、大渡河的水筑坝建库，采用超长引水隧道，穿过巴颜喀喇山，调水支援黄河。这是解决黄河"水少沙多"的战略性工程。

这个工程的特点。一是水量大，可调水约170~200亿立方米，比南水北调的支线、中线都还要多。二是水含泥沙少，有利于黄河的减沙问题。三是流水不经过人口密集区，污染少。四是可以解决黄河上中游的用水。缺点是工程量大，由于连年干旱，人们"原来以为这是50年以后的事，现在却有必要考虑了。"不少专家现在还提议从雅鲁藏布江调水，顺着青藏铁路到青海格尔木，再经河西走廊到新疆。这样可以同时实现引雅鲁藏布江、怒江、澜沧江、金沙江、雅砻江、大渡河，穿过阿坝分水岭到黄河，年引水可达2006亿立方米，相当于4条黄河的水量。这将彻底解决黄河缺水问题。是一项重大的生态工程，称为大西线南水北调工程。

横断山脉江河水富集，远西线工程着眼于此

第四节 黄河之歌

黄河是如此伟大，"其功大到不能赏，其害大到不能防"。数千年来，黄河的歌多不胜数，不论是爱还是恨，都极生动。

《渡黄河》 范云

［原文］	［译文］
河流迅且浊，汤汤不可陵。	茫茫黄河湍急混浊，涛涛荡荡不可阻挡。
桧楫难为榜，松舟才自胜。	桧木浆划不动，松木舟也勉强。
空庭偃旧木，荒畴余故塍。	空空的庭院斜倒着梁柱，荒芜的田地纵横着沟汉。
不睹行人迹，但见狐兔兴。	不见行人的踪迹，只有狐兔倒兴旺。
寄言河上老，此水何当澄。	请问智慧的河上老人，这黄河何时才能清亮。

范云是南北朝时的南朝人。他出使北魏渡黄河时感受到渡河的艰险；过河后又看到黄河边的荒芜，于是作此诗。诗人盼望黄河何时变清，也盼望社会何时得安宁清明。

《浪淘沙》 刘禹锡

九曲黄河万里沙，浪淘风簸自天涯。

如今直上银河去，同到牵牛织女家。

刘禹锡老先生对黄河万里黄沙的来源很感兴趣，是水成（浪淘）的？还是风成（风簸）的？直到今天，风成说和水成说依然争论不休。说起黄河源的问题，他倒相信了张骞编的故事，以为黄河的源头是牛郎织女的家，还想去串串门儿。

《凉州词》　王之涣

黄河远上白云间，一片孤城万仞山。

羌笛何须怨杨柳，春风不度玉门关。

王之涣这首诗是十分悲怆的，黄河"远"上，一片"孤"城，"怨杨柳"、"春风不度"。王诗影响很久远。千余年后，大将左宗棠率领湘军收复新疆，好友杨昌浚作诗："大将筹边尚未还，湖湘子弟满三千，新栽杨柳三千里，引得春风度玉关。"给春风平了反。

《登鹳雀楼》　王之涣

白日依山尽，黄河入海流。

欲穷千里目，更上一层楼。

王之涣先生借黄河为平台，说了站得高才能看得远的哲理。

《使至塞上》　王维

单车欲向边，属国过居延。

征蓬出汉塞，归雁入胡天。

大漠孤烟直，长河落日圆。

萧关逢侯骑，都护在燕然。

王维写景真是了不起，一句"大漠孤烟直，长河落日圆"便流芳百世。

《乐府·将进酒》　李白

君不见，黄河之水天上来，奔流到海不复回。

君不见，高堂明镜悲白发，朝如青丝暮成雪。

人生得意须尽欢，莫使金樽空对月！

天生我才必有用，千金散尽还复来。

烹羊宰牛且为乐，会须一饮三百杯。

岑夫子，丹丘生，将进酒，君莫停。

与君歌一曲，请君为我侧耳听！

钟鼓馔玉不足贵，但愿长醉不愿醒！

古来圣贤皆寂寞，惟有饮者留其名！

陈王昔时宴平乐，斗酒十千恣欢谑。

主人何为言少钱？径须沽酒对君酌。

五花马，千金裘，呼儿将出换美酒，

与尔同销万古愁。

李白的思想宽阔无比。他以黄河奔流为题来说空间的不尽流驶；他以人生白发来说时间的无奈流逝。他轻视一切财富，"钟鼓馔玉"也罢，"五花马、千金裘"也罢，都不如沽酒去消"万古愁"。今天不少大酒楼把这首诗供在大堂的墙壁上，不见得就得了李白的真意。古代诗人说黄河说得最多的要数李白:"黄河走东滨,白日落西海。""阳台隔楚水,春草生黄河。""黄河西来决昆仑,咆吼万里触龙门。""欲渡黄河冰塞川,将登太行雪暗天。""将军发白马,旌节渡黄河。"

《黄河颂》 光未然

我站在高山之巅,望黄河滚滚,奔向东南。

惊涛澎湃,掀起万丈狂澜;

浊流宛转,结成九曲连环;

从昆仑山下,奔向黄海之边,

把中原大地,劈成南北两面。

啊!黄河!你是中华民族的摇篮!

五千年的古国文化,从你这儿发源;

多少英雄的故事,在你的身边扮演!

啊!黄河!你是伟大坚强,

像一个巨人,出现在亚洲平原之上,

用你那英雄的体魄,筑成我们民族的屏障。

啊!黄河!黄河以他英雄的气魄,出现在亚洲的原野;

它象征着我们民族的精神,伟大而坚强!

这里,我们向着黄河,唱出我们的赞歌。

啊!黄河!你一泻万丈,浩浩荡荡,

向南北两岸,伸出千万条铁的臂膀。

我们民族的伟大精神,

将要在你的哺育下,发扬滋长!

我们祖国的英雄儿女,将要学习你的榜样。

像你一样的伟大坚强!

像你一样的伟大坚强!

近人光未然、冼星海作《黄河大合唱》,其在抗日战争时期鼓舞了无数抗日战士,是当时时代的代表作品。全曲包括《黄河船夫曲》《黄河颂》《黄河之水天上来》《黄水谣》《河边对口曲》《黄河怨》《保卫黄河》《怒吼吧!黄河》。他以黄河为背景写了祖国的伟大、人民的苦难和战斗的决心。

第九章 黄河气候与植被

第一节 史前中国气候变化

一、地球气候的规律变化

地球上的气候一直呈周期变化，这是由于地球轨道参数呈周期性变化。例如 41 万年、10 万年的偏心率周期、4.1 万年的地轴倾斜率周期等。其实，地球绕太阳的运动也不是正圆，太阳绕银河系中的运动也不是正圆，而银河系绕宇宙中心旋涡星云的运动是什么样的，更

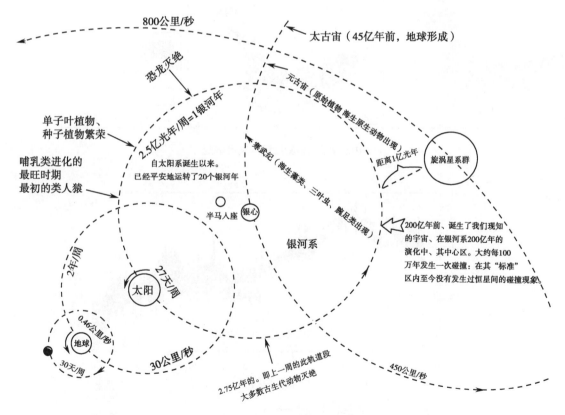

地球、太阳在宇宙中运动示意图

是说不清。在这样运动的过程中，地球的位置在周期性的变化，气候自然也呈现周期性的变化。有人说：地球在宇宙中不过是大海中的一叶扁舟，其实说的很不够。如果说宇宙是大海，那么地球比大海中的一滴水还要小得多。

二、第四纪前后气候变化

第四纪以前，中国地区的气候是由行星周系为主导的纬向分布气候，从距今 2200 万年开始，由于造山运动在中国西南原"古地中海"位置升起了喜马拉雅山及青藏高原隆起至2000 米以上，中国位置上的大气环流方向发生变化，逐渐建立了现代季风环流系统；北方黄土堆积代替了红黏土堆积；黄河也开始出现。动物界随着恐龙的灭绝，出现了种种哺乳动物。

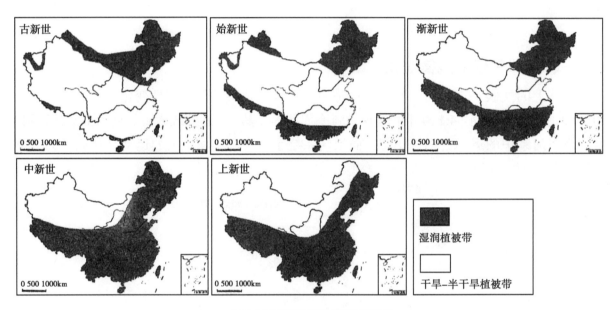

中国古近纪和新近纪气候带演变

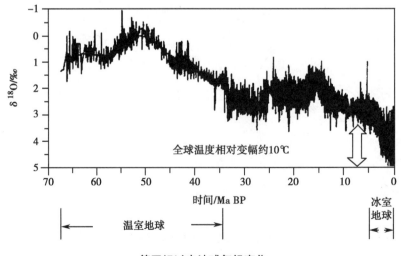

第四纪以来地球气候变化

第四纪以来的气候变化的特点是持续变冷，从两极无冰的"温室地球"变成了两极寒冰的"冰室地球"。末次盛冰期，全球地表温度比今天（小冰期）还低 4~5℃，降水减少。冷干气候造成森林覆盖率大幅降低；植物以被子植物代替了裸子植物；动物界出现了人类。中国北方黄土堆积，粒径变粗，喜玛拉雅山继续强烈升高，中国地形西高东低的地形基本形成，东边台湾也已经脱海而出，中国的轮廓已经基本形成。黄河也基本形成。

三、全新世中国气候变化

全新世是第四纪最后一个阶段，距今 1.15 万年至今。全新世的气候变化分为早期增暖、中期温暖和晚期转冷三个阶段。

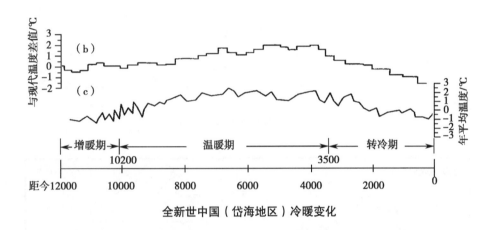

全新世中国（岱海地区）冷暖变化

从距今 11500 年至距今 10200 年是一个迅速的增暖期。之后，增暖过程有所减缓。从距今 10200 至约距今 3500 年为新世纪大温暖期，其中以距今 7200 年至距今 600 年为最暖。这时的平均温度比近百年（回暖期）还要高 2℃以上（其中，长江流域高 2℃，黄河流域高 3℃以上，青藏高原高 4~5℃）。与全球同纬度相比，中国地区可能是升温最大的地区之一。由于季风的加强，雨量大大增加，形成了原始农业最发达的时期。此时，秦岭淮河气候分界线形成。秦淮线以南春雨伏旱，适宜种稻；秦淮线以北，春旱夏雨，适宜种麦。其分界线比今天要北移约 2~3 度，至北纬 35° 左右，达到黄河流域地区。此时，黄河有了现代的黄河人和原始的黄河文明：以采集、狩猎为主的三皇五帝文明，以农牧为主的仰韶文明，以农业为主的裴李岗文明，以农业、畜牧为主的山东龙山文明。当然，整个大暖期有好几千年，其中也有几次明显的转冷干时段，每次 100 年左右，间隔 1100~1300 年。

全新世晚期，大体距今 4300 年以来，中国地区出现了气候转冷的阶段，这个阶段气候寒冷，雨量减少，被称为"小冰期"。虽然末期近百年出现了气候转暖现象，但就整个中国数千年帝国文明来说，毕竟只是短暂的一刻。从气候突变出现尧舜时代大洪水，成就了禹治水而王，造就了夏代开始的王国时代，以后，秦、汉、三国、隋、唐、五代、宋、元、明、清都在这个"小冰期"时期。这各个时期的气候的影响待下节细说。

全新世植被。有的专家依据当时土层中的花粉类型认定中国全新世植被以针叶林为主，到处是茂密的松林；也有的专家依据当时土壤的化学分析认定中国全新世（特别是黄土高原）

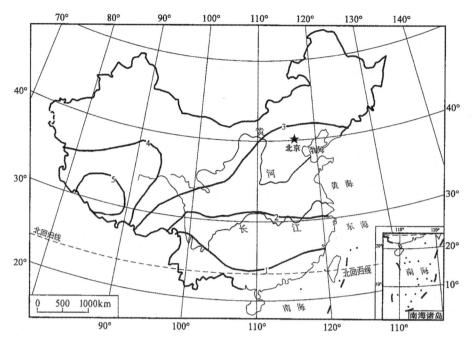

全新世大暖期中国温度与今差异

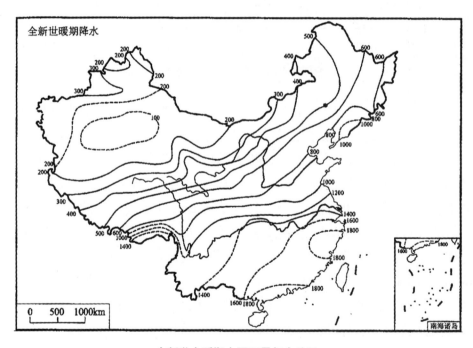

全新世大暖期中国雨量与今差异

以草原为主，处处是一望无际的大草原。现在基于大量的胞粉、生化研究，多数专家认为中国不同地形、不同纬度在全新世有丰富的植被类型：有针叶林、阔叶林、混交林、雨林、草原，当然也有植被较差的冻原和荒漠。所不同的是：内蒙东南部和青藏高原东北部多森林而不是后来的草原；东北地区多草原，森林向北退缩；青藏高原冻原较后代小，东南有一片常绿阔叶林带；黄土高原多草原；总体上植被比后来茂盛。

第二节 全新世晚期中国气候

一、气候基本特征

距今 4300 年左右，中国地区气候逐渐变冷变干，波动幅度较大。之后进入"小冰期"。到近百年，气候开始出现全球性回暖，以至常出现"暖冬"现象。这是否将意味着"小冰期"的结束，尚无定论。

二、距今 4200~4000 年左右的降温事件

据专家考证，距今 4200~4000 年左右，中国发生一次显著的降温事件。此时已有文献记载，夏代前夕，大禹征伐位于南方的三苗时，气候出现异常，温度下降，北方干旱，东部洪水。夏代始于公元前 2070 年，正当距今 4200~4000 年之间。

1. 新石器文化的衰落

这次气候异常范围广，近半个地球都受影响。其时间跨度又长，在一个地区往往延续数百年之久。古代文明往往难以迁徙到气候条件较好的地方来规避这次灾难。人们也来不及通过社会结构的调整和技术的改革来适应这种气候突变。这使得古代文明处于崩溃而难短时间恢复，以至造成文明的衰落甚至消亡。在这个期间，长江流域的良渚文化衰亡了，山东的龙山文化衰亡了，甘肃、青海的齐家文化衰亡了。他们的衰亡除了经济政治文化原因之外，气候异常也是一个重要原因。同时期，世界上古埃及文明、两河文明也衰亡了，气候异常大约也是一个重要原因。

2. 大洪水和大禹治水

世界各民族的传说中，几乎所有早期的文明都遭遇到大洪水。西方有"诺亚方舟"，那只是个传说。而中国，尧舜时期的洪水和"大禹治水"的故事要更为有据。据古文献记载：在尧时代，曾经有过多次大洪水，"尧十九年（公元前 2126 年）大洪水，命共工治河"……"六十一年（公元前 2084 年），命崇伯鲧治河。……七十五年（公元前 2070 年），命司空禹治河。"大禹（伟大的禹）继其父鲧主持治河。据说他改变了鲧以堵为主的方针，改为以疏导为主的方针，取得了很大的成功。也可能这时已处于洪水消退期，引水排涝易于成功。由于治水成功得到的威望和治水过程中建立的组织机构，化为政治权力机构，禹被推举为中原各部落的首领，为中国第一个王朝——夏朝奠定了基础。

究竟有没有"大洪水"，"大禹治水"是否属实，乃至有没有大禹这个人？史家多有争论。尧、舜时代的"大洪水"时期正好发生在距今 4200~4000 年的全球气候异常期之中。一方面当时中国气候转冷，夏季风减弱，导致季风雨带北移，黄淮地区雨量增多。因是季风降雨，雨量多集中于夏季，极易造成洪涝灾害。另一方面，转冷期，气候变率大，暴雨等极端气候频发。历史上有记载的黄河 26 次大改道也多发生在气候转冷或气候较冷的时候，可

见"大洪水"是确实存在的。大洪水给先民带来巨大的灾难,以致代代相传,不是凭空捏造的。至于大禹的治水,实际而论:先民治水,不论是共工、鲧的埋障,还是大禹的疏导,以当时的生产力水平,都不可能大范围的治理好如此大范围大力度的洪水。黄河当年的洪水近千亿吨,不是当时的人力能"疏导"走的。说数千里长的"禹贡河"是大禹变成熊拱出来的当然是神话。不过,据今天专家们气候重建结果表明,距今4200~4000年的全球气候异常事件的结束时间,即气候好转的时间正好对应于传说中大禹治水的开始。据今天勘探,"禹贡河"沿线,古代多是大泽(古大陆泽、古北洋淀等)及低地,并非尽是需要人工挖出的新河。人工"导河"完全是有可能的。"大禹治水"虽没有当时的文字记载(数百年后才有甲骨文),只是口口相传的故事,直到千余年后魏国的《竹本纪年》中才有并不详细的介绍。但这"大禹治水"并不是完全凭空杜撰的,是千千万万劳动人民战天斗地的不朽事迹。

3. 夏朝——现代文明的王国时代的开始

异常气候期间,中国大范围降温,季风减弱,北部干旱,东部及黄淮洪涝,先民生存环境恶化,中原以外地区文明衰落,中原地区人地矛盾激化,从而引起各部落为拓展或保卫生存空间而广泛持续的战争,最终催生了国家的形成。

三、距今3500~3000年的气候异常降温和商人屡迁

1. 从温暖期到降温

夏代和中商之时,正当气候温暖期,又由于新兴的私有制对社会的推动,商代社会迅速成为一个发达的文明社会,建立了一系列城市,如郑州商城、堰师商城。考古界称早期商文化为"二里岗文化"。由于处于气候温暖期,农业繁盛,社会稳定,文化繁荣,是中国青铜文化的鼎盛时期。

又经过一百多年的繁荣和扩张后,商代突然陷入一种极不稳定的状态,诸王任期短暂,迁都频繁(至少五次),文化萎缩。这时,距今3500~3300年的一次气候降温异常事件加剧了中商的不稳定。降温造成中原雨量集中于夏季,往往形成短时间的集中季风型暴雨,洪水灾害反而增多,农业大面积减产。在中国早期文明农业经济的社会中,任何一个统治者,

商代的青铜器

如果农业没有一个好收成，老百姓挨饿，赋税锐减，就可能造成不稳定。统治者就可能下台换人或被更强大的力量打败。《史记》曰："自中丁以来，废嫡而更立诸弟子，弟子或争相代立，比九世乱，于是诸侯莫朝。"上层权力斗争乱得一团糟，于是各地诸侯（部落）不来朝贡。

2. 商人屡迁

商时期屡次迁都是中国古代文明一个奇特现象。《史记》载："自契至汤八迁"，汤以后又"五迁"。这五迁据《竹书纪年》载：仲丁自亳迁嚣；河亶甲从嚣迁至相；祖乙又从相迁至耿；南庚又从耿迁至奄；盘庚又从奄迁至殷，这才安生了一个时期。这五次迁都相当频繁。而在以前，从汤至仲丁，都城一直在亳，并无迁徙。而盘庚之后一直到殷商灭亡273 年，亦无迁徙。为什么这中间一段迁了又迁呢？当然有种种因素，比如河亶甲迁都和远避侁侯、邳侯的叛军有关，但最主要最普遍的因素怕还是远避洪水。中商的五次迁都正当距今 3500~3000 年的气候异常变冷时段内。季风锋面南移，黄河流域总雨量减少但往往集中于夏天雨季，形成暴雨，且水、旱、风等极端气候频发，从而导致商人频繁迁都。

距今 3500~3000 年的气候异常事件，还造成内蒙古、东北地区文明的衰落或断层，当地原住民要么转农业为牧业，要么大迁徙。

三星堆青铜文物

3. 青铜文明的衰落、周克商

距今 3100 年以前，中原及周边也曾出现过长江上游的三星堆文化、长江中游的吴城文化这样一类的青铜文明。从出土的文物来看，他们的科技、文化、艺术水平以及社会发展程度相当先进，和以殷商为代表的中原青铜文化三足鼎立。然而在距今 3100~3000 年的气候异常事件时期，辉煌的三星堆文明突然消失，古蜀国从此一蹶不振；吴城文明悄然消失，江西历史文化走入低谷；中原的殷商文明，其政权为周族所灭。其共同的重要原因之一便是距今 3100~3000 年的降温事件。这次事件可能是五千年中国气候变化过程中最显著的一次。

这时期，北方季风减弱，雨带南移，长江流域暴雨成灾，中原地带旱涝灾害空前增多。文献记载："太丁三年，洹水一日三绝。"到了殷纣时，"峣山崩，三川涸。"在恶劣的气候驱动下，北方草原地带的游牧民族在周族的带领下东进，灭了商王朝。中国历史上的气候异常，经常成了朝代更迭的催生婆。

序号	王朝更迭	王朝更迭		趋势线温度距平峰值		差值①		气候变化类型
		时间（年）	温度距平（℃）	时间（年）	温度距平（℃）	时间（年）	温度距平（℃）	
1	春秋 – 战国	-476	-0.24	-490	0.01	14	-0.25	降温期
2	战国 – 秦朝	-221	0.25	-220	0.26	-1	-0.01	转折期
3	秦朝 – 西汉	-206	-0.64	-220	0.26	14	-0.90	降温期
4	西汉 – 东汉	25	0.56	20	0.70	5	-0.14	转折期
5	东汉 – 魏晋	220	0.90	220	0.90	0	0	转折期
6	魏晋 – 南北朝	420	-0.41	400	-0.26	20	-0.15	降温期
7	南北朝 – 隋朝	581	-0.38	570	-0.37	11	-0.01	降温期
8	隋朝 – 唐朝	618	0.34	610	0.37	8	-0.03	降温期
9	唐朝 – 五代十国	907	-0.11	870	1.08	37	-1.19	降温期
10	五代十国 – 北宋	960	1.06	960	1.06	0	0	转折期
11	北宋 – 南宋	1127	0.29	1120	0.40	7	-0.11	降温期
12	南宋 – 元朝	1279	-0.20	1240	0.42	39	-0.62	降温期
13	元朝 – 明朝	1368	0.24	1370	0.30	-2	-0.06	转折期
14	明朝 – 清朝	1644	-1.00	1630	-0.62	14	-0.38	降温期
15	清朝 – 中华民国	1912	-0.05	1900	0.20	12	-0.25	降温期

注：①差值为王朝建立的时间和温度距平分别减去趋势线上峰值点的时间和温度距平的值。

中国历史主要王朝更迭与气温转折的关系

第三节 秦汉时期的气候与影响

一、秦汉时的气候变化

秦汉时期（公元前221年至公元220年）的气候大多数是在温暖湿润的好日子，只在两汉之交和东汉末年有气候转冷事件。

公元前221年，秦统一，又正值温暖湿润的好气候，应该说是近2000多年来最好的气候条件，中国黄河两岸乃至全国社会经济本应有很好的发展，可是由于秦始皇、秦二世两代皇帝把近半数劳力拉了去完成大型军事工程（筑长城）；修皇帝生前生后的宫殿（修咸阳宫殿、阿房宫、陵墓）；修大型高速路（直道、驰道）；搞得民不聊生、揭竿而起。秦朝成了

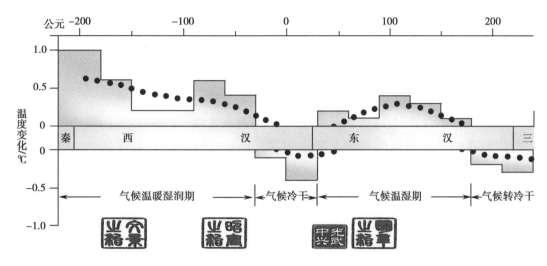

秦汉时期的气候变化

中国出名的残暴而短命的王朝，其赫赫战功、巨大疆土也成了昙花一现式的辉煌。到了汉初，统治者与民休息，轻徭薄赋，便出现了文景之治的大好局面。凭着这样充实的经济实力，汉武帝才可能组织数十万精锐骑兵反击匈奴，才可能有汉武盛事。

由于温暖湿润的气候条件，农业种植北界向北推进到河套以北地区，水稻种植也北移扩张。汉武帝时，渭河两岸已经普遍种稻，"驰鹜禾稼稻粳之地。"经济形成关中、关东、巴蜀三大经济区，江南、河西走廊地区也得到相当的发展。

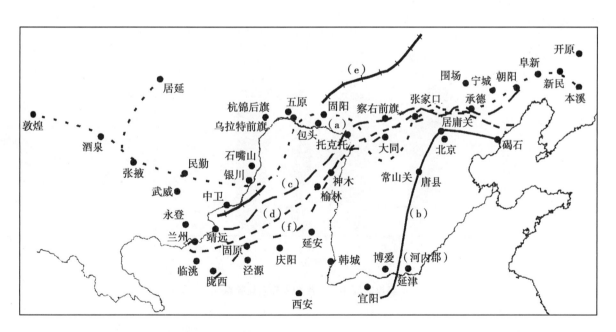

（a）⋯⋯⋯⋯：公元前2世纪中叶至公元1世纪初北界；　（b）————：5世纪中叶至6世纪中叶北界；
（c）－－－：6世纪末至8世纪中叶北界；　　　　　（d）------：8世纪中叶至10世纪末北界；
（e）++++++：10世纪中叶至14世纪中叶北界；　　（f）－ －：16世纪末至17世纪中叶北界

历史时期中国农牧交错带北界的变迁

秦初的森林植物相当茂盛，多数专家估计森林覆盖率在51%~68%左右。秦后期，由于毫无顾忌的大量砍伐来修宫殿、修路、筑城，甚至只为泄愤。始皇南巡至洞庭湖遇狂风大作、巨浪滔滔，他认为是湘君女神不听招呼，一怒之下便命数千军士把君山的树木一概砍光。于是至秦末，森林覆盖率进一步下降。

秦初的人口由于战争，人口比战国中期的4500万人略低，有4000万人，秦朝虽然天气大好，但由于两代皇帝的苛政和折腾，加上秦末的战乱，到汉初，全国人口只剩1500万~1800万人，是中国人口有史来第一次大浩劫。经文景之治、人口复苏，至公元前188年，全国人口约3500万人；至汉平帝时，全国人口约6000万人，是西汉人口最高峰。王莽败亡至东汉建立，经战乱，自然灾害，"民饥饿相食，死者数十万，长安为虚，城中无人行。"人口降为约2400万人，这是中国有史以来第二次人口大浩劫，至东汉中年，由于气候温湿，政治稳定，人口又回升至约6000万人，为西汉有史最高点。至东汉末、黄巾起义、军阀混乱，至汉献帝时（公元220），"白骨露于野，千里无鸡鸣"。"中野何萧条，千里无人烟。"人口又降为2200~2360万人，这是中国有史以来人口第三次大浩劫。

秦汉时期，政府开始有计划移民。秦政权曾"西北斥逐匈奴，取河南地，筑四十四县。徒谪戍以充之。"西汉除继续向朔方、凉州等北地移民外，还向岭南等南方边郡移民。另一方面，西汉晚期及东汉晚期，气候转寒，塞外少数民族饥民大批流亡塞内，或入关抢掠，动不动就"入关者数十万"，而同时，为避战乱，中原汉人开始大量流入江南地区。据专家研究，公元元年前后，荆州、扬州、益州、交趾四州人口不足全国人口22.5%，而公元140年，已占全国人口总数的39.6%。

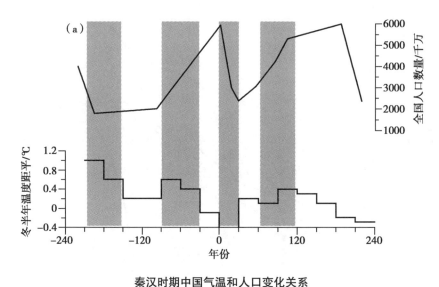

秦汉时期中国气温和人口变化关系

第四节　魏晋、南北朝气候及影响

魏晋南北朝自曹丕称帝（公元220年）至隋文帝统一（公元589年），历时370年。这一时期，

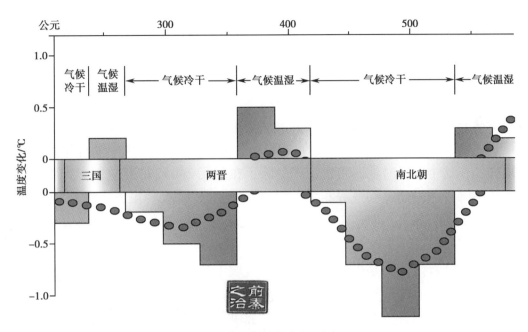

魏晋、南北朝时期的中国气候

气温除在晋代后期一度回升外，总的来讲处于干冷期，是气候灾害频发的时期。

三至六世纪，全球都处于一个较冷干的阶段。在中国，当时中原以北的寒冷气候导致各游牧民族南迁，纷纷入侵中原，先后在中原建立了草原少数民族统治的后赵、前秦、北魏（后分裂为东魏、西魏）等政权。中原汉人纷纷南下，到较温暖较安定的江南一带生活。虽然南方亦有寒冷之时，南京"大风拔木，雨冻杀牛马。""奇寒，江淮亦冰。"寒冷程度似比明、清时更甚。东晋中期至北魏统一北方的八十年里（公元 360~440 年），中国气候转暖，总体上略高于当今。于是"屡年大熟，产谷甚多。"有了好年成。特别在西晋末及南朝的宋、齐、梁、陈都曾有过经济繁荣的时期。南陈至德元年（公元 583 年），陈后主曾将"绕城橘树，尽伐去之。"可见当时南京地区尚有大量橘树，气候比现今温暖。甚至有文献记载有："巨象至于南兖州""淮南有野象数百。"也可见当时淮南地区气候温暖。

森林植被进一步减少，主要原因是全国的干冷气候，人为的破坏也是重要的原因之一。西夏建统万城之时，当地森林植被很好，有大片森林可供采伐，西夏首领赫连勃勃说："美哉，临广泽而带清流。吾行地多矣，自马岭以北、大河之南，未之有也。"于是决定在此处建城，统万城城廓周长 14 千米，残高 24 米，面积 7.7 平方千米。结果统万城建成了，四周的森林也砍得差不多了，今天去看，已经是毛乌素沙漠中的 1 座荒城。

统万城遗址

黄河变清，湖泊萎缩，粮食减产。由于大面积干旱，以至黄河"安流"，河水变清。公元367~562年的不到200年之间，黄河变清达八次之多。干旱还造成湖泊萎缩。华北平原大陆泽，先秦本是泱泱大湖，长宽逾数百里，到了南北朝，长宽仅剩三十里，改称广阿泽；邬泽、祁薮到北魏时只剩不足四成；西北的屠申泽、黄河下游的围田泽，乃至江南的云梦泽、芍陂、硕项湖等水面都有萎缩。水资源缺乏，农业减产，人们于是更着力于围湖造田（南北朝是我国围湖造田的高峰期），企求增产，结果湖缩现象更为严重，水资源更缺失。在这个冷干时期，粮食亩产量除了在公元240~270年之间三十年较高外，多数年代大幅下降。这显然是和气候相关。旱灾、蝗灾并兵灾，"粮价飞涨""关中饥，米斛万钱"。"城中大饥，米斗万钱。""凉州大饥，人相食，死者大半""诸郡大军，饿死者十有六七。"……

动乱时代。魏晋南北朝是中国首先是黄河流域十分动荡的乱世。三国至西晋中期，人口比较汉末黄巾大乱时的低谷略有回升，之后便大幅下降，从西晋后期至十六国时，前秦统一北方，人口略有回升，之后又大幅回落。战争杀戮、饥饿疾疫是人口下降主因，气候因素也促成了战乱。如史载冉闵雄起后，"贼盗蜂起，司、冀大饥，人相食……冉闵与羌胡相攻，无月不战。走雍、幽、荆州诸氐、羌、胡、蛮数百余万，各还本土，道路交错，互相杀掠，且饥疫死亡，其能达者十有二三。"比较中国历史上人口与气候变化特征后，

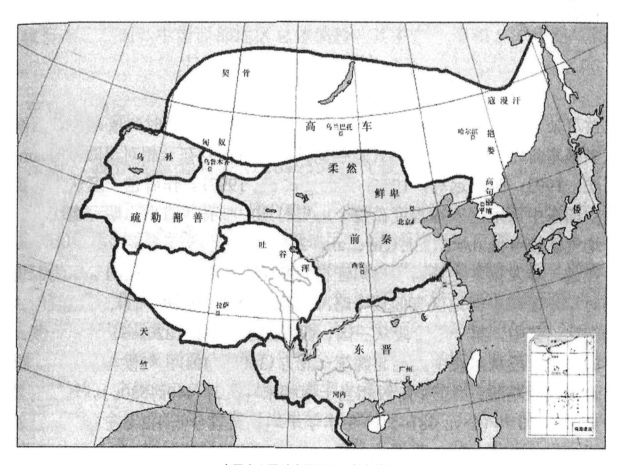

东晋十六国时（公元382年）简图

可发现人口"大落"时期（两汉之交，东汉末、魏晋南北朝、晚唐、五代、元之初、元明之际、明清之交）不仅和政权更迭相关，也和气候异常相对应。

移民高峰，经济南移。这个时期的人口变化有个特点就是人口大迁徙。南北朝时期与唐后期、两宋之交并称为三大移民高峰期。当时，在中国北方，各游牧民族蜂拥入中原。仅两晋（公元265~289年）匈奴人就由塞外三次迁至雍、并等州，人数约22万。随后，鲜卑、羯、氐、羌及柔然、高车、吐谷浑等民族纷纷入关。据统计，这个时期内迁少数民族不下870万人。他们之中既有南下武装抢掠的暴徒，也有饥寒交迫的灾民。在"五胡"潮涌入塞的同时，中原汉族人民纷纷西行、北迁、南渡。西迁的迁凉州，北迁的去东北，主要是南渡。为躲避战祸，中原汉人纷纷迁入湖南、江西等"蛮夷之地"，由于气候冷干，过去南方"暑热"之地现在比较宜于居住，这也促进了南渡的规模。"南渡"移民带去了北方的先进生产方式和先进文化及大量的劳动力。这样，南方的经济迅速发展了起来。而同时，由于战乱，不少北方城镇开始衰落。北魏的都城从平城（今大同）迁往洛阳，便是经济政治重心南移的一例。北迁原因直接源于气候转冷干。"魏主以平城地寒，六月风雪，风沙常起，将迁都洛阳。"另据考证，楼兰古国，在北魏时的衰亡也和气候灾变相关。

第五节　隋唐及五代十国时期的气候及影响

隋唐时期是中国气候的温暖期，晚唐以后至五代十国气候转冷。

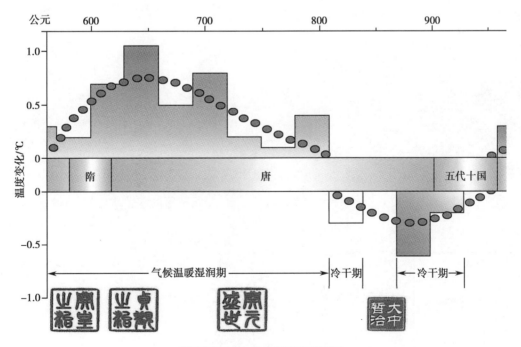

隋唐至五代十国气候变化和影响

一、隋及唐中前时期

隋及唐中前期是秦汉以来又一个气候暖湿时期，也是秦汉以来又一个统一盛世。这个时期的气候总体比较温暖湿润（除了玄宗晚期），造就了"开皇之治""贞观之治""开元盛世"。

隋代（公元581~618年）是中国历史上最富庶最强大的王朝之一。隋文帝杨坚因时变革，废郡立州，整顿吏治，开放盐业，兴修水利，统一币制和度量，加上当时的好天气，于是"资储遍于天下"，"中外仓库，无不盈积"。于是，隋文帝免收天下百姓当年（公元597年）的主要赋税。到隋炀帝时，又草创科举制，开挖大运河，发展经济，垦田和储粮也急剧增加，"比之（文帝）末年，计天下积储，得供五六十年。"全国人口亦恢复至4600万，为数百年之高峰。在这样的经济实力的基础和雄厚的人口资源支撑下，炀帝北逐突厥、南吞林邑、西击吐谷浑，贯通丝绸之路，其极盛的疆域"东、南皆大海，西至且末，北至五原。"然而炀帝滥用民力、黩武过甚，国力逐渐不堪。三征高句丽失败之后，国家陷入动荡，一个强盛未久的朝代终于黯然谢幕，让位于大唐。

公元618年，在隋朝任唐国公的李渊自太原取关中，自立为皇，开创了唐王朝。初唐的气候较隋代更为温湿，更是年年丰收。"自贞观以来，二十有二载，风调雨顺，年登风稔。""扬州奏擽生稻二百五十顷，再熟稻一千八百顷，其粒与常稻无异。"

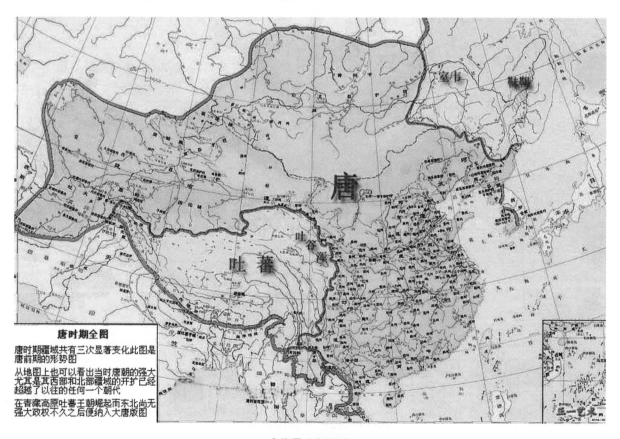

唐时期全图
唐时期疆域共有三次显著变化此图是唐前期的形势图
从地图上也可以看出当时唐朝的强大尤其是其西部和北部疆域的开扩已经超越了以往的任何一个朝代
在吉藏高原吐蕃王朝崛起而东北尚无强大政权不久之后便纳入大唐版图

唐代最盛期疆域

气候因素虽然不是决定性的，唯一的因素，但隋唐的盛世显然和气候温暖期相对应，唐末的衰亡又显然和气候异常转冷干相对应，气候因素不能不是极重要的因素。

二、唐中后期至五代十国

公元 733 年前后，二十余年间中国气候有一次转冷干，农业收成下降，这成为安史之乱的诱因。之后，气候又有回暖，经济亦复苏至唐末气候又转干冷，直至五代十国时期。在这期间，黄河流域农业旱涝频发，农业中心逐渐转向长江流域。史称"扬一益二"，把富庶地区的冠亚军归于长江的下游的扬州和上游的益州两处，"扬州转粟百一十万担"，"军国费用，取资江淮"，"国家用度，尽仰江淮"。

安史之乱。安禄山所辖之"三镇"（平卢、范阳、河东），地处农牧业交错带，农牧业对气候变化十分敏感。天宝年间，中国出现一次短时间气候异常，气候转冷干，旱灾频发，安禄山于是转嫁矛盾，借口中央赈灾不力，煽动少数民族饥民闹事。于是其辖下的东北"降胡"受其驱使南下为祸，最终公元 755 年，安禄山率三镇精兵杀奔长安，称帝建大燕国。当然，安史之乱气候异常只是导火线，唐中期藩镇边帅集军政财务大权于一身，致使国力内轻外重。这种行政体制问题大概是政治上的重要原因。

"安史之乱"以后，藩镇割据更严重。至唐末年，北方游牧地区气候进一步转冷干，干旱更加严重，吐蕃、党项、回鹘、南诏等少数民族政权入侵之事件增多，边境战事达 29 次之多，

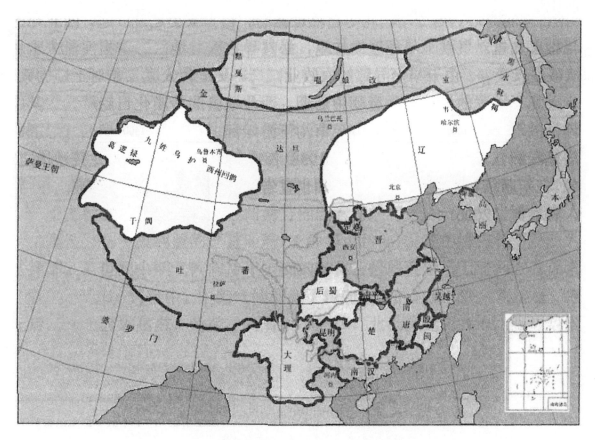

五代十国时期（公元 943 年）中国全图

远超过唐前期。为抵御边境入侵，藩镇力量得到进一步扩张。

公元 907 年，朱温篡唐、唐亡，至公元 960 年北宋统一，这短短几十年，在中原相继建立了后梁、后唐、后晋、后汉、后周五个朝代。在南方建了十个地方政权：东晋、前蜀、后蜀、吴、南唐、吴越、闽、楚、大理、南汉，即"五代十国"。若再加上北方少数民族建立的辽、达靼、西方的吐蕃、东方的高丽，共计 20 多个政权战争不断、民不聊生，是中国历史上少有的大混乱、大破坏的时代。这个时期，中国气候正值冷干时期，气候灾变更加剧了生产破坏、社会动乱。公元 960 年，赵匡胤发动"陈桥兵变"，之后逐渐统一中原，"五代十国"终于落幕。

唐代森林植被呈减少之势，特别到了唐末至五代十国时期黄河流域破坏更为严重。江南地区由于气候转凉，移民增加，植被亦开始受到破坏。唐末森林覆盖率约为 33%，从秦汉算起平均每百年约减少 1.15%。

第六节　宋元时期的气候的影响

宋代建国以后，公元 979 年先后翦灭了后蜀、南汉、南唐、吴越、北汉等地方割据政权，统一了中原地区。中国境内从此出现了中原政权和辽、金、西夏、吐蕃等周边政权多元并存的时代。

这个时期的气候，两宋（除南渡前后）基本处于温暖期，温暖湿润的天气对两宋的繁荣起到了保证作用。两宋之间及宋末到元朝气候转冷干，气候灾变是两宋灭亡和元朝短命的诱因。宋至元，中国气候完成了从"中世纪暖期"向近代"小冰期"的转变。

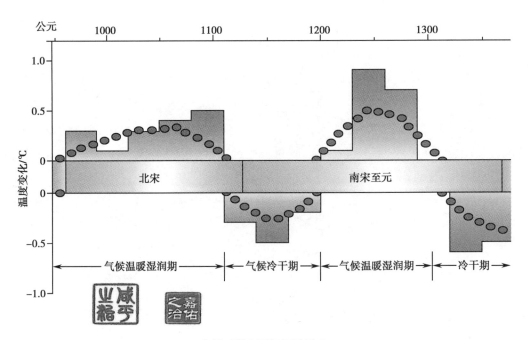

宋元时期中国气候及影响

　　两宋时期，是全球"中世纪暖期"，又称"中世纪气候最佳期。"由于气候暖好，加上宋太祖以来，统治者重视经济，文化、科技、生产力得到大幅提高，陈寅恪说："华夏民族之文化，历数千载之演进，造极于赵宋之世。"

　　气候转冷干。北宋末年，"京师大寒，霰、雪、雨、水、冰。"农牧业交界线及以北更寒。冷干之前的温湿气候多年，人口剧增，而突然气候转冷导致农牧业减产，剧增的人口与资源矛盾更甚。对于统治者来说，解决危机的更方便的方法就是征服掠夺其他民族。13世纪气候转冷显然触发了蒙古西征南征的突然爆发。生活在哪里的游牧民族不要命的南迁，侵入中原地区。金人灭北宋正是此时。之后，气候又转暖，南宋繁荣。南宋末年气候又转冷干，北方游牧的饥饿的蒙古人在忽必律率领下大举南下，横跨长江，赵宋终于灭亡。元代统治中原，然气候正值向小冰期转换，灾害不断、黄河多次泛滥。由于治河无方，河工不堪役使，终于造反，诱发了全国性的起义，短命的大元王朝终于灭亡。政权更迭的原因自然不仅是气候异变，但气候异常确实起到了重要作用。

　　森林。宋代的森林覆盖率约为30%,较隋唐降了近10个百分点。主要原因似不是天时(气候)，而是人祸。天时是不差的，总体是温湿气候，适宜植物生长，但经济迅速发展，人口迅速膨胀，宋代人口已有近亿，这么多的人要吃，垦荒要伐木；住房、架屋要伐木；烧要砍树烧炭。虽然季风的发育使北方部分流沙活动减弱,植被有所增加,但总体上两宋的植被（特别是成材大树）还是大大减少了。

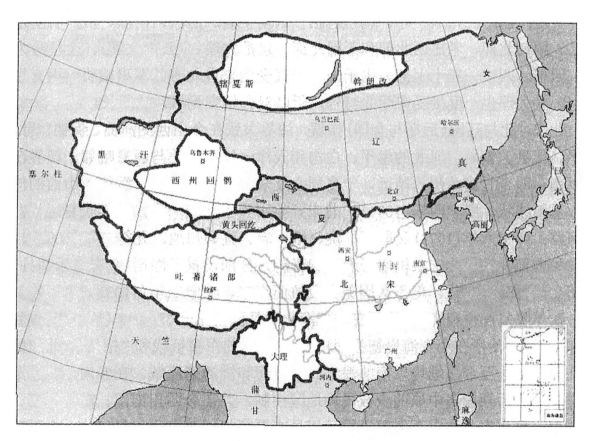

北宋时（公元1111年）地图

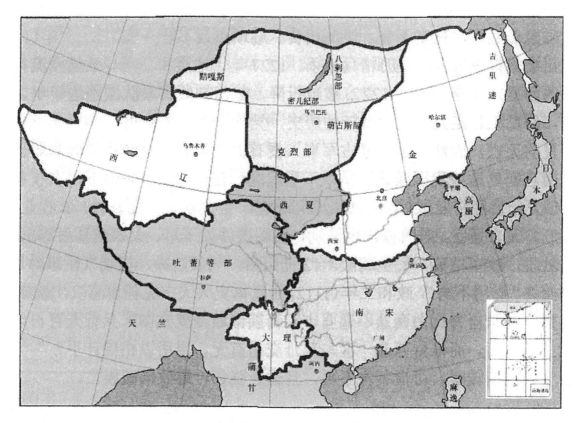

南宋时（公元1142年）地图

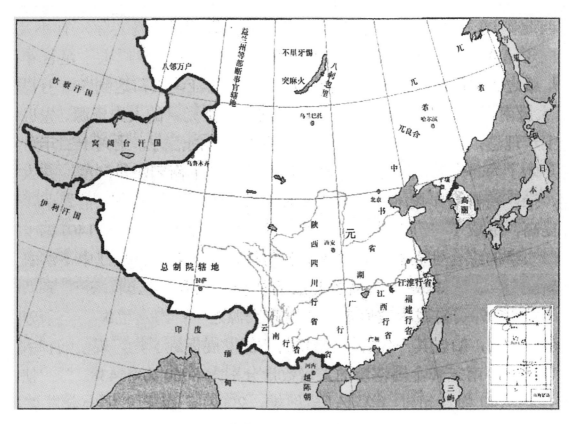

元代（公元1280年）地图

黄河河患。两宋黄河河患远超今天，当时湿润气候降水量大，黄河水量也大。中国在1000年来最强风暴有6次，其中4次发生在中世纪、正当两宋时期。黄河决溢、改道对社会经济影响巨大。当然河患也和森林遭到破坏有关。黄河中下游，特别是城市附近森林消失殆尽。元代黄河泛滥十分频繁，元朝虽不足百年，但水灾频次比以往朝代为多。秦汉至民国年均2.3次，元代年均5.9次，黄河决溢平均1.4年一次。十年九荒、年年治河。治河不够科学，"费国财、害人命、不可胜利"，挑河河工不堪役苦，流传"挑动黄河天下反"之谶，彭大、芝麻李等带领河工在徐州系红巾造反，诱发全国性起义，终于推翻了大元。

朝代	灾害频次（邓云特数字）	年均灾害次数	灾害频次（陈高庸数字）	年均灾害次数
秦汉	375	0.8	400	0.8
魏晋南北朝	619	1.7	486	1.5
隋唐五代	566	1.5	556	1.5
宋（金）	874	2.7	1258	3.9
元	513	5.9	860	9.9
明	1011	3.7	1203	4.4
清	1121	4.2	2718	10.1
民国	77	2.75		
合计	5156	2.3	7481	3.5

历代灾害次数

第七节 明清时期的气候和影响

小冰期。明清时期属于近代的"小冰期"气候。气温逐渐降低，直到近百年才出现回升，这短暂的回升究竟是否能预示小冰期结束，新的暖期的到来，或者只是小冰期之中一个小

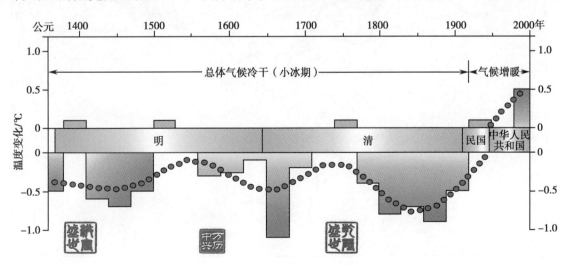

明清时期中国气候变化和影响

插曲，这还很难说。

在中世纪暖期（两宋）和20世纪回暖期之间有一个约600年的"小冰期"。明朝（公元1386~1644年）正当小冰期前期，冷暖变化频繁、旱灾频发，黄河径流量减少。黄河壶口段公元1418年径流量仅为357亿立方米，远不及两汉、东晋和唐代。

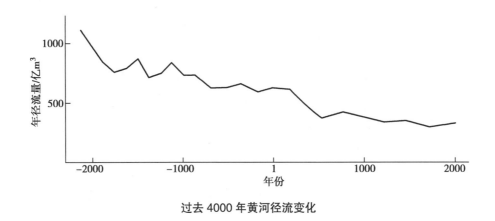

过去4000年黄河径流变化

明前期。由于朱元璋出身下层，对百姓疾苦有所了解，明代前期，在大力惩治贪官污吏，吏治比较清明，社会尚属安定，经济有所发展，人口有所恢复。从明初洪武年的6000万人至明末崇祯年已达约2亿人。

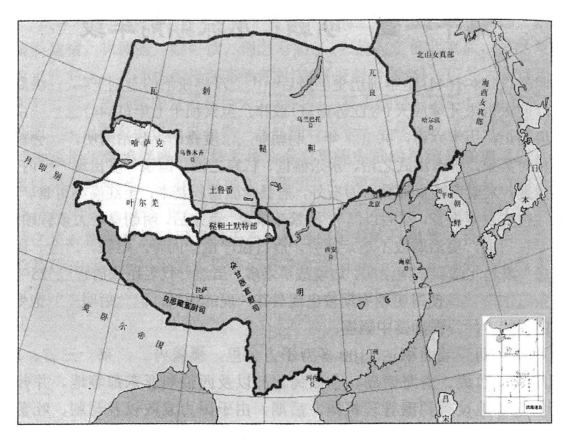

明代（公元1582年）全图

明中后期。气候显著变冷，万历 47 年（公元 1619 年）至崇祯 16 年（公元 1643 年），全国年年遭灾。触发了各地巨变。至崇祯 8 年,造反大军已形成 13 家,72 营,20 万人的规模。虽后来领袖高迎祥战死, 义军遭严重打击, 但公元 1637~1646 年全国性连年旱灾, 蝗灾促使饥民聚于造反大旗之下。在此同时,松花江、黑龙江始冰日期比今天提前半月,农牧业受损,加上辽东水灾,后金地区民不聊生,后金政权危机四伏。对这个形势,努尔哈赤采取了最简单直捷的手段, 便是大举南下掠食。

清代自始自终, 气候多属于"小冰期"。前期（公元 1640~1690 年）寒冷, 中期稍温暖（公元 1700~1770 年）, 后期（公元 1771 年以后）又寒冷。末年开始转增温, 天气转好。总体来说, 干冷是主流, 天灾洪涝较多, 旱灾较少。俗称: "水灾一条线, 旱灾一大片。" 灾害尚没有造成不可抗拒的形势。由于早期统治者尚能勤政, 经济有所发展, 到乾隆时达全盛期, 疆域比汉唐更大。人口至咸丰时最高达 4.32 亿人。人口激增导致人地矛盾, 虽然亩产量大幅增加仍不解决问题。于是进一步放松满人故地东北的禁垦, 放松民众对西部边境的进入。于是, 人们为了生活, 闯关东的闯关东, 走西口的走西口, 暂时缓和了矛盾。

清代后期。气候转干冷, 灾害频发。光绪初年发生过一次百年未遇的大旱灾, 人称"丁戊奇荒"。以山西、河南、河北（直隶）、山东为中心, 据报有 2290 万人旱灾死亡, "逃荒饥民以亿计, 其中十分之一流向京师。" 1686 年、1761 年、1843 年黄河多次决堤, 堪称三百年未遇之大洪水, "平地水涝、漂没人家无算。" 由于黄河夺淮, 并发淮河及洪泽湖暴涨, 900 年繁华历史的泗州城从此沉入水下, 成了"水下庞培"。

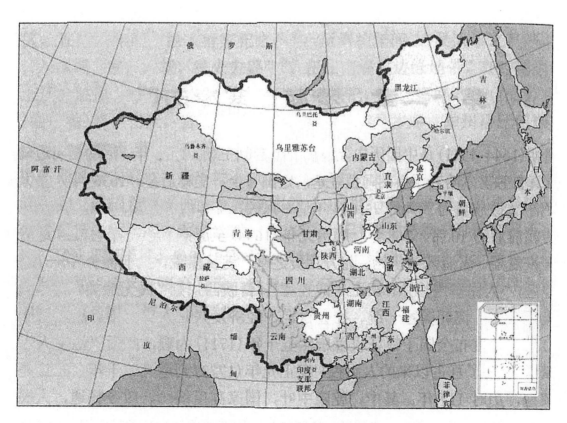

清全盛时（公元 1820 年）地图

森林植被进一步受到破坏，主因还是人口激增要开荒种地、伐木建房、砍山烧柴。清初，虽然华北、华中及西南大部分已基本无原始森林，但全国统计大约森林覆盖率尚有 21%，东北地区由于是满人的祖地，多年禁垦，禁止关内人民进入，"森林广布，树木参天"，"车马横过不见天日者，三百全里。"公元 1700 年后垦禁放松，移民大量涌入，东北森林面积加速衰减。缩减严重的省份有黑龙江 50 个百分点，吉林 36 个百分点，川渝 42 个百分点，云南 35 个百分点。原因和天气异常关系不大，主要是农垦、战争、建筑、薪炭等人为因素，特别是宽松的人口政策，康熙"盛世滋丁，永不升赋"，雍正"摊丁入亩"免收人头税，加上东北取消封禁政策，山东、河北及朝鲜贫民涌入，人一多，林木就少了。又如西北，乾隆初年谕令"山头地角、永免生科"。在此刺激下，内地"棚民蜂拥而至，草原辟为农田，山林尽被砍伐"，"各省之人俱有，虽深山密菁，有土之处开垦无余。"西南诸省在雍正"改土归流"之后，大批外省贫民涌入少数民族地区，原来"森林密菁，郁葱畅茂。""至是而荡然一无所存。"除此以外，战乱也给森林带来毁灭性灾难。太平天国造反时"兵燹所至，无树不伐"。安徽、湖北附近长江沿岸的天然森林，在战火中损失巨大。总之，清代森林的破坏主要是人祸而不是天灾。到清末，全国森林覆盖率已降到为 16.70% 了。

第八节　黄河上游的森林植被

一、史前黄河上游的植被简况

黄河发源于青藏高原巴颜喀拉山北麓，在山东垦利县注入渤海，干流全长约 5400 公里。从河源到内蒙古托克托县的河口镇为上游，河道长 3471.6 公里，流域面积 42.8 万平方公里，占全河流域面积的 53.8%。其中兰州以上大部分地区植物覆被较好；玛多至青铜峡的干流多峡谷，水能资源丰富；青铜峡以下为河套平原。

黄河上游主要山脉及水系有：岷山，岷山是黄河支流白河、黑河及岷江、涪江、嘉陵江的源头。山坡多冷杉、云杉林带，山下滋生箭竹，是熊猫的主要活动区；积石山　黄河大拐弯以后，先向东再向北遇青海湖南山所阻不能流入青海而复向东经积石山地区；贺兰山　黄河向东穿过峡谷地区经青铜峡一带，然后转而北上。此时西有贺兰山，东有鄂尔多斯高原，黄河在它们中间向北进入沙漠地带；阴山　黄河北上撞上阴山，不得不沿阴山脚下东行。在这里四望沙漠，地势较平，黄河形成北河、南河，其间便是著名的河套，是黄河上游的重要灌溉区，人称"黄河百害，惟富一套"指的就是这里。

在地质年代的第四纪，喜马拉雅山造山运动进入大规模快速抬升时期，是形成青藏高原现状的决定期。同时冰期和间冰期交替出现，使得森林、草原和荒漠发生进退、更替或消失等变化。在早更新世时代，在青海东部的黄河主流龙羊峡一带还有剑齿象活动，说明在间冰期气候尚暖，估计森林茂密。

陇中高原和河西走廊的天然分界—乌鞘岭是我国东亚季风到达的最西端，也是半干旱与干旱气候的分解。在地质年代的第三纪，乌鞘岭以东的甘肃黄土高原是森林草原分布区，黄河象动物群的化石发现表明当时甘肃的黄河流域范围还是半湿润性的森林草原存在。在地质年代的第四纪时期，甘肃的黄土高原从早期的更新世至晚期的全新世，植被明显随气候的冰期和间冰期的交替出现而有森林—森林草原—半干旱草原的变化。如距今300万~200万年的早更新世时期，在陇东和陇中高原地区基本是针阔混交林及落叶阔叶林；到距今1万年的全新纪则全是森林草原植被类型。

二、青海黄河流域的森林

（一）青海黄河流域森林植被的变迁

青海的黄河流域从远古时期就有人类活动，最早可追溯到7000年前，现在海南藏族自治州的贵南县发现的中石器时代文化遗址中有木炭，而在与兰州相接的民和县转道乡，发现的6000年前仰韶文化遗址中有木柱的木石楚痕迹，说明那时已有用木材建造的住房。

黄河上游的重要支流湟水被称为青海母亲河，湟水河流域孕育出了灿烂的马家窑、齐家、卡约文化。在湟水中下游乐都县发现的齐家文化古墓中，就有大量木制棺木、有的甚至是用独木制成，并已有一定的木制加工水平；龙羊峡库区的古墓中也发现用松木制成的木棺，这些都可证明当地或附近必有丰富的森林资源可就地取材，且对木材的利用有了较好的认识，足见古代先民与森林有着密切的关系以及对森林的依赖。

汉献帝时后将军赵充国上书屯田，有此叙说"…臣前部入山伐材木大小六万余枚，皆在水次，…冰解槽下，缮乡亭，竣沟渠，治湟郏（峡）以西道桥七十所，令可至鲜水（今青海湖左右）"。这段文字很好的说明了当时在湟水流域不仅有着茂密的森林，而且湟水水量充足可水运木材。（青海森林）但到东汉末年吏治腐败，统治者强迫久居此地的汉族人民内迁，"发屋伐树，塞其恋土之意"使森林遭到很大破坏。

隋炀帝大业五年（609年）巡视西宁时"大猎于拔延山（今化隆回族自治县境内）。长围周亘二千里"，据此估计围猎之地约有3万平方公里之广，竟包括了湟水和黄河两个流域，可见当时森林之多。然而，吐鲁番王国强盛后统治了河湟地区，因森林茂密木材取之容易，故有"居板屋"的习惯，此习惯推向其他民族一直延续至上世纪50年代新中国成立之后。

明朝时据一些史料记载及文赋描述，在西宁一带是"…山林通道，樵牧往来…""…木则柳生万株，松挺千丈…"。明万历年间，西宁兵备按察使刘敏宽在西宁边创建北山炼铁厂（今互助五峰山），说这一带"山林蕃殖""可以冶铁"，即在湟水河谷伐木烧炭。到清乾隆朝，在西宁道台杨应琚编写的《西宁府新志》中以记载"盖湟中诸山，类皆童阜"，当时已出现大量荒山，因此在修建西宁小峡口河历桥时已需"取木于远山"了，说明那时在湟水一带已无森林；但他也说到化隆一带有"上下三十余里，山坡高险，林木丛生"，由此可推测在黄河一些支流的上段还保持相当可观的森林（青海森林）。化隆为今之"化隆回族自治县"，位于青海省东部黄土高原与青藏高原过渡地带，黄河流经县境西南部和南部，属青藏高原东部干旱区，年降水量470毫米。据《青海森林》记载，在清末至民国时期黄河上段的森林大多处于原始状态，但在湟水一带森林已少见，如在青海互助县的五峰山在1949年时仅见林木数十亩。

黄河上游地区，包括青海的同德、贵德、湟源、湟中、西宁、同仁、循化及甘肃的夏河等县。积石山下的雅群曲沟等有云杉纯林，循化以东的黄河南岸还有原始林，山上为云杉、园柏，山腹为栎、榆类，山下为华山松、侧柏等。在黄河支流的大通河两岸原有云杉、桧柏林，但因滥伐和火灾已演变为山杨、红桦次生林（中国森林）。而在黄河边的共和县下郭密，1925 年时还是"沿山森林茂盛"、至 1949 年已基本无林。在 20 世纪的二三十年代，黄河流域自同德县居布林区以下的许多森林，遭到地方封建势力和外国商人的滥伐，将木材通过大通河—湟水—黄河运至兰州甚至宁夏。到 1949 年大通河两岸林相残破，形成大面积次生林。（青海森林）

（二）青海黄河流域森林区的主要森林类型

1. 青海黄河流域森林区

青海黄河主流主要流经青南高原针叶林区及青海东部黄土丘陵针阔叶林区：

（1）青南高原针叶林区。为黄河发源地，主要为高山峡谷温性、寒性针叶林，山地峡谷高寒灌丛及寒性针叶林。主要有紫果云杉林，青海云杉林，祁连山园柏林，山杨、桦树林以及高寒灌丛。主要森林树种有紫果云杉、青海云杉、方枝柏、塔枝柏、大果园柏，麟皮云杉、红杉、桦木、山杨、油松等。

（2）黄土丘陵针阔叶林区。这里由三山二河构成，即版达山和拉脊山之间的湟水和拉脊山与西倾山之间的黄河，为湟水全流域和黄河自龙羊峡以下的两侧，海拔在 1650~4000米之间，部分地区地形破碎、且呈丹霞状。主要森林类型为寒温性针阔叶林，如多桦树和青海云杉林，山杨林、油松林及杨桦林等。

2. 主要森林类型

（1）青海云杉林。青海云杉是我国特有树种，主要分布在青海、甘肃、宁夏及内蒙古。在青海以祁连山和巴彦克拉山地为主，主要沿黄河水系及主要主流湟水和大通河等。青海云杉多生长在海拔 2100~3500 米的高山，处于寒温带的气候下，常构成同龄的单纯林。除了青海云杉为建群树种外，主要伴生树种有祁连山园柏、山杨、白桦、红桦等。在黄河下段的海拔 2700 米以下山地，侵害云杉还常与青木千混交。

在黄河流域的青海云杉生长较快，70 年胸径可达 30 厘米，一般在 100 年进入成熟阶段。青海云杉天然林内环境阴湿，其他树种很难生长，青海云杉自生的更新困难，只有到林分分化、林林破碎后可出现林窗更新；但在采伐迹地火烧迹地，如有母树或幼苗得到保护情况下，则有可能实现青海云杉的更新和恢复。

（2）祁连山园柏林。祁连山园柏是我国的特有种，耐高寒，以其为建群种的园柏林主要分布在青藏高原的东北部和黄土高原西部边缘，青海的黄河中下段，湟水流域；海报2600~4300 米，因此常居青海云杉林之上。祁连山园柏生长缓慢、寿命长，200 年的树木高仅 8~10 米、胸径 18~20 厘米。有其组成的林分一般比较稀疏，而且常成纯林，但在保持水土方面起到重要的作用

（3）油松林。油松在我国分布甚广，在青海的黄河流域地区主要分布在黄河、湟水及隆务河的河谷地带，多属于黄土高原边缘向青藏高原的过渡地带，垂直分布于海拔 2200~2700米。油松耐干旱瘠薄，在山脊和悬崖上也能成林。

大通河林区的油松林　　　　　　　　　　　湟水流域青海云杉

（4）山杨林。山杨是温带和暖温带地区的树种，其分布范围甚广，在青海主要生长于祁连山东段黄河的几条支流流域范围，如湟水、大通河，及黄河在青海中下段的山坡，一般在海拔 2900 米以下，因此居青海云杉林和祁连山圆柏林之下，和油松林常居相同的垂直带。山杨林多为纯林，有时与桦、油松、青海云杉和祁连山圆柏构成混交林。和上述几种针叶林相比，山杨林的林下树种组成复杂。山杨生长较快，更新容易材质轻软、纹理细致美观，是黄河上游重要的用材树种之一。

三、甘肃黄河流域的森林植被

（一）甘肃黄河流域森林植被变迁

在距今 4000~5000 年前我们古代的先民就在甘肃创造了仰韶文化、马家窑文化和齐家文化等古代的文明。在春秋战国时期，甘肃的黄土高原地区都是以"畜牧为天下饶"的畜牧狩猎为主要生产方式，森林草原植被基本上保持了第四纪冰川时期后形成的森林草原状态。流经天水的黄河最大支流渭河、黄河上游右岸的大支流洮河干流和支流的山地均密布森林。1949 年后在这些地方发掘出大量新石器时代遗址中，都发现有木炭，可见当时的先民是依赖森林取得能源的。在黄土高原，森林集中分布在甘肃、内蒙古与陕西交界处的六盘山，黄土高原腹地，以及横跨甘肃、陕西的子午岭。由于当地森林资源丰富，木材成为主要的建筑材料，故民居板屋成为当地的民俗特色、且一直延续至近代。清末时虽然会宁附近森林已荡然无存，但板屋之风犹在，于是不远千里从岷州运木制瓦覆盖屋顶，至今甘南不少藏民还是居住在木料架成的楼阁中。

据《山海经·北山经》记载，单狐山多机木（今称桤木）；涿光山上部多松、柏，下部多棕、橿。虢山上部多漆，下部多桐（今之泡桐）。其单狐山即今甘肃东部，涿光和虢山则属河西走廊。

　　秦汉时期，内地向甘肃大量移民，史载最为重要的有6次，每次移民达数十万，这些移民主要以来农耕，于是毁林开荒，森林遭受严重破坏，先时采伐黄土高原的原面、陇南河谷地的森林，后进入山地如六盘山和子午岭伐木修屋及开辟农地，导致泾河等支流严重水土流失，有"泾河一石、其泥数斗"之说。东汉末期，中央政权衰落而放弃西北地区，百姓大量南逃，陕北高原南缘山脉和泾水以西以北转为牧区，森林得以部分恢复。魏晋时期六盘山林茂、清水河水丰、多造船巨木。陇山（六盘山南段）林密，渭水上游板屋之风盛行。董卓挟天子迁都长安时曾说"关中肥饶，故得并其国，且林木自出，致之甚易"，可见当时森林之盛。

　　唐代重视饲养军马，在天水、陇西、兰州平凉以致黄河河曲都是军马场，故天然植被变化不大。但自安史之乱后黄土高原作为固定的农耕区再无大的变更，森林破坏愈来愈烈，已无关于黄土高原的森林的记载。由于当时长安附近森林资源已近枯竭，逐渐向陇山以西、渭水上游采伐木材。当时在渭水北岸曾设采造务进山采伐，渭水两岸曾有过的"松风急苍苍"的描述情景，到了北宋年间已就不在，甚至后来到了渭河两岸边界薪碳之材都紧缺的地步。但在长江水系的陇南山地依然有着苍茫的森林。

　　明末清初时期，六盘山云杉林多巨木、森林覆被良好，泾水清澈、砂石可见，但到民国年间，穿越六盘山的西兰公路已见"沿途赤地一望无际"了。

（二）甘肃黄河流域的主要森林区

　　甘肃黄河流域的主要森林区域属于温带森林草原和温带典型草原两个森林亚带：

1. 温带森林草原亚带

　　主要包括两个森林区：

　　（1）陇东黄土高原南部山地天然次生林、塬区人工落叶阔叶林地区，目前在子午岭和六盘山一带还保留有较好的次生林，主要树种有辽东栎、白桦、山杨、椴、柳、侧柏、杜梨、华山松等。该林区包括：①子午岭辽东栎、桦、杨油松林区，位于黄土高原腹地，海拔1300~1700米，介于泾河和洛河之间。现在均为次生森林，主要森林类型有油松林、辽东栎林、山杨林、白桦及侧柏林，是重要的水源涵养林。②泾河中游黄土塬谷杨、柳、泡桐、刺槐林区，属陇东黄土高原，海拔高度1200~1500米，黄土覆盖层厚达70~200米，主要地貌是流水切割形成的塬、梁、峁、沟壑等，如著名的董志塬就在泾河以北地区。这里几乎已无天然森林，仅在局部地区分布有虎榛子等灌丛。目前主要是人工营造的森林，如刺槐、白杨、国槐、泡桐、榆树等人工林。③关山辽东栎、桦、杨、华山松林区，位于六盘山系，关山耸立与黄土高原之上，海拔一般在2000米以上，最高峰桃木山海

洮河山地的云杉林

拔 2857 米。在海拔 1600~2800 米之间分布山地落叶阔叶林，主要森林类型为辽东栎林、山杨林、白桦林、红桦林、黄花柳林，而且常常以纯林形式出现，也有为几个树种混生的混交林。关山的森林植被对陇东黄土高原的水源涵养起着重要作用。

（2）陇西黄土高原岭谷区杨、榆、椿、油松、侧柏、刺槐林地区。位于甘肃中部，在黄土高原西部，是典型的梁峁和沟壑等岭谷地貌，海拔一般在 1700~2400 米之间，最高的露骨山海拔大 3941 米。现在广大黄土丘陵已开发为农地，仅在西部个别位置偏僻、海拔较高的山地依然有保护良好的森林植被。这个地区有洮河中上游亚高山云杉、紫果云杉、冷杉林区，位于甘肃西南部，是黄土高原向青藏高原的过度地带。

在海拔 2200~2600 米的阴坡为森林，2400 米以下是辽东栎、油松和华山松林，2400 米以上为云杉林和紫果云杉林；灌木层中主要有华西箭竹、毛榛等。在 2600~3400 米属亚高山针叶林，在阴坡和半阴坡分布有云杉林、冷杉林，阳坡和半阳坡是园柏林和红杉林。主要森林树种是云杉、紫果云杉、岷江冷杉、大果园柏、方枝园柏和红杉等。

2. 温带典型草原亚带

（1）陇东黄土高原北部旱生乔、灌落叶阔叶林地区海拔一般为 1200~1700 米。主要地貌为黄土残垣、梁峁、沟壑等，代表植被是草原，以长芒大针茅等群落；局部零星分布白刺花、酸枣、扁核木等。主要为农业区，河谷地区常种植杨、榆等乔木，多桃、杏、苹果等经济果木扁核木、酸枣等。

（2）陇西黄土高原中部石质山地针叶残林及黄土岭谷旱生落叶阔叶林地区，北起兰州、靖远一带，南及临夏、渭源北部，海拔 1500~2400 米，主要在临洮和榆中地区。这里气候一般较周围黄土高原凉爽。主要山地有兴隆山和马口卸山。马口卸　山海拔 3670 米，为陇西黄土高原最高峰，在马口卸　山海拔 2050 米以下为草原，2050~2200 米是山地森林草原带；2200~2900 米是亚高山针叶林，主要是寒温性针叶林，包括青杆林、青海云杉林，以及原始林砍伐后形成的山杨、桦木等次生林。但目前只是在兴隆山等地的局部地段才保留有天然针叶林和阔叶林。

3. 甘肃黄河流域的主要森林类型

（1）云杉林。由云杉构成的寒温性暗针叶林在甘肃黄河流域地区分布甚广，主要分布在青藏高原东北边缘至黄土高原西南边缘的交汇地区，一般在榆中县以南的渭河和白龙江上游，山地海拔 2200~3400 米的垂直地带。森林建群树种除了云杉外，主要还有青杆、紫果云杉，在海拔较高的立地还有岷江冷杉、巴山冷杉、红桦、山杨等。林分一般为乔木层单层结构，林下灌木多为耐寒的矮小植物，而在海拔 3000 米以下的云杉林中多见华西箭竹，通常地被层上苔藓发育良好，林中环境阴湿。因此可划分为苔藓—云杉林，箭竹—云杉林，草类云杉林等。

（2）华山松林。华山松分布范围很广，在黄河上游地区主要生长在关山中段及洮河地区，是华山松自然分布的边缘地带。在这里华山松常与辽东栎、山杨、桦、云杉、油松等构成针阔叶混交林。如在关山、渭源露骨山海拔 2000~2500 米的垂直地带，至今还保留有小片华山松纯林。华山松的林分结构比较简单，乔、灌、草层次清楚，在乔木层华山松常与辽东栎、锐齿槲栎、栓皮栎、油松、椴等混交，林下灌木多有胡枝子、榛子、华西箭竹、多花蔷薇、忍冬等，据此可划分为胡枝子—华山松林，榛—华山松林，箭竹—华山松林等不同类型。

（3）侧柏林。在甘肃的黄河上游地区，侧柏林主要分布在子午岭和陇南山地一带，子午岭是黄土高原的石质山地之一，呈条带状构成洛河和泾河的分水岭。在陇南山地，侧柏林主要集中在渭河沿线的麦积、太碌等浅山地带等，分布在海拔 1200~1500 米山地。侧柏林多为纯林，林相整齐、结构简单，在子午岭的侧柏林乔木层通常有伴生树种辽东栎、山杨、华山松、油松、白桦等与之混生。主要类型有白刺花—侧柏林，黄蔷薇—侧柏林，胡枝子—侧柏林，马桑—侧柏林等。

（4）山杨林。山杨在甘肃的黄河上游地区主要分布在子午岭、关山、洮河中游等地。山杨是天然针叶林遭到破坏后形成的次生森林群落类型，在子午岭，自黄土丘陵谷底到梁峁顶部山杨林与辽东栎林，白桦林相间分布。山杨木材材质轻而柔韧，是农村建筑用材的较好材料，山杨适应性广、生长迅速，在恢复森林植被中起到重要的作用。其主要类型有，在关山、子午岭一带的苔草、山杨林，胡枝子—山杨林；子午岭的虎榛子—山杨林等。

（5）白桦林。在甘肃的黄河上游地区白桦主要分布在子午岭、六盘山系南段的关山，洮河中游等地，海拔 1300~2800 米。如在子午岭的黄土高原沟壑地貌，白桦林为主要森林植被群落；关山自平凉崆峒山至渭河沿线都有白桦林生长。白桦林层次结构明显，乔木层主要伴生树种有山杨、辽东栎、锐齿栎、鹅耳枥、千金榆、榆、椴等，林下灌木层发育良好，多见虎榛子、胡枝子、水枸子等。白桦是阳性先锋树种，生长迅速，适于火烧迹地、采伐迹地等立地的更新，对迅速恢复植被起到很大作用，同时因其根系发达、广展而有利于水土保持。白桦林主要类型有，关山等地的榛子—白桦林，子午岭地区的草类—白桦林等。

（6）辽东栎林。辽东栎的木材坚硬耐腐，在以前黄土高原地区多以其烧炭，为重要的薪碳材。在甘肃的黄土高原及秦岭、六盘山多见有辽东栎林的分布，是次生林的主要树种。在秦岭北坡脊六盘山南端一带，主要是榛子—辽东栎林，在乔木层辽东栎占优势，其他有山杨、槭、椴、榆、鹅耳枥等，而林下灌木层发育良好，以榛子为主。在海拔 1800~2200 米较平缓山脊及两侧山坡、坡崖等地常见胡枝子—辽东栎林，一般多为纯林，有时伴生少量的山杨、槭、椴等树种。在子午岭一带主要为绣线菊、虎榛子—辽东栎林，多为纯林，少

子午岭山地的青杨林

子午岭山地的辽东栎林

见有山杨、椴等混生。

4. 黄河上游甘肃黄土高原的古树

古树是活着的文物，它不仅记录了历史上的气候变化，同时期生长历程的史料，及有关的传说、轶闻、神话故事等等，古树都打着历史的烙印，反映了历史文化的遗迹。现存的古树大多在古城镇村落庭院、园林名胜、墓地陵园、寺观庙宇等。如据《古微书·礼纬·稽命征》称"天子坟高三仞，树以松；诸侯半之，树以柏；大夫八尺，树以栗；士四尺，树以槐；庶人无坟，树以杨柳"，因此古墓上的古树也多。而在园林名胜及古寺中，更是多见古树。甘肃的黄河流域是华夏文化的发源地的重要组成部分，历史悠久、加之自然景观多样，又留下了许多历史名城、古镇寺院、古建筑群等，因此保留了许多年代悠久的古树。据甘肃森林记载最为著名的有：

康乐县的古青扬

定西漳县贵清山的紫果云杉，在海拔2300米，树高25米，树龄已逾千年，另有一株也高龄700年。

榆中兴隆山大佛寺前有6株青杆，树龄都有500年。

天水城南的南郭寺的"南山古柏"，为秦州八景之一，基干埋于土中，上分三枝，胸围都在3.5米以上，据1990年"北方古树复壮会议"估测树龄高达2300年。李白的诗句"古柏几千年"，杜甫"老树空庭得"，都是对南山古柏的赞美。

另外，这里多古槐，如兰州天齐观的古槐，相传为文成公主进藏下榻于此，故称"唐槐"；天水东柯镇有三株古槐，人称"八槐"，最大的一株胸围5.4米、树高23米。八槐村是杜甫在天水秦州的住地，大树即称为子美树；武山金刚寺古槐，树高22米、胸围7米，树龄1000年以上。

天水甘泉双玉兰，分别山天水甘泉寺海拔1200米和关帝庙前阶，为武当木兰，两树相距5米，相传为唐代所植。1954年，齐白石书"双玉兰堂"，邓宝珊作楹联"万丈光芒传老杜，双柯磊落得芳兰"。

四、黄河河套地区的森林

河套地区是指黄河"几"字弯和其周边流域，包括贺兰山以东，狼山、大青山南，黄河沿岸地区。并以乌拉山为界，东为前套，西为后套。东西长约500公里。南北宽20~90公里，面积约2.6万平方公里。何丙勋在《河套图考》序中指出："河以套名，主形胜也。河流自西而东，至灵州西界之横城，折而北，谓之出套。北折而东，东复折而南，至府谷之黄甫川，入内地迂回二千余里，环抱河以南之地，故名曰河套。"

河套平原海拔900~1200米，地势由西南向东北倾斜，有河漫滩、黄河冲积平原、山前冲积洪积平原、山麓洪积平原四部分。河漫滩分布于黄河北岸，密生着喜水植物红柳林；黄河冲积平原在防洪堤以北，地势平坦；山前洪积平原位于冲积平原之北，高出冲积平原4~7米，形成一级阶地面积占平原总面积的1/4，余为黄河冲积平原。自清代河套地区中，乌兰布和沙漠属中温带干旱气候，干旱少雨，昼夜温差大，季风强劲。沙漠南部多流沙，中部多垄岗形沙丘，北部多固定和半固定沙丘。解放后，开始了大规模的治理，在蹬口县10公里柳子至杭锦后旗太阳庙一线，营造一条宽300~400米，长175公里的防风固沙林带，林带两侧5公里为封沙育草区，控制了沙漠东移。沙漠内除种树种草外，还开辟出20余万亩耕地，主要种植小麦、玉米、甜菜、葵花籽及各种瓜类。

河套平原的向日葵

据地质年代的孢粉分析、出土文物及史料分析，在人类历史出现前，贺兰山地、阴山山系、鄂尔多斯高原都是以针叶树为主的森林。但唐代之前史料缺失，关于贺兰山的植被只有从唐人的记载中得以有些了解。贺兰山在汉书中被称为卑移山（《汉书·地理志》），唐代时游牧人见山上多树木远望如骏马，因游牧人称骏马为"贺兰"，故而得名。可见唐代前贺兰山森林茂密，后西夏与中原分立，建都兴庆府（今之银川），为建都城大兴土木而入贺兰山伐木取材，于是原始森林遭受破坏，据称到明代万历末年贺兰山东坡出现了"陆各变迁，林莽毁伐，樵猎蹂践，浸口成路"的景象，只是在西坡依然是山林茂密。

鄂尔多斯高原地处黄河几字湾腹地，古鄂尔多斯地区沃野千里、大河环绕，水槽丰美，气候湿润，资源富集，是人类生存的理想家园，也是"河套文化"的发源地，这里地貌复杂多样，主要有沙漠、沙地、丘陵沟壑、波状高平原、黄河冲积平原。黄河河漫滩冲积平原南侧为库布齐沙漠，西南部为毛乌素沙漠。而鄂尔多斯高原区早在旧石器时代就有人类活动，那时称为"河套人"的先民在原始森林中以狩猎采集为生。在仰韶文化时期开始了伐林开荒的农兴时代。

秦建长城从陕西进入鄂尔多斯高原，据史年海的河山集记，长城经纳林塔、神树沟，迂回曲折到达黄河岸边的十二连城，修筑长城就地取材砍伐了大量森林。当然森林也为长城的修建作了贡献，尽管如此，到汉代时鄂尔多斯高原的东部即北部森林还很茂密，据杭锦旗出土的匈奴平民墓及东胜县出土的汉平民墓，多见用多达数十根直径30~40厘米的原木作的棺木，可见当时附近必有可供采伐的森林。而在唐代时期，这里还是可与山西吕梁山的岚州相提并论的木材产地。但是历代战争焚烧森林，加以各地王侯贵族的长期掠夺和当地民众的过度樵采，到了新中国成立前，整个

鄂尔多斯（准格尔旗）的原始次生林

鄂尔多斯地区也就只有在个别庙宇附近还能找到油松、杜松、侧柏等残存的小片森林。

目前，在鄂尔多斯的地带性植被，从东到西分别是本氏针茅群落，亚洲百里香群落，短花针茅群落，狭叶锦鸡儿群落，藏锦鸡儿群落，刺叶柄棘豆群落，红砂群落，四合木群落，半日花群落，沙冬青群落等。目前主要通过人工造林恢复森林植被，主要造林树种各类杨树、樟子松、油松、杜松、榆树、侧柏、云杉、桧柏、沙枣、柽柳等。

至于阴山也和上述河套地区的山地一样，森林是在秦代以后遭受大量破坏的，但在汉朝是依然有"阴山东西千余里，草木茂盛，多禽兽，本冒顿单于依阻其间，制作弓矢…是其苑囿圃也"。明朝时大青山"千里郁苍，…厥木为乔"（宝颜堂秘笈）;另据清咸丰朝的《归绥识略》记载，"大青山…袤百余里，内产松柏林木，远近望之，岚光翠蔼，一带青葱，如画屏森列。"然而，不到 50 年的时间，大青山的原始森林就被掠伐破坏，到 20 世纪初已退化为森林草原。"建国后整个河套地区的山地通过建设自然保护区，人工造林等措施，在历经几十年坚持不惜的努力，森林植被正在逐渐恢复。

五、黄河沿滩的柽柳灌丛

柽柳又称红柳，蒙语称"宿亥"，主要分布在荒漠地带，其生长地总有常年或季节性的地表径流。据《内蒙古森林》记载，在 20 世纪 90 年代黄河沿岸滩地的柽柳灌丛不足 3000 公顷，但在 19 世纪中后期，在西起磴口县的二十里柳子。向东直到土默川的黄河漫滩都曾分布有小片分散的柽柳丛林。在黄河沿滩的柽柳林多于乌柳、水柏枝等灌木混生，柽柳灌丛密度大、生长快，丛下草类植物种类多。

黄河沿滩的柽柳灌丛

第九节 黄河中游的森林植被

一、史前黄河中游的植被

黄河自托克托至河南桃花峪为中游，两岸为黄土高原，植被少，水土流失严重，是黄河洪水泥沙的主要来源。

黄河中游河段长 1206.4 公里，流域面积 34.4 万平方公里，占全流域面积的 43.3%，落差 890 米。黄河自北至南流经陕西，在流域区主要地形有陕北风沙滩地、陕北黄土高原丘陵沟壑区、渭北黄土高原、关中平原及秦岭巴山。黄河自河口镇急转南下，直至禹门口，飞流直下 725 公里,水面跌落 607 米,滚滚黄流将黄土高原分割两半,构成峡谷型河道。以河为界,左岸是山西省，右岸是陕西省，因之称晋陕峡谷，峡谷两岸是广阔的黄土高原，土质疏松，水土流失严重。支流水系特别发育，大于100平方公里的支流有56条。本峡谷段流域面积11万平方公里，占全河集流面积的15%。区间支流平均每年向干流输送泥沙9亿吨，占全河年输沙量的56%，是黄河流域泥沙来源最多的地区。

晋陕峡谷黄河下段的壶口瀑布，左岸位于山西吉县，右岸位于陕西宜川县；晋陕峡谷的末端是龙门。黄河出晋陕峡谷，河面豁然开阔，水流平缓，河道滩槽明显，滩面宽阔，滩地面积达600平方公里。本段河道冲淤变化剧烈，主流摆动频繁，有"三十年河东，三十年河西"之说，属游荡性河道。禹门口至潼关区间流域面积18.5万平方公里，汇入的大支流有渭河和汾河。

我们现在知道，在第三纪之前的时代地球上主要是裸子植物，而被子植物又称有花植物是从第三纪开始从裸子植物演化而来，但在第四纪冰川时代许多植物消亡，现在地球上的大多数植物是在第四纪以后进化产生的，而那些在第三纪时代就有至今依然存在的植物，就称作为孑遗植物。在我国有的如银杏、水杉、杏、水杉、金钱松、柳杉、连香树、马褂木、檫树……之所以有那么多，是因为我国拥有世界上最丰富的温带植物区系；因为在地质年代的中生代（距今约2.5亿年至6500万年）华夏古陆大部分地区依然为陆地，在第四纪冰河时期受冰川覆盖的面积较小；又因为少有限制植物迁移的巨大水体及沙漠的阻隔，因此残留了许多第三纪以前的植物种。

从古植物资料来看，在晚第三纪时期大部分地区出现落叶阔叶林及松柏类森林，到了第三纪末期，晋、陕、甘高原地貌轮廓已基本形成，在落叶阔叶林中主要是古栓皮栎，另外有辽东栎、蒙古栎、槭、榉、杨、柳等树木，而这些树种如了古栓皮栎以外现在依然出现在黄土高原地区。

在地质年代的第三纪时期古华夏大陆大多在亚热带、热带气候条件下，在陕西的渭南地区都发现过在这个时期活跃的板齿象、古长颈鹿等动物化石。在距今1000万~250万年的第三纪末上新世时，太原的古地貌已接近现代，第三纪下半期发生巨大的造山运动，山西境内山脉发生褶皱，形成今日东北—西南走向的山脉，使山西中山分布不少裸子植物，如云杉、落叶松；中高山分布以云杉为主的针叶林，中低山和丘陵则以松、栎为主，还有榆、槭、柳等；平川盆地多落叶阔叶乔木。

进入地质年代的第四纪后气候转冷，早更新世初期陕北黄土高原南部出现湿冷生针叶林，以云杉、冷杉为优势种，而在北部则是湿冷性的灌丛草甸。早更新世榆树、朴树等树种在阔叶林中占了绝对优势，但到了中更新世以后逐渐被栎类和其他阔叶树种代替，但云杉、冷杉及其他落叶针叶林自在陕西出现之后就没有消失过，只是因气候变迁而出现过在海拔高度上的几次上下迁移。在第四纪后秦岭及以北的黄土高原可能曾发生过3~4次冰期。且在第四纪经历了复杂气候演变过程，曾有多次冷、暖、干、湿的变化。陕西北地区在全新世晚期陕西地区的气候总体趋势是偏干温方向发展对森林植被都发生一定的影响，而在全新世晚期特别是近代，人类是引起森林变化的主要因素。而在第四纪冰川时期，太原的亚热带植物几乎完全消失，松林逐渐代替云杉，盆地以柳类树木为主。之后气候逐渐变暖树种又趋增多。

全新世中期之后，人类活动的影响逐渐彰显，而在素称“八百里秦川”的关中平原成为我国原始文化最为发达的地区之一。关中平原，北界黄土高原、南抵秦岭山地，西起宝鸡、东达潼关，中间渭河横贯至潼关注入黄河，形成河漫滩、河成阶地、黄土台原和山前洪积扇四中主要地貌类型、在这里古文化遗址十分稠密，如在沣河沿岸现在的村落几乎都是建立在古文化遗址上。从全新世开始这里的天然植被已遭破坏，但关中平原一直是农业最发达的地区，历史上有 11 个王朝在这里建都，由此关中平原的森林屡遭破坏。

二、陕西黄河流域的森林植被

在新石器时代的仰韶文化距今约 4500~4700 年，陕南发现的文化遗址文物如木橼、木炭、石斧、石叉等记载了先民对陕南的开发，也反映了当时森林广布，人类活动主要限于河谷岸边而对自然植被的影响十分有限。

中国早期的农业文明成熟于周代，公元前 11 世纪周文王时国势强盛、迁都沣河西岸的丰京经营城池宫室，建灵台、灵沼、灵囿，构成规模盛大略具雏形的贵族园林，虽然观赏的主要对象是动物，但已偏重有使用价值的植物。

在西周春秋时期，关中平原还是有森林的，当时将森林分为平林、中林、域林。域林（即麻栎）在今扶风、宝鸡一带，都是天然林。《诗经》《小雅·斯干》中有“秩秩斯干，幽幽南山，如竹苞矣”的诗句，可见当时的南山（即终南山）有茂密的竹林和松林。

周人初到周原（即河谷两侧的阶地）时森林尚多，于是人力砍伐（诗·大雅）、以后则用火烧以得农地。后来在居住的周原最常见的是桑和梓（诗·小雅）。当时关中桑树很多，在春日可见成群织女到林中采桑，而种桑遍及原下隰地及原山，可见当时关中平原养蚕业的发达。在这个时期，高原南部诸山（北山）有柽、朴、松、柏、榛、漆。据《山海经》记述，泾水流出的六盘山“其木多棕、其草多竹”，汤水流出的上申之山（今米脂县北）“下多榛楛”，洛水流出的白于山“上多松柏，下多栎檀”。

尽管农业发展导致对山林的破坏，但古代先民很早就开始种植树木，并有意识的保护森林。如夏禹提出“春三月山林不登斧”；周文王提出“山林非时不升斤斧”：孟子说：“斧斤以时入山林，材木不可胜用也”。这些都说明必须适时伐木。但是到了战国时期，黄河中下游山地许多原始森林成了次生林，平地森林成了农田和城邑。

黄河流域在公元前 3000~2000 年间（黄河流域仰韶文化时期至安阳殷墟）的地理环境适宜于植被的生长与人类生产生活活动的开展，《孟子·滕文公上》曾记载黄河流域“草木畅茂，禽兽繁殖”。而尽管从夏朝开始到春秋战国末年的 1800 年间，我国大陆经历了气候从第一个温暖期至第二个温暖期的过渡，但其间寒冷期仅持续了 200 年，植被性质总体上没有变化。关中平原直到中国战国时期依然有着“山林川谷美，天才之力多”（《历史时期黄河中游的森林》，史念海，1981 年）。

战国以后秦国经济中心向关中迁移，黄河流域与黄土高原的植被开始遭到破坏，而且成为长期、大量的现象。公元 11 世纪气候转冷、中国经济中心向南迁移，虽然黄河流域的生态破坏开始减少，但森林覆盖已经难以恢复，黄土高原开始受到黄河的侵蚀而被卷走大量的土壤，形成千沟万壑的地表形态。

秦始皇统一中国，大量人口进入关中，农耕面积急剧增大，同时秦始皇大兴土木、森林遭到破坏。如始皇建造阿房宫，掘北山之石，伐楚蜀之木，史称"蜀山兀、阿房出"，开始出现真正意义上的皇家园林。此后，秦始皇逐步实施"大咸阳规划"以及在关中地区的皇家园林建设，关中地区的天然森林已不多见。秦汉时期的关中地区自然条件十分优越，植被良好，而南方的一些植物也可在此栽植，为皇家园林建设提供了良好的植物素材。如著名的上林苑，经秦始皇扩大规模宏大，南及终南山北坡、北至渭河，跨长安、咸阳、周至、户县、蓝田五县，阿房宫即在其中，上林苑中森林覆盖、树木茂密。而到汉武帝建元三年（公元前138年）就秦时之上林苑加以扩大，因为地域辽阔、地形复杂，所谓"林麓泽薮连亘"，天然植被即为丰富，另外在园中广植树木，据文献记载园中栽植大量植物，包括松、柏、桐、梓、杨、柳、榆、槐及桃、李、杏、枣、栗、桑、漆等林木。如司马相如在《上林赋》写道："于是乎卢橘夏熟，黄甘橙楱，枇杷橪柿，亭奈厚朴，樗枣杨梅，樱桃蒲陶，隐夫薁棣，答沓离支，罗乎后宫，列乎北园。崒丘陵，下平原，扬翠叶，扤紫茎，发红华，垂朱荣，煌煌扈扈，照曜钜野…杂袭累辑，被山缘谷，循阪下隰，视之无端，究之无穷"。《西京杂记》提到武帝初修上林苑时，群臣进贡的名果异树竟有3000余种（《中国古典园林史》）。

这个时期，关中的竹桑较多，关中平原被称为"陆海"，为九州膏腴。包括部分竹林，西汉在今周至特设竹圃，后来关中竹林屡受称道，甚至有的地方以竹命名。据《汉书·地理志》载"…天水、陇西山多林木，民以板为室屋"，反映汉代终南山有森林可取木材。

东晋十六国时大夏国的都城统万城（建于东晋义熙九年，公元413年），故址在今陕西省靖边县境内，考古发掘出一座柴草库，内有粗大的松、柏和杉木，即是柴草必然来自附近地区，可见当时在榆林地区森林资源还是比较丰富的，人们可以用此为柴草。

唐宋时代（618~1279年），陕北及邻近地区的森林有过许多记述，《宋史·宋琪传》中有"鹿延以北，多土山柏林"之说，土山及今延安以北的横山，即为古时的银州城，那时城南到处都是柏树林，据传西夏就借助此柏树林阻挡宋兵的进伐。

自唐宋至近代，陕北黄土高原一直是汉族民耕垦蕃息的地方，安史之乱后大批贫苦民逃来陕北，许多草场被开垦为耕地，自此陕北黄土高原成为单一的农业区。明成化年间（公元1465~1478年）在陕北沿黄土丘陵沟壑区域草滩地区的分界线构筑城墙防卫，曾将"墙内之地息分屯田…"。同时，在唐宋时期皇家建造宫苑的规模也不输于秦汉，为此大砍森林，如金正隆年间（公元1156~1161年）为营建汴京（今河南开封）新宫，所需木材取自关中，关中巨木源源运到汴京，导致关中地区大面积森林被砍伐。

《宋史·宋琪传》记载，鹿延（今延安以北）多土山柏林；另有胜州榆林县因县北有大片榆树林而得名。

明清以来，陕北黄土高原及邻近地区依然以松、柏、栎树和桦树为主，如据《古今图书集成》记载，洛川县城南多柏，骊县（今富县）城南山上多樱桃，廊游县南多栎林、西部多松柏。明《秦州直隶新志》记载，陕甘交界处的终南山西段明代还有森林如吴山（甘肃天水东）"山麓有吴镇，为入（终）南山采木之路，有木厂。清代从长安（今西南）往南，有大峪口从此有道路通往终南山，路两旁都有森林。但长城以内土地已普遍开垦。在民国年间整个陕北滥伐滥垦有增无减，除延安境内的黄龙、桥山、崂山等地残留一些次生林外大部分黄土丘陵已呈光秃（《陕西森林》）。

千百年来由于陕北黄土高原的植被反复遭到破坏，致使水土流失十分严重，20世纪80年代黄河三门峡以上平均年输沙量达到16亿吨，其中51.8%来自陕北黄土高原。由此导致历史上黄河发生多次河患，且在唐宋以后更为加剧，据史料记载，唐朝时代（公元618~907年）黄河中游发生河患35次，宋（960~1279年，包括北宋、南宋和金）有175次；而到明朝（公元1368~1644年）、清朝（1644~1911年）分别为454次和480次，已达一年数次的严重程度。

今天华山南峰的华山松林 （陶光明摄）

民国时期国民政府将全国划分为六大林区，陕西的黄河流域区属于西北林区，秦岭林区包括了陕西凤县、太白、眉县、周至、户县等，周至县内的秦岭山麓有林相较好的针阔混交林，计有森林面积323万亩。秦岭西段的太白、佛坪、宁陕等有大面积的冷杉、落叶松、油松林，东段的华山、洛南及商县之间都有面积大小不等的针叶林，但陇海铁路沿线近山区森林多被砍伐，演变为次生阔叶林。

三、山西植被与森林变迁

山西是我国开发最早的省份之一，古代先民主要在晋南盆地繁衍生存，进入农业时代后即在汾河谷地建立农业。在太原附近发现有彩陶文化和灰陶文化遗址，说明先民以狩猎为主但已开始采伐树木，用木椽和树枝搭建房舍居住。《山海经》中有，描述中条山西部"薄山之道，日甘枣之山，其上多粗木青冈"，"首山其阴多谷楮栎"，"历山其木多槐"，"谒戾之山（太岳山北部），其上多松柏"等等，表明地处黄河中游的山西省多有森林。尧舜时代晋南一带植被繁盛，太原地区尚为戎狄祖先居住森林茂密。夏朝时代华夏族主要在晋南和中原一带，活动地区森林众多，故焚林驱兽而种植之举盛行，而太原还在夏活动地区之北依然有着茫茫林海，直至商朝末年太原地区的山地丘陵还是皆布满茂密之森林。

战国以前，平川地还有大片森林，当时把低地称为为"隰"、把原下坡地称为"坂"。据诗经描述，涑水流域"隰地"有榆、栗，"坂"有枢（刺榆）、栲（臭椿）、漆，山地有榛、橘、栎等。《水经》："涑水出河东闻喜县东山黍葭谷，是黄河一级支流，其流域位于山西省南部的运城境内，北部及西部是从孤峰山与稷王山向南及向西延伸的峨嵋岭，东部及南部环绕着中条山，现为山西省重要的粮棉生产基地。

山西中条山的白皮松林 （杨振武摄）

中条山，东至沁河，与太行山、太岳山相接；西到芮城县风陵渡，隔黄河与华山相望；南临黄河，地处黄河中游，是中华民族发祥之地，主峰海拔 2358 米。因其位于晋西南黄河、涑水河间，居太行山及华山之间，山势狭长，故名中条。在郦道元的《水经注》中有关于中条山绛县盐道山的描述"翠柏荫峰，清泉灌顶"，说沁水下游中条山段是"沿流上下，步径栽通，小竹细笋"，说明在北魏晚期中条山是林木苍翠，竹林依依。直至唐代中条山森林面积依然很大，如韩愈的《韩昌黎集》中有"条山苍…松柏在山岗"之说，上山有很多松柏、间杂杉木。中条山的黄河岸有檀，河边植桑、人居聚落有栽桃、枣的记载。

战国后期山西中南部的平川之地已无大片森林。《史记》等记载，"晋文公迫诱介子推走出山林而火烧绵山"，说明太岳山西侧就有茂密的森林。晋南盛栽桑养蚕，至今不少地方还保留了以桑为名的村落，如桑蛾、桑津、桑坪、桑梓、桑树坡等，当时在晋南的丘陵是田、桑、林、草都有，且以森林为主。

至秦汉时代，河东（即今之运城、临汾）为当时之富庶之地，迅速开垦导致平原地区森林遭受很大破坏，如西汉桓宽的《盐铁论》中记述了"伐木而种谷，焚菜而种粟"的情景。而由于北魏从大同迁都洛阳而后大兴土木建造新宫，所需木材多出自西河，由此水土流失加重，黄河进入水患时期，出现了水、旱自然灾害的记载。但在此后魏晋南北朝近 300 年的战乱，人口大量南迁使得晋地人口下降而山丘植被得以恢复，黄河又进入较长的安澜时期。

山西省西部的吕梁山山脉。北东走向，南北延长约 400 公里。吕梁山为一自然地理分界。吕梁山以西为黄土连续分布的典型黄土高原，历史上吕梁山森林茂密，如《水经注》描述汾阳县的谒泉山"层松饰岩，列柏绮望"。据《山西通志》记载，武则天之父系文水县南徐人，因经营文峪河流域木材而成巨富。说明吕梁山至唐初时还均是主要林区，盛产松木。但在整个唐朝时代，在长安及东都洛阳山上已无巨木可采，故而转向山西；唐玄宗开元年间建筑需用木材，当时吕梁山已"近山无巨木，求之岚（今山西岚县）胜（今内蒙古准格尔旗）间"，导致黄河中游的山西山地丘陵森林都受破坏。在北宋沈括的《梦溪笔谈》中有"有断至太行，松山大半童矣。以往水清量足的汾河、沁水、漳水等河流也因水土流失而变得浑浊，黄河进入了水患频

山西关帝山的华北落叶松林 （杨振武摄）

繁时期。

但北宋时在开封兴建宫殿，所需木材主要取自吕梁山中段和太岳山。如撰于宋太宗太平兴国年间（976~983 年）、记述了宋朝的疆域版图的《太平寰宇记》中记述："火山（今之保德）、宁化（今之宁武）之间，山林富饶，材用之籔也。自荷叶坪、芦芽，雪山一带直至瓦堡坞，南北百余里，东西五十余里，林木薪碳足以供一路"。而在北宋年间因汾阳附近大旱，水运不通，大批原木积压木材一室运不出去。宋真宗大兴土木，砍伐了"岚、万（今山西万荣）、汾阳之柏"。辽清宁二年在应县（山西）佛宫寺建造了释迦塔，此塔高 60 多米，塔身全为木建，这些木材是取自当地的（中国森林）。

关帝山位于吕梁山的中段，为一拱形隆起，山体宽大，包括娄烦、方山、离石、交城、汾阳等地区，是文峪河、三川河等黄河及汾河重要支流的源头。按森林区划，这里的森林植被属于暖温带落叶阔叶林带—中部油松辽东栎云杉华北落叶松森林区—吕梁山北段山地云杉落叶松林区。其西部为地处黄河东岸的晋西黄土丘陵沟壑区，至今在这里依然保存较多森林，海拔 1700~2500 米处有华北落叶松、青杆、白杆。1700 米以下有油松、白皮松、栎类等。2500 米以上有发育良好的亚高山草原，为重要牧场。

太岳山是山西最大的河流、也是是黄河的第二大支流汾河的分水岭。唐朝时期太岳山森林茂密，如《霍山神话》中写"太岳之山…郁郁葱葱，含芳吐秀"；王维的《霍岳庙》写霍山（太岳山）为"耸峻叠寒翠林森"。但浅山地区的森林已大多被采伐，《山西通志》记载，在平遥东南的超山在北魏时期森林众多，但元朝时森林已仅见于庙宇周围。到了明代太岳山还有不少森林的，即使在明末清初依然能看到森林，如明末著名文人傅山《介休》诗写绵山"青松白松十里周"。另外，清代有关县志记载了岳阳县（今临汾古县）"东北诸乡，遍山皆松，涛声满谷"；灵石县"白松翠柏以数万株计，绿荫十里"；沁县的灵空山"周围四十余里，山上松林密布"。

然而，明清时期却是森林受到极大破坏的时期，明成祖定都北京后大造宫殿王府，大量造城及修建边防工事，所用木材多很多取自代州的森林，据称五台山七百里的茂林经明朝中叶大肆摧毁，至明万历年间几成"牛马场矣（山西森林）。在太行山之西、麓台、上下帻等山（今山西祁县东南），在明正德初年是"树木丛茂"，到明嘉靖初年祁县"南山之木，采无虚发"。到清道光年间吕梁山中段的残林连伐薪烧炭的原料也极端缺乏，离石一带向有以烧炭为业的人家，不得不改行另谋生路（山西森林）。中条山区，人类活动多森林影响甚大，特别是明清以来，战争连绵不断，在沁水县下川一带，乡村居民已到海拔 1500 米一带，使森林屡遭破坏。民国修同蒲路，对太岳山、关帝山、中条山等地的森林进行了掠夺性的采伐，到 1936 年已无木可采，山西黄河流域的山地森林已聊聊无几。新中国成立后中条山设森林管理局经营管理中条山的森林，才采伐利用的同时，实施营林、护林和造林，在 1982 年有设立了自然保护区，森林植被有了较大的恢复，在 20 世纪发现 2 万多公顷原始森林，内有连香树、山白树、牛鼻酸、红石极、青檀等珍贵树种。

四、黄河中游的主要森林植被

1. 主要森林植被类型

据我国著名林学家吴中伦先生在 20 世纪 50 年代记述，在兰州至武陟的黄河中游地区主要森林植被有 4 类：

（1）高山针叶林。在秦岭北坡 2500~3000 米。四川冷杉、陕西冷杉、在太白山、玉皇山和小陇山成纯林，华山有相当面积的华山松林，白皮松林，如天水麦积山有白皮松但不高，山谷间有小片纯林。

山西汾河流域有少量针叶林，有华北落叶松，分布与海拔 2700 米以上（如关帝）形成纯林，在五台山、关帝山、交城山区有云杉林。

甘肃贺兰山的中部尚有云杉次生林，油松质检少数山谷，内蒙古大青山及包头以北有油松林，大青山、乌拉山有杜松存林，树木不大，侧柏也占优势。

阴山云杉林主要树种除白杆、青杆外主要是青海云杉创造

（2）针阔混交林。以秦岭北坡分布较广，海拔 1000~3000 米，主要为松栎混交林，期间荒地甚多。主要树种铁桴子、辽东栎、橿树、栓皮栎、锐齿栎、桦木类、红桦、牛皮桦、白桦、杨山杨、大叶杨。

山西汾河水源地的霍山、交城及太行山、吕梁山、中条山局部地区有小面积针阔混交林，主要为栎类，较高处为桦木类。

内蒙古大青山、乌拉山、森林以杂木林为主，侧柏、杜松、油松、花木蒙古栎、蒙古桑、青杨、山柳。黄河沿岸雾柳往往成片密集生长，在河套北缘侧柏以残存天然片林形式出现。

（3）阔叶林。甘肃平凉附近的崆峒山有较完整的阔叶林，以辽东栎为主，其他槭树、白蜡、丁香、椴树、白花、山杨。陕北黄土高原南部，以塬为主的塬梁沟壑区主要有栎类阔叶林，树种包括辽东栎、槲栎、麻栎栓皮栎等。自潼关至武陟之间黄河主要支流和沁河水源区主要为栎树。另外如山西中条山的天然栎类阔叶林，关帝山的白桦林等。

（4）盐碱和沙丘。黄河沿岸高出河岸 1~2 米的台地，以豆科和禾本科植物为主，树木也有榆、河柳、青杨、槐、紫穗槐。

2. 黄河中游中条山森林植被的垂直分布

中条山是黄河中游的重要山系，现森林植被保护较好，以此为代表说明黄河中游山地森林的垂直分布。中条山自下部海拔 400 米至山顶 2300 米明显可划分为 4 个植被带。

（1）林灌丛及农垦带。包括海拔 400~800 米的山麓坡地，大多已开垦为农田，自然植被遭到严重破坏，在石质山地以中旱生的稀灌丛和草本植物为主。优势灌木有酸枣、荆条、黄刺玫、白刺花、杠柳等。但这一地带的原生地带性植被应为松栎林，现常见栽培经济林木，如核桃、柿等；村落附近主要是泡桐、臭椿、槐、楸、皂荚等。

（2）松栎林带。分布在海拔 800~2000 米的垂直带，但在不同海拔高度出现不同森林类型。

海拔 1200 米以下为栓皮栎林，多以纯林形式出现，但林内伴生有槲栎、槲树，少见麻栎伴生，林下灌木层低矮、覆盖度小，主要是橿子栎、荆条、锦鸡儿、虎榛子等。

海拔1100~1500米，为尖齿槲栎林，但同在此海拔带中常见有油松林，林中混生少量白皮松，随着海拔升高白皮松逐渐被华山松代替，形成油松、华山松混交林。

海拔1500~2000米，为辽东栎林，林中常混生华山松、白桦和少量红桦、山杨、元宝槭、大果榆等树种，而林下灌木层发育良好，主要有荚蒾类、忍冬类、卫矛类、绣线菊类树种。

（3）针阔混交林带。分布与海拔2000~2200米的垂直带，目前优势种为华山松、白桦、红桦、山杨等。在阴坡和半阴坡有少量青杆散生。华山松、白桦、红桦、山杨混交林很不稳定。

（4）亚高山草甸带。分布在海拔2000~2350米的山顶台地，地势平缓、气温较低、湿度较大，但光照充足，草本植物繁茂。常见有苔草、马先蒿、大叶龙胆、大丁草、野菊等。

五、黄河中游的古树

黄河中游地区为我中原文明集中之地，虽说许多森林遭受砍伐，但在一些名山大川、古寺庙观附近及古镇、古城都保存了一些古树，在它们的树干年轮中记载了千百年来气候的变化，也是森林变迁的和我们历史文明的见证，可说这些古树是活着的文物。

陕西蓝田县逾千年的古油松龙头柏　（田文杰摄）

其中作为著名的有陕西黄陵县黄帝陵庙内的黄帝手植柏，胸径2.7米，相传为黄帝手植，至今已有5000余岁，是世界上最古老的柏树，列中华百棵名树之首；黄陵县黄帝庙内的挂甲柏又称"将军树"，胸径1.44米，志书记载，汉武帝刘彻北巡朔方还，挂甲于此树故有此名；陕西长安县的千年古槐，胸径达到169厘米；临潼的汉槐，相传汉武帝刘秀在此树上栓过马，故称"汉柏"；陕西蓝田县的古油松，因树干粗矮、枝叶茂盛，形似龙头而称为"龙头松"，据传刘秀曾歇于树下；华山中峰的将军树，实为云杉，树龄高近千年；蓝田县的古银杏，相传为唐代大诗人王维手植，至今已有2400余年。

在晋地黄河中游地区同样多古树名木，如高平县的龙柏年逾3000年；高平县石末乡大酸枣树，树龄与2000年，太岳山灵空寺的古油松，树干3米处分为9杈，故称"九杆旗"，据1974年调查，该树高达35米，一株树的材积约40立方米，树龄300年，是我国已知的最大油松；而太原晋祠庙内圣母殿南北侧有3株古柏，传为周朝遗物距今已有2000余年。

河套地区的贺兰山的南寺的古云杉，高达20米，胸径103厘米，相传为南寺第一代喇嘛移栽的，已有200多年历史；伊克昭盟的油松，树龄近千年，据全国之冠，年龄可与其相比的仅有北京北海公园金代的油松，树龄800年，辽宁千山的树龄700年的油松；大青山脚下建于清朝的呼和浩特乌素图召庙内，有一株建庙时种的蒙桑，树高7米，树冠覆盖104平方米。

山西高平县逾 3000 年的龙柏　　　　　内蒙古伊克昭盟的油松王
（刘清泉摄）

这些古树一方面表明历史上这些地方多森林，另一方面也表明了人们对古树的崇敬，是森林文化的表征。

第十节　黄河下游森林植被

一、黄河下游古时的森林植被

黄河自桃花峪至入海口为下游，河道长 785.6 公里，流域面积 2.3 万平方公里；下游河道横贯华北平原，绝大部分河段靠堤防约束。由于大量泥沙淤积，河道逐年抬高，河床高出背河地面 3~5 米；部分河段如河南封丘曹岗附近高出 10 米，是世界上著名的"地上悬河"，成为淮河、海河水系的分水岭。各河段直接汇入干流的流域面积大于 1 万公里的支流有十条。

早第三纪的始新世时期，在现属黄河中游的濮阳、开封等地的孢粉组合中，可见到当时以被子植物居多，以栎属、榆属的植物为主，其他树种还有桤木、核桃、榛、枫香等；裸子植物则以松、杉、麻黄、南洋杉以及大戟科、木兰科的植物，甚至还有连香树、红豆杉这类现为热带、亚热带的植物，可见当时在开封一带的气候比现在要温暖得多，呈现干热的气候特点。而在晚第三纪发生强烈的造山运动，在喜马拉雅山运动的第一期导致华北台地下沉，亚热带北界南移至北纬 35 度，由此常绿树种减少，气候更适合落叶阔叶林的发发展，以松科植物为主的针叶林或针阔混交林增加。因此此时在黄河中游的濮阳、开封是以松属为主的针阔混交林，除了松属以外还有落叶松、云杉属、铁杉和柏属的树种。

在地质年代的第四纪时期，冰期和间冰期的交替出现，但总体上是全球范围的普遍降温，亚热带的北界继续退缩，暖温带移至秦岭—淮河一线，森林植被已与今天的甚为接近。在更新世的华北地区，从西的六盘山至沿海，在冰期中以云杉、冷杉林为主，而在冰期的后期、即距今 1 万年左右，在郑州、连云港等地的孢粉中出现青冈、栲、冬青等亚热带常绿与落叶阔叶林，渭河谷地有竹类分布，说明 4、5 千年之前的黄河中下游与今天的长江流域气候相仿（中国森林）。因此森林植被应为亚热带性的常绿与落叶阔叶林。

郑州附近发现的新郑"裴李岗文化"遗址属新石器时代，表明在 7000 年前在黄河下游已有古代先民定居及原始的农业生活方式。之后出现的"仰韶文化"、郑州"大河村"文化等，原始农业有了更大发展，有大型磨光石斧的使用表明砍伐树木、增加耕地面积的能力有了提高，同时还开始用木材构建住房。

据竺可桢的研究，夏周及春秋时期华夏大陆大多在温暖气候，从东南向西北大致是森林、草原、荒漠三个地带，而河南的黄河流域处于森林地带，安阳殷墟出土大量的四不像鹿、野生水牛、竹鼠和热带动物象、犀等动物遗骨，说明当时气候温暖。当时还有大面积的竹林。但夏周时代农业已有较大的发展，至春秋末年豫北平原已难看到天然森林，《诗经·王风》记述在丘陵只能看到人工栽植的李树。但此时已设管理森林的官员，并制订一些法律约束采伐森林。如《周礼》有"凡窃木者，有刑罚"，"凡不树者，无棺"。同时也鼓励栽树，《诗经》《尚书》等记载栽植的树木有桐、梓、楸、梧桐、檀、槐、榛、栗、梅、李等。从西周到春秋时期黄河下游地区已普遍种桑养蚕。

黄河北的淇县、辉县等地多竹，据《史记·河渠书》，公元前 110 年，黄河在瓠子决口，汉武帝命"下淇园之竹为楗"填石土堵塞洪水，在唐宋时已在此设司竹监管理竹园。

二、黄河下游的主要森林

黄河干流的下游主要流经河南、山东两省。据中国森林区划，黄河下游地区包括了两个主要林区，即华北平原散生落叶阔叶林及农田防护林区及山东山地丘陵落叶阔叶林及松（油松、赤松）侧柏林区，这两个林区都同属于华北暖温带落叶阔叶林及油松、侧柏林地区。

1. 华北平原散生落叶阔叶林及农田防护林区

该林区北起燕山南、西至太行山，南以桐柏山和淮河一线为界，是我国辽阔的大平原县，包括了黄、淮、海流域，黄河横贯中间，平原上有许多黄河故道遗留的沙岗、土岗及低洼的湖泊。这里是我国重要的农业区，由于长期的开垦与耕作，早已无原始植被，主要为人工栽植的农田防护林、村庄周围的四旁绿化的人工林，但在一些低山残丘上还有一些天然次生林，主要有油松、侧柏、栓皮栎、槲栎、榆树等。现在的主要树种有毛白杨、小叶杨、榆、槐、香椿、楸、泡桐、栾树等；同时该地区引进很多外来树种，如刺槐、悬铃木、欧美杨、雪松等。

在河南境内黄河下游的主要林区为豫北、豫东平原杨树泡桐刺槐落叶阔叶林区，属于华北大平原的西南部边缘：一般海拔 40~80 米。为黄、淮、卫三大河流的冲积平原。主要有小面积的油松林和杨树林，1949 年后发展防风固沙林，出现了黄河故道和沙丘、沙岗的刺槐林（河南森林）。

在安徽境内主要为属于黄淮海平原的淮北残丘落叶栎类林区，如故黄河地区淮北萧县、宿县残丘麻栎、栓皮栎、槲树林小区。由于黄河、大沙河的泛滥冲击作用，在萧县北、西、西南和中部形成堆积平原，同时还有一些残丘。最为典型的如萧县皇藏峪。皇藏峪原名黄桑峪，因峪内长满黄桑树而得名。皇藏峪为陶墟山系南部的剥蚀低山丘陵，山东古老丘陵的延伸部分山岩为石灰岩体，最高峰海拔 374 米，一般为 100~300 米。汉高祖刘邦称帝前曾因避秦兵追捕而藏身于此，故改名皇藏峪。据《汉书地理志》记载"汉高祖微时常隐芒砀山间，此山有皇藏河，汉高祖避难处。"县依然保留有典型的落叶阔叶林，还有针叶林及针阔混交林，主要树种有麻栎、栓皮栎、槲栎、槲树、榔榆、白榆、朴树、大叶朴、青檀、毛黄栌、楸树、侧柏等；林下多灌木，主要是酸枣、胡枝子、牡荆、野山楂、柘树等；典型的如栓皮栎林、青檀林等（安徽森林）。

2. 山东山地丘陵落叶阔叶林及松（油松、赤松）侧柏林区

其地带性植被为以落叶栎类树种为主的落叶阔叶林，主要有有麻栎、枹栎、栓皮栎、槲树、蒙古栎等，其他树种包括黄连木、刺楸、榔榆、糙叶树、椰榆等。另外，本区盛产水果，如苹果、梨、桃、樱桃等。

黄河下游在山东境内的主要山脉有泰山、鲁山，均保留有较好的森林植被。东岳泰山是我国"五岳"之首，主峰玉皇峰海拔 1532.7 米；山东第四高峰的淄博鲁山位于黄河三角洲，主峰海拔 1108.3 米；梁山高197.9 米。

建国前，由于历史原因，泰山仅有不足 3000 亩林木，大都位于寺庙周围、登山盘道两侧。经过几十年的造林现森林植被得以恢复，如今有林地面积达 14 万多公顷，泰山森林覆盖率达 81.5%，植被覆盖率 90%以上。泰山分布的油松天然次生林面积约 700 亩，是我国暖温带天然针叶林的典型代表，里面有较多的古老油松单株和群落。另外还有天然次生林或人工林侧柏林，其中林龄 300 年以上的古树愈万株；以栎类为主的落叶阔叶林次生等。

泰山的针阔混交林
（引自《中国地理》）

淄博的鲁山，曾是中国元、明、清三朝的皇家养马场，又是见过后成立的第一批国营林场。主要森林植被有侧柏林、刺槐林。

3. 主要森林类型

（1）油松林。主要分布在泰山，是油松天然次生林，不过面积不大仅有 700 余亩，但有较多的古老油松单株和群落，大多位于寺庙附近。

（2）栓皮栎林。如山东泰山，萧县皇藏峪是典型的石质残丘栓皮栎林，乔木层除栓皮栎外主要还有黄连木、黄檀；灌木层种类组成较为复杂，主要有杜梨、野山楂、园叶鼠李、野蔷薇等。

（3）青檀林。青檀是石灰岩山地森林的重要组成树种，树皮为制作宣纸的原料，在黄河下游的安徽淮北、山东多有分布。主要组成石质山地残丘的青檀林。如萧县皇藏峪的青檀林多有黄连木、黑弹朴、山槐伴生，青檀树龄均与百年。

（4）侧柏林。在黄河下游的石灰岩残丘浅山多侧柏人工林，如泰山及安徽的皇藏峪石灰岩土壤上侧柏生长良好，可形成纯林或与栓皮栎、麻栎、黄连木等构成混交林。

（5）刺槐林。原产北美洲，1887年由德国引入我国，因其适应性广而被广为栽植，许多地方已成野生状态。在沿黄河的郑州、开封、兰考、中牟、延津等多见刺槐林。主要类型有残塬沟壑刺槐林和平原沙地刺槐林，后者多在平原及黄河故道。在平沙地的细沙和有粘质间层的地方生长良好。刺槐林中常见有毛白杨、旱柳、栓皮栎、榆树等伴生。

（6）榆树林。在黄河冲积平原中的蝶形洼地，靠黄河河道的槽状洼地等，分布有盐碱地榆树林类型，一般多为人工林。

（7）泡桐林。多为人工林，一般为村庄周围泡桐林，农桐间作和人工片林，在黄河故道的沙地、盐碱地多见。

（8）毛白杨林。分布在黄河泛滥沉积而成的黄潮土，沙地、沙丘以及黄河平原，如在新乡地区栽植甚广。

山东黄河流域鲁山的刺槐林
（引自《生态淄博》）

萧县皇藏峪的古青檀

三、黄河故道

黄河从下游自河南武陟、荥阳以下，河道时有变迁。见于历史记载的大小决徙粗略统计约1600次，极大多数集中在下游。下游故道略呈一折扇形，最北经由今河北霸州市（旧称霸县）、天津海河入海，最南经由颍水、涡水夺淮河入海。而大多数黄河故道都属后两者，如盛产梨子的安徽砀山、山东单县、江苏宿迁，黄河夺淮入海后在徐州丰县留下的故道等；而在黄河入海口的东营市境内，还有一条盛产黄河鱼的故道。

砀山位于黄河故道的老梨园
（引自《安徽古树》）

黄河故道基本有三种，即荒芜的盐碱地，水草丰美的湿地及尚存的河道。当然那些原本荒芜的沙地或盐碱地大多都以开发成农地、果园或林地（图）。典型的有安徽砀山县境内的广袤梨园，砀山县地势平坦，系黄河冲积而成，曾是赤野千里的黄河故道，几度被泱泱洪水所荡。然而勤劳的人民却在这贫乏的黄泛沙野上培育除了闻名于世的砀山酥梨。梨树在我国栽培历史悠久，至少以延续了3000年，原在汉代后期即已成为黄河流域重要的经济果木。而砀山酥梨的栽培历史也很久远，在明万历修编的《徐州府志》中已有"砀山产梨"的记载，现在在黄河故道的梨园中不乏有树龄高达百年的老梨树。如良梨乡镇有树龄百年以上的老梨树百余株，其中一株单产最高曾达1.84吨，长年产量保持在1000~1250公斤。

位于安徽宿县的汴河在元朝后为黄河所夺，流域成为黄泛区，古汴河又称汴渠，隋炀帝为赏琼花三巡江南，龙舟三辛汴河，使得这条跨中原的千里运河烟柳繁华。白居易在《隋堤柳》一诗中写道"大业年间春暮月，柳色如烟絮如雪"生动的描写了汴河柳树成行的景色。

山东菏泽市的单县古称单父，因舜帝的老师单卷居住地而得名，其县境南亦为黄河故道。现今255平方公里黄河故道已建成农田防护林带林带，及以杨树、桐树为主的速生丰产林和经济林。

另外，江苏徐州的丰县为汉王刘邦出生之地，有着丰富的汉文化底蕴。黄河在"夺泗入淮"后流经徐州600多年，在形成了广袤的黄泛冲积平原的同时也造成了大量沙荒地和碱荒地。1851年，黄河于安徽蟠龙集决口，洪水过后形成丰县大沙河荒滩。而如今已这里早已成了产粮基地、瓜果之乡，大沙河两岸树木参天，水天一色，以梨、苹果更为著名。

20世纪80年代黄河故道的桐粮间作

四、黄河三角洲及出海口

1855年黄河在河南兰考铜瓦厢决口北徒，由原来注入黄海改注入渤海。而历史上黄河尾闾段常常左右摆动，多次溃决、漫溢、泛滥等冲积、淤垫，造成了典型的三角洲地貌及湿地生态系统景观。今天黄河自黄河三角洲的东营市垦利县黄河口镇出海。

黄河三角洲是黄河携带大量泥沙在渤海凹陷处沉积形成的冲积平原，狭义的黄河故道是指1855年以后，黄河在山东省利津县以下冲积成的三角洲，黄河入海口沿岸地区，包括山东省的东营、滨州和潍坊、德州、淄博、烟台市的部分地区，共涉及19个县（市、区），总面积2.65万平方公里。黄河三角洲景观有湿地、沼泽地、河床漫滩地、河间洼地泛滥地及河流、沟渠、水库、坑塘等。

从森林区划看，黄河三角洲属暖温带落叶阔叶林区，但区内无地带性植被类型，植被的分布主要受水分土壤含盐量、潜水水位与矿化度、地貌类型的制约以及人类活动影响。木本植物很少，以草甸景观为主体。自然植被有天然柳林等落叶阔叶林，柽柳等盐生灌丛，白茅草甸，茵陈蒿草甸等典型草甸，翅碱蓬草甸等盐生草甸，芦苇、香蒲等草本沼泽及金鱼藻、眼子菜等水生植被。主要植物群落类型有柽柳—黄须菜、芦苇、白茅—芦苇以及其他湿地草本植物群落；人工植被以农田为主，森林很少。20世纪50年代后，在三角洲上相继建立了一些农场、林场和军马场，60年代开始，陆续开发了胜利、孤岛、河口等油田。

黄河三角洲的湿地植被　（伍仁摄）

参考文献
REFERENCE

1. 司马迁 . 史记 . 北京：中华书局，1999.

2. 班固 . 汉书 . 北京：中华书局，1999.

3. 范晔 . 后汉书 . 北京：中华书局，1999.

4. 陈寿 . 三国志 . 北京：中华书局，1999.

5. 房玄龄 . 晋书 . 北京：中华书局，1999.

6. 沈约 . 宋书 . 北京：中华书局，1999.

7. 萧子显 . 南齐书 . 北京：中华书局，1999.

8. 姚思廉 . 梁书 . 北京：中华书局，1999.

9. 姚思廉 . 陈书 . 北京：中华书局，1999.

10. 魏收 . 魏书 . 北京：中华书局，1999.

11. 李飞药 . 北齐书 . 北京：中华书局，1999.

12. 令狐德棻 . 周书 . 北京：中华书局，1999.

13. 李延寿 . 北史 . 北京：中华书局，1999.

14. 李延寿 . 南史 . 北京：中华书局，1999.

15. 魏征 . 隋书 . 北京：中华书局，1999.

16. 刘昫 . 旧唐书 . 北京：中华书局，1999.

17. 欧阳修、宋祁 . 新唐书 . 北京：中华书局，1999.

18. 薛居正 . 旧五代史 . 北京：中华书局，1999.

19. 欧阳修 . 新五代史 . 北京：中华书局，1999.

20. 脱脱 . 辽史 . 北京：中华书局，1999.

21. 脱脱 . 宋史 . 北京：中华书局，1999.

22. 脱脱 . 金史 . 北京：中华书局，1999.

23. 宋濂 . 元史 . 北京：中华书局，1999.

24. 张廷玉 . 明史 . 北京：中华书局，1999.

25. 赵尔巽等 . 清史稿 . 北京：中华书局，1997.

26. 韩泰伦 . 新二十五史 . 北京：中国文联出版社，1999.

27. 谭其骧 . 中国历史地图集 . 北京：中国地图出版社，1982.

28. 宋兆麟、冯莉 . 中国远古文化 . 南京：金陵出版社，2004.

29. 史念海 . 黄土高原历史地理研究 . 郑州：黄河水利出版社，2001.

30. 谢善骁 . 大河雄风 . 北京：中国发展出版社，2008.

31. 蔡磊 . 隋亡唐兴七十年 . 柳州：广西师范大学出版社，2008.

32. 杨海中 . 图说河洛文化 . 郑州：河南人民出版社，2008.

33. 程有为 . 河洛文化概说 . 郑州：河南人民出版社，2008.

34. 陈桥驿、叶光庭、叶扬 . 水经注全译 . 贵阳：贵州人民出版社，2008.

35. 张良群 . 中外徐福研究 . 北京：中国科学技术出版社，2007.

36. 季羡林等 . 大唐西域记今译 . 西安：陕西人民出版社，2008.

37. 马建春 . 大食、西域与古代中国 . 上海：上海古籍出版社，2008.

38. 钟兴麒、王豪、韩慧 . 西域国志校注 . 乌鲁木齐：新疆人民出版社，2002.

39. 水利电力部 . 清代黄河流域洪涝档案资料 . 北京：中华书局，1993.

40. 陈成 . 山海经译注 . 上海：上海古籍出版社，2008.

41. 张修桂 . 中国历史地貌与古地图研究 . 北京：社会科学文献出版社，2006.

42. 向达 . 唐代长安与西域文明 . 石家庄：河北教育出版社，2001.

43. 刘景纯 . 清代黄土高原城镇地理研究 . 北京：中华书局，2005.

44. 李文治、江太新 . 清代漕运 . 北京：中华书局，1995.

45. 王天顺 . 河套史 . 北京：人民出版社，2006.

46. 段友文 . 黄河中下游家族村落民俗与社会现代化 . 北京：中华书局，2007.

47. 陈从周等 . 民居建筑 . 北京：中国建筑出版社，2004.

48. 伍士心 . 大海之旅——黄河 . 北京：燕山出版社，2006.

49. 李学勤 . 战国史与战国文明 . 上海：上海科学技术文献出版社，2007.

50. 李学勤 . 黄河文化史 . 南昌：江西教育出版社，2008.

51. 李学勤 . 中国古史录证 . 上海：上海科技教育出版社，2003.

52. 陈义初 . 河洛文化与汉民族散论 . 郑州：河南人民出版社，2006.

53. 黄仁宇 . 明代的漕运 . 北京：新星出版社，2005.

54. 陈文德 . 大秦七百年王道盛衰 . 北京：九洲出版社，2006.

55. 苏畅 . 管子城市思想研究 . 北京：中国建筑工业出版社，2010.

56. 包络新 . 丝绸之路 . 上海：东华大学出版社，2008.

57. 李贽. 史纲评要. 北京：中华书局，1974.

58. 哲夫. 黄河追踪. 北京：红旗出版社，2000.

59. 司马光. 资治通鉴. 北京：京华出版社，2002.

60. 刘上林等. 大运河城市群叙事. 沈阳：辽宁人民出版社，2008.

61. 李学勤. 中国古代文明研究. 上海：华东师范大学出版社，2005.

62. 马王. 沉梦遗香大运河. 北京：东方出版社，2005.

63. 张善余. 中国人口地理. 北京：科学出版社，2003.

64. 罗哲文. 长城. 北京：清华大学出版社，2008.

65. 陈璧显. 中国大运河史. 北京：中华书局，2001.

66. 南方都市报. 长城真相调查. 福州：鹭江出版社，2008.

67. 刘宗进. 失落的天书. 北京：商务印书馆，2006.

68. 威廉·埃德加·盖诺. 中国长城. 济南：山东画报出版社，2007.

69. 李学勤. 中国古代文明起源. 上海：上海科学技术出版社，2007.

70. 李学勤. 西周史与西周文明. 上海：上海科学技术出版社，2007.

71. 李学勤. 春秋史与春秋文明. 上海：上海科学技术出版社，2007.

72. 张新斌. 黄河流域史前聚落与城址研究. 北京：科学出版社，2010.

73. 王晖. 古文字与商周史新证. 北京：中华书局，2006.

74. 王蕴智. 殷商甲骨文研究. 北京：科学出版社，2010.

75. 毛阳光等. 唐宋时期黄河流域的外来文明. 北京：科学出版社，2010.

76. 李玉洁. 黄河流域的农耕文明. 北京：科学出版社，2010.

77. 宋军会. 黄河文化与西风东渐. 北京：科学出版社，2010.

78. 卜工. 文明起源的中国模式. 北京：科学出版社，2007.

79. 薛怀泽. 秦汉魏晋南北朝文化与草原文化的交融. 北京：科学出版社，2010.

80. 李玉洁. 中国古史传说的英雄时代. 北京：科学出版社，2010.

81. 高亨. 诗经今注. 上海：上海古籍出版社，2010.

82. 姜亮夫等. 先秦诗鉴赏辞典. 上海：上海辞书出版社，1998.

83. 萧涤非等. 唐诗鉴赏辞典. 上海：上海辞书出版社，1993.

84. 吴小如等. 汉魏六朝诗鉴赏辞典. 上海：上海辞书出版社，1992.

85. 陈振鹏等. 古文鉴赏辞典. 上海：上海辞书出版社，1997.

86. 岑中勉. 黄河变迁史. 北京：中华书局，2004.

87. 胡阿祥等. 中国地理大发现. 济南：山东画报出版社，2004.

88. 韩云波等. 九洲山河录. 重庆：重庆出版社，2008.

89. 姚汉源. 中国水利发展史. 上海：上海人民出版社，2005.

90. 李雪梅.探寻黄河文明.北京:东方出版社,2004.

91. 刘致平.中国建筑类型及结构.北京:中国建筑工业出版社,2005.

92. 王大有.三皇五帝时代.北京:中国时代经济出版社,2004.

93. 尤联元等.我爱母亲河.武汉:湖北少年儿童出版社,2005.

94. 刘叙杰等.中国古代建筑史.北京:中国建筑工业出版社,2015.

95. 林汉达.战国故事.北京:中国少年儿童出版社,2008.

96. 林汉达.春秋故事.北京:中国少年儿童出版社,2008.

97. 葛全胜.中国历朝气候变化.北京:科学出版社,2011.

98. 李心纯.黄河流域与绿色文明.北京:人民出版社,1999.

99. 王元林.经洛流域自然环境研究.北京:中华书局,2005.

■ 内容简介

党的十八大把生态文明建设放在突出地位，将生态文明建设提高到一个前所未有的高度，并提出建设美丽中国的目标，通过大力加强生态建设，实现中华疆域山川秀美，让我们的家园林荫气爽、鸟语花香，清水常流、鱼跃草茂。

2002 年，在中央和国务院领导亲自指导下，中国林业科学研究院院长江泽慧教授主持《中国可持续发展林业战略研究》，从国家整体的角度和发展要求提出生态安全、生态建设、生态文明的"三生态"指导思想，成为制定国家林业发展战略的重要内容。国家科技部、国家林业局等部委组织以彭镇华教授为首的专家们开展了"中国森林生态网络体系工程建设"研究工作，并先后在全国选择 25 个省（自治区、直辖市）的 46 个试验点开展了试验示范研究，按照"点"（北京、上海、广州、成都、南京、扬州、唐山、合肥等）"线"（青藏铁路沿线，长江、黄河中下游沿线，林业血防工程及蝗虫防治等）"面"（江苏、浙江、安徽、湖南、福建、江西等地区）理论大框架，面对整个国土合理布局，针对我国林业发展存在的问题，直接面向与群众生产、生活，乃至生命密切相关的问题；将开发与治理相结合，及科研与生产相结合，摸索出一套科学的技术支撑体系和健全的管理服务体系，为有效解决"林业惠农""既治病又扶贫"等民生问题，优化城乡人居环境，提升国土资源的整治与利用水平，促进我国社会、经济与生态的持续健康协调发展提供了有力的科技支撑和决策支持。

"中国森林生态网络体系建设出版工程"是"中国森林生态网络体系工程建设"等系列研究的成果集成。按国家精品图书出版的要求，以打造国家精品图书，为生态文明建设提供科学的理论与实践。其内容包括系列研究中的中国森林生态网络体系理论，我国森林生态网络体系科学布局的框架、建设技术和综合评价体系，新的经验，重要的研究成果等。包含各研究区域森林生态网络体系建设实践，森林生态网络体系建设的理念、环境变迁、林业发展历程、森林生态网络建设的意义、可持续发展的重要思想、森林生态网络建设的目标、森林生态网络分区建设；森林生态网络体系建设的背景、经济社会条件与评价、气候、土壤、植被条件、森林资源评价、生态安全问题；森林生态网络体系建设总体规划、林业主体工程规划等内容。这些内容紧密联系我国实际，是国内首次以全国国土区域为单位，按照点、线、面的框架，从理论探索和实验研究两个方面，对区域森林生态网络体系建设的规划布局、支撑技术、评价标准、保障措施等进行深入的系统研究；同时立足国情林情，从可持续发展的角度，对我国林业生产力布局进行科学规划，是我国森林生态网络体系建设的重要理论和技术支撑，为圆几代林业人"黄河流碧水，赤地变青山"梦想，实现中华民族的大复兴。

作者简介

彭镇华教授，1964 年 7 月获苏联列宁格勒林业技术大学生物学副博士学位。现任中国林业科学研究院首席科学家、博士生导师。国家林业血防专家指导组主任，《湿地科学与管理》《中国城市林业》主编，《应用生态学报》《林业科学研究》副主编等。主要研究方向为林业生态工程、林业血防、城市森林、林木遗传育种等。主持完成"长江中下游低丘滩地综合治理与开发研究"、"中国森林生态网络体系建设研究"、"上海现代城市森林发展研究"等国家和地方的重大及各类科研项目 30 余项，现主持"十二五"国家科技支撑项目"林业血防安全屏障体系建设示范"。获国家科技进步一等奖 1 项，国家科技进步二等奖 2 项，省部级科技进步奖 5 项等。出版专著 30 多部，在《Nature genetics》《BMC Plant Biology》等杂志发表学术论文 100 余篇。荣获首届梁希科技一等奖，2001 年被授予九五国家重点攻关计划突出贡献者，2002 年被授予"全国杰出专业人才"称号。2004 年被授予"全国十大英才"称号。